NOUVELLE BIBLIOTHÈQUE MATHÉMATIQUE

THÉORIE DES ENSEMBLES

Nouvelle bibliothèque mathématique

1. M. Demazure, *Cours d'algèbre*
2. R. Mneimné, *Éléments de géométrie. Actions de groupes*
3. J.-P. Kahane et P. G. Lemarié-Rieusset, *Séries de Fourier et ondelettes*
4. R. et A. Douady, *Algèbre et théories galoisiennes*
5. J.-L. Krivine, *Théorie des ensembles*
6. P. Gabriel, *Matrices, géométrie, algèbre linéaire*
7. M. Berger, *Géométrie vivante, ou l'échelle de Jacob de la géométrie*
8. M. Artin, *Algèbre*

JEAN-LOUIS KRIVINE

Théorie des ensembles

CASSINI

JEAN-LOUIS KRIVINE est professeur à l'Université Paris VII depuis 1971. Il est l'auteur de plusieurs ouvrages de logique :

Éléments de logique mathématique, avec Georg Kreisel (Dunod, 1967 ; North Holland, 1967 ; Springer, 1972).

Théorie axiomatique des ensembles (P.U.F., 1972 ; Reidel, 1971).

Lambda-calcul, types et modèles (Masson, 1990 ; Ellis Horwood 1993).

Mathematics Subject Classification (2000): Primary 03E10, 03E30, 03E35, 03E45. Secondary 03E40, 03B30, 06E10, 03G05.

à ma fille Sonia

Introduction

La théorie des ensembles, issue des travaux de Georg Cantor au siècle dernier, est progressivement devenue le cadre axiomatique général dans lequel s'écrivent les mathématiques. Il y a beaucoup de systèmes d'axiomes possibles pour la théorie des ensembles, mais le consensus s'est finalement réalisé sur l'un des plus puissants : la *théorie de Zermelo-Frænkel.* Ce n'est pas, il s'en faut de beaucoup, que la formalisation des mathématiques nécessite toute la force de cette théorie, mais bien plutôt à cause de l'intérêt mathématique qu'elle présente par elle-même, de sa propre beauté interne. Le présent ouvrage, du moins on l'espère, la fera découvrir au lecteur, dans un parcours à travers ces étranges et incroyables objets mathématiques que sont les *modèles* de la théorie des ensembles, dus essentiellement à l'invention de deux grands logiciens : Kurt Gödel et Paul Cohen.

Bertrand Russell a défini les mathématiques comme la science où l'on ne sait pas de quoi l'on parle, ni si ce que l'on dit est vrai. C'est très bien observé, et particulièrement dans le domaine qui nous occupe ici : à cause du théorème d'incomplétude de Gödel, il faut, en effet, abandonner tout espoir de montrer que la théorie des ensembles ne comporte pas de contradiction. On ne sait donc pas si un modèle de la théorie de Zermelo-Frænkel *existe,* ce qui constitue la première étrangeté d'un tel objet, et pas la moindre. Tout ce que l'on peut obtenir, dans cette direction, c'est la non-contradiction *relative*: si l'on admet qu'une certaine théorie (celle de Zermelo-Frænkel, par exemple) est consistante, c'est-à-dire non-contradictoire, alors elle le reste quand on ajoute certains axiomes supplémentaires (par exemple l'axiome du choix). On le montre en supposant l'existence d'un modèle de la théorie en question, que l'on transforme en un modèle des axiomes étudiés.

Ce livre expose les résultats classiques de non-contradiction relative en théorie des ensembles, que l'on obtient par les méthodes dites du « modèle intérieur » (première partie), et du « forcing » (seconde partie). Les axiomes de Zermelo-Frænkel sont introduits dans les chapitres 1 et 2, qui développent les éléments indispensables pour toute démonstration de consistance relative - un des points essentiels étant la technique de définition par induction sur les ordinaux. Plusieurs exemples de modèles intérieurs sont ensuite construits dans les chapitres suivants. Le dernier, et le plus important, est, au chapitre 8, celui des ensembles constructibles, qui donne le théorème de Gödel sur la non-contradiction de l'axiome du choix et de l'hypothèse du continu [8][1].

Les chapitres 12 et suivants, dans la seconde partie, exposent les résultats de Cohen sur l'indépendance de ces axiomes [2], et quelques-unes des applications de sa méthode du « forcing », ainsi que le rapport avec la théorie des algèbres de Boole complètes. En particulier, au chapitre 17, on montre un résultat fort connu de Robert Solovay sur la non-contradiction relative de l'axiome : « Toute partie de $\mathbb{R}$ est mesurable au sens de Lebesgue ».

En théorie des ensembles, on fait constamment référence au deuxième théorème d'incomplétude de Gödel, car il permet de mesurer la « force relative » d'une théorie par rapport à une autre (on parlera, par exemple, de « théories équiconsistantes »). Mais ce théorème lui-même peut être considéré comme un résultat de consistance relative ; une preuve « sémantique » en est donnée au chapitre 9.

Le présent ouvrage constitue aussi une introduction aux considérables développements qu'a connus la théorie des ensembles à la suite des travaux de Gödel et de Cohen, et qui ne sont pas abordés ici : on peut citer les innombrables résultats de consistance relative obtenus par la méthode du « forcing », mais aussi la théorie des grands cardinaux, l'axiome de détermination, particulièrement le remarquable résultat de Donald Martin sur la détermination des jeux boréliens [21], la théorie descriptive des ensembles, la théorie de Ronald Jensen de la structure fine de L, ...

Plusieurs cours de troisième cycle, que j'ai donnés à l'Université Paris 7, ont servi de base à la rédaction de ce livre (la première partie reprend essentiellement le contenu de la *Théorie axiomatique des ensembles* [16], parue en 1969, puis en 1972, aux Presses Universitaires de France). Le niveau requis est donc, à peu près, celui du deuxième cycle universitaire de mathématiques, mais il n'est supposé aucune connaissance mathématique spécifique, mis à part le dernier chapitre, qui utilise des rudiments de théorie de la mesure. Toutefois, on suppose que le lecteur possède une certaine pratique de la théorie naïve des ensembles et de la méthode axiomatique.

[1] Les chiffres entre crochets renvoient à la bibliographie, page 259.

Les connaissances logiques requises ne sont pas d'un niveau plus élevé, mais sont, malheureusement, beaucoup moins répandues (en France) : il s'agit de notions élémentaires sur le calcul des prédicats du premier ordre (forme prénexe, modèles d'un système d'axiomes du premier ordre, etc.). Elles sont utilisées à partir du chapitre 4 ; toutes les démonstrations sont faites (sauf pour la réduction d'un énoncé à la forme prénexe), mais sans doute trop rapidement pour un lecteur qui n'en aurait jamais entendu parler.

Quelques notions supplémentaires de théorie des modèles, qui ne servent pas explicitement dans le texte, aideraient néanmoins beaucoup à la compréhension : par exemple, il est facile de saisir la distinction entre les entiers intuitifs et les entiers d'un univers, ou entre ce qu'on appelle dans ce livre les énoncés et les formules, si l'on connaît l'existence des modèles non standard de l'arithmétique de Peano. De même, la remarque page 47 va de soi, pour ainsi dire, lorsqu'on connaît le théorème de complétude du calcul des prédicats.

Ces notions de logique sont indispensables pour la lecture du chapitre 9 (le théorème d'incomplétude de Gödel), ainsi que pour certains exercices. On les trouvera, par exemple, dans [3] (tome 1), [15] (chapitres 1, 2, 3), [22] (chapitres 1, 2, 3), [25] ou [28].

Le point de vue adopté dans ce livre pourra paraître étrange à ceux qui considèrent que la théorie *axiomatique* des ensembles doit être placée au début des mathématiques (ce qui est peut-être vrai pour la théorie *naïve*). En effet, on ne demande pas au lecteur d'oublier un seul instant ce qu'il sait déjà en mathématiques ; au contraire, on s'appuie essentiellement sur l'habitude, qu'il a acquise, de manier des théories axiomatiques, pour lui en présenter une nouvelle : la théorie des relations binaires qui satisfont les axiomes de Zermelo-Frænkel. Ensuite, et peu à peu, apparaît le trait qui la distingue parmi toutes les théories axiomatiques : les notions que l'on est amené naturellement à introduire pour étudier les modèles de cette théorie sont exactement parallèles aux notions fondamentales des mathématiques (entiers naturels, ensembles finis ou dénombrables, fonctions, etc.) ; et comme le vocabulaire mathématique ne possède pas deux noms différents pour chaque notion, on est contraint d'utiliser dans le modèle les mots courants du langage mathématique, évidemment dans un sens tout différent de leur sens habituel. L'exemple classique de ce phénomène est connu sous le nom de *paradoxe de Skolem*, et consiste en ceci : d'après le théorème de Löwenheim-Skolem, si la théorie des ensembles est consistante, elle possède un modèle dénombrable. Comment est-ce possible, puisqu'en théorie des ensembles, on peut définir des ensembles non dénombrables, comme $\mathbb{R}$ par exemple? Ce « paradoxe » provient, bien sûr, de ce que le mot « dénombrable » change de sens quand on l'interprète dans un modèle de la théorie des ensembles.

On s'aperçoit, en fin de compte, que même le sens habituel de tous ces mots mathématiques courants n'est pas aussi clair qu'il y paraît de prime abord, et on peut chercher à le mieux comprendre à l'aide des nouveaux outils que nous a fournis l'étude de la théorie des ensembles (si l'on se posait ce problème en premier, on serait tenté, par manque d'outils, de l'escamoter en disant qu'en mathématiques, on ne fait que manipuler des symboles vides de sens).

Il reste à déterminer ce qu'apporte exactement la théorie des ensembles, et plus généralement la logique, sur cette grande question de la signification des mathématiques. La découverte de relations extrêmement étroites et profondes entre les preuves mathématiques et les programmes informatiques apporte un éclairage radicalement nouveau à ce problème philosophique ancien, et nous oriente vers des solutions quelque peu inattendues. En effet, la question qui se pose maintenant, est celle de la signification informatique des programmes associés aux axiomes et aux théorèmes de la théorie de Zermelo-Frænkel. Il s'agit ici, non plus de philosophie, mais de recherche scientifique; un domaine de recherche passionnant, dont nous reparlerons ailleurs ...

Tous mes remerciements vont à René Cori, pour les nombreuses corrections, de forme ou de fond, d'importance ou de détail, toujours pertinentes, qu'il m'a suggérées.

Première partie

MODÈLES INTÉRIEURS

Chapitre 1

Axiomes de Zermelo-Frænkel

Nous avons tous une idée intuitive de ce qu'est un ensemble, et c'est sur cette intuition que nous nous appuyons pour trouver les axiomes de la théorie des ensembles (de même que la notion intuitive de l'espace à trois dimensions a conduit aux axiomes d'espace vectoriel). Mais ensuite, ayant écrit ces axiomes, nous étudierons toutes les structures qui les satisfont (de la même façon que, pour les espaces vectoriels, on ne s'intéresse pas seulement à l'espace $\mathbb{R}^3$). Ces structures, qui sont appelées habituellement *univers*, sont celles d'ensembles munis d'une relation binaire (la relation *d'appartenance*), satisfaisant les axiomes en question.

La théorie des ensembles se présente donc comme toutes les théories axiomatiques que le lecteur connaît déjà, la théorie des groupes par exemple, ou celle des anneaux, des corps, espaces vectoriels, treillis, etc.

On considère une collection d'objets, collection que l'on appellera *univers*, et que l'on désignera par $\mathcal{U}$; on ne dit pas : « considérons un ensemble $\mathcal{U}$ », car ce que nous appellerons *ensembles*, ce sont précisément les objets de $\mathcal{U}$ (il est clair que quand on définit, par exemple, les espaces vectoriels, il faut éviter d'employer le même mot pour désigner l'espace vectoriel et un vecteur de cet espace).

Cette collection, supposée non vide, est munie d'une relation binaire, que l'on note $x \in y$; elle se lit « x appartient à y », ou « l'ensemble x appartient à l'ensemble y », ou encore « x est élément de y ». Bien entendu, $x \notin y$ se lit « x n'appartient pas à y ».

On réserve le mot « appartenir » pour désigner cette relation binaire $\in$, et il faut donc éviter, par la suite, de l'employer dans son sens intuitif (tout au moins sans préciser qu'on l'emploie dans son sens intuitif). On dira, par exemple : l'objet x est dans la collection $\mathscr{U}$, au lieu de : x appartient à $\mathscr{U}$. Même remarque pour le mot « élément ».

Un univers se présente donc comme un graphe du genre de celui qui est dessiné ci-contre. Sur la figure, la flèche de a vers b veut dire que $b \in a$. On a, par exemple, $c \in c$.

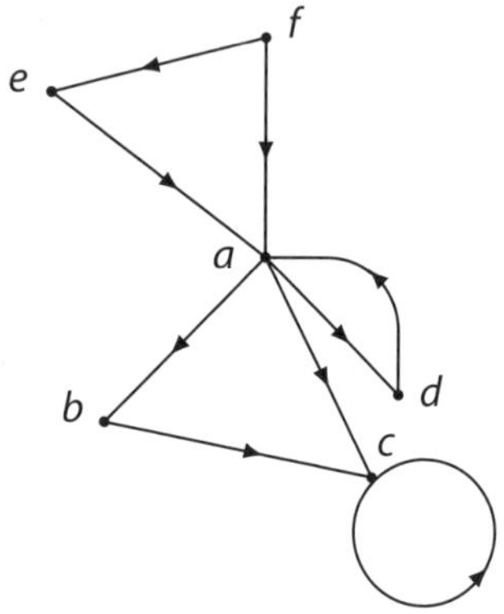

Les axiomes de la théorie des ensembles, que nous allons énoncer maintenant, expriment les propriétés que l'on impose à la relation binaire $\in$ considérée.

1. Axiome d'extensionnalité

Il n'existe pas dans $\mathscr{U}$ deux ensembles distincts qui ont les mêmes éléments ; ce qu'on peut écrire :

$$\forall x \forall y [\forall z (z \in x \Leftrightarrow z \in y) \Rightarrow x = y].$$

Cet axiome n'est pas satisfait par la relation binaire représentée sur la figure : b et c sont distincts, et ont tous deux c pour seul élément.

Axiome de la paire

(On ne lui donne pas de numéro, car il est conséquence d'axiomes ultérieurs ; néanmoins il est pratique de l'énoncer tout de suite).

Etant donnés deux ensembles a et b, il existe un ensemble c, qui a comme éléments a et b et eux seulement (il est unique d'après l'axiome d'extensionnalité). Ce qui s'écrit :

$$\forall x \forall y \exists z \forall t [t \in z \Leftrightarrow (t = x \text{ ou } t = y)].$$

L'ensemble c dont les seuls éléments sont a et b est noté $\{a, b\}$. L'axiome impose en particulier que pour tout ensemble a, il existe un ensemble, noté $\{a\}$, dont le seul élément est a (prendre a et b identiques).

Si $a \neq b$, $\{a, b\}$ est appelé une *paire*. L'ensemble $\{a\}$ est parfois appelé un *singleton*.

Etant donnés deux ensembles a, b, l'ensemble $\{\{a\}, \{a, b\}\}$ est noté (a, b) et est appelé *paire ordonnée*, ou *couple*. On a :

Théorème 1.1. *Si $(a,b) = (a',b')$ alors $a = a'$ et $b = b'$.*

Si $a = b$, alors $(a,b) = \{\{a\}\}$ et (a,b) n'a qu'un seul élément ; donc (a',b') n'a qu'un seul élément et donc $a' = b'$. On alors $\{\{a\}\} = \{\{a'\}\}$, donc $a = a'$ soit $a = a' = b = b'$.

Si $a \neq b$, (a,b) a deux éléments, donc (a',b') a deux éléments et $a' \neq b'$.

Comme $\{\{a\},\{a,b\}\} = \{\{a'\},\{a',b'\}\}$, il y a deux possibilités :

ou bien $\{a\} = \{a',b'\}$ et $\{a,b\} = \{a'\}$,

ou bien $\{a\} = \{a'\}$ et $\{a,b\} = \{a',b'\}$.

La première hypothèse est fausse, puisque $\{a\}$ n'a qu'un élément et $\{a',b'\}$ en a deux. Reste donc la deuxième qui donne $a = a'$, et donc $b = b'$.

C.Q.F.D.

Etant donnés trois ensembles a, b, c, on appelle *triplet* (a,b,c) l'ensemble $(a,b,c) = (a,(b,c))$.

Théorème 1.2. *Si $(a,b,c) = (a',b',c')$ alors $a = a'$, $b = b'$ et $c = c'$.*

Car $(a,(b,c)) = (a',(b',c'))$, donc $a = a'$ et $(b,c) = (b',c')$ d'où $b = b'$ et $c = c'$.

On définit de même le quadruplet

$$(a,b,c,d) = (a,(b,c,d))$$

et pour chaque entier $n > 0$, on définit le *n-uplet* $(a_1, a_2, \ldots, a_n)$ par la relation de récurrence $(a_1,\ldots,a_n) = (a_1,(a_2,\ldots,a_n))$. On a le :

Théorème 1.3. *Si $(a_1,\ldots,a_n) = (a'_1,\ldots,a'_n)$ alors $a_1 = a'_1, \ldots, a_n = a'_n$.*

Evident par récurrence sur n.

Remarquons que, étant donnés trois objets distincts a, b, c de l'univers, rien ne nous permet encore d'affirmer l'existence d'un ensemble d qui ait a, b, c comme éléments et eux seulement. L'axiome suivant remplit cette lacune.

2. Axiome de la somme (ou de la réunion)

Pour tout ensemble a, il existe un ensemble b dont les éléments sont les éléments des éléments de a. Ce qu'on écrit :

$$\forall x \exists y \forall z [z \in y \Leftrightarrow \exists t (t \in x \text{ et } z \in t)].$$

Cet ensemble b est unique : si b et b' ont cette propriété ils ont les mêmes éléments, donc $b = b'$. On l'appelle *réunion* des éléments de a et on le note $\cup a$ ou $\bigcup_{x\in a} x$.

Soient alors a, b, c trois ensembles. Il existe un ensemble d dont les éléments sont a, b, c et eux seulement : c'est la réunion des éléments de l'ensemble $\{\{a, b\}, \{c\}\}$. On le note $\{a, b, c\}$.

En général, si on a un nombre *fini* d'ensembles $a_1, \ldots, a_n$, il existe un ensemble, et un seul, noté $\{a_1, \ldots, a_n\}$ qui a comme éléments $a_1, \ldots, a_n$, et eux seulement : c'est immédiat, par récurrence sur n, en remarquant que la réunion des éléments de l'ensemble $\{\{a_1, \ldots, a_{n-1}\}, \{a_n\}\}$ a cette propriété.

Si a, b sont deux ensembles, la réunion des éléments de l'ensemble $\{a, b\}$ est appelée réunion de a et b et notée $a \cup b$.

Il est clair que $a \cup (b \cup c) = (a \cup b) \cup c = (b \cup a) \cup c$ est la réunion des éléments de l'ensemble $\{a, b, c\}$.

En général, si on a un nombre fini d'ensembles $a_1, \ldots, a_n$, la réunion des éléments de l'ensemble $\{a_1, \ldots, a_n\}$ est appelée réunion de $a_1, \ldots, a_n$ et notée : $a_1 \cup a_2 \cup \ldots \cup a_n$.

3. Axiome de l'ensemble des parties

Soient a, b deux ensembles ; l'énoncé $\forall x(x \in a \Rightarrow x \in b)$ est noté $a \subset b$ en abrégé et se lit « a est contenu dans b », ou bien « a est une partie de b », ou encore « a est un sous-ensemble de b ».

L'axiome de l'ensemble des parties exprime que, pour tout ensemble a, il existe un ensemble b dont les éléments sont les objets de $\mathcal{U}$ qui sont des parties de a. Ce qui s'écrit :

$$\forall x \exists y \forall z [z \in y \Leftrightarrow z \subset x].$$

Il n'y a qu'un seul ensemble b ayant cette propriété, d'après l'axiome d'extensionnalité. On l'appelle *ensemble des parties* de a, et on le note $\mathcal{P}(a)$.

Remarque. Nous utilisons maintenant les mots « partie » et « contenir » pour désigner une relation entre objets de l'univers, et donc en un sens complètement différent du sens habituel (au sens où nous parlerions, par exemple, d'une partie de l'univers $\mathcal{U}$).

Il peut donc se présenter des cas où une confusion serait possible, où le choix à faire entre les deux sens du mot ne serait pas absolument évident ; dans une telle situation, quand nous emploierons ces mots *dans leur sens intuitif*, nous le préciserons explicitement. Par exemple :

Chaque ensemble a définit une partie (au sens intuitif) de l'univers $\mathcal{U}$, qui est formée des éléments de a ; notons-la A (ce n'est pas un objet de l'univers). Si b est un ensemble contenu dans a, alors B est contenue (au sens intuitif) dans A. Mais il peut exister des parties (au sens intuitif) de A qui ne correspondent à aucun objet de l'univers, c'est-à-dire qui ne correspondent à aucune partie de a.

Avant de donner les autres axiomes de la théorie des ensembles, il nous faut examiner de plus près certaines des relations que nous pouvons définir sur l'univers $\mathcal{U}$. Nous avons déjà deux relations binaires sur $\mathcal{U}$: $x \in y$ et $x = y$ (relation d'égalité qui est satisfaite par a et b si, et seulement si, a et b sont le même objet). Les règles suivantes permettent d'en définir d'autres :

- Si on a défini une relation (à 3 arguments par exemple) $R(x, y, z)$, et si a est un objet de $\mathcal{U}$, on a une relation binaire $R(a, y, z)$: elle est satisfaite par les objets b, c si, et seulement si, $R(a, b, c)$ est satisfaite.

- Si on a défini une relation (à 3 arguments par exemple) $R(x, y, z)$, alors on a une relation binaire $R(x, x, z)$: elle est satisfaite par les objets a, b, si, et seulement si, $R(a, a, b)$ est satisfaite.

- Si on a une relation (par exemple à deux arguments) $R(x, y)$, alors on a la relation « non $R(x, y)$ » qui est satisfaite par les objets a, b si, et seulement si, $R(a, b)$ n'est pas satisfaite. Si on a deux relations (à 3 arguments par exemple) $R(x, y, z)$, $S(u, x, v)$, alors on a la relation à 5 arguments : « $R(x, y, z)$ ou $S(u, x, v)$ » ; c'est celle qui est satisfaite par les objets a, b, c, d, e si, et seulement si, $R(a, b, c)$ est satisfaite, ou $S(d, a, e)$ est satisfaite.

- Si on a une relation (par exemple à 3 arguments) $R(x, y, z)$, on a la relation binaire : $\exists y R(x, y, z)$; elle est satisfaite par les objets a, c si, et seulement si, il existe un objet b de l'univers tel que $R(a, b, c)$ soit satisfaite.

Par application répétée de ces règles, à partir des deux relations binaires $x \in y$ et $x = y$, on construit des relations à un nombre quelconque d'arguments. Bien entendu, on peut définir des relations sur l'univers $\mathcal{U}$ par bien d'autres moyens que ces règles. Mais dans toute la suite, *nous ne considérerons que celles-là.*

Les relations que l'on peut construire à partir des deux relations binaires $x \in y$ et $x = y$ au moyen des règles ci-dessus, sont donc définies par des *énon-*

cés constitués (pas de façon quelconque !) par les symboles $=$, $\in$, non, ou, $\exists$, des variables $x, y, z, u, v\ldots$ et des objets de l'univers.

Dans un énoncé E, chaque quantificateur $\exists x$ est lui-même suivi d'un énoncé entre parenthèses, qui est la *portée* de ce quantificateur. La variable x est dite *libre* dans E, s'il y a une occurrence de x sur laquelle ne porte aucun quantificateur $\exists x$. La notation $E(x_1, \ldots, x_n)$ désigne un énoncé dont les variables libres se trouvent *parmi* $x_1, \ldots, x_n$. Un énoncé $E(x_1, \ldots, x_n)$ définit une relation à n arguments. Un énoncé sans variable libre est dit *clos*.

Si $R(x, y)$ et $S(y, z)$ sont deux relations (binaires pour fixer les idées), la relation « non R ou S » est notée $R \Rightarrow S$; la relation « non (non R ou non S) » est notée « R et S » : elle est satisfaite par les objets a, b, c si, et seulement si, $R(a, b)$ et $S(b, c)$ sont toutes deux satisfaites ; la relation « $(R \Rightarrow S)$ et $(S \Rightarrow R)$ » est notée « $R \Leftrightarrow S$ » : elle est satisfaite par les objets a, b, c si, et seulement si, $R(a, b)$ et $S(b, c)$ sont toutes deux satisfaites, ou toutes deux non satisfaites.

La relation « non $\exists x$ non $R(x, y)$ » est notée $\forall x R(x, y)$. Elle est satisfaite par l'objet b si, et seulement si, $R(a, b)$ est satisfaite quel que soit l'objet a de $\mathcal{U}$.

Une relation $R(x)$ à un argument sera aussi appelée une *collection*. Une collection est une partie (au sens intuitif) de l'univers $\mathcal{U}$.
Par exemple, l'énoncé suivant :

$$\forall u[u \in x \Rightarrow \exists v[v \in x \text{ et } \forall t(t \in v \Leftrightarrow t = u \text{ ou } t \in u)]]$$

définit une collection. L'énoncé $R(u, x)$:

$$u \in x \Rightarrow \exists v[v \in x \text{ et } \forall t(t \in v \Leftrightarrow t = u \text{ ou } t \in u)]$$

définit une relation binaire. Si a est un objet de l'univers, l'énoncé $R(a, x)$, qui est :

$$a \in x \Rightarrow \exists v[v \in x \text{ et } \forall t(t \in v \Leftrightarrow t = a \text{ ou } t \in a)]$$

définit une collection.

Les objets de $\mathcal{U}$ qui apparaissent dans un énoncé E sont appelés les *paramètres* de l'énoncé E. Par exemple, l'énoncé $R(u, x)$ est sans paramètre, l'énoncé $R(a, x)$ a pour seul paramètre l'objet a.

Un énoncé clos (relation à 0 argument) est soit vrai, soit faux dans l'univers. Par exemple, l'énoncé $\exists x \exists y[\forall z(z \notin y)$ et $y \in x$ et $\forall u R(u, x)]$ est un énoncé clos, sans paramètre (nous retrouverons cet énoncé sous le nom d'« axiome de l'infini »).

Les théorèmes de théorie des ensembles (et en particulier les axiomes) sont des énoncés clos sans paramètre.

Relations d'équivalence. Une relation binaire $R(x, y)$ est appelée relation d'équivalence si, quels que soient les objets a, b, c, on a :

$$R(a, b) \Rightarrow R(b, a)\ ;\ R(a, b) \text{ et } R(b, c) \Rightarrow R(a, c).$$

On en déduit que :

$$R(a, b) \Rightarrow R(a, a) \text{ et } R(b, b).$$

La collection $R(x, x)$ est appelée *domaine* de la relation d'équivalence R ; $R(a, b)$ est aussi notée « $a \sim b$ (mod. R) ». Si a est un objet de l'univers, la collection $R(a, y)$ est appelée la *classe d'équivalence* de a.

Relations d'ordre (au sens large). Une relation binaire $R(x, y)$ est une relation d'ordre (au sens large) si, quels que soient les objets a, b, c, on a :

$$R(a, b) \Rightarrow R(a, a) \text{ et } R(b, b)\ ;$$
$$R(a, b) \text{ et } R(b, a) \Rightarrow a = b\ ;$$
$$R(a, b) \text{ et } R(b, c) \Rightarrow R(a, c).$$

La collection $R(x, x)$ est appelée *domaine* de la relation d'ordre R ; $R(a, b)$ est aussi notée « $a \leqslant b$ (mod. R) ». « $R(a, b)$ et $b \neq a$ » est également notée « $a < b$ (mod. R) ».

R est une relation d'ordre total si de plus, quels que soient les objets a, b du domaine de R, on a $R(a, b)$ ou $R(b, a)$.

Relations d'ordre (au sens strict). Considérons une collection $D(x)$ et une relation binaire $R(x, y)$; on dit que $R(x, y)$ définit une relation d'ordre strict sur D si, quels que soient les objets a, b, c :

$$R(a, b) \Rightarrow D(a) \text{ et } D(b)\ ;\ \text{non } (R(a, b) \text{ et } R(b, a))\ ;$$
$$R(a, b) \text{ et } R(b, c) \Rightarrow R(a, c).$$

$R(a, b)$ est alors notée également « $a < b$ (mod. R) ».

Il est clair que si $R(x, y)$ est une relation d'ordre strict la relation « $R(x, y)$ ou $[D(x)$ et $D(y)$ et $x = y]$ » est une relation d'ordre large, de domaine D.

R est appelée relation d'ordre total strict sur D si on a de plus $R(a, b)$ ou $R(b, a)$ ou $a = b$, quels que soient les objets a, b de la collection D.

Relations fonctionnelles. Considérons une relation ternaire (par exemple) $R(x, y, z)$. On dit que c'est une relation fonctionnelle à deux arguments si on a :

$$\forall x \forall y \forall z \forall z' [R(x, y, z) \text{ et } R(x, y, z') \Rightarrow z = z'].$$

La relation binaire $\exists z R(x, y, z)$ est alors appelée *domaine* de la relation fonctionnelle R. La collection $\exists x \exists y R(x, y, z)$ est appelée *image* de la relation fonctionnelle R.

Considérons une relation fonctionnelle à deux arguments $R(x, y, z)$ partout définie (c'est-à-dire dont le domaine est la collection « $x = x$ et $y = y$ »). On introduit souvent un nouveau symbole Φ, et on note la relation : $z = \Phi(x, y)$. Si on a un énoncé quelconque $E(u, v, w)$, les énoncés équivalents

$$\exists z[R(x, y, z) \text{ et } E(z, v, w)]$$

$$\forall z[R(x, y, z) \Rightarrow E(z, v, w)]$$

sont notés alors $E[\Phi(x, y), v, w]$.

Par exemple, la relation fonctionnelle

$$\forall t[t \in z \Leftrightarrow t = x \text{ ou } t = y]$$

est notée $z = \{x, y\}$; les énoncés équivalents

$$\exists z[\forall t(t \in z \Leftrightarrow t = x \text{ ou } t = y) \text{ et } z \in a]$$

$$\forall z[\forall t(t \in z \Leftrightarrow t = x \text{ ou } t = y) \Rightarrow z \in a]$$

sont écrits en abrégé : $\{x, y\} \in a$.

Nous pouvons maintenant énoncer d'autres axiomes de la théorie des ensembles.

4. Schéma d'axiomes de substitution (ou de remplacement)

Soit $E(x, y, a_1, \ldots, a_k)$ un énoncé dont les paramètres sont $a_1, \ldots, a_k$, qui définit une relation fonctionnelle à un argument, et soit a un ensemble quelconque ; on impose à l'univers $\mathcal{U}$ de satisfaire la condition suivante : il existe un ensemble b dont les éléments sont exactement les images, par la relation fonctionnelle considérée, des éléments de a qui se trouvent dans le domaine de cette relation fonctionnelle.

Le schéma d'axiomes de substitution consiste donc en la liste infinie des énoncés suivants :

$$\forall x_1 \ldots \forall x_k \{\forall x \forall y \forall y'((E(x, y, x_1, \ldots, x_k) \text{ et } E(x, y', x_1, \ldots, x_k) \Rightarrow y = y') \\ \Rightarrow \forall t \exists u \forall y[y \in u \Leftrightarrow \exists x(x \in t \text{ et } E(x, y, x_1, \ldots, x_k))]\}$$

où $E(x, y, x_1, \ldots, x_k)$ est un énoncé arbitraire, sans paramètre, qui a au moins deux variables libres x et y.

Les axiomes 1, 2, 3, le schéma d'axiomes 4, et l'axiome de l'infini qui sera énoncé plus loin (voir page 35), forment ce qu'on appelle la théorie des ensembles de Zermelo-Frænkel (en abrégé *ZF*).

Comme conséquence immédiate des axiomes de substitution, on a le :

Schéma de compréhension

Considérons un ensemble a et un énoncé $A(x, a_1, \ldots, a_k)$ à une variable libre dont les paramètres sont $a_1, \ldots, a_k$; alors il existe un ensemble b dont les éléments sont ceux des éléments de a qui satisfont l'énoncé A. Le schéma de compréhension consiste donc en la liste infinie des énoncés suivants :

$$\forall x_1 \ldots \forall x_k \forall x \exists y \forall z[z \in y \Leftrightarrow (z \in x \text{ et } A(z, x_1, x_2, \ldots, x_k))]$$

dans laquelle $A(x, x_1, \ldots, x_k)$ est n'importe quel énoncé sans paramètre qui a au moins une variable libre x. Pour le démontrer, il suffit de remarquer que l'énoncé $E(x, y, a_1, \ldots, a_k)$ qui s'écrit « $y = x$ et $A(x, a_1, \ldots, a_k)$ » définit une relation fonctionnelle à un argument dont le domaine est la collection $A(x, a_1, \ldots, a_k)$. D'après le schéma de substitution, il existe donc un ensemble b formé des images des éléments de a qui sont dans ce domaine ; b est donc formé des éléments de a qui sont dans la collection $A(x, a_1, \ldots, a_k)$.

On utilisera la notation $b = \{x \in a;\ A(x, a_1, \ldots, a_k)\}$ pour représenter cet ensemble.

Théorème 1.4. *Il existe un ensemble et un seul qui n'a aucun élément.*

Soit a un ensemble quelconque. On applique le schéma de compréhension à l'ensemble a et à l'énoncé $x \neq x$. L'ensemble b dont l'axiome affirme l'existence n'a donc aucun élément. L'unicité est évidente (axiome d'extensionnalité) .

L'ensemble qu'on vient de définir est appelé *ensemble vide* et noté $\emptyset$.

Donnons une démonstration de « l'axiome » de la paire à l'aide des axiomes 3) et 4) : tout ensemble a qui est une partie de $\emptyset$ est vide. Donc $\mathscr{P}(\emptyset)$ a pour seul élément $\emptyset$, ce qui montre l'existence de $\{\emptyset\}$; ce dernier ensemble a un seul élément ; donc si $a \subset \{\emptyset\}$, alors $a = \emptyset$ ou $a = \{\emptyset\}$. Donc $\mathscr{P}(\{\emptyset\})$ a deux éléments distincts : $\emptyset$ et $\{\emptyset\}$ ce qui montre l'existence de $\{\emptyset, \{\emptyset\}\}$. Soient alors a, b deux ensembles quelconques. Il est clair que la relation « $(x = \emptyset$ et $y = a)$ ou $(x = \{\emptyset\}$ et $y = b)$ » est fonctionnelle à un argument. Le schéma de substitution appliqué à cette relation et à l'ensemble $\{\emptyset, \{\emptyset\}\}$ donne un ensemble c qui a pour éléments a et b et eux seulement.

C.Q.F.D.

On dit qu'une collection $A(x)$ correspond à un ensemble (ou même, par abus de langage, *est* un ensemble) s'il existe un ensemble a tel que l'on ait $\forall x[x \in a \Leftrightarrow A(x)]$. Plus généralement, on dit qu'une relation (ternaire par exemple), $A(x, y, z)$ correspond à un ensemble (ou même, par abus de langage, *est* un ensemble) s'il existe un ensemble a tel que l'on ait :

$$\forall x \forall y \forall z [A(x, y, z) \Leftrightarrow (x, y, z) \in a].$$

Il y a des collections qui ne correspondent à aucun ensemble : par exemple la collection $x \notin x$; en effet, si $\forall x(x \notin x \Leftrightarrow x \in a)$ alors, en particulier $a \notin a \Leftrightarrow a \in a$, ce qui est faux. Ce résultat est connu sous le nom de *paradoxe de Russell.*

La collection $x = x$ (c'est-à-dire l'univers $\mathcal{U}$) ne correspond pas non plus à un ensemble : s'il existait un ensemble a tel que $\forall x(x \in a)$, il existerait, d'après le schéma de compréhension, un ensemble b tel que :

$$\forall x(x \in b \Leftrightarrow x \in a \text{ et } x \notin x) \text{ et donc } \forall x(x \in b \Leftrightarrow x \notin x).$$

La collection $x \notin x$ correspondrait alors à un ensemble.

Intersection et différence de deux ensembles. Etant donnés deux ensembles a et b, les ensembles $\{x \in a ; x \in b\}$ et $\{x \in a ; x \notin b\}$ sont appelés respectivement *intersection* et *différence ensembliste* de a et b, et notés $a \cap b$ et $a \setminus b$.

Produit de deux ensembles. Considérons deux ensembles a et b et la collection X des couples (x, y) tels que $x \in a$ et $y \in b$.

Remarque. On a bien affaire à une collection : elle est définie, en effet, par l'énoncé $X(z) : \exists x \exists y [z = (x, y) \text{ et } x \in a \text{ et } y \in b]$, c'est-à-dire d'après la définition de la relation fonctionnelle $z = (x, y) : \exists x \exists y \exists u \exists v [z = \{u, v\} \text{ et } u = \{x\}$ et $v = \{x, y\} \text{ et } x \in a \text{ et } y \in b]$ soit finalement, d'après la définition de la relation fonctionnelle $z = \{u, v\}$:

$$\exists x \exists y \exists u \exists v [\forall t(t \in z \Leftrightarrow t = u \text{ ou } t = v) \text{ et } \forall t'(t' \in u \Leftrightarrow t' = x)$$
$$\text{et } \forall t''(t'' \in v \Leftrightarrow t'' = x \text{ ou } t'' = y) \text{ et } x \in a \text{ et } y \in b].$$

Dans la suite nous ne ferons plus ce genre de vérification, mais le lecteur est invité à en faire quelques-unes pour s'habituer à manier les énoncés.

La collection X considérée est un ensemble : en effet si $x \in a$ et $y \in b$, alors (par définition du couple (x, y)) $(x, y) \in \mathscr{P}(\mathscr{P}(a \cup b))$. Donc $X(z)$ équivaut à « $X(z)$ et $z \in \mathscr{P}(\mathscr{P}(a \cup b))$ ». Donc X est un ensemble d'après le schéma de compréhension.

Cet ensemble est appelé *produit de a et b*, et noté $a \times b$.

Une relation fonctionnelle $R(x, y)$ à un argument dont le domaine est un ensemble a, est elle-même un ensemble : car, d'après le schéma de substitution, l'image de R est un ensemble c ; $R(x, y)$ équivaut alors à « $R(x, y)$ et $(x, y) \in a \times c$ ». Donc, cette collection est un ensemble f d'après le schéma de compréhension. Un tel ensemble f est appelé *fonction définie sur a*, ou *application de domaine a* ou encore *famille d'ensembles indexée par a*. Le domaine de l'application f sera noté $\mathrm{Dom}(f)$. L'image de f, qui est l'ensemble

c, est notée $\mathrm{Im}(f)$.
Etant donnés deux ensembles a et b, une *application de a dans b* est, par définition, une fonction de domaine a, dont l'image est contenue dans b.

L'énoncé « f est une application de a dans b », que l'on écrit également « $f : a \to b$ » est donc l'énoncé suivant :

$$f \subset a \times b \text{ et } \forall x \forall y \forall y' [(x,y) \in f \text{ et } (x,y') \in f \Rightarrow y = y']$$
$$\text{et } \forall x [x \in a \Rightarrow \exists y ((x,y) \in f)].$$

Nous laissons au lecteur le soin de faire disparaître les symboles supplémentaires $\subset, \times, ()$.

Notation. Etant donné un énoncé $E(x)$, l'énoncé $\exists! x\, E(x)$ est, par définition, « $\exists x\, E(x)$ et $\forall x \forall y (E(x)$ et $E(y) \Rightarrow x = y)$ ». Le quantificateur $\exists! x$ se lit « il existe un x et un seul ». Par exemple, avec cette notation, l'énoncé précédent peut s'écrire :

$$f \subset a \times b \text{ et } \forall x [x \in a \Rightarrow \exists! y ((x,y) \in f)].$$

Etant donnés deux ensembles a, b, la collection X des applications de a dans b est un ensemble : car une application de a dans b est une partie de $a \times b$, donc est élément de $\mathscr{P}(a \times b)$. Donc $X(f)$ équivaut à :

$$X(f) \text{ et } f \in \mathscr{P}(a \times b).$$

D'où le résultat d'après le schéma de compréhension.

L'ensemble des applications de a dans b est noté b^a.

Réunion, intersection et produit d'une famille d'ensembles. Soit a une famille d'ensembles indexée par un ensemble I ; nous utiliserons la notation $(a_i)_{i \in I}$ pour désigner un tel objet ; autrement dit, cette notation représente une fonction a de domaine I.

On appelle *réunion* de la famille $(a_i)_{i \in I}$ et on désigne par $\bigcup_{i \in I} a_i$, la réunion des éléments de l'image de la fonction a. C'est un ensemble b (axiome de la somme) et on a $\forall x [x \in b \Leftrightarrow \exists i (i \in I \text{ et } x \in a_i)]$.

L'*intersection* de la famille $(a_i)_{i \in I}$ est la collection X définie par $X(x)$: $\forall i (i \in I \Rightarrow x \in a_i)$. Si $I = \emptyset$, X est la collection de tous les ensembles, et n'est pas un ensemble.

Si $I \neq \emptyset$, on prend $i_0 \in I$. Alors $X(x)$ équivaut à :

$$« x \in a_{i_0} \text{ et } \forall i (i \in I \Rightarrow x \in a_i) ».$$

D'après le schéma de compréhension, cette collection est alors un ensemble. On le note $\bigcap_{i \in I} a_i$.

Considérons maintenant la collection X des applications f de I dans $\bigcup_{i \in I} a_i$ telles que $f(i) \in a_i$ pour tout $i \in I$. Une telle application est élément de l'ensemble $(\bigcup_{i \in I} a_i)^I$. Par suite, l'énoncé $X(f)$ est équivalent à « $X(f)$ et

$f \in (\bigcup_{i\in I} a_i)^I$ ». La collection X est donc un ensemble d'après le schéma de compréhension. Cet ensemble est appelé *produit* de la famille $(a_i)_{i\in I}$ et noté $\prod_{i\in I} a_i$.

Dans le cas particulier où la fonction a de domaine I est la fonction identité de I dans I, on utilisera les notations $\cup I$, $\cap I$, $\prod I$ au lieu de $\bigcup_{i\in I} a_i$, $\bigcap_{i\in I} a_i$, $\prod_{i\in I} a_i$ respectivement. Ces ensembles sont appelés réunion, intersection et produit des éléments de I. Le premier a déjà été défini plus haut. Le second n'existe que si $I \neq \emptyset$. Notons que $\cup\emptyset = \emptyset$ et $\prod\emptyset = \{\emptyset\}$.

Remarque. Nous utilisons maintenant les mots « fonction » et « application » dans le sens qui vient d'être défini, qui n'est pas leur sens habituel (puisqu'une fonction $f : a \to b$ est un objet de l'univers). Au fur et à mesure des définitions, il va peu à peu en être de même de tous les mots du langage mathématique. Quand nous emploierons ces mots dans leur sens intuitif (ce qui n'arrivera pas souvent), il faudra donc le préciser. Par exemple : soient a, b deux ensembles, A, B les parties (au sens intuitif) de l'univers qui leur correspondent. Si f est une application de a dans b, il lui correspond, de façon évidente, une application (au sens intuitif) de A dans B. Mais il peut y avoir des applications (au sens intuitif) de A dans B qui ne correspondent à aucune application de a dans b.

Chapitre 2

Ordinaux, cardinaux

Relations de bon ordre

Considérons une relation d'ordre $R(x, y)$ et un ensemble a, dont tous les éléments sont dans le domaine de R. On dit que a est *bien ordonné* par R si tout sous-ensemble non vide de a possède un plus petit élément (mod. R).

Il est clair que, si a est bien ordonné par R, tout sous-ensemble de a est bien ordonné par R.

Un ensemble bien ordonné u est, par définition, un couple (a, r) tel que $r \subset a^2$ et tel que l'ensemble a soit bien ordonné par la relation « $(x, y) \in r$ ».

Un ensemble bien ordonné (a, r) est totalement ordonné : en effet, si $x, y \in a$, l'ensemble $\{x, y\}$ a un plus petit élément, donc $(x, y) \in r$ ou $(y, x) \in r$.

Considérons un ensemble a, bien ordonné par la relation d'ordre R. Un sous-ensemble s de a sera appelé *segment initial* s'il a la propriété suivante : quels que soient $x, y \in a$, si $x \in s$ et $y \leqslant x$ (mod. R) alors $y \in s$.

Pour chaque $x_0 \in a$, on désigne par $S_{x_0}(a, R)$, ou par $S_{x_0}(a)$ s'il n'y a pas d'ambiguïté sur R, l'ensemble $\{x \in a;\ x < x_0 \text{ (mod. } R)\}$. C'est évidemment un segment initial de a.

- *Pour que $s \subset a$ soit un segment initial, il faut et il suffit que $s = a$, ou que $s = S_{x_0}(a)$ pour un $x_0 \in a$.*

En effet, si s est un segment initial de a, et si $s \neq a$, l'ensemble $\{x \in a;\ x \notin s\}$ (la différence ensembliste entre a et s, notée $a \setminus s$) est non vide, donc a un plus petit élément x_0. Si $x < x_0$, on a donc $x \in s$; si $x \geqslant x_0$ on ne peut avoir $x \in s$, car alors x_0 serait élément de s.

C.Q.F.D.

Un segment initial de a, qui est différent de a, est appelé *segment initial strict de a*.

Une relation d'ordre total R est dite *relation de bon ordre* si elle a la propriété suivante : pour tout objet x du domaine de R, la collection, (notée $S_x(R)$), des objets y du domaine de R tels que $y < x$ (mod. R) est un ensemble et R est une relation de bon ordre sur cet ensemble.

• *Soient R une relation de bon ordre, D son domaine, T une sous-collection non vide de D (c'est-à-dire $\forall x(T(x) \Rightarrow D(x))$ et $\exists x T(x)$). Alors T a un plus petit élément (mod. R).*

Soit en effet x_0 un objet de T ; ou bien x_0 est le plus petit élément de T, ou bien la collection « T et $S_{x_0}(R)$ » est non vide ; mais cette collection est un ensemble (car $S_{x_0}(R)$ en est un) non vide et contenu dans l'ensemble bien ordonné $S_{x_0}(R)$. Il a donc un plus petit élément, qui est évidemment le plus petit élément de T.

Remarque. Quand on parle d'éléments de la collection T, il s'agit évidemment d'éléments au sens intuitif.

La collection des ordinaux

On dit qu'un ensemble α est un *ordinal*, s'il a les deux propriétés suivantes :

1) La relation $x \in y$ est, sur α, une relation d'ordre strict qui est un bon ordre (donc un ordre total) ;

2) Si $x \in \alpha$, alors $x \subset \alpha$.

La relation à un argument (collection) : « α est un ordinal » est écrite $On(\alpha)$. L'énoncé $On(\alpha)$ est donc :

$\forall x \forall y[x \in \alpha$ et $y \in \alpha \Rightarrow x \notin y$ ou $y \notin x]$ et
$\forall x \forall y \forall z[x \in \alpha$ et $y \in \alpha$ et $z \in \alpha$ et $x \in y$ et $y \in z \Rightarrow x \in z]$ et
$\forall z[z \subset \alpha$ et $z \neq \emptyset \Rightarrow \exists x(x \in z$ et $\forall y(y \in z \Rightarrow x \in y$ ou $x = y))]$ et
$\forall x \forall y[x \in \alpha$ et $y \in x \Rightarrow y \in \alpha]$.

Par exemple, on vérifie aisément que $\emptyset$, $\{\emptyset\}$, $\{\emptyset, \{\emptyset\}\}$ sont des ordinaux.

• *Soit α un ordinal; alors les segments initiaux de α sont α et les éléments de α.*

En effet, les segments initiaux de α, différents de α, sont les $S_\xi(\alpha)$ pour $\xi \in \alpha$. Or on a :

$$S_\xi(\alpha) = \{\eta \in \alpha\,;\, \eta < \xi\} = \{\eta \in \alpha\,;\, \eta \in \xi\} = \xi \cap \alpha = \xi$$

puisque $\xi \subset \alpha$.

C.Q.F.D.

• *Tous les éléments d'un ordinal α sont des ordinaux.*

Soit en effet $\xi \in \alpha$; alors $\xi \subset \alpha$ et donc la relation $x \in y$ est un bon ordre sur ξ. D'autre part, si $x \in \xi$ et $y \in x$, alors $x \in \alpha$ (car $\xi \subset \alpha$) donc $y \in \alpha$ (car $x \subset \alpha$). Comme $\in$ est une relation d'ordre sur α, on a donc $y \in \xi$.

C.Q.F.D.

• *Pour tout ordinal α, $\alpha \notin \alpha$.*

Soit ξ un élément quelconque de α. Alors $\xi \notin \xi$ puisque $\in$ est une relation d'ordre strict sur α. En particulier, si α est élément de α, alors $\alpha \notin \alpha$, ce qui est une contradiction.

C.Q.F.D.

• *Soient α, β deux ordinaux. Alors $\alpha = \beta$ ou $\beta \in \alpha$ ou $\alpha \in \beta$ et ces trois cas s'excluent l'un l'autre.*

On pose $\xi = \alpha \cap \beta$. Alors ξ est un segment initial de α : si $x \in \xi$, $y \in x$, alors $x \in \alpha$ et $x \in \beta$, donc $y \in \alpha$ et $y \in \beta$ et donc $y \in \xi$. De même, ξ est un segment initial de β. Donc : ($\xi = \alpha$ ou $\xi \in \alpha$) et ($\xi = \beta$ ou $\xi \in \beta$). On a donc quatre cas possibles :

$\xi = \alpha$ et $\xi = \beta$; alors $\alpha = \beta$.
$\xi = \alpha$ et $\xi \in \beta$; alors $\alpha \in \beta$.
$\xi = \beta$ et $\xi \in \alpha$; alors $\beta \in \alpha$.
$\xi \in \alpha$ et $\xi \in \beta$; alors ξ est un ordinal et $\xi \in \alpha \cap \beta$, soit $\xi \in \xi$ ce qui est une contradiction puisque ξ est un ordinal.

On ne peut avoir $\alpha = \beta$ et $\alpha \in \beta$ puisque $\beta \notin \beta$; on ne peut avoir $\alpha \in \beta$ et $\beta \in \alpha$: car $\alpha \in \beta \Rightarrow \alpha \subset \beta$, et si $\beta \in \alpha$ on a alors $\beta \in \beta$.

C.Q.F.D.

• *La relation d'appartenance sur la collection On (c'est-à-dire la relation binaire « $x \in y$ et $On(x)$ et $On(y)$ ») est une relation de bon ordre.*

On vient de montrer que c'est une relation d'ordre total strict. De plus, pour tout ordinal α, $S_\alpha(On) = \alpha$ (car $\xi < \alpha \Leftrightarrow \xi \in \alpha$).

Noter que *si α, β sont des ordinaux, $\alpha \leqslant \beta \Leftrightarrow \alpha \subset \beta$.*

• *La collection On n'est pas un ensemble.*

Supposons que *On* soit un ensemble a. Alors a est bien ordonné par $\in$, et tout élément de a est un ordinal donc est contenu dans a. Cela montre que a est un ordinal. On a donc $On(a)$, soit $a \in a$, ce qui contredit le fait que a est un ordinal.

C.Q.F.D.

• *Si α est un ordinal, le plus petit ordinal $> \alpha$ est $\alpha \cup \{\alpha\}$. On l'appelle* successeur *de α et on le note aussi $\alpha + 1$.*

On vérifie en effet aisément que si α est un ordinal, $\beta = \alpha \cup \{\alpha\}$ en est un ; comme $\alpha \in \beta$, on a $\alpha < \beta$. De plus, si $\gamma > \alpha$, alors $\alpha \subset \gamma$ et $\alpha \in \gamma$, donc $\gamma \supset \alpha \cup \{\alpha\}$ c'est-à-dire $\gamma \geqslant \beta$.

Comme $\emptyset \subset \alpha$ pour tout ordinal α, l'ordinal $\emptyset$ est le premier ordinal ; on le note 0 ; son successeur est $\{0\}$ noté 1, le successeur de 1 est $1 \cup \{1\}$ soit $\{0, \{0\}\}$, et est noté 2, etc.

- *Tout ensemble d'ordinaux a une borne supérieure qui est la réunion des éléments de cet ensemble.*

Soit a un ensemble d'ordinaux, et $\beta = \bigcup_{\alpha \in a} \alpha$. Si x est un sous-ensemble non vide de β, on a $x \cap \alpha_0 \neq \emptyset$ pour un $\alpha_0 \in a$. Alors $x \cap \alpha_0$ a un plus petit élément (sous-ensemble non vide de l'ensemble bien ordonné α_0) qui est évidemment le plus petit élément de x. Cela montre que β est bien ordonné par $\in$. De plus, si $x \in \beta$ et $y \in x$, on a $x \in \alpha$ pour un $\alpha \in a$, donc $y \in \alpha$, d'où $y \in \beta$. Cela montre que β est un ordinal. On a $\beta \geqslant \alpha$ quel que soit $\alpha \in a$; de plus, si $\gamma \geqslant \alpha$ pour tout $\alpha \in a$, alors $\gamma \supset \alpha$ pour tout $\alpha \in a$, donc $\gamma \supset \beta$, soit $\gamma \geqslant \beta$.

C.Q.F.D.

Lemme 2.1. *Soient α et β deux ordinaux, et $f : \alpha \to \beta$ une application strictement croissante. Alors $\alpha \leqslant \beta$ et $\xi \leqslant f(\xi)$ pour tout $\xi \in \alpha$.*

Soit ξ le plus petit élément de α tel que $f(\xi) < \xi$ s'il en existe. Comme f est strictement croissante, on a $f(f(\xi)) < f(\xi)$. Donc, en posant $\eta = f(\xi)$, on a $\eta < \xi$ et $f(\eta) < \eta$, ce qui contredit la définition de ξ. Pour tout $\gamma \in \alpha$, on a donc $\gamma \leqslant f(\gamma) \in \beta$, donc $\gamma \in \beta$. Il en résulte que $\alpha \subset \beta$, donc $\alpha \leqslant \beta$.

C.Q.F.D.

Théorème 2.2. *Soient α et β deux ordinaux, et f un isomorphisme d'ensembles ordonnés de α sur β. Alors $\alpha = \beta$, et f est l'application identique.*

D'après le lemme 2.1, on a $\alpha \leqslant \beta$, et $\gamma \leqslant f(\gamma)$ pour tout $\gamma \in \alpha$. Comme f^{-1} est un isomorphisme de β sur α, on a $\beta \leqslant \alpha$ (et donc $\alpha = \beta$), et $\gamma \leqslant f^{-1}(\gamma)$ pour tout $\gamma \in \beta$. En appliquant f aux deux membres de cette inégalité, on obtient $f(\gamma) \leqslant \gamma$, et donc $f(\gamma) = \gamma$ pour tout $\gamma \in \alpha$.

C.Q.F.D.

Théorème 2.3. *Pour chaque ensemble bien ordonné u, il existe un isomorphisme et un seul de u sur un ordinal.*

Unicité. Si f est un isomorphisme de u sur l'ordinal α, et g un isomorphisme de u sur β, $g \circ f^{-1}$ est un isomorphisme de α sur β ; donc $\alpha = \beta$ et $g \circ f^{-1}$ est l'application identique. D'où $f = g$.

Existence. On a $u = (a, r)$ ($r \subset a^2$ est une relation de bon ordre sur a). On pose :

$$b = \{x \in a \,;\, S_x(a) \text{ est isomorphe à un ordinal}\}.$$

Pour tout $x \in b$, $S_x(a)$ est isomorphe à un ordinal, et un seul d'après ce qui précède ; désignons cet ordinal par $\beta(x)$.

Si $y \in b$ et $x < y$, alors $x \in b$ et $\beta(x) < \beta(y)$: dans l'isomorphisme de $S_y(a)$ sur $\beta(y)$, le segment initial strict $S_x(a)$ de $S_y(a)$, devient un segment initial strict de $\beta(y)$, donc un ordinal $\beta(x) < \beta(y)$.

L'ensemble des $\beta(x)$ pour $x \in b$ (qui existe d'après le schéma de substitution), est un segment initial de On : si $\xi \leqslant \beta(x)$, ξ est isomorphe à un segment initial de $S_x(a)$, donc à $S_y(a)$ pour un $y \leqslant x$, donc $\xi = \beta(y)$.

Cela montre que l'ensemble des $\beta(x)$ pour $x \in b$ est un ordinal δ ; alors l'application $x \mapsto \beta(x)$ est un isomorphisme de b sur δ.

Si $b \neq a$, on a $b = S_{x_0}(a)$ avec $x_0 \in a$, puisque b est un segment initial de a. Mais comme on vient de montrer que $S_{x_0}(a)$ est isomorphe à un ordinal, on a $x_0 \in b$, soit $x_0 \in S_{x_0}(a)$, ce qui contredit la définition de $S_{x_0}(a)$.

Donc $b = a$, et on a un isomorphisme de a (muni de la relation d'ordre r) sur l'ordinal β.

C.Q.F.D.

• *Considérons maintenant une relation de bon ordre $R(x, y)$, de domaine D, qui n'est pas un ensemble. On définit une relation fonctionnelle J qui établit un isomorphisme entre D et On.*

On définit la relation fonctionnelle $\alpha = J(x)$ par l'énoncé « α est un ordinal isomorphe au segment $S_x(R)$ ». C'est bien une relation fonctionnelle de domaine D, puisque pour tout x de D, il existe un ordinal et un seul isomorphe à $S_x(R)$. C'est bien un isomorphisme pour les ordres respectifs de D et de On : si $x < y$ (mod. R), alors $S_x(R)$ est un segment initial strict de $S_y(R)$; mais il existe un isomorphisme de $S_y(R)$ sur $J(y)$ et l'image de $S_x(R)$ par cet isomorphisme est un segment initial strict de $J(y)$, donc un ordinal $J(x) < J(y)$. L'image de J est un segment initial de On : si $\beta \leqslant J(x)$, dans l'isomorphisme de $J(x)$ sur $S_x(R)$, β devient un segment initial de $S_x(R)$, c'est-à-dire $S_y(R)$ pour un $y \leqslant x$; d'où $\beta = J(y)$. Comme J est injective, J^{-1} est une relation fonctionnelle dont l'image est D et dont le domaine est l'image de J. Comme D n'est pas un ensemble, le domaine de J^{-1} n'en est pas un non plus (schéma de substitution). Donc l'image de J est un segment initial de On qui n'est pas un ensemble ; c'est donc On tout entier.

C.Q.F.D.

Remarquons que J est la seule relation fonctionnelle qui établisse un isomorphisme entre D et On : si J' est une telle relation, et si x est un objet de D, J' définit un isomorphisme de $S_x(R)$ sur l'ordinal $J'(x)$; donc $J'(x)$ est l'ordinal du segment initial $S_x(R)$.

Définitions par induction sur les ordinaux

Considérons un énoncé $E(x)$ à une variable libre. Pour que $E(\alpha)$ soit vrai pour tout ordinal α (il faut et) il suffit que, pour tout ordinal α, si $E(\beta)$ est vrai pour tout $\beta < \alpha$, alors $E(\alpha)$ est vrai ; autrement dit que l'énoncé

$$\forall\alpha[\forall\beta(\beta < \alpha \Rightarrow E(\beta)) \Rightarrow E(\alpha)]$$

soit vrai.

La démonstration est immédiate : si $E(\alpha)$ n'est pas vrai pour un ordinal α, on choisit le premier tel ordinal. Alors, pour tout $\beta < \alpha$, $E(\beta)$ est vrai, et donc par hypothèse $E(\alpha)$ est vrai, ce qui est une contradiction.

Cette méthode de démonstration de l'énoncé $\forall\alpha E(\alpha)$ s'appelle *démonstration par induction sur les ordinaux.*

Notation. Considérons une relation fonctionnelle F et une sous-collection C du domaine de F ; nous désignerons par $F \restriction C$ la relation fonctionnelle qui est la *restriction* de F à C, c'est-à-dire la relation « $y = F(x)$ et $C(x)$ » ; en particulier, si a est un ensemble dont tous les éléments sont dans le domaine de F, alors $F \restriction a$ désigne la *fonction* qui est la restriction de F à a.

Définition. Soient $y = H(x)$ une relation fonctionnelle. Une fonction f sera dite *H-inductive* si elle a pour domaine un ordinal α, et si pour tout ordinal $\beta < \alpha$, la fonction $f \restriction \beta$ est dans le domaine de H, et $f(\beta) = H(f \restriction \beta)$.

Lemme 2.4. *Il existe au plus une fonction H-inductive de domaine α.*

Soient f et g deux fonctions H-inductives distinctes de domaine α, et β le premier ordinal $< \alpha$ tel que $f(\beta) \neq g(\beta)$. On a donc $f(\gamma) = g(\gamma)$ pour tout $\gamma < \beta$, soit $f \restriction \beta = g \restriction \beta$. Donc $f(\beta) = H(f \restriction \beta) = H(g \restriction \beta) = g(\beta)$, ce qui est une contradiction.

C.Q.F.D.

Il est clair que, si f est la fonction H-inductive dont le domaine est l'ordinal α, et si $\beta < \alpha$, alors $f \restriction \beta$ est la fonction H-inductive de domaine β.

Théorème 2.5. *Soient $y = H(x)$ une relation fonctionnelle, et α un ordinal tel que toute fonction H-inductive de domaine $\beta < \alpha$ soit dans le domaine de H. Alors il existe une fonction H-inductive et une seule de domaine α.*

Unicité. Déjà démontrée (lemme 2.4).

Existence. Soit τ l'ensemble des $\beta < \alpha$ tels qu'il existe une fonction H-inductive f_β de domaine β. Il est clair que τ est un segment initial de α ; de plus, d'après l'unicité, si $\beta < \beta' \in \tau$ alors $f_\beta = f_{\beta'} \restriction \beta$.

Comme τ est un segment initial de α, c'est un ordinal $\leqslant \alpha$. On définit une fonction f_τ de domaine τ, en posant $f_\tau(\beta) = H(f_\beta)$ pour chaque $\beta \in \tau$.

Si $\gamma < \beta < \tau$, on a $f_\tau(\gamma) = H(f_\gamma) = H(f_\beta \restriction \gamma) = f_\beta(\gamma)$. Cela montre que $f_\beta = f_\tau \restriction \beta$. Pour tout $\beta \in \tau$, on a donc $f_\tau(\beta) = H(f_\tau \restriction \beta)$. Autrement dit, f_τ est une fonction H-inductive de domaine τ.

Si $\tau < \alpha$, la définition de τ montre alors que $\tau \in \tau$, ce qui est faux puisque τ est un ordinal ; donc $\tau = \alpha$ et f_τ est la fonction cherchée.

C.Q.F.D.

Il est clair que l'hypothèse du théorème 2.5 est vérifiée si H est définie sur l'univers entier (la collection de tous les ensembles), et également si H est à valeurs dans une collection A fixée, et a pour domaine la collection des fonctions définies sur un ordinal $\beta < \alpha$, à valeurs dans A. On a donc :

Corollaire 2.6. *Soient α un ordinal, A une collection, M la collection des applications définies sur les ordinaux $\beta < \alpha$ et à valeurs dans A, et H une relation fonctionnelle de domaine M, à valeurs dans A. Alors il existe une fonction f et une seule, définie sur α, telle que $f(\beta) = H(f \restriction \beta)$ pour tout $\beta < \alpha$.*

Quand on utilise le théorème 2.5, ou le corollaire 2.6, pour obtenir une fonction f de domaine α, on dit que f *a été définie par induction, au moyen de H*. Le théorème 2.7 (ainsi que son corollaire 2.8) ci-dessous permet de définir par induction une relation fonctionnelle de domaine *On* tout entier.

Théorème 2.7. *Soit $y = H(x)$ une relation fonctionnelle, telle que toute fonction H-inductive soit dans le domaine de H. On peut alors définir une relation fonctionnelle F, de domaine On, telle que $F(\alpha) = H(F \restriction \alpha)$ pour tout ordinal α. C'est la seule relation fonctionnelle ayant ces propriétés. De plus, $F \restriction \alpha$ est une fonction H-inductive pour tout ordinal α.*

La relation fonctionnelle $y = F(\alpha)$ est donnée par l'énoncé : « il existe une fonction H-inductive f_α de domaine α, et $y = H(f_\alpha)$ ».

En effet d'après le théorème 2.5, pour tout ordinal α, il existe une telle fonction f_α et une seule ; ce qui montre que F est bien une relation fonctionnelle de domaine *On*.

De plus, si $\beta < \alpha$, on a $f_\beta = f_\alpha \restriction \beta$. Donc $F(\beta) = H(f_\beta) = H(f_\alpha \restriction \beta) = f_\alpha(\beta)$ pour tout $\beta < \alpha$. Cela montre que $f_\alpha = F \restriction \alpha$ (et donc que $F \restriction \alpha$ est H-inductive). Comme $F(\alpha) = H(f_\alpha)$, on a donc bien $F(\alpha) = H(F \restriction \alpha)$.

Enfin, si G est aussi une relation fonctionnelle de domaine On, telle que $G(\alpha) = H(G \restriction \alpha)$ pour tout ordinal α, montrons, par induction sur les ordinaux, que $F(\alpha) = G(\alpha)$. On suppose donc $F(\beta) = G(\beta)$ pour tout $\beta < \alpha$. Par suite, on a $F \restriction \alpha = G \restriction \alpha$, d'où $H(F \restriction \alpha) = H(G \restriction \alpha)$, soit $F(\alpha) = G(\alpha)$ pour tout ordinal α.

C.Q.F.D.

Comme précédemment, il est clair que l'hypothèse du théorème 2.7 est vérifiée si H est définie sur l'univers entier, et également si H est à valeurs dans une collection A fixée, et a pour domaine la collection de toutes les fonctions définies sur un ordinal, à valeurs dans A. On a donc :

Corollaire 2.8. *Soient A une collection, M la collection des applications définies sur les ordinaux, à valeurs dans A, H une relation fonctionnelle de domaine M, à valeurs dans A. On peut alors définir une relation fonctionnelle F, de domaine On, à valeurs dans A, telle que $F(\alpha) = H(F \restriction \alpha)$ pour tout ordinal α. C'est la seule relation fonctionnelle ayant ces propriétés.*

Induction sur une collection stratifiée

Une *collection stratifiée* est la donnée d'une collection W et d'une relation fonctionnelle $y = \rho(x)$, de domaine W, à valeurs dans On, telles que, pour tout ordinal α, la collection « $W(x)$ et $(\rho(x) < \alpha)$ » soit un ensemble, noté W_α.

- *Soient $W(x), y = \rho(x)$, formant une collection stratifiée, M la collection des fonctions dont le domaine est l'un des W_α, $y = H(x, f)$ une relation fonctionnelle de domaine « $W(x)$ et $M(f)$ ». On définit ci-dessous une relation fonctionnelle F de domaine W, telle que, pour tout objet a de W, on ait :*

(∗) $$F(a) = H[a, F \restriction W_{\rho(a)}].$$

C'est la seule relation fonctionnelle ayant cette propriété.

La relation fonctionnelle F qui est ainsi définie est dite *définie sur la collection W par induction sur $\rho(x)$, par la condition* (∗).

Pour chaque ordinal α, soit $W'_\alpha = \{x;\ W(x) \text{ et } \rho(x) = \alpha\}$. On a $W'_\alpha \cap W'_\beta = \emptyset$ si α et β sont deux ordinaux distincts ; $W_\alpha = \bigcup_{\beta<\alpha} W'_\beta$ pour tout ordinal α. On définit par induction sur On une relation fonctionnelle $y = G(\alpha)$ ($G(\alpha)$ étant, pour chaque ordinal α une fonction de domaine W'_α) en posant :
$G(\alpha) =$ la fonction ϕ de domaine W'_α définie par $\phi(x) = H[x, \bigcup_{\beta<\alpha} G(\beta)]$ pour tout $x \in W'_\alpha$.

Ceci a bien un sens, puisque $\bigcup_{\beta<\alpha} G(\beta)$ est une fonction de domaine W_α. On écrit alors l'énoncé $y = F(x)$ de la façon suivante :

$$\text{« } W(x) \text{ et } y = G[\rho(x)](x) \text{ ».}$$

On a alors $F \restriction W_\alpha = \bigcup_{\beta<\alpha} G(\beta)$; car si $x \in W_\alpha$, on a $x \in W'_\beta$ pour $\beta = \rho(x)$, $\beta < \alpha$, d'où $F(x) = G(\beta)(x)$ par définition.
Par suite, pour tout objet a de W, on a :
$F(a) = G[\rho(a)](a) = H[a, \bigcup_{\beta<\rho(a)} G(\beta)]$ (par définition de G) $= H[a, F \restriction W_{\rho(a)}]$ ce qui montre que la condition $(*)$ est satisfaite.

Si $y = F'(x)$ est une autre relation fonctionnelle de domaine W, satisfaisant $(*)$, considérons le premier ordinal α tel qu'on puisse trouver a dans W, avec $\rho(a) = \alpha$ et $F(a) \neq F'(a)$ (s'il en existe). On a alors :

$$F(a) = H[a, F \restriction W_\alpha].$$

Or, si $\rho(x) < \alpha$, on a $F(x) = F'(x)$ par définition de α. Donc $F \restriction W_\alpha = F' \restriction W_\alpha$, d'où $F(a) = H[a, F' \restriction W_\alpha] = F'(a)$ ce qui est une contradiction. On a donc $F(x) = F'(x)$ pour tout x dans W.

L'axiome du choix

L'axiome du choix (en abrégé *AC*) est l'axiome suivant :

Pour chaque ensemble a, dont les éléments sont non vides et disjoints deux à deux, il existe un ensemble dont l'intersection avec chaque élément de a est un ensemble à un seul élément.

Ce qu'on peut écrire :

$$\forall a\{[\forall x(x \in a \Rightarrow x \neq \emptyset) \text{ et } \forall x \forall y(x \in a \text{ et } y \in a \Rightarrow x = y \text{ ou } x \cap y = \emptyset)] \Rightarrow \exists b \forall x \exists u(x \in a \Rightarrow b \cap x = \{u\})\}.$$

Les énoncés suivants sont équivalents à *AC* (moyennant les autres axiomes) :

AC' : Pour tout ensemble a, il existe une application h de l'ensemble des parties non vides de a dans a, telle que $h(x) \in x$ pour toute partie x non vide de a.
Une telle fonction est appelée *fonction de choix* sur l'ensemble a.

AC'' : Le produit d'une famille d'ensembles non vides est non vide.

AC' $\Rightarrow$ *AC* : désignons par b la réunion des éléments de a ; on applique *AC'* à l'ensemble b. Chaque élément x de a est une partie non vide de b. L'ensemble $\{h(x) ; x \in a\}$ a exactement un élément en commun avec chaque élément x de a.

AC $\Rightarrow$ *AC''* : soit $(a_i)_{i\in I}$ une famille d'ensembles non vides. On pose $b_i = \{i\} \times a_i$. Alors la famille $(b_i)_{i\in I}$ est formée d'ensembles non vides et disjoints deux à deux. Soit ξ un ensemble tel que $\xi \cap b_i$ ait un seul élément pour tout $i \in I$. Alors $(\xi \cap \bigcup_{i\in I} b_i) \in \prod_{i\in I} a_i$, par définition de $\prod_{i\in I} a_i$.

$AC'' \Rightarrow AC'$: si a est un ensemble quelconque, on forme le produit : $\prod\{x;\ x \subset a,\ x \neq \emptyset\}$. D'après AC'' cet ensemble est non vide. Si φ est un élément de cet ensemble, on a bien $\varphi(x) \in x$ pour toute partie x non vide de a.

Voici un autre énoncé équivalent à l'axiome du choix.

Théorème 2.9 (Zermelo). *Sur tout ensemble, il existe un bon ordre.*

Si cet énoncé est vrai, AC' est satisfait : on considère un bon ordre r sur a ($r \subset a^2$) et on définit $h : (\mathscr{P}(a) \setminus \{\emptyset\}) \to a$ en posant : $h(x)$ = le premier élément de x (mod. r).

Inversement, supposons AC' satisfait ; soient a un ensemble sur lequel il n'existe pas de bon ordre, et $h : (\mathscr{P}(a) \setminus \{\emptyset\}) \to a$ une fonction de choix sur a. On définit une relation fonctionnelle H, dont le domaine est la collection des fonctions f dont l'image $\mathrm{Im}(f)$ ne contient pas a. Cette relation fonctionnelle est définie en posant $H(f) = h(a \setminus \mathrm{Im}(f))$.

Soit f une fonction H-inductive, dont le domaine est un ordinal α. Pour $\beta < \alpha$, on a $f(\beta) = H(f \upharpoonright \beta) \in a \setminus \mathrm{Im}(f \upharpoonright \beta)$, donc $f(\beta) \notin \mathrm{Im}(f \upharpoonright \beta)$. Par suite, si $\gamma < \beta$, on a $f(\beta) \neq f(\gamma)$, ce qui montre que f est une injection de α dans a.

Si f n'est pas dans le domaine de H, on a $\mathrm{Im}(f) \supset a$. Par suite, f est une bijection de l'ordinal α sur a. Il en résulte que a peut être bien ordonné, ce qui contredit l'hypothèse.

On a ainsi montré que toute fonction H-inductive est dans le domaine de H. D'après le théorème 2.7, on a une relation fonctionnelle $y = F(\alpha)$, de domaine On, telle que $F(\alpha) = H(F \upharpoonright \alpha)$ et $F \upharpoonright \alpha$ est H-inductive pour tout ordinal α. Par suite, $F \upharpoonright \alpha$ est une injection de α dans a, et donc F est une relation fonctionnelle injective de domaine On, à valeurs dans a. Ceci est impossible : en effet, le schéma de substitution appliqué à F^{-1} exprimerait alors que On est un ensemble. Cette contradiction montre qu'il existe un bon ordre sur a.

C.Q.F.D.

Remarque. On a en fait montré plus précisément (sans AC) :

- *Pour qu'un ensemble a puisse être bien ordonné, il faut et il suffit qu'il existe une fonction* $h : (\mathscr{P}(a) \setminus \{\emptyset\}) \to a$ *telle que* $h(x) \in x$ *pour toute partie non vide x de a (fonction de choix sur a).*

Définitions. R étant une relation d'ordre, et T une sous-collection du domaine D de R, un objet x de D est appelé *majorant* de T (resp. majorant strict de T) s'il est $\geqslant$ (resp. $>$) à tout objet de T. Un objet x de D est dit *maximal* s'il n'admet pas de majorant strict. Enfin, si la collection des majorants de T dans D a un plus petit élément, on l'appelle *borne supérieure de T*.

A l'aide de l'axiome du choix, on montre le :

Théorème 2.10 (Zorn). *Soit u un ensemble ordonné dont toute partie bien ordonnée est majorée. Alors u a un élément maximal.*

On a $u = (a, r)$ où r est une relation d'ordre sur a ; on suppose AC' satisfait, et par suite on a une fonction $h : (\mathscr{P}(a) \setminus \{\emptyset\}) \to a$ telle que $h(x) \in x$ pour tout $x \in (\mathscr{P}(a) \setminus \{\emptyset\})$.
Soit c l'ensemble des parties de a qui ont un majorant strict (pour l'ordre r). On définit une application $m : c \to a$, en posant :

$$m(x) = h(\text{l'ensemble des majorants stricts de } x).$$

Donc, pour tout $x \in c$, $m(x)$ est un majorant strict de x.

On définit une relation fonctionnelle H, dont le domaine est la collection des fonctions f telles que $\text{Im}(f) \in c$, en posant $H(f) = m(\text{Im}(f))$.

Soit f une fonction H-inductive, dont le domaine est un ordinal α. Pour $\beta < \alpha$, on a $f(\beta) = H(f \upharpoonright \beta)$ qui est un majorant strict de $\text{Im}(f \upharpoonright \beta)$. Par suite, si $\gamma < \beta$, on a $f(\gamma) < f(\beta)$, ce qui montre que f est une fonction strictement croissante de α dans a. L'image de f est donc une partie bien ordonnée de a, et a donc un majorant $\mu \in a$.

Si f n'est pas dans le domaine de H, on a $\text{Im}(f) \notin c$. Par suite, $\text{Im}(f)$ n'a pas de majorant strict. Il en résulte que μ n'a pas de majorant strict, c'est-à-dire est maximal, ce qui donne le résultat cherché.

On peut donc supposer que toute fonction H-inductive est dans le domaine de H. D'après le théorème 2.7, on peut écrire une relation fonctionnelle $y = F(\alpha)$, de domaine On, telle que $F(\alpha) = H(F \upharpoonright \alpha)$ et $F \upharpoonright \alpha$ est H-inductive pour tout ordinal α. Par suite, $F \upharpoonright \alpha$ est une fonction strictement croissante de α dans a ; donc F est une relation fonctionnelle injective, de On tout entier dans a, ce qui est impossible.

C.Q.F.D.

On montre réciproquement qu'un énoncé, en apparence plus faible que le théorème de Zorn, implique l'axiome du choix.

Réciproque. *On suppose que tout ensemble ordonné qui a la propriété que tout sous-ensemble totalement ordonné possède une borne supérieure, possède un élément maximal. Alors AC est vrai.*

Considérons en effet un ensemble a dont tous les éléments sont non vides et disjoints deux à deux. Soit b la réunion des éléments de a ; soit X l'ensemble des parties de b qui rencontrent chaque élément x de a en un élément au plus ; X est ordonné par inclusion. Soit Y un sous-ensemble totalement ordonné de X ; alors $\bigcup_{y \in Y} y \in X$: en effet si $x \in a$, ou bien $x \cap y = \emptyset$ pour tout $y \in Y$, donc $x \cap \bigcup_{y \in Y} y = \emptyset$; ou bien $x \cap y_0 = \{u\}$ pour un $y_0 \in Y$;

alors $x \cap \bigcup_{y \in Y} y = \{u\}$ (si $v \in x \cap \bigcup_{y \in Y} y$, alors $v \in x \cap y_1$ pour un $y_1 \in Y$; or $y_0 \cup y_1 = y_0$ ou y_1 puisque Y est totalement ordonné par inclusion ; donc $x \cap (y_1 \cup y_0)$ a un élément au plus, et $u = v$).

Par suite l'ensemble ordonné X a la propriété exigée dans l'énoncé ; d'où un élément maximal y_0 de X. Alors $x \cap y_0$ est un ensemble à un élément pour tout $x \in a$: en effet, si $x \cap y_0 = \emptyset$ pour un élément x de a, on prend $\xi \in x$; alors $y_0 \cup \{\xi\} \in X$, ce qui contredit la maximalité de y_0.

C.Q.F.D.

Cardinaux

(Dans ce paragraphe, sauf indication contraire, nous supposons l'axiome du choix.)

Deux ensembles a et b sont dits *équipotents* s'il existe une bijection de a sur b.

Remarque. Soient A, B les parties (au sens intuitif) de l'univers $\mathscr{U}$ formées respectivement des éléments de a et de b. Alors A et B peuvent être équipotentes (au sens intuitif) sans que a et b soient équipotents : en effet, dire que a et b sont équipotents revient à dire qu'il existe une bijection (au sens intuitif) de A sur B et, *de plus*, que cette bijection correspond à un objet de l'univers.

Il est clair que la relation « x est équipotent à y » est une relation d'équivalence dont le domaine est la collection de tous les ensembles.

D'après l'axiome du choix, tout ensemble a est équipotent à un ordinal : car il existe un bon ordre sur a, donc un isomorphisme de a muni de ce bon ordre sur un ordinal.

On appelle *cardinal* de a, et on désigne par $\overline{\overline{a}}$, ou par card(a), le plus petit ordinal équipotent à a.

Par suite : deux ensembles a et b sont équipotents si et seulement si $\overline{\overline{a}} = \overline{\overline{b}}$.

La collection des cardinaux est désignée par *Cn*. Elle est donc définie par l'énoncé suivant, noté $Cn(\alpha)$:

« α est un ordinal qui n'est équipotent à aucun ordinal $\beta < \alpha$ ».

Notons que cette définition n'utilise pas *AC*.

Théorème 2.11. *Soient a, b deux ensembles non vides. Les conditions suivantes sont équivalentes :*

1) Il existe une injection de a dans b ;

2) Il existe une surjection de b sur a ;

3) $\overline{\overline{a}} \leqslant \overline{\overline{b}}$.

S'il existe une injection $j : a \to b$, on définit une surjection $s : b \to a$ de la façon suivante : on prend un élément x_0 de a et on pose $s(y) = x_0$ pour tout élément y de b qui n'est pas atteint par j ; $s(y) =$ l'élément x de a tel que $y = j(x)$ si y est atteint par j.

Inversement, supposons qu'il existe une surjection $s : b \to a$. D'après *AC*, il existe une fonction

$$h : \mathscr{P}(b) \setminus \{\emptyset\} \to b$$

telle que $h(Y) \in Y$ pour toute partie Y non vide de b. Pour $x \in a$, on définit $j(x) = h$(l'ensemble des éléments y de b tels que $s(y) = x$) ; alors j est une injection de a dans b.

Si $\overline{\overline{a}} \leqslant \overline{\overline{b}}$, il existe deux bijections $f : a \to \overline{\overline{a}}$, $g : b \to \overline{\overline{b}}$ et une injection $i : \overline{\overline{a}} \to \overline{\overline{b}}$ qui est l'application identique (puisque $\overline{\overline{a}} \subset \overline{\overline{b}}$) . Donc $g^{-1} \circ i \circ f$ est une injection de a dans b.

Inversement, soit j une injection de a dans b ; alors $g \circ j$ est une injection k de a dans $\overline{\overline{b}}$. Soit $u \subset \overline{\overline{b}}$ l'image de k. C'est un ensemble bien ordonné, et il existe donc un ordinal β et un isomorphisme $\phi : \beta \to u \subset \overline{\overline{b}}$ de β sur u. D'après le lemme 2.1, on a $\beta \leqslant \overline{\overline{b}}$. Comme a est équipotent à u, donc à l'ordinal β, on a $\overline{\overline{a}} \leqslant \beta$ par définition des cardinaux ; d'où $\overline{\overline{a}} \leqslant \overline{\overline{b}}$.

C.Q.F.D.

Corollaire 2.12 (théorème de Cantor-Bernstein). *Pour que deux ensembles a et b soient équipotents, (il faut et) il suffit qu'il existe une injection de chacun des deux dans l'autre.*

En effet, s'il existe une injection de a dans b, et une injection de b dans a, on a $\overline{\overline{a}} \leqslant \overline{\overline{b}}$ et $\overline{\overline{b}} \leqslant \overline{\overline{a}}$, d'où $\overline{\overline{a}} = \overline{\overline{b}}$.

C.Q.F.D.

Nous avons démontré ce théorème en utilisant l'axiome du choix, mais on peut le démontrer sans cet axiome (voir exercice 2).

Théorème 2.13 (Cantor). *Pour tout ensemble a,* $\overline{\overline{a}} < \overline{\overline{\mathscr{P}(a)}}$.

Supposons que $\overline{\overline{a}} \geqslant \overline{\overline{\mathscr{P}(a)}}$; il existe alors une surjection h de a sur $\mathscr{P}(a)$. Soit $b = \{x \in a;\ x \notin h(x)\}$. Alors b est une partie de a, donc il existe $c \in a$ tel que $h(c) = b$. Mais $c \in b \Leftrightarrow c \notin h(c) \Leftrightarrow c \notin b$ ce qui est une contradiction.

C.Q.F.D.

Notons qu'on a montré ainsi, sans utiliser AC :

Théorème 2.14. *Pour tout ensemble a, il n'existe aucune surjection de a sur $\mathscr{P}(a)$ (et, a fortiori, aucune injection de $\mathscr{P}(a)$ dans a).*

Le théorème suivant n'utilise pas non plus l'axiome du choix :

Théorème 2.15. *La collection des cardinaux n'est pas un ensemble.*

Supposons que les cardinaux forment un ensemble C ; alors cet ensemble d'ordinaux a une borne supérieure $\lambda = \bigcup C$, et tout ordinal est équipotent à λ où à un élément de λ, donc à une partie de λ. Soit Λ la collection des bons ordres sur les parties de λ ; tout objet r de Λ est sous-ensemble de λ^2 ; donc $\Lambda(r)$ équivaut à « $r \in \mathscr{P}(\lambda^2)$ et $\Lambda(r)$ » ce qui montre (schéma de compréhension) que Λ est un ensemble.

Or l'image de Λ par la relation fonctionnelle :

$$r \mapsto \text{l'ordinal isomorphe à } r$$

est la collection *On* tout entière. Cela contredit le schéma de substitution, puisque *On* n'est pas un ensemble.

C.Q.F.D.

Soient a, b deux ensembles disjoints, a', b' deux ensembles disjoints, tels que a soit équipotent à a', et b à b' ; alors $a \cup b$ et $a' \cup b'$ sont équipotents : car il y a une bijection de $a \cup b$ sur $a' \cup b'$ dont les restrictions à a et b sont les bijections données de a sur a', et b sur b'.

Soient alors α, β deux cardinaux ; il existe deux ensembles disjoints, a, b tels que $\overline{\overline{a}} = \alpha$, $\overline{\overline{b}} = \beta$ (on peut choisir, par exemple, deux ensembles distincts 0 et 1 et poser $a = \alpha \times \{0\}$, $b = \beta \times \{1\}$). Le cardinal de $a \cup b$, qui ne dépend pas du choix de a et b, est appelé *somme des deux cardinaux* α, β et noté $\alpha + \beta$.

Il est clair que si α, β, γ sont des cardinaux, alors on a $\alpha + \beta = \beta + \alpha$ et $\alpha + (\beta + \gamma) = (\alpha + \beta) + \gamma$.

Soient a, b, a', b' des ensembles tels que a soit équipotent à a', et b à b' ; alors $a \times b$ est équipotent à $a' \times b'$: si f est une bijection de a sur a', et g une bijection de b sur b', on a une bijection h de $a \times b$ sur $a' \times b'$ en posant $h(x, y) = (f(x), g(y))$ pour $x \in a, y \in b$.

Soient alors α, β deux cardinaux. On appelle *produit* des cardinaux α et β, et on désigne par $\alpha\beta$ le cardinal de l'ensemble $\alpha \times \beta$. C'est le cardinal de $a \times b$, quels que soient a de cardinal α, et b de cardinal β.

Soient α, β, γ des cardinaux. On vérifie aisément les relations : $\alpha\beta = \beta\alpha$; $\alpha(\beta\gamma) = (\alpha\beta)\gamma$; $\alpha(\beta + \gamma) = \alpha\beta + \alpha\gamma$. Par exemple, pour vérifier la troisième relation, on choisit a, b, c de cardinaux respectifs α, β, γ, b et c étant disjoints. Alors $a \times (b \cup c) = (a \times b) \cup (a \times c)$ d'où le résultat.

Plus généralement, soient $(a_i)_{i\in I}, (b_i)_{i\in I}$ deux familles d'ensembles, indexées par le même ensemble d'indices I, et telles que $\overline{\overline{a_i}} = \overline{\overline{b_i}}$ pour tout $i \in I$. Alors $\prod_{i\in I} a_i$ et $\prod_{i\in I} b_i$ sont équipotents : en effet pour chaque $i \in I$, l'ensemble B_i des bijections de a_i sur b_i est non vide. Par suite (axiome du choix) le produit de la famille $(B_i)_{i\in I}$ est non vide ; donc il existe une famille $(\phi_i)_{i\in I}$ telle que ϕ_i soit une bijection de a_i sur b_i, pour chaque $i \in I$. On définit une bijection de $\prod_{i\in I} a_i$ sur $\prod_{i\in I} b_i$, en associant à chaque élément $(x_i)_{i\in I}$ de $\prod_{i\in I} a_i$ l'élément $(\phi_i(x_i))_{i\in I}$ de $\prod_{i\in I} b_i$.

Etant donnée une famille $(\alpha_i)_{i\in I}$ de cardinaux, on appelle *produit de cette famille* le cardinal de l'ensemble $\prod_{i\in I} \alpha_i$. Par abus de notation, on l'écrit aussi $\prod_{i\in I} \alpha_i$ (au lieu de $\overline{\overline{\prod_{i\in I} \alpha_i}}$). C'est le cardinal de $\prod_{i\in I} a_i$ pour n'importe quelle famille $(a_i)_{i\in I}$ telle que $\overline{\overline{a_i}} = \alpha_i$ pour tout $i \in I$.

Considérons maintenant deux familles d'ensembles $(a_i)_{i\in I}, (b_i)_{i\in I}$ telles que $\overline{\overline{a_i}} = \overline{\overline{b_i}}$ pour tout $i \in I$, et telles que $i \neq j \Rightarrow a_i \cap a_j = b_i \cap b_j = \emptyset$. Alors $\bigcup_{i\in I} a_i$ et $\bigcup_{i\in I} b_i$ sont équipotents : en effet il existe (comme ci-dessus) une famille $(\phi_i)_{i\in I}$ telle que ϕ_i soit une bijection de a_i sur b_i pour tout $i \in I$. On définit une bijection de $\bigcup_{i\in I} a_i$ sur $\bigcup_{i\in I} b_i$ en associant à chaque $x \in \bigcup_{i\in I} a_i$ son image par la fonction ϕ_i pour l'indice i tel que $x \in a_i$.

Etant donnée une famille $(\alpha_i)_{i\in I}$ de cardinaux, il existe une famille $(a_i)_{i\in I}$ d'ensembles deux à deux disjoints tels que $\overline{\overline{a_i}} = \alpha_i$ pour tout $i \in I$ (on peut poser par exemple $a_i = \alpha_i \times \{i\}$). Le cardinal de $\bigcup_{i\in I} a_i$, qui ne dépend pas du choix de cette famille, est appelé *somme de la famille de cardinaux* $(\alpha_i)_{i\in I}$ et noté $\sum_{i\in I} \alpha_i$.

Soient a, b, a', b' des ensembles tels que a et a' soient équipotents, ainsi que b et b'. Alors a^b (ensemble des applications de b dans a) et $(a')^{b'}$ sont équipotents : si f est une bijection de a sur a', g une bijection de b sur b', on obtient une bijection de a^b sur $(a')^{b'}$ en associant à chaque $\phi \in a^b$ l'élément ψ de $(a')^{b'}$ défini par : $\psi = f \circ \phi \circ g^{-1}$.

Etant donné deux cardinaux α, β, le cardinal de l'ensemble α^β est désigné par α *puissance* β ; par abus de notation on l'écrit aussi α^β (au lieu de $\overline{\overline{\alpha^\beta}}$). C'est donc le cardinal de a^b, quels que soient a de cardinal α et b de cardinal β.

Si α, β, γ sont des cardinaux, on vérifie aisément les relations suivantes : $\alpha^{\beta+\gamma} = \alpha^\beta \alpha^\gamma$; $(\alpha\beta)^\gamma = \alpha^\gamma \beta^\gamma$; $(\alpha^\beta)^\gamma = \alpha^{\beta\gamma}$.

Ordinaux finis

(L'axiome du choix n'est pas utilisé dans ce paragraphe.)

Rappelons que, pour chaque ordinal α, le premier ordinal $> \alpha$ est $\alpha \cup \{\alpha\}$. On le note aussi $\alpha + 1$ et on l'appelle *successeur* de α ; si β est le successeur de α, on dit que α est le *prédécesseur* de β.

- *Un ordinal α est dit* fini *si tout ordinal $\beta \leqslant \alpha$, $\beta \neq \emptyset$ a un prédécesseur.*

L'énoncé « α est un ordinal fini » peut donc s'écrire :

$$On(\alpha) \text{ et } \forall\beta[On(\beta) \text{ et } \beta \subset \alpha \text{ et } \beta \neq \emptyset \Rightarrow \exists\gamma(\beta = \gamma \cup \{\gamma\})].$$

Un ordinal fini est aussi appelé un *entier naturel.*

Il est clair que si α est un ordinal fini et β un ordinal $\leqslant \alpha$, alors β est fini. De même si α est un ordinal fini, $\alpha + 1$ l'est aussi.

Le principe de récurrence. *Considérons une collection $P(x)$, telle que $P(0)$ soit vrai, et telle que, pour tout ordinal fini α, $P(\alpha) \Rightarrow P(\alpha + 1)$ soit vrai ; alors $P(\alpha)$ est vraie pour tout ordinal fini α.*

En effet, s'il existe un ordinal fini α qui ne soit pas dans la collection P, soit α_0 le plus petit. Alors $\alpha_0 \neq 0$ puisque $P(0)$, donc α_0 a un prédécesseur β_0 ; on a donc $P(\beta_0)$, et aussi $P(\beta_0) \Rightarrow P(\beta_0 + 1)$, d'où $P(\alpha_0)$, ce qui est une contradiction.

Remarque. Il faut noter, de nouveau, que cette définition des mots « fini » et « entier naturel » leur donne un sens tout à fait différent du sens habituel ; à partir de maintenant, lorsque nous emploierons ces mots dans leur sens intuitif, nous devrons le préciser. Il est aisé de voir qu'un ordinal α qui n'a qu'un nombre fini (au sens intuitif) d'éléments est fini. On dit alors que α est un entier *standard* ou encore *intuitif.* Mais il peut arriver qu'un ordinal fini β ait une infinité (au sens intuitif) d'éléments ; dans ce cas, $\beta > \alpha$ (puisque sinon $\beta \subset \alpha$, donc β n'a qu'un nombre fini d'éléments) ; notons aussi que, dans ce cas, la partie (au sens intuitif) de l'univers, formée des entiers standards, n'est pas une collection : si elle était définie par un énoncé $P(x)$, alors on aurait « non $P(\beta)$ » et donc il existerait un premier entier β_0 tel que « non $P(\beta_0)$ ». Alors $\beta_0 = \gamma_0 + 1$, d'où $P(\gamma_0)$, ce qui signifie que γ_0 est standard, donc aussi $\beta_0 = \gamma_0 \cup \{\gamma_0\}$.

Théorème 2.16. *Tout ordinal fini est un cardinal.*

On le montre par récurrence (c'est-à-dire au moyen du principe de récurrence énoncé ci-dessus) : il est clair que 0 est un cardinal. Supposons que α soit un ordinal fini qui est un cardinal, et que $\alpha + 1 = \alpha \cup \{\alpha\}$ n'en soit pas un. Il existe donc un ordinal $\gamma < \alpha + 1$ et une bijection f de $\alpha + 1$ sur γ. Alors

$\gamma \neq 0$, car $\alpha+1 \neq \emptyset$. Donc $\gamma = \beta \cup \{\beta\}$, et comme $\gamma < \alpha+1$, on a $\beta < \alpha$. Si $f(\alpha) = \beta$, $f \upharpoonright \alpha$ est une bijection de α sur β, ce qui est impossible puisque α est un cardinal. Donc $f(\alpha) = \xi \neq \beta$; comme f est bijective, il existe $\eta \in \alpha+1$ tel que $f(\eta) = \beta$; comme $\eta \neq \alpha$, $\eta \in \alpha$. On définit une fonction g de domaine α, en posant $g(x) = f(x)$ pour tout $x \in \alpha$, $x \neq \eta$ et $g(\eta) = \xi$. On a ainsi défini une bijection de α sur β, ce qui est impossible.

C.Q.F.D.

- *Un cardinal est dit fini si c'est un ordinal fini.*

Théorème 2.17. *Si α, β sont des cardinaux finis, $\alpha+\beta, \alpha\beta, \alpha^\beta$ sont des cardinaux finis.*

On montre, par récurrence sur β, que $\alpha+\beta$ est fini si α et β le sont ; c'est évident si $\beta = 0$; comme $\alpha+(\beta+1) = (\alpha+\beta)+1$, si $\alpha+\beta$ est fini $\alpha+(\beta+1)$ l'est aussi. D'où le résultat.

De même on montre par récurrence sur β que $\alpha\beta$ est fini si α et β le sont ; car $\alpha(\beta+1) = \alpha\beta+\alpha$; par hypothèse $\alpha\beta$ et α sont finis, donc $\alpha(\beta+1)$ l'est aussi d'après le résultat précédent. Même démonstration pour α^β en utilisant l'égalité $\alpha^{\beta+1} = \alpha^\beta\alpha$.

Nous pouvons maintenant énoncer le dernier axiome de la théorie des ensembles.

5. Axiome de l'infini

Il s'énonce :

Il existe un ordinal non fini.

On désigne alors par ω (ou encore par $\mathbb{N}$) le premier ordinal non fini. Alors *ω est l'ensemble des ordinaux finis* : car si α est un ordinal fini, on n'a pas $\omega \leqslant \alpha$ (sinon ω serait fini) donc $\alpha < \omega$, soit $\alpha \in \omega$; d'autre part, si $\gamma \in \omega$, alors $\gamma < \omega$, donc γ est fini par définition de ω.

Inversement on peut énoncer l'axiome de l'infini sous la forme :

- *La collection des ordinaux finis est un ensemble.*

En effet, si la collection des ordinaux finis est un ensemble, alors il existe un ordinal non fini, puisque *On* n'est pas un ensemble.

Un ordinal $\alpha \neq 0$ qui n'a pas de prédécesseur est appelé *ordinal limite.* C'est donc un ordinal $\alpha \neq 0$, tel que $\beta < \alpha \Rightarrow \beta+1 < \alpha$, ou encore :

- *Pour que $\alpha \neq 0$ soit un ordinal limite il faut et il suffit que $\alpha = \sup_{\beta<\alpha} \beta$ c'est-à-dire $\alpha = \cup\alpha$.*

En effet, si α n'est pas limite, $\alpha = \gamma+1$ et $\sup_{\beta<\alpha}\beta = \gamma$; si α est limite, soit $\gamma = \sup_{\beta<\alpha}\beta$; comme $\alpha \geqslant \sup_{\beta<\alpha}\beta$, on a $\gamma \leqslant \alpha$; si $\gamma < \alpha$, $\gamma+1 < \alpha$ et donc γ n'est pas la borne supérieure cherchée.

C.Q.F.D.

On peut aussi énoncer l'axiome de l'infini sous la forme :

- *Il existe un ordinal limite.*

En effet, si l'axiome de l'infini est vrai, ω n'a pas de prédécesseur, sinon ce prédécesseur serait fini, donc aussi ω. Inversement un ordinal limite est nécessairement non fini.

Donnons encore une forme de cet axiome :

$$\exists x[0 \in x \text{ et } \forall y(y \in x \Rightarrow y \cup \{y\} \in x)].$$

Si l'axiome de l'infini est vrai, cet énoncé est satisfait en prenant pour x l'ensemble ω. Inversement, supposons cet énoncé satisfait et soit a un ensemble tel que $0 \in a$ et tel que $y \in a \Rightarrow y \cup \{y\} \in a$; soit α le premier ordinal qui n'est pas élément de a ; alors $\alpha \neq 0$, et α n'a pas de prédécesseur : si $\alpha = \beta \cup \{\beta\}$, on a $\beta < \alpha$, donc $\beta \in a$, d'où $\beta \cup \{\beta\} \in a$, ce qui est une contradiction. Il existe donc un ordinal limite.

Ensembles et cardinaux infinis

(Dans ce paragraphe, sauf avis contraire, l'axiome du choix est admis.)

Un ensemble a est dit *fini* si son cardinal est fini, et *infini* dans le cas contraire ; a est dit *dénombrable* si $\overline{\overline{a}} \leqslant \omega$.

Théorème 2.18. *Pour que a soit infini, il faut et il suffit qu'il existe une partie b de a, $b \neq a$, qui soit équipotente à a.*

Si a est fini et si $b \subset a$, $b \neq a$, soit $x \in a \setminus b$. Le cardinal de a est non nul et fini, donc s'écrit $\alpha+1 = \alpha \cup \{\alpha\}$. Il existe une bijection f de a sur $\alpha \cup \{\alpha\}$ telle que $f(x) = \alpha$. Alors $f \upharpoonright b$ est une injection de b dans α, donc $\overline{\overline{b}} \leqslant \alpha$ et $\overline{\overline{b}} < \overline{\overline{a}}$; b n'est donc pas équipotente à a.

Si a est infini, $\overline{\overline{a}} \geqslant \omega$. Soit f une bijection de a sur $\overline{\overline{a}}$. On définit une injection g de a dans lui-même, en posant $g(x) = x$ si $f(x) \geqslant \omega$; $g(x) = y$ si $f(x) = \alpha < \omega$ et $f(y) = \alpha+1$. Alors l'image de g est une partie propre b de a, puisque $f^{-1}(0) \notin b$, et g est une bijection de a sur b.

C.Q.F.D.

La collection des cardinaux infinis est désignée par Cn' ; c'est une sous-collection de On, qui n'est pas un ensemble (sinon Cn en serait un, puisque

la collection des cardinaux finis est l'ensemble ω). Comme Cn' est une collection bien ordonnée qui n'est pas un ensemble, on a une relation fonctionnelle $y = \aleph(\alpha)$ qui établit un isomorphisme de On sur Cn'. Le cardinal infini $\aleph(\alpha)$ est aussi noté $\aleph_\alpha$; la relation $y = \aleph_\alpha$ s'énonce donc :
« y est un cardinal $\geqslant \omega$, et l'ensemble des cardinaux λ tels que $\omega \leqslant \lambda < y$ est isomorphe, en tant qu'ensemble ordonné, à l'ordinal α ».

Notons que cette définition n'utilise pas l'axiome du choix.

On a donc $\aleph_0 = \omega$; pour tout ordinal α, $\aleph_{\alpha+1}$ est le premier cardinal $> \aleph_\alpha$.

- *Si α est un ordinal limite,* $\aleph_\alpha = \bigcup_{\beta<\alpha} \aleph_\beta$.

Désignons par γ l'ordinal $\bigcup_{\beta<\alpha} \aleph_\beta$. Comme $\aleph_\alpha \supset \aleph_\beta$ pour tout $\beta < \alpha$, on a $\aleph_\alpha \supset \gamma$, donc $\gamma \leqslant \aleph_\alpha$. Inversement, $\gamma \supset \aleph_{\beta+1}$, donc $\overline{\overline{\gamma}} > \aleph_\beta$, pour tout $\beta < \alpha$. Il en résulte que $\overline{\overline{\gamma}} \geqslant \aleph_\alpha$, et donc $\gamma \geqslant \aleph_\alpha$.

C.Q.F.D.

Pour tout ordinal α, on a $2^{\aleph_\alpha} \geqslant \aleph_{\alpha+1}$ d'après le théorème de Cantor (théorème 2.13) ; en effet, $2^{\aleph_\alpha}$ est le cardinal de $\mathscr{P}(\aleph_\alpha)$. En particulier, $2^{\aleph_0}$, qui est le cardinal de $\mathscr{P}(\omega)$, est appelé la *puissance du continu.*

L'hypothèse du continu (en abrégé *HC*) est l'énoncé $2^{\aleph_0} = \aleph_1$; ou encore :

- *Il existe sur $\mathscr{P}(\omega)$ un bon ordre dont tous les segments initiaux stricts sont dénombrables.*

En effet, l'ordinal de ce bon ordre ne peut être dénombrable (puisque $\mathscr{P}(\omega)$ ne l'est pas, d'après le théorème de Cantor) ; comme tout segment initial propre, c'est-à-dire tout ordinal strictement inférieur, est dénombrable, c'est donc le premier ordinal non dénombrable, c'est-à-dire $\aleph_1$.

Autre énoncé de l'hypothèse du continu :

- *Toute partie infinie de $\mathscr{P}(\omega)$ est, ou bien dénombrable, ou bien équipotente à $\mathscr{P}(\omega)$.*

En effet, puisque $\overline{\overline{\mathscr{P}(\omega)}} \geqslant \aleph_1$, il existe une partie de $\mathscr{P}(\omega)$ qui est de cardinal $\aleph_1$.

L'hypothèse généralisée du continu (en abrégé *HGC*) s'énonce :

- $2^{\aleph_\alpha} = \aleph_{\alpha+1}$ *pour tout ordinal α.*

Deux collections bien ordonnées

(L'axiome du choix n'est pas supposé dans ce paragraphe).

i) La collection On^2**.**

On désignera par On^2 la collection des couples (α, β) où α et β sont des ordinaux. Sur cette collection, on définit une relation de bon ordre R :

$(\alpha,\beta) \leqslant (\alpha',\beta')$ (mod. R) si, et seulement si :
$\sup(\alpha,\beta) < \sup(\alpha',\beta')$
ou $\sup(\alpha,\beta) = \sup(\alpha',\beta')$ et $\alpha < \alpha'$
ou $\sup(\alpha,\beta) = \sup(\alpha',\beta')$ et $\alpha = \alpha'$ et $\beta \leqslant \beta'$.

Tout segment $S_\xi(R)$ est bien un ensemble :en effet, si $\xi = (\alpha_0,\beta_0)$ et si $(\alpha,\beta) < (\alpha_0,\beta_0)$ (mod. R), on a : $\sup(\alpha,\beta) \leqslant \sup(\alpha_0,\beta_0)$.
Donc, si $\gamma_0 = \sup(\alpha_0,\beta_0)$, la collection $S_\xi(R)$ des $(\alpha,\beta) < (\alpha_0,\beta_0)$ (mod. R) est contenue dans l'ensemble $(\gamma_0+1)^2$ donc est un ensemble.

D'autre part, si X est un ensemble non vide dont tous les éléments sont dans On^2, l'ensemble des $\sup(\alpha,\beta)$ pour $(\alpha,\beta) \in X$ a un plus petit élément γ_0 ; l'ensemble des α tels qu'il existe β avec $(\alpha,\beta) \in X$ et $\sup(\alpha,\beta) = \gamma_0$ a un plus petit élément α_0 ; l'ensemble des β tels que $\sup(\alpha_0,\beta) = \gamma_0$ et $(\alpha_0,\beta) \in X$ a un plus petit élément β_0.

Alors il est clair que (α_0,β_0) est le plus petit élément de X (mod. R) ce qui montre que R est une relation de bon ordre.

Comme On^2 est une collection bien ordonnée qui n'est pas un ensemble, on a une relation fonctionnelle $\gamma = J(\alpha,\beta)$ qui établit un isomorphisme de On^2 sur On.

Théorème 2.19. *Pour tout ordinal α, on a $\aleph_\alpha^2 = \aleph_\alpha$.*

Soit ρ le premier ordinal tel que $\aleph_\rho^2 \neq \aleph_\rho$, s'il en existe. Il suffit de prouver que $\aleph_\rho \times \aleph_\rho \leqslant \aleph_\rho$ pour avoir une contradiction, car il est clair que $\aleph_\rho^2 \geqslant \aleph_\rho$. Or J, restreinte à $\aleph_\rho \times \aleph_\rho$ est injective. Il suffit donc de prouver que $J(\alpha,\beta) \in \aleph_\rho$ pour $\alpha,\beta \in \aleph_\rho$. Mais $J(\alpha,\beta)$ est l'ensemble des ordinaux $< J(\alpha,\beta)$, donc est l'image par J de l'ensemble des $(\alpha',\beta') < (\alpha,\beta)$ (mod. R). Or, si $\gamma = \sup(\alpha,\beta)$, l'ensemble de ces couples est contenu dans $(\gamma+1)^2$ (car si $(\alpha',\beta') < (\alpha,\beta)$ alors $\alpha' < \gamma+1$ et $\beta' < \gamma+1$). Son cardinal est donc $\leqslant \overline{\overline{(\gamma+1)^2}}$. Comme $\gamma < \aleph_\rho$, on a $\gamma+1 < \aleph_\rho$ et donc (par définition de ρ) ou bien $\gamma+1$ est fini ou bien $\overline{\overline{(\gamma+1)^2}} = \overline{\overline{\gamma+1}} < \aleph_\rho$. Dans les deux cas, on a $\overline{\overline{J(\alpha,\beta)}} < \aleph_\rho$, et donc $J(\alpha,\beta) < \aleph_\rho$.

C.Q.F.D.

Corollaire 2.20. $\aleph_\alpha^n = \aleph_\alpha$ *pour tout entier $n \geqslant 1$ et tout ordinal α.*

Evident par récurrence sur n.

ii) La collection $\sigma(On)$.

Si C est une collection, une suite finie d'objets de C est par définition une fonction définie sur un entier n, à valeurs dans C. L'entier n est appelé la longueur de la suite. La collection des suites finies d'objets de C est désignée par $\sigma(C)$.

Sur la collection $\sigma(On)$ des suites finies d'ordinaux, on définit une relation d'ordre R en posant :

$s < t$ (mod. R) si et seulement si : $\sup(s) < \sup(t)$, ou $\sup(s) = \sup(t)$ et $l(s) < l(t)$, ou $\sup(s) = \sup(t)$ et $l(s) = l(t)$ et $s \neq t$ et $s(n) < t(n)$ pour le premier entier n tel que $s(n) \neq t(n)$.

$l(s)$ désigne la longueur de la suite s, $\sup(s)$ la plus grande valeur prise par la fonction s (tout ensemble totalement ordonné fini a un plus grand élément).

La relation R ainsi définie est une relation de bon ordre : en effet, la collection $S_t(R)$ des suites $s < t$ (mod. R) a tous ses éléments dans l'ensemble $\sigma(\gamma + 1)$ pour $\gamma = \sup(t)$. Donc c'est un ensemble.

Soit alors X un ensemble non vide dont tous les éléments sont dans $\sigma(On)$; soit γ le plus petit ordinal de la forme $\sup(s)$ pour $s \in X$; soit n le plus petit entier de la forme $l(s)$ pour $s \in X$ et $\sup(s) = \gamma$; on définit une application f de domaine n, par induction : si $i \in n$, $f(i) =$ le premier entier de la forme $s(i)$ pour $s \in X$, $\sup(s) = \gamma$, $l(s) = n$, et $s(j) = f(j)$ pour tout $j < i$.

On voit immédiatement que la fonction f ainsi définie est le plus petit élément de X ; cela montre que R est une relation de bon ordre.

$\sigma(On)$ est ainsi une collection bien ordonnée qui n'est pas un ensemble ; d'où une relation fonctionnelle $s = J(\alpha)$ qui établit un isomorphisme de On sur $\sigma(On)$.)

Chapitre 3

L'axiome de fondation

L'axiome de fondation (en abrégé *AF*) s'énonce :

$$\forall x[x \neq \emptyset \Rightarrow \exists y(y \in x \text{ et } y \cap x = \emptyset)]$$

c'est-à-dire : tout ensemble non vide a un élément qui n'a aucun élément commun avec cet ensemble.

Cet axiome implique qu'il n'existe pas de *suite infinie* $(u_n)_{n\in\omega}$ (une suite infinie est, par définition, une fonction de domaine ω) telle que $u_{n+1} \in u_n$ pour tout $n \in \omega$; en effet, l'image d'une telle suite (c'est-à-dire l'ensemble des u_n pour $n \in \omega$) contredit *AF*.

En particulier, il implique $\forall x(x \notin x)$, et plus généralement la non existence de cycle pour la relation $\in$, c'est-à-dire de suite finie $x_1, \ldots, x_n$ telle que $x_1 \in x_2, x_2 \in x_3, \ldots, x_{n-1} \in x_n, x_n \in x_1$: car l'ensemble $\{x_1, \ldots, x_n\}$ contredirait *AF*.

Cet axiome permet aussi une caractérisation plus simple des ordinaux sous la forme du

Théorème 3.1. *Pour que X soit un ordinal, il faut et il suffit que :*
$\forall u \forall v[u \in X$ *et* $v \in X \Rightarrow u \in v$ *ou* $u = v$ *ou* $v \in u]$ *et* $\forall u[u \in X \Rightarrow u \subset X]$.

Ces conditions sont évidemment nécessaires. Si X les satisfait, la relation $\in$ est un ordre total strict sur X : car, d'après *AF*, on ne peut avoir $u \in u$; d'autre part, si $u \in v$ et $v \in w$, u, v, w étant trois éléments de X, alors on n'a pas $u = w$ (sinon $u \in v$ et $v \in u$), ni $w \in u$ (sinon on a le cycle $u \in v \in w \in u$) ; donc $u \in w$.

Il reste à montrer que cet ordre total est un bon ordre : soit Y un sous-ensemble non vide de X ; d'après *AF*, il existe un élément u de Y tel que

$u \cap Y = \emptyset$; alors pour tout $v \in Y$, $v \notin u$, ce qui montre que u est le plus petit élément de Y.

C.Q.F.D.

Dans l'univers $\mathscr{U}$ (où l'on ne suppose plus l'axiome de fondation), on définit, par induction, une relation fonctionnelle $y = V_\alpha$, de domaine *On*, en posant : $V_\alpha = \bigcup_{\beta<\alpha} \mathscr{P}(V_\beta)$.

D'après la définition de V_α, il est clair que $V_0 = \emptyset$ et

$$\alpha \leqslant \alpha' \Rightarrow V_\alpha \subset V_{\alpha'}.$$

Par suite, comme $V_{\alpha+1} = \bigcup_{\beta\leqslant\alpha} \mathscr{P}(V_\beta)$, on a

- $V_{\alpha+1} = \mathscr{P}(V_\alpha)$ *pour tout ordinal* α.

D'autre part, si α est un ordinal limite, comme $V_\alpha = \bigcup_{\beta<\alpha} \mathscr{P}(V_\beta)$ on a $V_\alpha = \bigcup_{\beta<\alpha} V_{\beta+1}$. D'où

- $V_\alpha = \bigcup_{\beta<\alpha} V_\beta$ *pour tout ordinal limite* α.

On désigne par V la collection qui est la réunion (au sens intuitif) des V_α, c'est-à-dire définie par l'énoncé $V(x) : \exists\alpha(On(\alpha)$ et $x \in V_\alpha)$.

Pour chaque objet x de V, on définit le *rang* de x (noté rg(x)) comme le premier ordinal α tel que $x \in V_\alpha$. Pour tout x de V, rg(x) est de la forme $\beta+1$: car si $x \in V_\alpha$, où α est un ordinal limite, on a $x \in \bigcup_{\beta<\alpha} V_\beta$ et donc α n'est pas le rang de x.

Lemme 3.2. *Pour qu'un ensemble a soit dans V, il faut et il suffit que tous ses éléments y soient. Si a est de rang* α, *chaque élément de a est de rang* $< \alpha$.

Soit a un ensemble de V de rang $\alpha = \beta + 1$; alors $a \in V_{\beta+1}$ et par suite $a \subset V_\beta$. Cela montre que chaque élément de a est dans V, et a un rang $\leqslant \beta$, et donc $< \alpha$. Inversement, soit a un ensemble dont chaque élément est dans V. L'ensemble des rangs des éléments de a est un ensemble d'ordinaux, donc est majoré par un ordinal α. Donc $a \subset V_\alpha$ et par suite $a \in V_{\alpha+1}$; donc a est dans V.

- *Chaque ordinal* α *est dans V, et le rang de* α *est* $\alpha + 1$.

Soit α le premier ordinal tel que $\alpha \notin V_{\alpha+1}$ s'il en existe. Alors pour tout $\beta \in \alpha$, on a $\beta \in V_{\beta+1}$; donc :

$$\alpha \subset \bigcup_{\beta<\alpha} V_{\beta+1} = \bigcup_{\beta<\alpha} \mathscr{P}(V_\beta) = V_\alpha.$$

Donc $\alpha \in V_{\alpha+1}$, contrairement à l'hypothèse.

Soit α le premier ordinal tel que $\alpha \in V_\alpha$ s'il en existe ; par définition de V_α, on a $\alpha \in \bigcup_{\beta<\alpha} \mathscr{P}(V_\beta)$; il existe donc $\beta < \alpha$ tel que $\alpha \in \mathscr{P}(V_\beta)$; d'où $\alpha \subset V_\beta$ et comme $\beta \in \alpha$, $\beta \in V_\beta$ ce qui contredit la définition de α.

Théorème 3.3. *Pour que l'axiome de fondation soit satisfait, il faut et il suffit que V soit l'univers entier. Autrement dit : AF* $\Leftrightarrow \forall x V(x)$.

Supposons que $\forall x V(x)$ soit satisfait, et soit a un ensemble non vide. Soit b un élément de a de rang minimum α.

Alors tout élément de b est de rang $< \alpha$, donc ne peut être élément de a. Donc $b \cap a = \emptyset$, d'où *AF*.

Pour montrer la réciproque, définissons la notion de clôture transitive d'un ensemble.

Un ensemble X est dit *transitif* si :

$$\forall x \forall y [x \in X \text{ et } y \in x \Rightarrow y \in X].$$

Théorème 3.4. *Pour tout ensemble* X*, il existe un ensemble* Y *(et un seul) qui est transitif, qui contient* X*, et qui est contenu dans tout ensemble transitif contenant* X*. On l'appelle clôture transitive de* X *et on le note* $\mathrm{Cl}(X)$.

On définit une fonction f de domaine ω par induction en posant : $f(0) = X$; $f(n+1) = \cup f(n)$. On pose $Y = \bigcup_{n\in\omega} f(n)$.
Alors, évidemment, $Y \supset X$. De plus, Y est transitif : si $x \in Y$, on a $x \in f(n)$ pour un $n \in \omega$, donc $x \subset f(n+1)$, et $x \subset Y$.
Si Z est transitif et contient X, on montre, par récurrence, que $Z \supset f(n)$ pour tout $n \in \omega$: c'est vrai si $n = 0$; si $Z \supset f(n)$, soit $x \in f(n)$; alors $x \in Z$, donc $x \subset Z$. Donc $Z \supset \cup f(n)$, c'est-à-dire $Z \supset f(n+1)$.
Comme Z contient $f(n)$ pour tout n, on a $Z \supset Y = \bigcup_{n\in\omega} f(n)$.

C.Q.F.D.

Supposons alors que *AF* soit satisfait et qu'il existe un objet a qui n'est pas dans V. Soit b un ensemble transitif contenant a (par exemple $\mathrm{Cl}(a)$) et soit $b' = \{x \in b;\ x$ n'est pas dans $V\}$.

Alors $b' \neq \emptyset$: en effet $b \supset a$, et comme a n'est pas dans V, il existe un élément x_0 de a qui n'est pas dans V ; donc $x_0 \in b'$.

Pour tout $x \in b'$, $b' \cap x \neq \emptyset$: car, si $x \in b'$, il y a un élément y de x qui n'est pas dans V (sinon x serait dans V). Comme b est transitif, $y \in b$: donc $y \in b'$ par définition de b', et $x \cap b' \neq \emptyset$. L'ensemble b' contredit donc *AF*.

C.Q.F.D.

Notons la propriété suivante de la clôture transitive :

Théorème 3.5. $\mathrm{Cl}(X) = X \cup \bigcup_{y\in X} \mathrm{Cl}(y)$.

En effet $\mathrm{Cl}(X) \supset X$ et si $y \in X$, alors y est contenu dans $\mathrm{Cl}(X)$; comme $\mathrm{Cl}(X)$ est transitif et contient y, il contient $\mathrm{Cl}(y)$ (par définition de la clôture

transitive). Donc $\mathrm{Cl}(X) \supset X \cup \bigcup_{y \in X} \mathrm{Cl}(y)$.
Inversement, si $Z = X \cup \bigcup_{y \in X} \mathrm{Cl}(y)$, montrons que Z est transitif :
si $v \in u \in Z$, alors ou bien $u \in \mathrm{Cl}(y)$ avec $y \in X$, et donc $v \in \mathrm{Cl}(y)$, ou bien $u \in X$, donc $u \subset \mathrm{Cl}(u)$ et $v \in \mathrm{Cl}(u)$; dans les deux cas, on a $v \in Z$.
Comme Z est transitif et contient évidemment X, on a $Z \supset \mathrm{Cl}(X)$.

C.Q.F.D.

Le théorème ci-dessous, qui se démontre à l'aide de l'axiome de fondation, nous servira au chapitre 8.

Un ensemble X est dit *extensionnel* si, quels que soient les éléments x, y de X tels que $x \cap X = y \cap X$, on a $x = y$; autrement dit X, muni de la relation $\in$, satisfait l'axiome d'extensionnalité : deux éléments de X qui ont les mêmes éléments dans X sont égaux.

Tout ensemble transitif Y est extensionnel : car si $x \in Y$, alors $x \cap Y = x$.

A l'aide de l'axiome de fondation on montre le :

Théorème 3.6. *Tout ensemble extensionnel est isomorphe, d'une seule façon, à un unique ensemble transitif.*

Unicité. Soient X un ensemble extensionnel, et $F : X \to Y$, $F' : X \to Y'$ des isomorphismes de X sur des ensembles transitifs Y, Y'. On considère un élément x de X de rang minimum, tel que $F(x) \neq F'(x)$ s'il en existe ; on a alors $F(y) = F'(y)$ pour tout $y \in x \cap X$; or :

$$F(x) = \{F(y) ; \ y \in x \cap X\} = F'(x)$$

d'où contradiction. On a donc $F = F'$.

Existence. On cherche un isomorphisme F de domaine X ; on définit $F(x)$ pour $x \in X$ par induction sur $\mathrm{rg}(x)$ (voir page 26) par la condition :

$$F(x) = \{F(u) ; \ u \in x \cap X\}$$

(la relation fonctionnelle $y = H(x, f)$ utilisée dans cette définition par induction est donc : « $x \in X$ et $y = \{f(u) ; \ u \in x \cap X\}$ »).

F est injective : sinon, soit α le premier ordinal tel qu'il existe $x, x' \in X$ avec $x \neq x'$, $F(x) = F(x')$, $\mathrm{rg}(x) \leqslant \alpha$, $\mathrm{rg}(x') \leqslant \alpha$. Comme X est extensionnel et $x \neq x'$, on a $x \cap X \neq x' \cap X$, d'où, par exemple, $u \in x \cap X$, $u \notin x' \cap X$.
On a $F(u) \in F(x)$ (par définition de F),donc $F(u) \in F(x')$, d'où $u' \in x' \cap X$ tel que $F(u) = F(u')$. Or $\mathrm{rg}(u) < \alpha$, $\mathrm{rg}(u') < \alpha$ (puisque $u \in x$, $u' \in x'$), donc par définition de α, $u = u'$; mais $u \notin x' \cap X$ et $u' \in x' \cap X$, ce qui est une contradiction.

Par définition de F, il est clair que l'image de F est un ensemble transitif (si $x \in X$, tout élément de $F(x)$ est de la forme $F(u)$ avec $u \in X$). Enfin, F est un isomorphisme, c'est-à-dire $y \in x \Leftrightarrow F(y) \in F(x)$ si $x, y \in X$: car si $y \in x$ et $y \in X$, il est clair, par définition de F, que $F(y) \in F(x)$. Inversement, si $F(y) \in F(x)$, on a $F(y) = F(u)$ pour un $u \in x \cap X$, et comme F est injective, on a $y = u$, donc $y \in x$.

C.Q.F.D.

Ensembles héréditairement finis

Un ensemble a est dit *héréditairement fini* si $a \in V_\omega$, donc si $a \in V_n$ pour un entier n. On se propose de définir une relation fonctionnelle sans paramètre, qui établisse une bijection de V_ω sur ω (sans l'axiome du choix).

Lemme 3.7. *Si n est entier, $\{0,1\}^n$ est équipotent à un entier (et un seul).*

L'unicité est évidente puisque deux entiers distincts ne sont pas équipotents.

On montre le lemme par récurrence sur n : si $\{0,1\}^n$ est équipotent à un entier k, $\{0,1\}^{n+1}$ est équipotent à $k \times \{0,1\}$, donc à l'entier $2k$.

C.Q.F.D.

On définit par récurrence sur $n \in \omega$ une bijection ϕ_n de V_n sur un entier v_n. Pour $n = 0$, $\phi_n = \emptyset$ et $v_n = 0$; ϕ_n étant supposée donnée, on a une bijection $\psi_n : \mathscr{P}(V_n) \to \{0,1\}^{v_n}$, c'est-à-dire : $\psi_n : V_{n+1} \to \{0,1\}^{v_n}$ définie par :

$$\psi_n(X)(i) = 1 \Leftrightarrow (\exists x \in X)\, i = \phi_n(x)$$

pour $X \subset V_n$, et $0 \leqslant i < v_n$.

Or $\{0,1\}^{v_n}$ est un ensemble de suites finies d'ordinaux (ensemble des suites de longueur v_n, d'ordinaux 0 et 1). Il est donc bien ordonné par la relation de bon ordre $R(x,y)$ définie sur $\sigma(On)$ (voir page 38). D'après le lemme 3.7, l'ordinal isomorphe à cet ensemble bien ordonné est un entier v_{n+1}. On a donc une bijection ϕ_{n+1} de V_{n+1} sur v_{n+1}, qui est définie par $\phi_{n+1} = H(\phi_n)$ où la relation $\phi' = H(\phi)$ s'énonce :
« Il existe $d \in \omega$ et D tels que $\phi : D \to d$, et ϕ' est la fonction de domaine $\mathscr{P}(D)$ obtenue en composant l'application $\psi : \mathscr{P}(D) \to \{0,1\}^d$ canoniquement déduite de ϕ, et l'isomorphisme de $\{0,1\}^d$ muni du bon ordre R sur son ordinal ».
Cette relation est donc donnée par un énoncé sans paramètre. Par suite la relation fonctionnelle $n \mapsto \phi_n$ de domaine ω, définie ainsi par induction, est aussi sans paramètre.

On a donc une relation fonctionnelle $n \mapsto r_n$, sans paramètre, qui à chaque entier n associe un bon ordre r_n sur V_n (image par ϕ_n^{-1} du bon ordre de l'entier v_n). On définit alors un bon ordre r sur V_ω, en posant $x < y$ (mod. r) si et seulement si : « $\mathrm{rg}(x) < \mathrm{rg}(y)$ ou $[\mathrm{rg}(x) = \mathrm{rg}(y) = n$ et $x < y$ (mod. r_n)] ».

Tout segment initial de ce bon ordre est isomorphe à un entier : l'ensemble des $x < x_0$ (mod. r) est contenu dans V_n, si n est le rang de x_0 ; donc son ordinal est un entier.

Cela montre que le bon ordre r sur V_ω est isomorphe à ω. L'isomorphisme de l'ensemble bien ordonné (V_ω, r) sur ω est la relation fonctionnelle cherchée, puisqu'elle est définie par un énoncé sans paramètre.

Énoncés restreints

Considérons une collection X, et un énoncé $E(x_1, \ldots, x_n)$ à n variables, dont tous les paramètres sont des objets de X. On désignera par $E^X(x_1, \ldots, x_n)$ *l'énoncé E restreint à X* (on dit aussi *relativisé à X*) ; c'est l'énoncé défini de la façon suivante par induction, au sens intuitif, sur la longueur de l'énoncé E (les énoncés ne sont pas des objets de l'univers ; il ne s'agit donc pas d'une induction sur les entiers de l'univers, mais sur les entiers intuitifs).

- E est de l'une des formes : $x \in y$, $x = y$, $x \in a$, $x = a$, $a \in x$, $a = x$, $a \in b$, $a = b$ (a, b sont des objets de X). On dit alors que l'énoncé E est *atomique* ; l'énoncé restreint E^X est E lui-même.
- E est « non F » ; alors E^X est « non F^X ».
- E est « F ou G » ; alors E^X est « F^X ou G^X ».
- E est $\exists x F(x, x_1, ..., x_n)$; alors E^X est $\exists x[X(x)$ et $F^X(x, x_1, \ldots, x_n)]$.

Il en résulte que, si $E(x_1, \ldots, x_n)$ est $\forall x F(x, x_1, \ldots, x_n)$, alors l'énoncé E^X est $\forall x[X(x) \Rightarrow F^X(x, x_1, \ldots, x_n)]$ (rappelons que l'énoncé $\forall x F(x, x_1, \ldots, x_n)$ n'est autre que « non $\exists x$ non $F(x, x_1, \ldots, x_n)$ »).

Bien entendu, si la collection X est un ensemble, la relation $X(x)$ s'écrit sous la forme $x \in X$.

Considérons n objets $a_1, \ldots, a_n$ de la collection X ; il est clair que l'énoncé restreint $E^X(a_1, \ldots, a_n)$ est vrai dans l'univers, si et seulement si l'énoncé $E(a_1, \ldots, a_n)$ est vrai dans la collection X (munie de la relation binaire $\in$). Par exemple, pour qu'un ensemble X soit extensionnel, il faut et il suffit que l'énoncé E^X soit vrai (dans l'univers), où E est l'axiome d'extensionnalité :

$$\forall x \forall y[x = y \Leftrightarrow \forall z(z \in x \Leftrightarrow z \in y)].$$

Consistance de l'axiome de fondation

On se propose de montrer que l'introduction de *AF* n'amène pas de contradiction, en donnant un modèle de $ZF+AF$ (c'est-à-dire un ensemble - au sens intuitif - muni d'une relation binaire, qui satisfait tous les axiomes de *ZF* et l'axiome de fondation) *à partir d'un modèle de ZF supposé donné*, c'est-à-dire d'un univers $\mathscr{U}$. On montre donc seulement que, s'il existe un modèle pour *ZF*, il en existe un pour $ZF+AF$ (c'est en ce sens qu'on parle de la non-contradiction *relative* de *AF*). Plus précisément :

- *Si $\mathscr{U}$ est un univers, la collection V construite dans $\mathscr{U}$ satisfait les axiomes de ZF et l'axiome de fondation.*

Cela revient à montrer, pour chaque axiome A de $ZF+AF$, que A^V est satisfait dans l'univers $\mathscr{U}$.

Axiome d'extensionnalité. Si x et y sont dans V, tous leurs éléments y sont aussi ; donc, si x et y ont les mêmes éléments dans V, ils ont les mêmes éléments, donc $x=y$ d'après l'axiome d'extensionnalité dans $\mathscr{U}$.

Axiome de la somme. Si x est dans V, la réunion des éléments de x a évidemment tous ses éléments dans V, donc est elle-même dans V d'après le lemme 3.2.

Axiome de l'ensemble des parties. Si x est dans V, $\mathscr{P}(x)$ y est aussi : car tout élément y de $\mathscr{P}(x)$ est contenu dans x, donc a tous ses éléments dans V, donc est lui-même dans V (lemme 3.2).

Schéma de remplacement. Considérons un ensemble a de V et un énoncé $R(x,y)$ à paramètres dans V, qui, interprété dans V, définit une relation fonctionnelle ; cette relation fonctionnelle est définie dans l'univers $\mathscr{U}$ par l'énoncé : « $V(x)$ et $V(y)$ et $R^V(x,y)$ ». D'après le schéma de remplacement appliqué à cette relation, il existe dans $\mathscr{U}$ un ensemble b dont les éléments sont les images des éléments de a par cette relation fonctionnelle. Cet ensemble a tous ses éléments dans V, donc est lui-même dans V.

Axiome de l'infini. Chaque ordinal est dans V et en particulier ω. Comme $\emptyset\in\omega$ et $\forall x[x\in\omega\Rightarrow x\cup\{x\}\in\omega]$ l'axiome de l'infini est satisfait.

Axiome de fondation. Soit a un ensemble non vide, qui est dans V, et b l'un des éléments de a de rang minimum. Alors tout élément de b est de rang strictement inférieur à celui de b, et ne peut être élément de a. Donc $b\cap a=\emptyset$.

Remarque. On peut donner un autre sens à cette démonstration de non-contradiction relative (comme à toutes celles qui suivent) en considérant la théorie de Zermelo-Frænkel comme un système formel, sans référence aux modèles de cette théorie : les axiomes, et en général les énoncés (sans paramètre) sont des suites finies de symboles, et on a des règles de déduction (qu'il est inutile d'énoncer ici, mais que le lecteur trouvera par exemple dans [22]) qui, à partir d'énoncés donnés, permettent d'en déduire d'autres. Une démonstration est une suite finie d'énoncés $A_1, \ldots, A_n$, telle que chacun d'eux soit, ou bien un axiome, ou bien obtenu à partir des précédents par application d'une règle de déduction. Un théorème de la théorie est un énoncé qui apparaît à la fin d'au moins une démonstration. La théorie est dite *non contradictoire* ou *consistante* ou encore *cohérente* si $0 \neq 0$ n'est pas un théorème.

La non-contradiction *relative* de l'axiome de fondation s'exprime alors de la façon suivante : si $0 \neq 0$ n'est pas conséquence de *ZF*, alors $0 \neq 0$ n'est pas non plus conséquence de *ZF* + *AF*.

On le montre en construisant explicitement, à partir d'une démonstration : $A_1, \ldots, A_n$, $0 \neq 0$ de $0 \neq 0$ dans la théorie *ZF* + *AF*, une démonstration de $0 \neq 0$ dans la théorie *ZF*.

Pour cela on remarque d'abord que, pour chaque énoncé *E* clos, sans paramètre, dont nous avons montré qu'il est vrai dans $\mathscr{U}$ (univers quelconque), nous avons en fait donné une démonstration de *E* au moyen des axiomes de *ZF* et des règles de déduction.

On considère alors la suite des énoncés restreints : $A_1^V, \ldots, A_n^V, (0 \neq 0)^V$. Si A_i est un axiome de *ZF* + *AF*, nous venons de montrer que A_i^V est un théorème de *ZF*. Donc cette suite constitue une démonstration dans *ZF* de $(0 \neq 0)^V$ c'est-à-dire de $0 \neq 0$.

Donnons encore deux exemples simples de démonstrations de consistance relative.

Indépendance de l'axiome de l'infini

Désignons par *IF* l'axiome de l'infini, et par Z_0 la théorie *ZF* privée de l'axiome de l'infini. On se propose de montrer que, si Z_0 n'est pas contradictoire, la théorie Z_0+ non *IF* ne l'est pas non plus.

Par hypothèse, il existe donc un univers $\mathscr{U}$ satisfaisant Z_0. S'il ne satisfait pas *IF*, on conclut immédiatement. On peut donc supposer que $\mathscr{U}$ satisfait *ZF*, et on a le résultat voulu par le

Théorème 3.8. *Si $\mathscr{U}$ satisfait ZF, alors l'ensemble V_ω, muni de la relation $\in$, satisfait Z_0+ non IF.*

L'ensemble V_ω étant transitif, satisfait l'axiome d'extensionnalité. Il satisfait l'axiome de la somme : si $a \in V_\omega$, on a $a \in V_n$ pour un $n \in \omega$; la réunion des éléments de a est contenue dans V_n, donc appartient à V_{n+1}, donc à V_ω.

De même toute partie de a appartient à V_{n+1}, donc $\mathscr{P}(a) \subset V_{n+1}$ et donc $\mathscr{P}(a) \in V_{n+2}$. L'axiome de l'ensemble des parties est donc satisfait.

Considérons un ensemble $a \in V_\omega$ et un énoncé $R(x, y)$ à paramètres dans V_ω qui, interprété dans V_ω, définit une relation fonctionnelle. Cette relation fonctionnelle est définie dans $\mathscr{U}$ par l'énoncé « $x \in V_\omega$ et $y \in V_\omega$ et $R^{V_\omega}(x, y)$ » ; son domaine étant un ensemble, c'est d'ailleurs une fonction f à valeurs dans V_ω. Soit $a' = a \cap \mathrm{Dom}(f)$. La fonction $\phi : a' \to \omega$ qui, à chaque élément x de a', associe le rang de $f(x)$ est majorée par un entier k : car $a' \subset a \subset V_n$, donc a' est équipotent à un ordinal fini.

L'ensemble $b = \mathrm{Im}(f \restriction a')$, dont les éléments sont les images des éléments de a par f, est donc contenu dans V_k et donc $b \in V_{k+1}$.

L'axiome de l'infini n'est pas satisfait dans V_ω : en effet, si a est un ensemble tel que $0 \in a$, et tel que $\forall x(x \in a \Rightarrow x \cup \{x\} \in a)$, alors $n \in a$ pour tout $n \in \omega$, donc $\omega \subset a$. Or aucun élément de V_ω ne contient ω, puisque chaque élément de V_ω est équipotent à un ordinal fini.

Remarque. Pour montrer réellement l'indépendance de l'axiome de l'infini vis-à-vis des autres axiomes de *ZF*, il resterait à prouver que, si Z_0 est non-contradictoire, alors $Z_0 + IF$, c'est-à-dire *ZF*, l'est aussi. Mais, comme on le verra plus loin (chapitre 9, page 109), ceci n'est pas démontrable.

Consistance de l'axiome d'accessibilité

Nous supposons ici que l'univers $\mathscr{U}$ satisfait l'axiome du choix.

Un cardinal λ est dit *inaccessible* s'il a les trois propriétés :

1) $\lambda > \omega$.
2) Si β est un cardinal $< \lambda$, alors $2^\beta < \lambda$.
3) Pour toute famille $(\beta_i)_{i \in I}$ de cardinaux $< \lambda$, indexée par un cardinal $I < \lambda$, on a $\sup_{i \in I}(\beta_i) < \lambda$.

Un cardinal qui n'est pas inaccessible est dit *accessible*.

Remarquer qu'un cardinal inférieur à un cardinal accessible peut être inaccessible (par exemple, si λ est inaccessible, 2^λ est accessible et $> \lambda$).

Lemme 3.9. *Soit λ un cardinal inaccessible. Alors $\overline{\overline{V_\lambda}} = \lambda$; pour que $a \in V_\lambda$, il faut et il suffit que $a \subset V_\lambda$ et que $\overline{\overline{a}} < \lambda$.*

Comme $\lambda \subset V_\lambda$, on a $\overline{\overline{V_\lambda}} \geqslant \lambda$. On montre que pour tout $\alpha < \lambda$, $\overline{\overline{V_\alpha}} < \lambda$;

soit en effet α le premier ordinal $< \lambda$ tel que $\overline{\overline{V_\alpha}} \geqslant \lambda$, s'il en existe. On a alors $V_\alpha = \bigcup_{\beta<\alpha} \mathscr{P}(V_\beta)$ donc $\overline{\overline{V_\alpha}} = \sup(\overline{\overline{\alpha}}, \sup_{\beta<\alpha} 2^{\overline{\overline{V_\beta}}})$.

Comme $\beta < \alpha$, $\overline{\overline{V_\beta}} < \lambda$ par définition de α ; donc $2^{\overline{\overline{V_\beta}}} < \lambda$ puisque λ est inaccessible. La famille de cardinaux $2^{\overline{\overline{V_\beta}}}$ étant indexée par $\alpha < \lambda$, on a : $\sup_{\beta<\alpha} 2^{\overline{\overline{V_\beta}}} < \lambda$, puisque λ est inaccessible. Cela contredit $\overline{\overline{V_\alpha}} \geqslant \lambda$.

Comme $\overline{\overline{V_\alpha}} < \lambda$ pour tout $\alpha < \lambda$, on a $\overline{\overline{V_\lambda}} = \sup_{\alpha<\lambda}(\overline{\overline{V_\alpha}}) \leqslant \lambda$ et donc $\overline{\overline{V_\lambda}} = \lambda$. Si $a \in V_\lambda$, on a $a \in V_\alpha$ pour un $\alpha < \lambda$, donc $\overline{\overline{a}} \leqslant \overline{\overline{V_\alpha}}$ et donc $\overline{\overline{a}} < \lambda$.

Inversement soit $a \subset V_\lambda$, tel que $\overline{\overline{a}} < \lambda$. La fonction $x \mapsto \overline{\overline{\mathrm{rg}(x)}}$ définie sur a, est une famille de cardinaux, tous $< \lambda$, indexée par un ensemble a de cardinal $< \lambda$. Elle est donc majorée par un cardinal $\aleph_\rho < \lambda$.

On a donc $\overline{\overline{\mathrm{rg}(x)}} \leqslant \aleph_\rho$ pour tout $x \in a$, et donc $\mathrm{rg}(x) < \aleph_{\rho+1} = \gamma$; par suite $a \subset V_\gamma$, soit $a \in V_{\gamma+1}$. Or $\gamma = \aleph_{\rho+1} \leqslant 2^{\aleph_\rho} < \lambda$, donc $\gamma + 1 \leqslant \lambda$. On a donc $a \in V_\lambda$.

• *Si λ est un cardinal inaccessible, alors V_λ satisfait les axiomes de ZF + AF + AC.*

On vérifie aisément que les axiomes d'extensionnalité, de la somme, de l'ensemble des parties, de fondation, et de l'infini sont satisfaits.

L'axiome du choix est satisfait, car si $a \in V_\lambda$ est tel que les éléments de a soient non vides et disjoints deux à deux, il existe (d'après l'axiome du choix dans $\mathscr{U}$) un ensemble b contenu dans $\cup a$ dont l'intersection avec chaque élément de a possède un élément et un seul. Comme $a \subset V_\alpha$, avec $\alpha < \lambda$, on a $b \subset V_\alpha$ donc $b \in V_{\alpha+1}$, d'où $b \in V_\lambda$.

Considérons $a \in V_\lambda$ et $R(x, y)$ un énoncé à paramètres dans V_λ définissant dans V_λ une relation fonctionnelle. Cette relation fonctionnelle est définie dans $\mathscr{U}$ par l'énoncé « $x \in V_\lambda$ et $y \in V_\lambda$ et $R^{V_\lambda}(x, y)$ » ; son domaine étant un ensemble, c'est une fonction f. L'ensemble b, dont les éléments sont les images des éléments de a par f, est contenu dans V_λ et $\overline{\overline{b}} \leqslant \overline{\overline{a}} < \lambda$, ce qui montre que $b \in V_\lambda$.

C.Q.F.D.

Théorème 3.10. *Si ZF + AC est non contradictoire, alors ZF + AC+ « tout cardinal est accessible » l'est aussi.*

Soit $\mathscr{U}$ un univers qui satisfait l'axiome du choix. Alors, ou bien dans $\mathscr{U}$ tout cardinal est accessible, et on a le résultat cherché ; ou bien il y a dans $\mathscr{U}$ un cardinal inaccessible, et soit π le plus petit. L'ensemble V_π satisfait les axiomes de $ZF + AF + AC$; on va montrer qu'il satisfait l'énoncé : « tout cardinal est accessible ».

- *Les ordinaux de V_π sont les ordinaux $< \pi$.*

Car un ordinal de V_π est un élément α de V_π, totalement ordonné par la relation $\in$ et tel que $x \in \alpha$, $y \in x \Rightarrow y \in \alpha$; c'est donc un ordinal qui est élément de V_π, c'est-à-dire un ordinal $< \pi$.

- *Les cardinaux de V_π sont les cardinaux $< \pi$.*

Si α est un cardinal $< \pi$, on a $\alpha \in V_\pi$, et dans V_π il n'existe aucune bijection de α sur un ordinal $< \alpha$ (puisque dans $\mathscr{U}$ il n'existe aucune bijection ayant cette propriété). Donc α est un cardinal de V_π.

Inversement, si $\alpha < \pi$ n'est pas un cardinal, il existe un ordinal $\gamma < \alpha$ et une bijection $f : \alpha \to \gamma$; mais $f \subset \alpha \times \gamma$, donc $f \subset \alpha \times \alpha$ et $f \in V_{\alpha+3}$; donc $f \in V_\pi$, et il existe dans V_π une bijection de α sur γ, ce qui montre que α n'est pas un cardinal de V_π.

Soit alors α un cardinal $< \pi$; par définition de π, α est accessible dans $\mathscr{U}$; l'un des trois cas suivants est donc réalisé :

1. $\alpha \leqslant \omega$; dans ce cas α est accessible dans V_π ;
2. Il existe un cardinal $\beta < \alpha$ tel que $2^\beta \geqslant \alpha$; dans ce cas $\beta \in V_\pi$, $2^\beta \in V_\pi$ et donc α est accessible dans V_π ;
3. $\alpha = \bigcup_{i \in I} \beta_i$ avec $\beta_i < \alpha$, I étant un cardinal $< \alpha$. La fonction $i \mapsto \beta_i$ est un sous-ensemble de $I \times \alpha$, donc de $\alpha \times \alpha$, donc appartient à V_π. Cela montre que α est accessible dans V_π.

L'axiome « tout cardinal est accessible » est donc satisfait dans V_π.

Remarque. Comme on le verra plus loin (chapitre 9, page 108), il est par contre impossible de montrer l'assertion suivante : Si $ZF + AC$ est une théorie consistante, alors $ZF + AC +$ « il existe un cardinal inaccessible » l'est aussi.

Chapitre 4

Le schéma de réflexion

Considérons une collection X et un énoncé $E(x_1, \dots, x_k)$ dont tous les paramètres sont dans X. On dira que *la collection X convient à l'énoncé E*, si, quels que soient les objets $a_1, \dots, a_k$ de X, ils satisfont $E(a_1, \dots, a_k)$ si et seulement si ils satisfont $E^X(a_1, \dots, a_k)$.

Donc, « la collection X convient à l'énoncé E » n'est autre que l'énoncé : $\forall x_1 \dots \forall x_k [X(x_1)$ et … et $X(x_k) \Rightarrow (E(x_1, \dots, x_k) \Leftrightarrow E^X(x_1, \dots, x_k))]$.

Remarquons que si E est sans quantificateurs, E^X est E lui-même. Donc n'importe quelle collection convient à un énoncé sans quantificateur.

Un énoncé E est dit *prénexe* s'il est de la forme $N_1 N_2 \dots N_r E'$, où E' est un énoncé sans quantificateurs et chaque N_i $(1 \leqslant i \leqslant r)$ est soit « non » soit « $\exists x$ ».

On dira alors que l'énoncé F précède E s'il est obtenu en supprimant un certain nombre de signes « non » et « $\exists x$ » en tête de E, c'est-à-dire si F est de la forme $N_p N_{p+1} \dots N_r E'$.

On sait que, pour tout énoncé A, on peut trouver un énoncé E prénexe, équivalent à A et qui a les mêmes paramètres et les mêmes variables libres que A (voir [3], [15] ou [22]).

Lemme 4.1. *Considérons un énoncé E prénexe, sans paramètre, et une suite croissante d'ensembles $(X_n)_{n \in \omega}$; soit $X = \bigcup_{n \in \omega} X_n$. Si chaque X_n convient à l'énoncé E et à tous les précédents, alors X convient aussi à E et à tous les énoncés précédents.*

On montre le lemme par induction (au sens intuitif) sur le nombre de signes « non » et « $\exists x$ » qui sont en tête de E. Le lemme est évident si E est sans quantificateur, puisqu'alors tout ensemble convient à E, et qu'il n'y a pas d'énoncés précédant E.

Si E est « non F », X_n convient à E et à tous les précédents, donc à F et à tous les précédents. Donc (hypothèse de récurrence), X convient à F et à tous les précédents. On a donc :

$$\forall x_1 \ldots \forall x_k [x_1 \in X \text{ et} \ldots \text{ et } x_k \in X \Rightarrow (F(x_1, \ldots, x_k) \Leftrightarrow F^X(x_1, \ldots, x_k))].$$

Comme E est non F, et E^X est non F^X, il est clair que X convient à E.

Si E est $\exists x F(x, x_1, \ldots, x_k)$, X_n convient à E et à tous les précédents, donc à F et à tous les précédents. Par suite (hypothèse de récurrence), X convient à F et à tous les précédents. Il reste à montrer que X convient à E.

Soient $a_1, \ldots, a_k \in X$. Si l'énoncé $E^X(a_1, \ldots, a_k)$ est vrai, on a $\exists x(x \in X$ et $F^X(x, a_1, \ldots, a_k))$; d'où un objet $a \in X$ tel que l'on ait $F^X(a, a_1, \ldots, a_k)$. Comme X convient à F, on a $F(a, a_1, \ldots, a_k)$ et donc $\exists x F(x, a_1, \ldots, a_k)$; il en résulte que $E(a_1, \ldots, a_k)$ est vrai.

Inversement, si $E(a_1, \ldots, a_k)$ est vrai, on a $a_1, \ldots, a_k \in X_n$ pour n assez grand ; comme X_n convient à E, on a $E^{X_n}(a_1, \ldots, a_k)$, c'est-à-dire :

$$\exists x [x \in X_n \text{ et } F^{X_n}(x, a_1, \ldots, a_k)].$$

D'où un élément a de X_n tel que $F^{X_n}(a, a_1, \ldots, a_k)$. Comme X_n convient à F, on a $F(a, a_1, \ldots, a_k)$; comme X convient à F, on a $F^X(a, a_1, \ldots, a_k)$ et donc $\exists x(x \in X$ et $F^X(x, a_1, \ldots, a_k))$. Donc $E^X(a_1, \ldots, a_k)$ est vrai.

C.Q.F.D.

Remarque. Ce lemme est en fait un schéma de théorèmes : pour chaque énoncé E, il donne un énoncé vrai (et sa démonstration).

Le schéma de réflexion est un schéma de théorèmes que l'on démontre dans la théorie de Zermelo-Frænkel *avec axiome de fondation.* Il s'énonce :

Théorème 4.2. *Soit* $E(x_1, \ldots, x_k)$ *un énoncé sans paramètre ; alors, pour tout ordinal* α*, il existe un ordinal limite* $\beta > \alpha$ *tel que* V_β *convienne à* E.

Le schéma consiste donc en l'énoncé du théorème :

$$\forall \alpha (\exists \beta \text{ ordinal limite} > \alpha) \forall x_1 \ldots \forall x_k [x_1 \in V_\beta \text{ et} \ldots \text{ et } x_k \in V_\beta \Rightarrow (E(x_1, \ldots, x_k) \Leftrightarrow E^{V_\beta}(x_1, \ldots, x_k))]$$

pour chaque énoncé $E(x_1, \ldots, x_k)$ sans paramètre.

Démonstration. On montre, par récurrence (au sens intuitif) sur la longueur de E, supposé prénexe, que pour tout ordinal α, il existe un ordinal limite $\beta > \alpha$, tel que V_β convienne à E et à tous les énoncés précédant E.

C'est évident si E est sans quantificateurs, car $V_{\alpha+\omega}$ convient à E.

Si E est « non F », il existe un ordinal limite $\beta > \alpha$, tel que V_β convienne à F et à tous les énoncés précédents ; alors V_β convient à E.
En effet, si $a_1, \ldots, a_k \in V_\beta$, on a :

$$F(a_1, \ldots, a_k) \Leftrightarrow F^{V_\beta}(a_1, \ldots, a_k)$$

donc $E(a_1, \ldots, a_k) \Leftrightarrow E^{V_\beta}(a_1, \ldots, a_k)$.

Supposons que E soit de la forme $\exists x F(x, x_1, \ldots, x_k)$; d'après l'hypothèse de récurrence, pour tout ordinal α, il existe un ordinal limite $\beta > \alpha$ tel que V_β convienne à F et à tous les énoncés précédents.

On définit une relation fonctionnelle $y = \Phi(x_1, \ldots, x_k)$ à k arguments par l'énoncé :

« y est l'ensemble des x de rang minimum tels que $F(x, x_1, \ldots, x_k)$ ».

Par définition de Φ, on a évidemment, en utilisant l'axiome de fondation :

$$\exists x F(x, x_1, \ldots, x_k) \Leftrightarrow \exists x[(x \in \Phi(x_1, \ldots, x_k)) \text{ et } F(x, x_1, \ldots, x_k)].$$

On définit par induction sur ω une suite $(\beta_n)_{n \in \omega}$ d'ordinaux de la façon suivante :

β_0 est le premier ordinal $> \alpha$, tel que V_{β_0} convienne à F et à tous les énoncés précédents.

Ayant défini β_i pour tout $i \leqslant 2n$, on pose :
β_{2n+1} = le premier ordinal $> \beta_{2n}$, tel que $V_{\beta_{2n+1}}$ contienne $\Phi(a_1, \ldots, a_k)$ quel que soit le k-uplet $(a_1, \ldots, a_k)$ d'éléments de $V_{\beta_{2n}}$
(un tel ordinal existe puisque l'ensemble $\bigcup\{\Phi(a_1, \ldots, a_k) ; (a_1, \ldots, a_k) \in V_{\beta_{2n}}^k\}$ appartient à - et donc est contenu dans - un V_γ).

β_{2n+2} = le premier ordinal $> \beta_{2n+1}$ tel que $V_{\beta_{2n+2}}$ convienne à F et à tous les énoncés précédents.

La suite β_n est strictement croissante ; donc si $\beta = \sup_n \beta_n$, β est un ordinal limite, et $V_\beta = \bigcup_{n \in \omega} V_{\beta_n} = \bigcup_{n \in \omega} V_{\beta_{2n}}$.

Comme $V_{\beta_{2n}}$ convient à F et à tous les énoncés précédents, V_β aussi d'après le lemme 4.1.

Il reste à montrer que V_β convient à E ; soient $a_1, \ldots, a_k \in V_\beta$ et n un entier assez grand pour que $a_1, \ldots, a_k \in V_{\beta_{2n}}$.
Si $E(a_1, \ldots, a_k)$ est vrai, on a $\exists x F(x, a_1, \ldots, a_k)$, d'où $\exists x[x \in \Phi(a_1, \ldots, a_k)$ et $F(x, a_1, \ldots, a_k)]$. Soit $a \in \Phi(a_1, \ldots, a_k)$ tel que $F(a, a_1, \ldots, a_k)$.
On a $a_1, \ldots, a_k \in V_{\beta_{2n}}$, et donc $a \in V_{\beta_{2n+1}}$, d'où $a \in V_\beta$. Comme V_β convient à F, on a $F^{V_\beta}(a, a_1, \ldots, a_k)$, donc $\exists x(x \in V_\beta$ et $F^{V_\beta}(x, a_1, \ldots, a_k))$.
Donc $E^{V_\beta}(a_1, \ldots, a_k)$ est vrai.

Inversement, si $E^{V_\beta}(a_1, \ldots, a_k)$ est vrai, on prend un ensemble $a \in V_\beta$ tel que $F^{V_\beta}(a, a_1, \ldots, a_k)$. Comme V_β convient à F, $F(a, a_1, \ldots, a_k)$ est vrai et on a donc $E(a_1, \dots, a_k)$.

C.Q.F.D.

Cas particulier. Si l'énoncé E est clos, dire que V_β convient à E signifie que E est vrai dans l'univers si, et seulement si, il est vrai dans V_β.
Il en résulte que :

• *Si E est un énoncé clos qui est vrai dans l'univers, pour tout ordinal α, il existe $\beta > \alpha$, tel que E soit vrai dans V_β.*

Dans la suite nous aurons à utiliser une forme plus générale du schéma de réflexion, que voici :

• *On considère une relation fonctionnelle $y = W_\alpha$, de domaine On, croissante ($\alpha \leqslant \beta \Rightarrow W_\alpha \subset W_\beta$) et continue (c'est-à-dire : si α est un ordinal limite, alors $W_\alpha = \bigcup_{\beta<\alpha} W_\beta$). Soit W la collection qui est la réunion des ensembles W_α, c'est-à-dire la collection définie par l'énoncé $W(x) : \exists\alpha[On(\alpha)$ et $x \in W_\alpha]$.*

Si $E(x_1, \dots, x_k)$ est un énoncé sans paramètre, pour tout ordinal α, il existe un ordinal limite $\beta > \alpha$ tel que :
$\forall x_1 \dots \forall x_k[x_1 \in W_\beta$ *et* ... *et* $x_k \in W_\beta \Rightarrow (E^W(x_1, \dots, x_k) \Leftrightarrow E^{W_\beta}(x_1, \dots, x_k))]$.

La démonstration est exactement la même que la précédente, car les seules propriétés des V_α qu'on utilise sont les deux propriétés citées. L'expression « l'ensemble X convient à l'énoncé E » a alors le sens suivant :
« tout élément de X est dans la collection W et

$\forall x_1 \dots \forall x_k[x_1 \in X$ et ... et $x_k \in X \Rightarrow (E^W(x_1, \dots, x_k) \Leftrightarrow E^X(x_1, \dots, x_k))]$ ».

Notons que cette forme du schéma de réflexion se démontre *sans l'axiome de fondation* (l'axiome de fondation ne servait qu'à montrer que tout objet est dans un V_α).

Comparaison des théories *Z* et *ZF*

Soit α un ordinal limite $> \omega$ (donc $\alpha \geqslant \omega + \omega$). On vérifie aisément que l'ensemble V_α, muni de la relation $\in$ satisfait les axiomes suivants :

a) Axiome d'extensionnalité ;

b) Axiome de la paire : $\forall x \forall y \exists z \forall t[t \in z \Leftrightarrow t = x$ ou $t = y]$;

c) Axiome de la somme ;

d) Axiome de l'ensemble des parties ;

e) Axiome de l'infini : $\exists x[\emptyset \in x$ et $\forall y(y \in x \Rightarrow y \cup \{y\} \in x)]$;

f) Schéma d'axiomes de compréhension : pour chaque énoncé sans paramètre $A(x, x_1, \dots, x_k)$, on écrit l'axiome :
$\forall x_1 \dots \forall x_k \forall x \exists y \forall z[z \in y \Leftrightarrow [z \in x$ et $A(z, x_1, \dots, x_k)]]$.

a) est satisfait car V_α est transitif;
b), c), d) sont satisfaits parce que α est un ordinal limite : si $x, y \in V_\alpha$, on a $x, y \in V_\beta$ pour un $\beta < \alpha$ et donc $\{x, y\} \in V_{\beta+1}$, $\bigcup_{z\in x} z \in V_{\beta+1}$, $\mathscr{P}(x) \in V_{\beta+1}$ et $\beta + 1 < \alpha$;
e) est satisfait car $\omega \in V_\alpha$ puisque $\alpha > \omega$;
f) est satisfait car, si $a, a_1, \ldots, a_k \in V_\alpha$, on a $a, a_1, \ldots, a_k \in V_\beta$ pour un $\beta < \alpha$. L'ensemble b des éléments z de a tels que $A^{V_\alpha}(z, a_1, \ldots, a_k)$ est un sous-ensemble de a, donc $b \in V_{\beta+1}$.

Les axiomes *a), b), c), d), e)* et le schéma *f)* constituent la *théorie des ensembles de Zermelo*; on la désigne par Z.

Il est facile de voir que la théorie Z est moins forte que la théorie ZF (en supposant cette dernière non contradictoire), c'est-à-dire de trouver un théorème de ZF qu'on ne peut montrer à l'aide des axiomes de Z : par exemple, l'énoncé « tout ensemble bien ordonné est isomorphe à un ordinal ».

Supposons en effet donné un univers $\mathscr{U}$; l'ensemble $V_{\omega+\omega}$ de cet univers satisfait les axiomes de Z comme on vient de le voir; les ordinaux de $V_{\omega+\omega}$, (c'est-à-dire les ensembles qui satisfont l'énoncé $On(x)$ restreint à $V_{\omega+\omega}$), sont les ordinaux $< \omega + \omega$. Or $\mathscr{P}(\omega \times \omega) \in V_{\omega+\omega}$, et donc toute relation de bon ordre sur ω (sous-ensemble de $\omega \times \omega$) appartient à $V_{\omega+\omega}$. Il y a, en particulier, dans $V_{\omega+\omega}$ une relation de bon ordre de type $\omega + \omega$, qui n'est donc pas isomorphe à un ordinal de $V_{\omega+\omega}$. L'ensemble $V_{\omega+\omega}$ ne satisfait donc pas l'énoncé considéré, qui ne peut donc être conséquence de Z.

Remarquons que V_α (α ordinal limite $> \omega$) satisfait aussi l'axiome de fondation. Nous nous proposons de montrer qu'aucune extension consistante de $ZF + AF$ n'est finiment axiomatisable sur $Z + AF$; autrement dit :

Théorème 4.3. *Pour chaque énoncé clos A consistant avec $Z + AF$, on peut trouver un énoncé B qui est conséquence de $ZF + AF + A$ mais non de $Z + AF + A$.*

L'énoncé B est « il existe un ordinal limite $\beta > \omega$ tel que A^{V_β} ». Il est bien conséquence de $ZF + AF + A$: supposons en effet que l'univers $\mathscr{U}$ satisfasse AF et A; d'après le schéma de réflexion, il existe un ordinal limite $\beta > \omega$ tel que V_β convienne à A. Comme A est vrai dans $\mathscr{U}$, A^{V_β} l'est aussi.

Soit α un ordinal limite; il est aisé de vérifier successivement que V_α convient aux énoncés suivants (dont les variables libres sont ξ, x, y) :

- $On(\xi)$ sous la forme :
  $\forall x[x \in \xi \Rightarrow x \subset \xi]$ et $\forall x \forall y[x \in \xi$ et $y \in \xi \Rightarrow x \in y$ ou $x = y$ ou $y \in x]$.

- « ξ est un ordinal limite », c'est-à-dire : $On(\xi)$ et $\xi \neq 0$ et $\forall x[\xi \neq x \cup \{x\}]$.

- $y = \mathscr{P}(x)$, c'est-à-dire $\forall z[z \in y \Leftrightarrow z \subset x]$.
- $y = \bigcup_{z \in x} z$, c'est-à-dire $\forall u[u \in y \Leftrightarrow \exists z(z \in x \text{ et } u \in z)]$.
- $x \in V_\xi$, c'est-à-dire « $On(\xi)$ et $\exists f[f$ est une fonction de domaine $\xi + 1$ telle que $(\forall \eta \in \xi + 1)(f(\eta) = \bigcup_{\zeta \in \eta} \mathscr{P}(f(\zeta)))$ et $x \in f(\xi)]$ ».

On en déduit le

Lemme 4.4. *Considérons un énoncé $E(x_1, \ldots, x_k)$ sans paramètres et un ordinal limite α. Alors V_α convient à l'énoncé $E^{V_\xi}(x_1, \ldots, x_k)$ (dont les variables libres sont $\xi, x_1, \ldots, x_k$).*

On le montre par induction (au sens intuitif) sur la longueur de l'énoncé E, supposé prénexe. Le lemme est évident si E est sans quantificateur ; si E est « non F », comme V_α convient à F^{V_ξ} (hypothèse de récurrence), il convient à sa négation qui est E^{V_ξ}.

Supposons que $E(x_1, \ldots, x_k)$ soit $\exists x F(x, x_1, \ldots, x_k)$, l'énoncé F étant supposé satisfaire le lemme. Alors E^{V_ξ} est $\exists x[x \in V_\xi$ et $F^{V_\xi}(x, x_1, \ldots, x_k)]$. Donc $[E^{V_\xi}(x_1, \ldots, x_k)]^{V_\alpha}$ est l'énoncé :

$$\exists x[x \in V_\alpha \text{ et } (x \in V_\xi)^{V_\alpha} \text{ et } (F^{V_\xi}(x, x_1, \ldots, x_k))^{V_\alpha}].$$

On a vu que V_α convenait à l'énoncé à deux variables libres $x \in V_\xi$. Donc, si $x, \xi \in V_\alpha$, $(x \in V_\xi)^{V_\alpha} \Leftrightarrow x \in V_\xi$. De plus, $x \in V_\alpha$ et $x \in V_\xi \Leftrightarrow x \in V_\xi$ puisque ξ est un ordinal $\in V_\alpha$, donc $< \alpha$. Par ailleurs, comme V_α convient à F^{V_ξ}, on a, si $x, x_1, \ldots, x_k \in V_\alpha$:

$$(F^{V_\xi}(x, x_1, \ldots, x_k))^{V_\alpha} \Leftrightarrow F^{V_\xi}(x, x_1, \ldots, x_k).$$

Donc, si $\xi, x_1, \ldots, x_k \in V_\alpha$, on a :

$$[E^{V_\xi}(x_1, \ldots, x_k)]^{V_\alpha} \Leftrightarrow \exists x[x \in V_\xi \text{ et } F^{V_\xi}(x, x_1, \ldots, x_k)] \Leftrightarrow E^{V_\xi}(x_1, \ldots, x_k).$$

C.Q.F.D.

Soit alors α le premier ordinal limite $> \omega$, tel que V_α convienne à l'énoncé clos A ; comme A est vrai dans $\mathscr{U}$, α est le premier ordinal limite $> \omega$ tel que A^{V_α}.

D'après le lemme, V_α convient à l'énoncé A^{V_ξ} (à une variable libre ξ). L'énoncé B étant $\exists \xi[\xi$ est un ordinal limite $> \omega$ et $A^{V_\xi}]$, l'énoncé B^{V_α} est $\exists \xi[\xi \in V_\alpha$ et $(\xi$ est un ordinal limite $> \omega)^{V_\alpha}$ et $(A^{V_\xi})^{V_\alpha}]$; comme V_α convient à A^{V_ξ} et à l'énoncé « ξ est un ordinal limite $> \omega$ », l'énoncé entre [ ] est équivalent à : $\xi \in V_\alpha$ et ξ est un ordinal limite $> \omega$ et A^{V_ξ}. Donc B^{V_α} équivaut à $\exists \xi[\xi \in V_\alpha$ et ξ est un ordinal limite $> \omega$ et $A^{V_\xi}]$ et B^{V_α} est faux d'après le choix de α (car $\xi \in V_\alpha \Rightarrow \xi < \alpha$). Cela montre que l'ensemble V_α satisfait les axiomes de Z, l'énoncé A (car A^{V_α} est vrai d'après le choix de α), l'axiome de fondation, mais ne satisfait pas B. L'énoncé B n'est donc pas une conséquence de $Z + AF + A$.

En particulier, on a montré :

- *Si la théorie ZF est non contradictoire, elle n'est pas finiment axiomatisable.*

En effet, $ZF + AF$ n'est pas contradictoire non plus ; si ZF était équivalente à un seul axiome A, alors $ZF + AF$ serait équivalente à $Z + AF + A$, ce qui est impossible comme on vient de le voir.

Remarque. L'énoncé B associé à A n'est pas un énoncé arithmétique, même si A en est un (par « énoncé arithmétique », on entend un énoncé restreint à V_ω). Le deuxième théorème d'incomplétude de Gödel permet de donner une autre démonstration qui, à chaque énoncé clos A consistant avec $ZF + AF$, associe *un énoncé d'arithmétique* B', conséquence de $ZF + AF + A$, mais non de $Z + AF + A$ (voir chapitre 9).

Le problème suivant est non résolu jusqu'ici : en supposant ZF non contradictoire, existe-t-il un énoncé clos A, consistant avec Z, tel que $Z + A$ soit équivalente à $ZF + A$? D'après ce qu'on vient de montrer, un tel énoncé A, s'il existe, doit contredire l'axiome de fondation (sinon $Z + AF + A$ serait non contradictoire et équivalente à $ZF + AF + A$).

Chapitre 5

L'ensemble des formules

Dans les chapitres 1 et 2 nous avons construit, dans chaque univers $\mathscr{U}$, une sorte de réplique pour plusieurs notions fondamentales de mathématiques : par exemple, la notion de fonction, ou celle d'entier naturel ; d'ailleurs nous employons maintenant ces mots presque toujours dans le sens qu'ils prennent dans $\mathscr{U}$, et non plus dans leur sens intuitif.

Nous nous proposons maintenant de faire la même « opération » avec la notion d'énoncé de théorie des ensembles. Toutefois nous continuerons à utiliser le mot *énoncé* dans son sens intuitif, comme nous l'avons fait jusqu'ici, et nous appellerons *formules* les objets de l'univers que nous allons définir.

On choisit dans l'univers $\mathscr{U}$, cinq ensembles distincts notés $\vee$, $\neg$, $\bigvee$, ε, $\approx$: par exemple $0, 1, 2, 3, 4$; et un ensemble dénombrable $\mathscr{V}$ dont les éléments, appelés *variables,* sont distincts des précédents : par exemple l'ensemble des entiers $\geqslant 5$. Si x est une variable, le couple ordonné $(\bigvee, x)$ est noté $\bigvee x$.

On définit par induction une fonction $n \mapsto \mathscr{F}_n$ de domaine ω : $\mathscr{F}_0$ est l'ensemble des triplets ordonnés (ε, x, y) et $(\approx, x, y)$ pour $x, y \in \mathscr{V}$; autrement dit :

$$\mathscr{F}_0 = [\{\varepsilon\} \times \mathscr{V}^2] \cup [\{\approx\} \times \mathscr{V}^2].$$

Un élément de $\mathscr{F}_0$ est appelé formule atomique.

Ensuite, pour tout entier n,

$$\mathscr{F}_{n+1} = \mathscr{F}_n \cup [\{\neg\} \times \mathscr{F}_n] \cup [\{\vee\} \times \mathscr{F}_n^2] \cup [(\{\bigvee\} \times \mathscr{V}) \times \mathscr{F}_n].$$

$\mathscr{F}_{n+1}$ est donc l'ensemble constitué par les éléments de $\mathscr{F}_n$ et les couples et triplets ordonnés de la forme $(\neg, \Phi)$, $(\vee, \Phi, \Psi)$, $(\bigvee x, \Phi)$ pour $\Phi, \Psi \in \mathscr{F}_n$ et $x \in \mathscr{V}$.

On pose $\mathscr{F} = \bigcup_{n\in\omega} \mathscr{F}_n$; $\mathscr{F}$ est appelé *ensemble des formules.*

D'après le choix qui a été fait de $\vee, \neg, \bigvee, \varepsilon, \approx, \mathscr{V}$, on voit aisément par induction sur n que $\mathscr{F}_n \subset V_\omega$ et donc $\mathscr{F} \subset V_\omega$. Toute formule est un ensemble héréditairement fini.

Etant donnée une formule Φ, appelons *longueur* de Φ le premier entier n tel que $\Phi \in \mathscr{F}_n$.

Lemme 5.1. *Pour chaque formule Φ, un et un seul des cas suivants se présente :*

- *Φ est atomique ;*
- *Φ est de la forme $(\neg, \Psi)$;*
- *Φ est de la forme $(\vee, \Psi, \Psi')$;*
- *Φ est de la forme $(\bigvee x, \Psi)$.*

De plus Ψ et Ψ' sont des formules déterminées par Φ et de longueur strictement inférieure à celle de Φ.

Il est clair que chaque formule Φ est un couple ordonné (se rappeler que le triplet ordonné (a, b, c) est le couple ordonné $(a, (b, c))$). Le premier élément de ce couple peut être $\varepsilon, \approx, \neg, \vee, \bigvee x$ (où $x \in \mathscr{V}$). Or ces objets sont deux à deux distincts, comme on le voit aisément d'après le choix de $\varepsilon, \approx, \neg, \vee, \bigvee$ et $\mathscr{V}$. Si ce premier élément est ε ou $\approx$, on a $\Phi \in \mathscr{F}_0$. Si c'est $\neg$, le deuxième élément de ce couple est une formule Ψ. Si n est la longueur de Φ, on a $n > 0$, $(\neg, \Psi) \in \mathscr{F}_n$ et $(\neg, \Psi) \notin \mathscr{F}_{n-1}$. D'après la définition de $\mathscr{F}_n$, on a donc $\Psi \in \mathscr{F}_{n-1}$ et donc la longueur de Ψ est $< n$. D'autre part, il est clair que Ψ est déterminée par Φ. Même résultat si le premier élément du couple est $\bigvee x$. Si le premier élément du couple est $\vee$, le deuxième est de la forme (Ψ, Ψ') ; Ψ et Ψ' sont évidemment déterminées par Φ. D'autre part $(\vee, \Psi, \Psi') \in \mathscr{F}_n$ et $(\vee, \Psi, \Psi') \notin \mathscr{F}_{n-1}$, ce qui montre que $\Psi, \Psi' \in \mathscr{F}_{n-1}$. Donc Ψ et Ψ' sont de longueur $< n$.

C.Q.F.D.

Dans la suite, les formules (ε, x, y), $(\approx, x, y)$, $(\neg, \Phi)$, $(\vee, \Phi, \Psi)$, $(\bigvee x, \Phi)$ seront notées respectivement $x \,\varepsilon\, y$, $x \approx y$, $\neg\Phi$, $\Phi \vee \Psi$, $\bigvee x(\Phi)$; ε, $\approx$, $\neg$, $\vee$, $\bigvee$ sont appelés respectivement symboles d'appartenance, d'égalité, de négation, de disjonction, et quantificateur existentiel.

Les formules $(\neg\Phi) \vee \Psi$, $\neg((\neg\Phi) \vee (\neg\Psi))$, $\neg\bigvee x(\neg\Phi)$ seront notées respectivement $\Phi \to \Psi$, $\Phi \wedge \Psi$, $\bigwedge x(\Phi)$; la formule $(\Phi \to \Psi) \wedge (\Psi \to \Phi)$ sera notée $\Phi \leftrightarrow \Psi$; $\to$, $\wedge$, $\leftrightarrow$, $\bigwedge$ sont appelés respectivement symboles d'implication, de conjonction, d'équivalence et quantificateur universel.

On définit par induction sur la longueur une application vl de $\mathscr{F}$ dans l'ensemble des parties finies de $\mathscr{V}$; vl(Φ) est appelé *ensemble des variables libres* de la formule Φ.

- Si $\Phi = x \varepsilon y$ ou $\Phi = x \approx y$, alors $\mathrm{vl}(\Phi) = \{x, y\}$;
- $\mathrm{vl}(\neg\Phi) = \mathrm{vl}(\Phi)$;
- $\mathrm{vl}(\Phi \vee \Psi) = \mathrm{vl}(\Phi) \cup \mathrm{vl}(\Psi)$;
- $\mathrm{vl}(\bigvee x \Phi) = \mathrm{vl}(\Phi) \setminus \{x\}$.

Une formule Φ est dite close si $\mathrm{vl}(\Phi) = \emptyset$.

Remarque. Il est clair qu'à chaque énoncé A sans paramètre correspond une formule, que nous désignerons par $\ulcorner A \urcorner$. Mais la réciproque peut être fausse : s'il existe dans $\mathscr{U}$ un entier n qui a un nombre infini (au sens intuitif) d'éléments, il existe une formule de longueur n, et elle ne peut correspondre à un énoncé. En fait, on voit facilement qu'une formule correspond à un énoncé si, et seulement si, sa longueur est un entier qui n'a qu'un nombre fini (au sens intuitif) d'éléments.

On définit par induction sur la longueur de la formule Φ une relation fonctionnelle à deux arguments : $Y = \mathrm{Val}(\Phi, X)$ dont le domaine est la relation « Φ est une formule et X un ensemble non vide ». Y est appelé *valeur de la formule Φ dans l'ensemble X* ; c'est un sous-ensemble de $X^{\mathrm{vl}(\Phi)}$.

1) Si Φ est $x \varepsilon y$ (resp. $x \approx y$), alors $\mathrm{Val}(\Phi, X) = \{\delta \in X^{\{x,y\}} ; \delta(x) \in \delta(y)$ (resp. $\delta(x) = \delta(y))\}$.

2) Si $\Phi = \neg\Psi$, alors $\mathrm{Val}(\Phi, X) = X^{\mathrm{vl}(\Phi)} \setminus \mathrm{Val}(\Psi, X)$.

3) Si $\Phi = \Psi \vee \Psi'$, alors $\mathrm{Val}(\Phi, X) = \{\delta \in X^{\mathrm{vl}(\Phi)}$; ou bien la restriction de δ à $\mathrm{vl}(\Psi)$ appartient à $\mathrm{Val}(\Psi, X)$ ou bien la restriction de δ à $\mathrm{vl}(\Psi')$ appartient à $\mathrm{Val}(\Psi', X)\}$.

4) Si $\Phi = \bigvee x \Psi$, alors $\mathrm{Val}(\Phi, X) = \{\delta \in X^{\mathrm{vl}(\Phi)}$; il existe une extension δ' de δ à $\mathrm{vl}(\Psi)$, telle que $\delta' \in \mathrm{Val}(\Psi, X)\}$ (se rappeler que $\mathrm{vl}(\Phi) = \mathrm{vl}(\Psi) \setminus \{x\}$).

Si Φ est la formule qui correspond à l'énoncé $A(x_1, \ldots, x_k)$, il est bien clair que $\mathrm{Val}(\Phi, X)$ est l'ensemble des fonctions $\delta : \{x_1, \ldots, x_k\} \to X$ telles que le k-uplet $(\delta x_1, \ldots, \delta x_k)$ satisfasse l'énoncé $A^X(x_1, \ldots, x_k)$; on le démontre aisément par induction (au sens intuitif) sur la longueur de l'énoncé A.

Autrement dit, $\mathrm{Val}(\ulcorner A(x_1, \ldots, x_k) \urcorner, X)$ est essentiellement l'ensemble des k-uplets d'éléments de X qui satisfont $A^X(x_1, \ldots, x_k)$.

Une formule Φ dont les variables libres se trouvent dans l'ensemble fini $\{x_1, \ldots, x_k\}$ (indexé par l'entier k) est notée aussi $\Phi(x_1, \ldots, x_k)$.

Une *formule Φ_0 avec paramètres* est, par définition, un couple ordonné (Φ, η), où Φ est une formule, et η une application dont le domaine est une partie de $\mathrm{vl}(\Phi)$. Si η est à valeurs dans un ensemble X, on dit que Φ_0 est une formule à paramètres dans X.

Si les variables libres de Φ sont $x_1, \ldots, x_k, y_1, \ldots, y_l$, le domaine de η le sous-ensemble $\{x_1, \ldots, x_k\}$ de $\text{vl}(\Phi)$ et si $\eta(x_i) = a_i$ $(1 \leqslant i \leqslant k)$, la formule Φ_0 avec paramètres est notée $\Phi(a_1, \ldots, a_k, y_1, \ldots, y_l)$. L'ensemble $\{y_1, \ldots, y_l\}$ (c'est-à-dire $\text{vl}(\Phi) \setminus \text{Dom}(\eta)$) est, par définition, l'ensemble des variables libres de la formule Φ_0 avec paramètres, et est noté $\text{vl}(\Phi_0)$.

Considérons un ensemble X et une formule $\Phi_0 = (\Phi, \eta)$ avec paramètres pris dans X. On définit alors $\text{Val}(\Phi_0, X)$ comme l'ensemble des applications $\delta \in X^{\text{vl}(\Phi_0)}$ telles que $\delta \cup \eta \in \text{Val}(\Phi, X)$ ($\delta \cup \eta$ est la fonction de domaine $\text{vl}(\Phi)$ égale à δ sur $\text{vl}(\Phi_0)$ et à η sur $\text{vl}(\Phi) \setminus \text{vl}(\Phi_0)$.

Si $A(x_1, \ldots, x_k)$ est un énoncé quelconque, avec paramètres, il lui correspond une formule avec paramètres, notée $\ulcorner A \urcorner$. Alors $\text{Val}(\ulcorner A \urcorner, X)$ est définie si tous les paramètres de l'énoncé A sont éléments de X ; c'est alors l'ensemble des $\delta \in X^{\{x_1, \ldots, x_k\}}$ tels que l'on ait $A^X(\delta x_1, \ldots, \delta x_k)$: on le montre facilement par induction (au sens intuitif) sur la longueur de l'énoncé A.

Une formule Φ avec paramètres est dite close si $\text{vl}(\Phi) = \emptyset$. Si X est un ensemble qui a comme éléments tous les paramètres de Φ, alors $\text{Val}(\Phi, X)$ est un sous-ensemble de $X^{\emptyset} = \{\emptyset\}$. Donc $\text{Val}(\Phi, X) = 1$ ou 0.
Lorsque $\text{Val}(\Phi, X) = 1$, on dit que la formule Φ est satisfaite dans l'ensemble X, ce qu'on note $X \models \Phi$.

Le théorème suivant se démontre à l'aide de l'axiome du choix ; nous l'utiliserons au chapitre 8.

Théorème 5.2 (Löwenheim-Skolem). *Soient X un ensemble, P une partie de X et $\mathscr{A}$ l'ensemble des formules closes à paramètres dans P qui sont satisfaites dans X. Alors il existe un sous-ensemble Y de X tel que $\overline{\overline{Y}} \leqslant \overline{\overline{P}} + \aleph_0$, $Y \supset P$, et tel que toute formule de $\mathscr{A}$ soit satisfaite dans Y.*

On considère une application $\theta : \mathscr{P}(X) \setminus \{\emptyset\} \to X$ telle que $\theta(U) \in U$ pour toute partie U non vide de X (axiome du choix).

On définit par induction une suite croissante $P_n (n \in \omega)$ de parties de X : $P_0 = P$; P_n étant donné, on définit P_{n+1} de la façon suivante : on considère l'ensemble $\mathscr{G}_n$ des formules $\Phi(x, a_1, \ldots, a_r)$ à une variable libre à paramètres dans P_n telles que $\bigvee x \Phi(x, a_1, \ldots, a_r)$ soit satisfaite dans X ; alors P_{n+1} est l'ensemble des $\theta(U_\Phi)$ lorsque Φ décrit $\mathscr{G}_n$, avec $U_\Phi = \{\xi \in X ; \Phi(\xi, a_1, \ldots, a_r)$ est satisfaite dans $X\}$.

$P_{n+1} \supset P_n$: en effet la formule $x \approx a$ appartient à $\mathscr{G}_n$ si $a \in P_n$ et pour cette formule $U_\Phi = \{a\}$ donc $\theta(U_\Phi) = a$.

Comme le cardinal de l'ensemble des formules à paramètres dans P_n est $\overline{\overline{P_n}} + \aleph_0$, on a $\overline{\overline{\mathscr{G}_n}} \leqslant \overline{\overline{P_n}} + \aleph_0$. Donc $\overline{\overline{P_{n+1}}} \leqslant \overline{\overline{P_n}} + \aleph_0$, puisque $\Phi \mapsto \theta(U_\Phi)$ est une surjection de $\mathscr{G}_n$ sur P_{n+1}. On a donc, par induction, $\overline{\overline{P_n}} \leqslant \overline{\overline{P}} + \aleph_0$.

On pose $Y = \bigcup_{n\in\omega} P_n$. Donc $\overline{\overline{Y}} \leqslant \overline{\overline{P}} + \aleph_0$, et $Y \supset P$.

Soit $\Phi(a_1, \ldots, a_k)$ une formule close à paramètres dans Y. On montre, par induction sur la longueur de Φ, qu'elle est satisfaite ou non satisfaite à la fois par X et Y.

C'est évident si Φ est atomique. Si Φ est $\neg\Psi$ (resp. $\Psi \vee \Psi'$), Φ est satisfaite dans Y si, et seulement si, Ψ ne l'est pas (resp. Ψ ou Ψ' est satisfaite dans Y) donc si et seulement si Ψ est non satisfaite dans X, d'après l'hypothèse d'induction (resp. Ψ ou Ψ' est satisfaite dans X), donc si et seulement si Φ est satisfaite dans X.

Si $\Phi(a_1, \ldots, a_k) = \bigvee x \Psi(x, a_1, \ldots, a_k)$, supposons d'abord que Φ soit satisfaite dans X. Alors, pour n assez grand, on a $a_1, \ldots, a_k \in P_n$ et, par suite $\Psi(x, a_1, \ldots, a_k) \in \mathscr{G}_n$. Donc :

$$\theta(U_\Psi) = a \in P_{n+1}$$

et $\Psi(a, a_1, \ldots, a_k)$ est satisfaite dans X (par définition de θ et U_Ψ). Comme $\Psi(a, a_1, \ldots, a_k)$ est de longueur strictement inférieure à celle de Φ, on voit (hypothèse d'induction) que $\Psi(a, a_1, \ldots, a_k)$ est satisfaite dans Y, et donc aussi $\Phi(a_1, \ldots, a_k)$, qui est $\bigvee x \Psi(x, a_1, \ldots, a_k)$.

Inversement, si $\bigvee x \Psi(x, a_1, \ldots, a_k)$ est satisfaite dans Y, il existe $a \in Y$ tel que $\Psi(a, a_1, \ldots, a_k)$ soit satisfaite dans Y. D'après l'hypothèse d'induction $\Psi(a, a_1, \ldots, a_k)$ est satisfaite dans X, donc aussi $\bigvee x \Psi(x, a_1, \ldots, a_k)$.

En particulier on a bien montré que toute formule de $\mathscr{A}$ est satisfaite dans Y.

C.Q.F.D.

Restriction d'une formule à un ensemble

Etant donnée une formule $\Phi(x_1, \ldots, x_k, a_1, \ldots, a_l)$ avec paramètres dans un ensemble a ($a_i \in a$ pour tout i, $1 \leqslant i \leqslant l$), on définit, par induction sur la longueur de Φ, une formule notée $\Phi^a(x_1, \ldots, x_k, a_1, \ldots, a_l)$ qu'on appelle la restriction de Φ à l'ensemble a :

- Si Φ est atomique, alors $\Phi^a = \Phi$;
- Si $\Phi = \neg\Psi$, alors $\Phi^a = \neg\Psi^a$;
- Si $\Phi = \Psi_1 \vee \Psi_2$, alors $\Phi^a = \Psi_1^a \vee \Psi_2^a$;
- Si $\Phi = \bigvee x \Psi$, alors $\Phi^a = \bigvee x (x \,\varepsilon\, a \wedge \Psi^a)$.

Il est clair que Φ et Φ^a ont les mêmes variables libres. Les paramètres de Φ^a sont $a, a_1, \ldots, a_l$.

Le théorème suivant sera également utilisé au chapitre 8 :

Théorème 5.3. *Si $a \in b$ et $a \subset b$, et si Φ est une formule avec paramètres dans a, alors* $\mathrm{Val}(\Phi, a) = a^{\mathrm{vl}(\Phi)} \cap \mathrm{Val}(\Phi^a, b)$.

On le montre par induction sur la longueur de Φ.

Le résultat est évident si Φ est atomique. Si $\Phi = \neg\Psi$, on a :
$\mathrm{Val}(\Phi, a) = a^{\mathrm{vl}(\Phi)} \setminus \mathrm{Val}(\Psi, a) = a^{\mathrm{vl}(\Phi)} \setminus \mathrm{Val}(\Psi^a, b) = a^{\mathrm{vl}(\Phi)} \cap \mathrm{Val}(\Phi^a, b)$
puisque, par hypothèse, Ψ satisfait le théorème.

La démonstration est analogue si $\Phi = \Psi_1 \vee \Psi_2$.

Si $\Phi = \bigvee x\,\Psi$, on a :

$\mathrm{Val}(\Phi, a) = \{\delta \in a^{\mathrm{vl}(\Phi)} ;\ (\exists \delta' \supset \delta)(\delta' \in \mathrm{Val}(\Psi, a))\}$.

Comme $\mathrm{Val}(\Psi, a) = a^{\mathrm{vl}(\Psi)} \cap \mathrm{Val}(\Psi^a, b)$ (hypothèse d'induction), on a :
$\mathrm{Val}(\Phi, a) = \{\delta \in a^{\mathrm{vl}(\Phi)} ;\ (\exists \delta' \supset \delta)(\delta' \in a^{\mathrm{vl}(\Psi)}$ et $\delta' \in \mathrm{Val}(\Psi^a, b))\}$
$= \{\delta \in a^{\mathrm{vl}(\Phi)} ;\ \delta \in \mathrm{Val}(\bigvee x(x \,\varepsilon\, a \wedge \Psi^a), b)\} = a^{\mathrm{vl}(\Phi)} \cap \mathrm{Val}(\Phi^a, b)$.

C.Q.F.D.

Chapitre 6

Ensembles définissables en termes d'ordinaux

Notation. Soit $\Phi(x)$ une formule à une variable libre, à paramètres dans un ensemble X. La valeur de cette formule dans X est une partie de $X^{\{x\}}$. Par la bijection canonique de $X^{\{x\}}$ sur X (celle qui envoie $\{(x, u)\}$ sur u pour chaque $u \in X$), il lui correspond une partie de X que nous noterons $\mathrm{val}(\Phi, X)$, et que nous appellerons encore, par abus de langage, valeur de la formule Φ dans X.

On considère un univers $\mathscr{U}$ *qui satisfait l'axiome de fondation.* On définit une collection, notée *DO*, par l'énoncé :

DO(a) : « Il existe un ordinal α et une formule $\Phi(x, \alpha_1, \ldots, \alpha_r)$ qui a une seule variable libre, dont les paramètres sont des ordinaux $< \alpha$, et dont la valeur dans l'ensemble V_α est $\{a\}$ ».

La collection *DO* est appelée collection des ensembles définissables en termes d'ordinaux.

Lemme 6.1. *Considérons un ensemble a et un énoncé $A(x, \alpha_1, \ldots, \alpha_k)$ à une variable libre, dont les paramètres sont les ordinaux $\alpha_1, \ldots, \alpha_k$, et tel que a soit le seul ensemble qui satisfait cet énoncé. Alors a est définissable en termes d'ordinaux.*

On peut appliquer le schéma de réflexion, puisque l'axiome de fondation est supposé vrai dans $\mathscr{U}$. Il existe donc un ordinal $\alpha > \alpha_1, \ldots, \alpha_k$ et assez grand pour que $a \in V_\alpha$, tel que V_α convienne à l'énoncé $A(x, \alpha_1, \ldots, \alpha_k)$. Alors a est le seul élément de V_α qui satisfait l'énoncé $A^{V_\alpha}(x, \alpha_1, \ldots, \alpha_k)$, et donc la valeur de la formule $\ulcorner A(x, \alpha_1, \ldots, \alpha_k) \urcorner$ dans l'ensemble V_α est $\{a\}$. Cela montre que a est définissable en terme d'ordinaux.

Lemme 6.2 (Réciproque). *Si a est un ensemble définissable en termes d'ordinaux, il y a un énoncé $A(x,\gamma_0)$ à une variable libre, dont le seul paramètre est l'ordinal γ_0, qui est satisfait par le seul objet a.*

Un tel énoncé est appelé une définition de a en termes d'ordinaux.

Considérons les énoncés sans paramètre $s = J(\alpha)$ et $x = K(n)$ qui établissent respectivement une bijection de On sur $\sigma(On)$ (collection des suites finies d'ordinaux) et de ω sur V_ω. Ces énoncés ont été écrits précédemment (pages 38 et 45).

Puisque a est définissable en termes d'ordinaux, il existe un ordinal α_0 et une formule $\Phi_0(x,\alpha_1,\ldots,\alpha_r)$ à paramètres dans α_0, qui est telle que : $\mathrm{val}(\Phi_0, V_{\alpha_0}) = \{a\}$.

On considère alors l'énoncé suivant $E(x,n,\alpha,\beta)$ sans paramètre, à quatre variables : « n est un entier, α et β sont des ordinaux, le couple ordonné $(K(n), J(\beta))$ est une formule Φ dont les paramètres sont des ordinaux $< \alpha$ et $\mathrm{val}(\Phi, V_\alpha) = \{x\}$ ».

Désignons par n_0 l'entier tel que $K(n_0)$ soit la formule $\Phi_0(x,x_1,\ldots,x_r)$ sans paramètre, et par β_0 l'ordinal tel que $J(\beta_0)$ soit la suite $(\alpha_1,\ldots,\alpha_r)$. Il est clair que l'énoncé $E(x,n_0,\alpha_0,\beta_0)$ est satisfait par le seul objet a ; les seuls paramètres de cet énoncé sont les ordinaux n_0, α_0, β_0.

Si on veut un énoncé qui n'ait qu'un seul paramètre, on désigne par γ_0 l'ordinal tel que $J(\gamma_0) = (n_0,\alpha_0,\beta_0)$ et on trouve ainsi l'énoncé $A(x,\gamma_0)$:
« Il existe un entier n et deux ordinaux α, β tels que

$$J(\gamma_0) = (n,\alpha,\beta) \text{ et } E(x,n,\alpha,\beta) \text{ ».}$$

La collection DO peut ne pas être transitive ; autrement dit il se peut qu'un ensemble soit définissable en termes d'ordinaux sans que chacun de ses éléments le soit (cf. exercice 17). On définit une sous-collection de DO, notée HDO, qui est transitive, par l'énoncé $HDO(x)$:

« Tout élément de $\mathrm{Cl}(\{x\})$ est définissable en termes d'ordinaux »

(on rappelle que $\mathrm{Cl}(a)$ désigne la clôture transitive de a, c'est-à-dire le plus petit ensemble transitif contenant a ; on a $\mathrm{Cl}(\{x\}) = \{x\} \cup \mathrm{Cl}(x)$: voir théorème 3.5).

La collection HDO est appelée collection des ensembles héréditairement définissables en termes d'ordinaux. Notons qu'elle est définie par un énoncé sans paramètre.

Lemme 6.3. *Pour que a soit héréditairement définissable en termes d'ordinaux, il faut et il suffit qu'il soit définissable en termes d'ordinaux et que chaque élément de a soit héréditairement définissable en termes d'ordinaux.*

La condition est évidemment nécessaire. Supposons alors que chaque élément de a soit dans *HDO*, et que a soit dans *DO*. On a (théorème 3.5) :

$$\mathrm{Cl}(\{a\}) = \{a\} \cup \mathrm{Cl}(a) = \{a\} \cup a \cup \bigcup_{y \in a} \mathrm{Cl}(y)$$

donc :

$$\mathrm{Cl}(\{a\}) = \{a\} \cup \bigcup_{y \in a} (\mathrm{Cl}(y) \cup \{y\}) = \{a\} \cup \bigcup_{y \in a} \mathrm{Cl}(\{y\}).$$

Par hypothèse, chaque élément de $\mathrm{Cl}(\{y\})$ est dans *DO*, pour tout $y \in a$. Cela montre que chaque élément de $\mathrm{Cl}(\{a\})$ est dans *DO*, et donc *HDO*(a).

On montre la consistance relative de l'axiome du choix en construisant, à partir d'un modèle $\mathscr{U}_0$ supposé donné de *ZF*, un modèle de $ZF + AF + AC$.

Pour cela on construit d'abord, à partir de $\mathscr{U}_0$, un modèle $\mathscr{U}$ de $ZF + AF$, ainsi qu'on l'a déjà vu. On montre alors

Théorème 6.4. *Soit $\mathscr{U}$ un modèle de $ZF + AF$. Alors la collection HDO construite dans $\mathscr{U}$ satisfait ZF, l'axiome de fondation, et l'axiome du choix.*

Axiome d'extensionnalité. Si a, b sont dans *HDO*, tous leurs éléments y sont aussi.

Axiome de la somme. Si a est dans *HDO*, soit b la réunion des éléments de a. Il est clair que chaque élément de b est dans *HDO*. Il suffit donc, d'après le lemme précédent, de montrer que b est définissable en termes d'ordinaux.

Or a est définissable en termes d'ordinaux, donc est le seul objet qui satisfait un certain énoncé $A(x, \alpha)$. Il est clair que b est le seul objet qui satisfait l'énoncé $B(y, a) : \forall z(z \in y \Leftrightarrow \exists u(u \in a \text{ et } z \in u))$.
Donc b est le seul objet qui satisfait l'énoncé $\exists x[A(x, \alpha) \text{ et } B(y, x)]$. Comme cet énoncé n'a pour paramètre que l'ordinal α, l'ensemble b est définissable en termes d'ordinaux d'après le lemme 6.1.

Axiome de l'ensemble des parties. Soient a un ensemble héréditairement définissable en termes d'ordinaux, et b l'ensemble des parties de a qui sont dans *HDO*; on doit montrer $HDO(b)$. Comme chaque élément de b est dans *HDO*, il suffit de montrer *DO*(b). Considérons une définition $A(x, \alpha)$ de a en termes d'ordinaux. Alors b est le seul objet qui satisfait l'énoncé

$$B(y, a) : \forall z[z \in y \Leftrightarrow HDO(z) \text{ et } z \subset a]$$

donc aussi l'énoncé $\exists x[A(x, \alpha) \text{ et } B(y, x)]$, ce qui montre que b est définissable en termes d'ordinaux.

Schéma de substitution. Considérons un énoncé $R(x, y, a_1, \ldots, a_k)$ à deux variables libres, dont les paramètres $a_1, \ldots, a_k$ sont dans *HDO*, et qui, interprété dans *HDO*, définit une relation fonctionnelle. Cette relation fonctionnelle est définie dans l'univers $\mathcal{U}$ par l'énoncé suivant, que nous noterons $S(x, y, a_1, \ldots, a_k)$: « *HDO*(x) et *HDO*(y) et $R^{HDO}(x, y, a_1, \ldots, a_k)$ ». Soient a un objet de *HDO*, et b l'ensemble des images des éléments de a par cette relation fonctionnelle. Chaque élément de b est dans *HDO*, et il suffit donc de montrer *DO*(b). Soient $A(x, \alpha)$, $A_1(x_1, \alpha_1)$, ..., $A_k(x_k, \alpha_k)$ des énoncés qui sont des définitions en termes d'ordinaux de $a, a_1, \ldots, a_k$ respectivement. Alors b est le seul ensemble qui satisfait l'énoncé $B(y, a, a_1, \ldots, a_k)$:

$$\forall z[z \in y \Leftrightarrow \exists t(t \in a \text{ et } S(t, z, a_1, \ldots, a_k))]$$

donc aussi l'énoncé :

$\exists x \exists x_1 \ldots \exists x_k [A(x, \alpha)$ et $A_1(x_1, \alpha_1)$ et ... et $A_k(x_k, \alpha_k)$ et $B(y, x, x_1, \ldots, x_k)]$

dont les seuls paramètres sont les ordinaux $\alpha, \alpha_1, \ldots, \alpha_k$.

On a donc bien *DO*(b).

Axiome de l'infini . Il est clair que chaque ordinal α est dans *DO* (il est défini par l'énoncé $x = \alpha$), donc dans *HDO*. En particulier, on a *HDO*(ω) et ω satisfait l'axiome de l'infini dans *HDO*.

Axiome de fondation. Si $a \neq \emptyset$ est dans *HDO*, et si b est un des éléments de a de rang minimum, on a $b \cap a = \emptyset$.

Axiome du choix. On définit comme suit, au moyen d'un énoncé sans paramètre, une relation fonctionnelle injective $\alpha = \Theta(\phi)$, à valeurs dans *On*, dont le domaine est la collection des formules à une variable libre à paramètres dans *On*. A la formule $\phi = \Phi(x, \alpha_1, \ldots, \alpha_r)$ on associe :

d'abord le couple d'ordinaux (n, β) où n est l'entier associé à la formule sans paramètre (élément de V_ω) $\Phi(x, x_1, \ldots, x_r)$ au moyen de la bijection K de ω sur V_ω définie page 45, et β l'ordinal associé à la suite d'ordinaux $\alpha_1, \ldots, \alpha_r$ au moyen de l'isomorphisme de $\sigma(On)$ sur *On* (voir page 39) ;

et ensuite l'ordinal α associé au couple (n, β) au moyen de l'isomorphisme de On^2 sur *On* (voir page 38).

On définit alors une relation fonctionnelle $\beta = D(x)$, de domaine *DO* à valeurs dans *On*, par l'énoncé :

« β est le plus petit ordinal représentant un couple (α, γ) tel que γ soit l'ordinal associé par Θ à une formule Φ à une variable libre dont les paramètres sont des ordinaux $< \alpha$ et dont la valeur dans V_α soit $\{x\}$ ».

L'énoncé $\beta = D(x)$ est sans paramètre ; il est clair que l'on a :

$$x \neq x' \Rightarrow D(x) \neq D(x').$$

Il en résulte que la relation $R(x, y)$ définie par l'énoncé sans paramètre « *DO*(x) et *DO*(y) et $D(x) \leqslant D(y)$ » est une relation de bon ordre sur la collection *DO*.

Soit alors a un ensemble de *HDO*. La restriction de ce bon ordre à a est l'ensemble

$$b = \{(x, y) \in a^2 ; D(x) \leqslant D(y)\}.$$

Les éléments de l'ensemble b étant dans *HDO*, pour montrer *HDO*(b) il suffit de montrer *DO*(b). Or b est le seul ensemble qui satisfait l'énoncé :

$$B(y, a) : \forall z[z \in y \Leftrightarrow \exists u \exists v(u \in a \text{ et } v \in a \text{ et } z = (u, v) \text{ et } D(u) \leqslant D(v))].$$

Donc, si $A(x, \alpha)$ est une définition de a en termes d'ordinaux, b est défini en termes d'ordinaux par l'énoncé $\exists x[A(x, \alpha)$ et $B(y, x)]$.

On a donc *HDO*(b) ; or b est un bon ordre sur a dans $\mathscr{U}$, donc aussi dans *HDO* : car toutes les parties non vides de a, et en particulier celles qui sont dans *HDO*, ont un plus petit élément (mod. b).
HDO satisfait donc le théorème de Zermelo, donc *AC*.

C.Q.F.D.

On a aisi démontré :

- *Si ZF est consistante, alors ZF + AF + AC l'est également.*

Les ordinaux de *HDO* sont les ordinaux de $\mathscr{U}$ (comme on a *AF*, on peut, d'après le théorème 3.1, écrire *On*(x) sous la forme $\forall y(y \in x \Rightarrow y \subset x)$ et $\forall y \forall z[y \in x$ et $z \in x \Rightarrow z \in y$ ou $y = z$ ou $y \in z])$. Les entiers de *HDO* sont les mêmes que les entiers de $\mathscr{U}$.

D'autre part, V_ω est dans *HDO* : en effet la bijection $x = K(n)$ de ω sur V_ω (voir page 45) donne, pour chaque ensemble héréditairement fini, une définition de cet ensemble qui a comme paramètre un entier. Donc, tout élément de V_ω est dans *DO*, donc dans *HDO* puisque V_ω est transitif. Comme V_ω lui-même est dans *DO* (il est défini par l'énoncé sans paramètre : « x est l'ensemble des ensembles héréditairement finis ») on a bien *HDO*(V_ω). Soit f l'application $n \mapsto V_n$ de domaine ω. Alors on a *HDO*(f) : car tout élément de f est un couple (n, V_n) donc un ensemble héréditairement fini, donc est dans *HDO*. D'autre part, f est définie par un énoncé sans paramètre : « f est la fonction de domaine ω telle que $f(0) = 0$ et $f(k+1) = \mathscr{P}(f(k))$ pour tout $k \in \omega$ ».

Il en résulte que la collection *HDO* convient à l'énoncé « $x \in V_\omega$ », c'est-à-dire : $(x \in V_\omega)^{HDO} \Leftrightarrow x \in V_\omega$. Car l'énoncé $x \in V_\omega$ s'écrit : $\exists f \exists n[f$ est une fonction de domaine ω telle que $f(k+1) = \mathscr{P}(f(k))$ pour $k \in \omega$, $f(0) = 0$, et $x \in f(n)]$.

On peut alors remarquer que la démonstration de consistance relative de AC qui vient d'être faite donne aussi le résultat suivant :

- *Si un énoncé arithmétique E (énoncé dont tous les quantificateurs sont restreints à V_ω) est démontrable dans la théorie $ZF+AF+AC$, il est aussi démontrable dans ZF.*

En effet, en utilisant le fait que $(x \in V_\omega)^{HDO} \Leftrightarrow x \in V_\omega$, on voit aisément que $E^{HDO} \Leftrightarrow E$, si E est un énoncé restreint à V_ω.

Comme E est conséquence de $ZF+AC$, on a une démonstration : $A_1,\ldots, A_n, E$ de E dans cette théorie. On a montré que pour chaque axiome A de $ZF+AC$, A^{HDO} est conséquence de ZF.
Il en résulte que $A_1^{HDO}, \ldots, A_n^{HDO}, E^{HDO}$ est une démonstration de E^{HDO}, et donc de E, à partir des axiomes de ZF seulement.

Le principe du choix. On dira que l'univers $\mathcal{U}$ satisfait le principe du choix, si on a un énoncé $A(x,y)$ à deux variables libres et sans paramètre, qui définit une relation de bon ordre dont le domaine est $\mathcal{U}$ tout entier.

Il est clair que l'axiome du choix est alors vrai dans $\mathcal{U}$. Remarquons que le principe du choix n'est pas un axiome, ni même un schéma d'axiomes, mais une « disjonction infinie » d'énoncés : ceux qui expriment pour chaque énoncé $A(x,y)$ à deux variables sans paramètre, que la relation définie par cet énoncé est un bon ordre sur $\mathcal{U}$.

On a néanmoins le résultat suivant :

- *Si $\mathcal{U}$ satisfait $ZF+AF$, alors $\mathcal{U}$ satisfait le principe du choix si, et seulement si, l'axiome $\forall x DO(x)$ est vrai dans $\mathcal{U}$.*

En effet, si $\mathcal{U}$ satisfait le principe du choix, on a un bon ordre sur $\mathcal{U}$ défini par un énoncé $A(x,y)$ sans paramètre. On en déduit un isomorphisme $x = J(\alpha)$ de On sur l'univers $\mathcal{U}$ muni de ce bon ordre, et cet isomorphisme est défini par un énoncé sans paramètre. Alors chaque objet a de $\mathcal{U}$ est définissable en termes d'ordinaux (par l'énoncé $x = J(\alpha)$ où le paramètre est l'ordinal α associé à a).

Inversement, si $\forall x\, DO(x)$ est vrai, l'énoncé sans paramètres $D(x) \leqslant D(y)$ qui définit un bon ordre sur la collection DO, définit alors un bon ordre sur $\mathcal{U}$ tout entier.

C.Q.F.D.

Il en résulte en particulier (moyennant AF) que l'énoncé sans paramètre $D(x) \leqslant D(y)$ a la propriété suivante : s'il y a un énoncé $A(x,y)$ sans paramètre qui définit un bon ordre sur l'univers, alors l'énoncé $D(x) \leqslant D(y)$ définit un bon ordre sur l'univers.

Au chapitre 8, nous montrerons la non-contradiction relative de l'axiome $\forall x DO(x)$, et donc du principe du choix.

Chapitre 7

Modèles de Frænkel-Mostowski

Considérons, sur l'univers $\mathscr{U}$, une relation $R(x,y)$ à deux arguments qui établit une bijection de $\mathscr{U}$ sur lui-même, c'est-à-dire qui satisfait les conditions :

$$\forall x \forall y \forall y' [R(x,y) \text{ et } R(x,y') \Rightarrow y = y']$$

$$\forall x \forall x' \forall y [R(x,y) \text{ et } R(x',y) \Rightarrow x = x']$$

$$\forall x \exists y R(x,y) \text{ et } \forall y \exists x R(x,y).$$

Cette relation fonctionnelle sera notée $y = F(x)$. La relation binaire $x \in F(y)$ est notée $x \in' y$.

Pour chaque énoncé $E(x_1,\dots,x_k)$, soit $E'(x_1,\dots,x_k)$ l'énoncé obtenu en remplaçant partout $\in$ par $\in'$ dans E.

Nous allons vérifier que la collection de tous les ensembles, munie de la relation $\in'$, satisfait les axiomes de ZF ; nous désignerons par $\mathscr{U}'$ l'univers ainsi obtenu. On a donc à montrer que si A est un axiome de ZF, A' est satisfait dans $\mathscr{U}$.

Axiome d'extensionnalité. On a à vérifier que :

$$\forall x \forall y [x = y \Leftrightarrow \forall z (z \in' x \Leftrightarrow z \in' y)].$$

Soient a, b deux objets de $\mathscr{U}$, tels que $\forall z (z \in' a \Leftrightarrow z \in' b)$, c'est-à-dire :

$$\forall z (z \in F(a) \Leftrightarrow z \in F(b)).$$

On a donc $F(a) = F(b)$, d'où $a = b$ puisque F est bijective.

Axiome de la somme. Étant donné un ensemble a, la collection $\exists y[y \in' a$ et $x \in' y]$ est un ensemble c ; car cet énoncé est $\exists y[y \in F(a)$ et $x \in F(y)]$ et il équivaut à $x \in \bigcup\{F(y) ;\ y \in F(a)\}$. Donc si $c = \bigcup\{F(y) ;\ y \in F(a)\}$, on a :

$$\forall x[x \in c \Leftrightarrow \exists y(y \in' a \text{ et } x \in' y)].$$

En posant $b = F^{-1}(c)$, on a :

$$\forall x[x \in' b \Leftrightarrow \exists y(y \in' a \text{ et } x \in' y)],$$

ce qui montre que l'axiome de la somme est satisfait.

Axiome de l'ensemble des parties. Étant donné un ensemble quelconque a, l'énoncé $\forall y(y \in' x \Rightarrow y \in' a)$ s'écrit :

$$\forall y[y \in F(x) \Rightarrow y \in F(a)],$$

soit $F(x) \subset F(a)$, ou encore $F(x) \in c$, avec $c = \mathscr{P}(F(a))$; si on définit b par $F(b) = \{x ;\ F(x) \in c\}$, cet énoncé équivaut à $x \in F(b)$ puisque F est bijective. On a donc :

$$x \in' b \Leftrightarrow \forall y[y \in' x \Rightarrow y \in' a],$$

ce qui montre que l'axiome de l'ensemble des parties est satisfait.

Schéma de substitution. Considérons un ensemble a et un énoncé $R(x, y)$ tel que $R'(x, y)$ définisse une relation fonctionnelle. Soit c l'ensemble des images des éléments de $F(a)$ par cette relation. On a donc :

$$\forall y[y \in c \Leftrightarrow \exists x(x \in F(a) \text{ et } R'(x, y))].$$

Donc si $b = F^{-1}(c)$, on a

$$\forall y[y \in' b \Leftrightarrow \exists x(x \in' a \text{ et } R'(x, y))],$$

ce qui montre que le schéma de substitution est satisfait.

Axiome de l'infini. On définit par induction une fonction f de domaine ω : $f(0) = F^{-1}(0)$; $f(n+1)$ est défini par $F(f(n+1)) = F(f(n)) \cup \{f(n)\}$; soit η l'image de f, et $\theta = F^{-1}(\eta)$.

On a $\forall x(x \notin' F^{-1}(0))$; donc $F^{-1}(0)$ est l'ensemble vide $\emptyset'$ de $\mathscr{U}'$. On a $\emptyset' \in \eta$, donc $\emptyset' \in' \theta$.

De plus, si $x \in' \theta$, on a $x \in \eta$, donc $x = f(n)$ pour un $n \in \omega$. Alors $\forall z[z \in' f(n+1) \Leftrightarrow z \in' f(n)$ ou $z = f(n)]$ d'après la définition de $f(n+1)$. Cela montre que :

$$f(n+1) = x \cup' \{x\}'.$$

Donc $\forall x[x \in' \theta \Rightarrow x \cup' \{x\}' \in' \theta]$ et θ satisfait l'axiome de l'infini dans $\mathcal{U}'$.

Si $\mathcal{U}$ satisfait l'axiome du choix, $\mathcal{U}'$ le satisfait aussi.

Considérons un ensemble a qui, dans $\mathcal{U}'$, satisfait l'énoncé « les éléments de a sont non vides et deux à deux disjoints ». On a donc :

$\forall x[x \in' a \Rightarrow \exists y(y \in' x)]$,

$\forall x \forall y[x \in' a$ et $y \in' a$ et $x \neq y \Rightarrow \forall z(z \notin' x$ ou $z \notin' y)]$.

Posons $a_1 = \{F(x)\,;\, x \in F(a)\}$.

Les deux énoncés ci-dessus expriment que les éléments de a_1 sont non vides et deux à deux disjoints. D'après l'axiome du choix dans $\mathcal{U}$, il existe donc un ensemble b_1 dont l'intersection avec chaque élément de a_1 a un élément et un seul ; c'est-à-dire :

$$\forall x[x \in a_1 \Rightarrow \exists y \forall z((z \in x \text{ et } z \in b_1) \Leftrightarrow z = y)]$$

ou encore :

$$\forall x[F(x) \in a_1 \Rightarrow \exists y \forall z((z \in F(x) \text{ et } z \in b_1) \Leftrightarrow z = y)].$$

Par définition de a_1, $F(x) \in a_1$ équivaut à $x \in F(a)$, c'est-à-dire à $x \in' a$; donc :

$$\forall x[x \in' a \Rightarrow \exists y \forall z((z \in' x \text{ et } z \in b_1) \Leftrightarrow z = y)].$$

Si on pose $b = F^{-1}(b_1)$, on a :

$$\forall x[x \in' a \Rightarrow \exists y \forall z((z \in' x \text{ et } z \in' b) \Leftrightarrow z = y)]$$

ce qui montre que l'axiome du choix est satisfait dans $\mathcal{U}'$.

Un ensemble a est appelé *atome* si $a = \{a\}$, c'est-à-dire si $\forall x(x \in a \Leftrightarrow x = a)$ est vrai dans $\mathcal{U}$. Il est clair que l'existence d'atomes est incompatible avec l'axiome de fondation.

- *Si ZF est consistante, alors ZF + « il existe un atome » l'est aussi.*

On définit la bijection F de $\mathcal{U}$ sur lui-même par l'énoncé suivant :

« $(x = 0$ et $y = 1)$ ou $(x = 1$ et $y = 0)$ ou $(x \neq 0, 1$ et $x = y)$ ».

Dans l'univers $\mathcal{U}'$ obtenu à partir de cette bijection, $\emptyset$ (l'ensemble vide de $\mathcal{U}$) est un atome : car $\forall x(x \in' \emptyset \Leftrightarrow x = \emptyset)$ puisque $F(\emptyset) = \{\emptyset\}$.

En choisissant convenablement la bijection F, on peut montrer que divers autres énoncés plus forts que non *AF* sont compatibles avec *ZF* (par exemple l'existence de cycles $a_1 \in a_2 \in \ldots \in a_n \in a_1$ pour la relation $\in$).

L'exemple suivant nous servira pour la suite de ce chapitre :

- *Si ZF est non contradictoire, alors ZF + « il existe un ensemble d'atomes équipotent à ω » est non contradictoire également.*

On définit F en posant $F(n) = \{n\}$ et $F(\{n\}) = n$ pour tout entier $n \geqslant 1$ (c'est possible car les ensembles $n, \{p\}$ sont tous distincts lorsque n et p décrivent l'ensemble des entiers $\geqslant 1$) et $F(x) = x$ pour tout ensemble x qui n'est pas de la forme n ou $\{n\}$ avec $n \in \omega \setminus \{0\}$.

Pour chaque entier $n \geqslant 1$, on a $\forall x(x \in' n \Leftrightarrow x = n)$, ce qui montre que n est un atome de $\mathcal{U}'$.

Etant donné deux objets a, b on note $\{a, b\}'$ leur paire dans $\mathcal{U}'$; on a $\{a, b\}' = F^{-1}(\{a, b\})$; on note $(a, b)'$ leur couple ordonné dans $\mathcal{U}'$, et on a :

$$(a, b)' = F^{-1}(\{F^{-1}(\{a\}), F^{-1}(\{a, b\})\}).$$

On définit une fonction f de domaine ω, par induction, en posant :

$$\forall x[x \in' f(n+1) \Leftrightarrow (\exists i \leqslant n)(x = f(i))]$$

c'est-à-dire $f(n+1) = F^{-1}(\{f(0), f(1), \ldots, f(n)\})$ et $f(0) = \emptyset'$. D'après sa définition il est clair que lorsque n décrit ω, $f(n)$ décrit l'ensemble des entiers de $\mathcal{U}'$. On définit alors une fonction g de l'univers $\mathcal{U}'$ en posant :

$$(x, y)' \in' g \Leftrightarrow (x, y) \in f$$

soit $(x, y)' \in F(g) \Leftrightarrow (x, y) \in f$ (donc si h est l'image de l'ensemble f par l'application $(x, y) \mapsto (x, y)'$, on a $g = F^{-1}(h)$).

Alors il est clair que dans $\mathcal{U}'$, g est une bijection de l'ensemble des entiers de $\mathcal{U}$ sur l'ensemble des entiers de $\mathcal{U}'$. Comme tous les entiers $\geqslant 1$ de $\mathcal{U}$ sont des atomes de $\mathcal{U}'$, on a bien, dans $\mathcal{U}'$, une bijection d'un ensemble d'atomes sur l'ensemble des entiers.

C.Q.F.D.

Consistance de la négation de l'axiome du choix

On se propose de construire un modèle de *ZF* dans lequel l'axiome du choix ne soit pas satisfait. D'après le résultat précédent on peut supposer donné un univers $\mathcal{U}_0$ dans lequel il existe un ensemble d'atomes A équipotent à ω.

On définit une relation fonctionnelle $y = W_\alpha$ de domaine *On* par induction en posant :

$$W_0 = A;\ W_\alpha = \bigcup_{\beta<\alpha} \mathcal{P}(W_\beta) \text{ pour } \alpha \neq 0.$$

Remarquons que, A étant un ensemble d'atomes, W_0 est transitif. Donc $W_1 = \mathscr{P}(W_0) \supset W_0$. Pour $1 \leqslant \beta \leqslant \alpha$ on a évidemment $W_\beta \subset W_\alpha$. Il en résulte que, quels que soient les ordinaux α, β tels que $\beta \leqslant \alpha$, on a $W_\beta \subset W_\alpha$.

De la même façon qu'au chapitre 3, on en déduit que $W_{\alpha+1} = \mathscr{P}(W_\alpha)$ et $W_\alpha = \bigcup_{\beta<\alpha} W_\beta$ si α est un ordinal limite. On désigne par W la collection qui est la réunion des W_α, c'est-à-dire la collection définie par l'énoncé $W(x)$: $\exists\alpha[On(\alpha)$ et $x \in W_\alpha]$.

Si a est un objet de W, on appelle rang de a (noté encore rg(a)), le premier ordinal α tel que $a \in W_\alpha$. Exactement comme le lemme 3.2, on montre :

Lemme 7.1. *Pour que a soit dans W, il faut et il suffit que tous ses éléments y soient. Le rang d'un élément de a est strictement inférieur à celui de a si celui-ci est* $\neq 0$.

Et de la même façon, on voit que *la collection W satisfait les axiomes de ZF.*

L'ensemble A est dans W puisque $A \in W_1$. Tout objet de W qui est un atome, est élément de A : en effet, soit a un atome de W, de rang non nul, donc de la forme $\alpha+1$ (le rang n'est jamais un ordinal limite). Alors $a \in W_{\alpha+1}$, donc $a \subset W_\alpha$ et comme $a \in a$, il en résulte que $a \in W_\alpha$, ce qui contredit la définition du rang. Il en résulte que a est de rang 0, donc $a \in A$. La bijection f de A sur ω est dans W : car tout élément de f est de la forme (a, n) avec $a \in A$ et $n \in \omega$, donc est élément de W_{n+3}.

W ne satisfait pas l'axiome de fondation, mais satisfait l'axiome :

$$\forall x[x \neq \emptyset \Rightarrow \exists y[y \in x \text{ et } (y \cap x = \emptyset \text{ ou } y = \{y\})]].$$

En effet si $a \neq \emptyset$ est dans W, soit b un des éléments de rang minimum de a ; si ce rang est > 0, tout élément de b est de rang strictement inférieur, donc $b \cap a = \emptyset$; si ce rang est nul, b est un atome.

La collection W montre donc la non-contradiction du système d'axiomes T suivant : *ZF*+ « *la collection des atomes (définie par l'énoncé* $x = \{x\}$*) est un ensemble équipotent à* ω » + $\forall x[x \neq \emptyset \Rightarrow \exists y[y \in x$ *et* $(y \cap x = \emptyset$ *ou* $y = \{y\})]]$.

On considère maintenant un univers $\mathscr{U}_1$ quelconque qui satisfait ces axiomes. On désigne par A l'ensemble des atomes et on fait la construction précédente dans $\mathscr{U}_1$: on définit W_α par induction en posant $W_0 = A$ et $W_\alpha = \bigcup_{\beta<\alpha} \mathscr{P}(W_\beta)$ si $\alpha \geqslant 1$. W désigne la collection $\exists\alpha[On(\alpha)$ et $x \in W_\alpha]$, qui est la réunion des W_α.
Alors tout objet de $\mathscr{U}_1$ est dans W ; autrement dit :

• *$\mathscr{U}_1$ satisfait l'axiome $\forall x \exists \alpha[On(\alpha)$ et $x \in W_\alpha]$.*

Supposons en effet qu'un objet a ne soit pas dans W ; soit b la clôture transitive de a, et c l'ensemble des éléments de b qui ne sont pas dans W. Alors $c \neq \emptyset$: car il existe un élément x de a qui n'est pas dans W (sinon on a $W(a)$) et donc $x \in c$. Soit y un élément quelconque de c ; alors y n'est pas un atome, puisque tous les atomes sont dans W.

De plus, comme y n'est pas dans W, il y a un $z \in y$ qui n'est pas dans W. Comme $y \in b$, on a $z \in b$ puisque b est transitif et par suite $z \in c$. Donc $y \cap c \neq \emptyset$, et c contredit l'axiome :

$$\forall x[x \neq \emptyset \Rightarrow \exists y(y \in x \text{ et } (y \cap x = \emptyset \text{ ou } y = \{y\}))].$$

C.Q.F.D.

Soit σ une bijection de A sur lui-même (on dit encore une *permutation* de A) ; on définit par induction sur $\mathrm{rg}(x)$ une relation fonctionnelle $y = S_\sigma(x)$ de domaine $\mathscr{U}_1$ tout entier en posant :
$S_\sigma(x) = \sigma(x)$ si $\mathrm{rg}(x) = 0$ (x est alors un atome) ;
$S_\sigma(x) = \{S_\sigma(y) ; y \in x\}$ si $\mathrm{rg}(x) > 0$ (en effet, on a alors $y \in x \Rightarrow \mathrm{rg}(y) < \mathrm{rg}(x)$).

La relation fonctionnelle S_σ est un automorphisme de l'univers $\mathscr{U}_1$, ce qui veut dire que les énoncés suivants sont vrais dans $\mathscr{U}_1$:

$$\forall x \forall x'[S_\sigma(x) = S_\sigma(x') \Rightarrow x = x']$$

$$\forall y \exists x[y = S_\sigma(x)] ; \forall x \forall x'[x \in x' \Leftrightarrow S_\sigma(x) \in S_\sigma(x')].$$

On montre le premier énoncé par induction sur $\sup(\mathrm{rg}(x), \mathrm{rg}(x'))$. Si $S_\sigma(x) = S_\sigma(x')$ et $x \neq x'$, on a, par exemple, $y_0 \in x$, $y_0 \notin x'$; d'où $S_\sigma(y_0) \in S_\sigma(x)$, soit $S_\sigma(y_0) \in S_\sigma(x')$. D'où $y'_0 \in x'$ tel que $S_\sigma(y_0) = S_\sigma(y'_0)$; on a $y_0 \neq y'_0$, car $y_0 \notin x'$. Or $\mathrm{rg}(y_0) < \mathrm{rg}(x)$, $\mathrm{rg}(y'_0) < \mathrm{rg}(x')$, donc $\sup(\mathrm{rg}(y_0), \mathrm{rg}(y'_0)) < \sup(\mathrm{rg}(x), \mathrm{rg}(x'))$. Cela contredit l'hypothèse d'induction.

Soit x un ensemble de rang minimum non atteint par S_σ s'il en existe ; évidemment, $\mathrm{rg}(x) \neq 0$. On a donc pour tout $y \in x$ un élément y^* (et un seul, puisque S_σ est injective) tel que $S_\sigma(y^*) = y$. Soit $x^* = \{y^* ; y \in x\}$; on a $S_\sigma(x^*) = \{S_\sigma(y^*) ; y \in x\} = x$, ce qui est une contradiction.

Si $x \in x'$, alors $S_\sigma(x) \in S_\sigma(x')$ par définition de S_σ. Si $S_\sigma(x) \in S_\sigma(x')$, on a $S_\sigma(x) = S_\sigma(y)$ pour un $y \in x'$; donc $x = y$ puisque S_σ est injective, d'où $x \in x'$.

Pour chaque permutation σ de l'ensemble des atomes A, on a donc défini une relation fonctionnelle $y = S_\sigma(x)$ qui est un automorphisme de l'univers $\mathscr{U}_1$; pour alléger l'écriture, on la notera aussi $y = \sigma(x)$ ou $y = \sigma x$ (ce qui est bien cohérent puisque pour tout atome x, $\sigma(x) = S_\sigma(x)$).

Lemme 7.2. *Soient σ une permutation de A, et $E(a_1,\ldots,a_n)$ un énoncé clos dont les paramètres sont $a_1,\ldots,a_n$. Alors $\mathcal{U}_1$ satisfait l'énoncé :*

$$E(a_1,\ldots,a_n) \Leftrightarrow E(\sigma a_1,\ldots,\sigma a_n).$$

On le montre par induction (au sens intuitif) sur la longueur de l'énoncé $E(a_1,\ldots,a_n)$. Si l'énoncé est $a_1 \in a_2$ ou $a_1 = a_2$, la conclusion est vraie parce que σ est un automorphisme de l'univers $\mathcal{U}_1$.

Si $E(a_1,\ldots,a_n)$ est « $F(a_1,\ldots a_n)$ ou $G(a_1,\ldots,a_n)$ », d'après l'hypothèse de récurrence, on a :
$F(a_1,\ldots,a_n) \Leftrightarrow F(\sigma a_1,\ldots,\sigma a_n)$ et aussi $G(a_1,\ldots,a_n) \Leftrightarrow G(\sigma a_1,\ldots,\sigma a_n)$.
On a donc $E(a_1,\ldots,a_n) \Leftrightarrow E(\sigma a_1,\ldots,\sigma a_n)$.

Même démonstration si $E(a_1,\ldots,a_n)$ est « non $F(a_1,\ldots,a_n)$ ».

Si $E(a_1,\ldots,a_n)$ est $\exists x F(x,a_1,\ldots,a_n)$, supposons $E(a_1,\ldots,a_n)$ vrai dans $\mathcal{U}_1$; alors on a $F(a,a_1,\ldots,a_n)$, pour un certain objet a ; d'après l'hypothèse de récurrence, on a donc $F(\sigma a,\sigma a_1,\ldots,\sigma a_n)$, et donc aussi :
$\exists x F(x,\sigma a_1,\ldots,\sigma a_n)$. Même démonstration pour la réciproque.

C.Q.F.D.

Remarquer que ce lemme est en fait un schéma de théorèmes pour la théorie T (page 79) : on a montré l'énoncé :

« Pour toute permutation σ de l'ensemble des atomes, et quels que soient $x_1,\ldots,x_n$, on a $E(x_1,\ldots,x_n) \Leftrightarrow E(\sigma x_1,\ldots,\sigma x_n)$ »

pour chaque énoncé $E(x_1,\ldots,x_n)$ sans paramètre.

Lemme 7.3. *Considérons un ensemble a, et un énoncé $E(x,a_1,\ldots,a_k)$ à une variable libre, tel que a soit le seul ensemble qui satisfait cet énoncé ; soit σ une permutation de E. Alors σa est le seul ensemble qui satisfait l'énoncé $E(x,\sigma a_1,\ldots,\sigma a_k)$.*

En effet, on a $\forall x[x = a \Leftrightarrow E(x,a_1,\ldots,a_k)]$ et, d'après le lemme 7.2, on a donc $\forall x[x = \sigma a \Leftrightarrow E(x,\sigma a_1,\ldots,\sigma a_k)]$.

C.Q.F.D.

Lemme 7.4. *Pour chaque ordinal α et chaque permutation σ de A on a : $\sigma\alpha = \alpha$.*

En effet, soit α le premier ordinal tel que $\sigma\alpha \neq \alpha$ s'il en existe ; on a alors $\sigma\beta = \beta$ pour tout $\beta \in \alpha$, donc $\sigma\alpha = \{\sigma\beta;\ \beta \in \alpha\} = \alpha$, ce qui est une contradiction.

C.Q.F.D.

On peut appliquer dans l'univers $\mathscr{U}_1$ le schéma de réflexion généralisé (page 56) à la relation fonctionnelle $y = W_\alpha$. Ici, la réunion des W_α est l'univers entier, et on a donc l'énoncé :

$\forall\alpha(\exists\beta > \alpha)\forall x_1 \ldots \forall x_n[x_1 \in W_\beta$ et … et $x_n \in W_\beta \Rightarrow$

$$(E(x_1 \ldots, x_n) \Leftrightarrow E^{W_\beta}(x_1, \ldots, x_n))]$$

pour chaque énoncé E sans paramètre.

On définit alors la collection *DOA* par l'énoncé *DOA*(x) : « il existe un ordinal α et une formule $\Phi(z, \alpha_1, \ldots, \alpha_r, a_1, \ldots, a_s)$ qui a une seule variable libre z, dont les paramètres sont des ordinaux $< \alpha$ et des atomes, dont la valeur dans W_α est $\{x\}$ ».

On l'appelle la collection des ensembles définissables en termes d'ordinaux et d'atomes.

De la même façon que le lemme 6.1, on montre le

Lemme 7.5. *Considérons un ensemble a et un énoncé* $E(x, \alpha_1, \ldots, \alpha_k, u)$ *à une variable libre, dont les paramètres sont des ordinaux* $\alpha_1, \ldots, \alpha_k$, *et une suite finie d'atomes u (fonction définie sur un entier s à valeurs dans A) et supposons que a soit le seul ensemble qui satisfait cet énoncé. Alors a est définissable en termes d'ordinaux et d'atomes.*

En effet, d'après le schéma de réflexion généralisé, il existe un ordinal limite $\alpha > \alpha_1, \ldots, \alpha_k$, et assez grand pour que u et a soient éléments de W_α, tel que W_α convienne à l'énoncé E.

Alors la valeur de la formule $\ulcorner E(x, \alpha_1, \ldots, \alpha_k, u)\urcorner$ dans W_α est $\{a\}$; soit $\Psi(x, \alpha_1, \ldots, \alpha_k, u)$ cette formule. Comme u est une suite finie $a_1, \ldots, a_s$ d'atomes, on a :

$$u = \{(1, a_1), \ldots, (s, a_s)\}.$$

Alors la formule :

$$\bigvee z(\Psi(x, \alpha_1, \ldots, \alpha_k, z) \wedge \bigwedge t[t \,\varepsilon\, z \leftrightarrow \ulcorner t = (1, a_1) \vee \ldots \vee t = (s, a_s)\urcorner])$$

a pour valeur $\{a\}$ dans W_α, et a bien pour paramètres des ordinaux et des atomes.

On a également la réciproque :

Lemme 7.6. *Soit a un ensemble définissable en termes d'ordinaux et d'atomes. Il y a un énoncé* $E(x, \gamma_0, u)$ *à une variable libre, dont les paramètres sont un ordinal* γ_0 *et une suite finie u d'atomes, tel que a soit le seul ensemble qui satisfait cet énoncé.*

Un tel énoncé sera appelé *définition de l'ensemble a en termes d'ordinaux et d'atomes.*

D'après l'hypothèse, il existe un ordinal α_0 et une formule : $\Phi_0(z, \alpha_1, \ldots, \alpha_r, a_1, \ldots, a_s)$, à une variable libre z, dont les paramètres sont les ordinaux $\alpha_1, \ldots, \alpha_r < \alpha_0$ et les atomes $a_1, \ldots, a_s$, et dont la valeur dans W_{α_0} est $\{a\}$.

Or la donnée d'une telle formule revient à la donnée d'un entier (l'entier associé à la formule sans paramètre $\Phi_0(z, x_1, \ldots, x_r, y_1, \ldots, y_s)$), d'un ordinal (l'ordinal associé à la suite finie d'ordinaux $\alpha_1, \ldots, \alpha_r$), et de la suite finie $u = (a_1, \ldots, a_s)$ d'atomes, donc finalement à la donnée d'un ordinal β_0 et d'une suite finie u d'atomes. L'énoncé cherché $F(x, \alpha_0, \beta_0, u)$ s'écrit alors « la valeur de la formule à paramètres ordinaux et atomes, associée à l'ordinal β_0 et à la suite finie d'atomes u, dans l'ensemble W_{α_0}, est $\{x\}$ ». On obtient, si on veut, un énoncé $E(x, \gamma_0, u)$ en utilisant la bijection de On^2 sur On définie page 38.

On définit alors la collection *HDOA* des ensembles héréditairement définissables en termes d'ordinaux et d'atomes par l'énoncé *HDOA*(x) : « Tout élément de $Cl(\{x\})$ est dans *DOA* ». On remarque que les collections *DOA* et *HDOA* sont définies par des énoncés sans paramètre.

Lemme 7.7. *Pour que a soit dans HDOA, il faut et il suffit que a soit dans DOA et que chaque élément de a soit dans HDOA.*

Même démonstration que le lemme 6.3.

On montre alors, de la même façon qu'au chapitre 6 :

- *La collection HDOA satisfait les axiomes de ZF.*

L'ensemble A est dans *HDOA* : en effet, chaque élément a de A est dans *DOA* puisque c'est un atome (il est donc défini par l'énoncé $x = a$). Comme $Cl(\{a\}) = a$, chaque atome est dans *HDOA*. Il suffit donc de montrer que A est dans *DOA* : or A est défini par l'énoncé $\forall z(z \in x \Leftrightarrow z = \{z\})$ puisque c'est l'ensemble des atomes.

- *L'axiome du choix n'est pas satisfait dans HDOA ; plus précisément, l'ensemble des atomes ne peut être totalement ordonné.*

En effet, supposons qu'il existe dans *HDOA* un ensemble v qui soit un ordre total strict sur A. Considérons un énoncé $E(x, \gamma_0, u)$ qui soit une définition de v en termes d'ordinaux et d'atomes ; u est une suite finie $(a_1, \ldots, a_s)$ d'atomes. Comme A est équipotent à ω (dans $\mathcal{U}_1$), il existe deux atomes distincts b, c, différents de $a_1, \ldots, a_s$. Comme v est un ordre total strict sur A, on a, par exemple, $(b,c) \in v$. Soit σ la permutation de A qui échange b et c et laisse fixes les autres atomes. Alors σ laisse fixes $a_1, \ldots, a_s$, et donc $\sigma u = u$. Comme $\sigma\gamma_0 = \gamma_0$ puisque γ_0 est un ordinal, on a $\sigma v = v$ (en effet σv est défini par l'énoncé $E(x, \sigma\gamma_0, \sigma u)$ d'après le lemme 7.3). Comme $(b,c) \in v$, on a $(\sigma b, \sigma c) \in \sigma v$ donc $(c,b) \in v$ et cela contredit le fait que v est une relation d'ordre strict.

C.Q.F.D.

Notons d'autres propriétés de A qui contredisent l'axiome du choix et qui sont vraies dans *HDOA* :

- *Toute partie de A est soit finie, soit de complémentaire fini.*

Soit X un objet de *HDOA* qui est une partie non finie de A (c'est-à-dire non équipotente à un entier) ; soit $E(x, \gamma_0, u)$ une définition de X en termes d'ordinaux et d'atomes. Comme X n'est pas finie, on peut trouver $b \in X$ qui n'apparaît pas dans la suite finie d'atomes u. Soit alors c un atome quelconque n'apparaissant pas dans la suite u, et soit σ la permutation de A qui échange b et c, et laisse fixes les autres atomes. On a donc $\sigma u = u$ et $\sigma\gamma_0 = \gamma_0$ (γ_0 est un ordinal). Comme X est définie par l'énoncé $E(x, \gamma_0, u)$, on a donc $\sigma X = X$. Comme $b \in X$, on a $\sigma b \in \sigma X$, soit $c \in X$. Cela montre que tout atome qui n'apparaît pas dans u est élément de X. Donc $A \setminus X$ est fini.

- *A n'est pas fini, mais n'a aucune partie infinie dénombrable (c'est-à-dire équipotente à ω).*

Comme A est équipotent à ω dans $\mathscr{U}_1$, il ne peut être équipotent à un entier dans *HDOA*. Si X est une partie de A équipotente à ω, X n'est pas finie, donc $A \setminus X$ est fini d'après ce qu'on vient de voir. Mais alors A lui-même est équipotent à ω, donc peut être bien ordonné, ce qui est faux.

On peut résumer ces résultats dans le

Théorème 7.8. *Si ZF est non contradictoire, il en est de même de ZF+ « il existe un ensemble infini qui ne peut être totalement ordonné, et dont toute partie infinie a un complémentaire fini ».*

Remarque. Le modèle de *ZF*+ non *AC* que l'on vient de construire ne satisfait pas *AF* ; il ne résout donc pas le problème de la consistance relative de *ZF* + *AF*+ non *AC*. En fait, l'ensemble sur lequel il n'existe pas de bon ordre est un ensemble pathologique (ensemble d'atomes). Comme on le verra dans la deuxième partie de ce livre, les modèles définis par P. Cohen dans [2] permettent d'obtenir des résultats de consistance relative beaucoup plus intéressants, par exemple celle de *ZF*+*AF*+ « il n'existe pas de bon ordre sur $\mathscr{P}(\omega)$ ».

Chapitre 8

Ensembles constructibles

Etant donnés un ensemble X et un sous-ensemble Y de X, on dira que Y est une partie de X *définissable avec paramètres*, s'il existe une formule $\Phi(x, a_1, \ldots, a_k)$ à une variable libre, à paramètres $a_1, \ldots, a_k \in X$, dont la valeur dans l'ensemble X est Y.

On définit une relation fonctionnelle $y = \Pi(x)$ dont le domaine est la collection de tous les ensembles par l'énoncé : « y est l'ensemble des parties de x définissables avec paramètres ».

Si l'axiome du choix est satisfait, et si a est un ensemble infini, alors on a $\overline{\overline{\Pi(a)}} = \overline{\overline{a}}$: en effet, pour chaque élément b de a, $\{b\}$ est une partie de a définissable avec paramètres (la formule étant $x \approx b$), donc $\overline{\overline{\Pi(a)}} \geqslant \overline{\overline{a}}$; d'autre part, l'ensemble des formules à paramètres dans a est de cardinal $\leqslant \aleph_0 \times \overline{\overline{\sigma(a)}}$ (rappelons que $\sigma(a)$ désigne l'ensemble des suites finies d'éléments de a) : une formule est donnée, en effet, par une formule sans paramètre et une suite finie d'éléments de a. Donc $\overline{\overline{\Pi(a)}} \leqslant \overline{\overline{a}}$.
Cela montre que si a est infini, $\Pi(a)$ est un sous-ensemble strict de $\mathscr{P}(a)$.

Notons que la relation fonctionnelle $y = \Pi(x)$ n'est pas croissante, c'est-à-dire qu'on peut avoir $a \subset b$ et $\Pi(a) \not\subset \Pi(b)$: en effet, si a est une partie de b, qui n'est pas définissable avec paramètres, on a $a \in \Pi(a)$ (a est défini dans a par la formule $x \approx x$) et $a \notin \Pi(b)$.

On a cependant le

Théorème 8.1. *Si $a \subset b$ et $a \in b$, alors $\Pi(a) \subset \Pi(b)$.*

En effet, si $c \in \Pi(a)$, on a $c = \mathrm{val}(\Phi, a)$ où $\Phi(x)$ est une formule à une variable libre, à paramètres $a_1, \ldots, a_k \in a$. D'après le théorème 5.3, on a donc

$c = \mathrm{val}(\Phi^a, b) \cap a$ (puisque vl(Φ), ensemble des variables libres de Φ, a un seul élément).

Donc $c = \mathrm{val}[\Phi^a(x) \wedge x \varepsilon a, b]$. Les paramètres de la formule $\Phi^a(x)$ sont $a, a_1, \ldots, a_k$ qui sont tous éléments de b ; donc $c \in \Pi(b)$.

On définit par induction une relation fonctionnelle $y = L_\alpha$ de domaine *On*, en posant :

$$L_\alpha = \bigcup_{\beta<\alpha} \Pi(L_\beta).$$

En particulier, on a $L_0 = \emptyset$.

La collection L qui est la réunion des L_α (c'est-à-dire la collection définie par l'énoncé $L(x) : \exists\alpha[On(\alpha)$ et $x \in L_\alpha]$) est appelée collection des ensembles constructibles. On dit qu'*un ensemble a est constructible s'il est dans L, c'est-à-dire s'il appartient à L_α pour un ordinal α.*

On a évidemment $\Pi(x) \subset \mathscr{P}(x)$, pour tout ensemble x. On en déduit immédiatement, par induction sur α, que $L_\alpha \subset V_\alpha$ pour tout ordinal α, et donc $\forall x[L(x) \Rightarrow V(x)]$.

L'axiome de constructibilité est l'énoncé : « Tout ensemble est constructible », autrement dit : $\forall x \exists \alpha[On(\alpha)$ et $x \in L_\alpha]$. On se propose de montrer que si *ZF* est non contradictoire, alors *ZF* + l'axiome de constructibilité ne l'est pas non plus ; et cela, en montrant que *la collection L (munie de la relation* $\in$*) satisfait les axiomes de ZF et l'axiome de constructibilité.*

Si $\alpha' \leqslant \alpha$, on a $L_{\alpha'} \subset L_\alpha$: car

$$L_{\alpha'} = \bigcup_{\beta<\alpha'} \Pi(L_\beta) \subset \bigcup_{\beta<\alpha} \Pi(L_\beta) = L_\alpha.$$

De plus, si $\beta < \alpha$, $L_\beta \in L_\alpha$: car $L_\beta \in \Pi(L_\beta)$ et $\Pi(L_\beta) \subset L_\alpha$.

Le théorème 8.1 montre donc que si $\beta < \alpha$, alors $\Pi(L_\beta) \subset \Pi(L_\alpha)$: en effet, $L_\beta \subset L_\alpha$ et $L_\beta \in L_\alpha$. Comme $L_{\alpha+1} = \bigcup_{\beta\leqslant\alpha} \Pi(L_\alpha)$, on a donc

$$L_{\alpha+1} = \Pi(L_\alpha) \text{ pour tout ordinal } \alpha.$$

Si α est un ordinal limite, on a : $L_\alpha = \bigcup_{\beta<\alpha} \Pi(L_\beta) = \bigcup_{\beta<\alpha} L_{\beta+1}$ soit

$$L_\alpha = \bigcup_{\beta<\alpha} L_\beta \text{ pour tout ordinal limite } \alpha.$$

Pour chaque ensemble constructible x, on appelle *ordre de x* et on désigne par od(x) le premier ordinal α tel que $x \in L_\alpha$. Il est clair que od(x) n'est jamais un ordinal limite : car si α est un ordinal limite, et si $x \in L_\alpha$ on a $x \in L_\beta$ pour un $\beta < \alpha$, donc α n'est pas l'ordre de x.

Lemme 8.2. *Si a est constructible, tout élément de a est constructible. L'ordre des éléments de a est strictement inférieur à celui de a.*

Soit $\alpha = \beta + 1$ l'ordre de a ; on a donc $a \in L_{\beta+1}$ soit $a \in \Pi(L_\beta)$; en particulier $a \subset L_\beta$ et donc chaque élément de a appartient à L_β.

C.Q.F.D.

Pour chaque ordinal α, l'ensemble L_α est donc transitif (si $a \in L_\alpha$ et $b \in a$, l'ordre de a est $\leqslant \alpha$, donc aussi l'ordre de b).

Théorème 8.3. *Tout ordinal α est constructible, et l'ordre de α est $\alpha + 1$.*

On a $\alpha \notin L_\alpha$ pour tout ordinal α ; en effet, soit α_0 le premier ordinal, s'il en existe, tel que $\alpha_0 \in L_{\alpha_0}$; on a donc $\alpha_0 \in \bigcup_{\beta \in \alpha_0} \Pi(L_\beta)$, et donc $\alpha_0 \in \Pi(L_\beta)$ pour un $\beta \in \alpha_0$; d'où $\alpha_0 \subset L_\beta$, et donc $\beta \in L_\beta$, ce qui contredit la définition de α_0.

Il reste à montrer que $\alpha \in L_{\alpha+1}$ pour tout ordinal α : on raisonne par induction, et on suppose donc que, pour tout $\beta \in \alpha$, on a $\beta \in L_{\beta+1}$, c'est-à-dire $\beta \in \Pi(L_\beta)$. Donc $\alpha \subset \bigcup_{\beta<\alpha} \Pi(L_\beta)$ c'est-à-dire $\alpha \subset L_\alpha$.

Or, on a vu que $\alpha \notin L_\alpha$, et donc aucun ordinal $\geqslant \alpha$ n'est élément de L_α, puisque L_α est transitif. Donc α est l'ensemble des ordinaux qui appartiennent à L_α.

On considère alors la formule $\Phi(x)$ suivante, à une variable libre, sans paramètre :

$$\bigwedge u \bigwedge v[u \varepsilon x \wedge v \varepsilon x \rightarrow u \varepsilon v \vee u \approx v \vee v \varepsilon u] \wedge \bigwedge u \bigwedge v[u \varepsilon x \wedge v \varepsilon u \rightarrow v \varepsilon x].$$

La valeur de cette formule dans l'ensemble L_α est l'ensemble des éléments x de L_α qui satisfont l'énoncé suivant, restreint à L_α :
$\forall u \forall v[u \in L_\alpha$ et $v \in L_\alpha \Rightarrow [u \in x$ et $v \in x \Rightarrow (u \in v$ ou $u = v$ ou $v \in u)]]$ et $\forall u \forall v[u \in L_\alpha$ et $v \in L_\alpha \Rightarrow (u \in x$ et $v \in u \Rightarrow v \in x)]$.

Comme L_α est un ensemble transitif, pour que $x \in L_\alpha$ satisfasse cet énoncé, il faut et il suffit que :

$\forall u \forall v[u \in x$ et $v \in u \Rightarrow v \in x]$ et

$\forall u \forall v[u \in x$ et $v \in x \Rightarrow u \in v$ ou $u = v$ ou $v \in u]$.

Or x est constructible, donc est dans la collection V. D'après la caractérisation des ordinaux dans V (théorème 3.1), ces deux conditions sont satisfaites si, et seulement si, x est un ordinal.

La valeur de la formule $\Phi(x)$ dans L_α est donc l'ensemble des ordinaux qui appartiennent à L_α, c'est-à-dire α, ainsi qu'on l'a vu plus haut. On a donc $\alpha \in \Pi(L_\alpha)$, soit $\alpha \in L_{\alpha+1}$, ce qui est le résultat cherché.

C.Q.F.D.

Vérifions que la collection L satisfait les axiomes de $ZF+AF$:

Axiome d'extensionnalité. Il est satisfait, puisque, si a est constructible, tous ses éléments le sont.

Axiome de la somme. Soient a un ensemble constructible, et α un ordinal tel que $a \in L_\alpha$. Comme L_α est transitif l'ensemble $b = \bigcup_{x\in a} x$ est contenu dans L_α. Or il est clair que la valeur de la formule $\bigvee y(y \,\varepsilon\, a \wedge x \,\varepsilon\, y)$ (à une variable libre x, et dont le seul paramètre est $a \in L_\alpha$) dans l'ensemble L_α est b. Donc $b \in L_{\alpha+1}$, et b est constructible.

Axiome de l'ensemble des parties. Soient a un ensemble constructible, et b l'ensemble des parties *constructibles* de a. L'application $x \mapsto \mathrm{od}(x)$, de domaine b, a pour image un ensemble d'ordinaux. Il existe donc un ordinal α qui est supérieur à $\mathrm{od}(x)$ pour tout $x \in b$; d'où $b \subset L_\alpha$. On peut prendre α assez grand pour que $a \in L_\alpha$.

La valeur de la formule : $\bigwedge u[u \,\varepsilon\, x \to u \,\varepsilon\, a]$ (à une variable libre x et dont le seul paramètre est $a \in L_\alpha$) dans l'ensemble L_α est l'ensemble des éléments x de L_α qui sont des parties de a. D'après la définition de α, c'est donc b. Cela montre que $b \in L_{\alpha+1}$, et donc b est constructible.

Schéma de substitution. Considérons un énoncé $R(x, y, a_1, \ldots, a_k)$ à deux variables libres x, y et à paramètres $a_1, \ldots, a_k$ qui sont dans L, et supposons que, lorsqu'on l'interprète dans L, il définisse une relation fonctionnelle. Cette relation fonctionnelle est définie dans l'univers $\mathcal{U}$ par l'énoncé « $L(x)$ et $L(y)$ et $R^L(x, y, a_1, \ldots, a_k)$ ». Son domaine et son image sont des sous-collections de L.

Considérons un ensemble constructible a, et soit b l'ensemble des images des éléments de a par cette relation fonctionnelle. On a à montrer que b est constructible ; chaque élément de b étant constructible, on choisit un ordinal α_0 qui majore les ordres des éléments de b, et assez grand pour que $a, a_1, \ldots, a_k \in L_{\alpha_0}$; on a donc $b \subset L_{\alpha_0}$.
On applique alors à l'énoncé $R(x, y, x_1, \ldots, x_k)$ (à $k+2$ variables libres, sans paramètre) le schéma de réflexion généralisé (page 56) relativement à la relation fonctionnelle $y = L_\alpha$. Il existe donc un ordinal $\beta > \alpha_0$ tel que :

$$\forall x \forall y \forall x_1 \ldots \forall x_k [x \in L_\beta \text{ et } y \in L_\beta \text{ et } x_1 \in L_\beta \text{ et} \ldots \text{et } x_k \in L_\beta \Rightarrow (R^L(x, y, x_1, \ldots, x_k) \Leftrightarrow R^{L_\beta}(x, y, x_1, \ldots, x_k))].$$

Comme $a_1, \ldots, a_k \in L_\beta$, on a :

$$(*) \qquad \forall x \forall y [x \in L_\beta \text{ et } y \in L_\beta \Rightarrow (R^L(x, y, a_1 \ldots, a_k) \Leftrightarrow R^{L_\beta}(x, y, a_1, \ldots, a_k))].$$

Désignons par $\Phi(x, y)$ la formule $\ulcorner R(x, y, a_1, \ldots, a_k) \urcorner$: c'est une formule à deux variables libres, dont les paramètres sont $a_1, \ldots, a_k$. Sa valeur dans l'ensemble L_β est l'ensemble des couples (x, y) d'éléments de L_β tels que l'on ait $R^{L_\beta}(x,y,a_1,\dots,a_k)$; d'après $(*)$ c'est donc l'ensemble des couples (x,y) d'éléments de L_β tels que $R^L(x,y,a_1,\dots,a_k)$. Il en résulte que la valeur dans l'ensemble L_β de la formule $\bigvee x[x \varepsilon a \wedge \Phi(x,y)]$ (à une variable libre y, et dont les paramètres sont $a, a_1,\dots,a_k$) est l'ensemble des éléments de L_β qui sont images d'un élément de a par la relation fonctionnelle $R^L(x,y,a_1,\dots,a_k)$. D'après le choix de β, c'est donc l'ensemble b. Par suite $b \in L_{\beta+1}$, et b est constructible.

Axiome de l'infini. On a vu que tout ordinal est constructible, et en particulier ω.

Axiome de fondation. Soit a un ensemble constructible non vide, et soit b un élément de a d'ordre minimum. Tout élément de b est d'ordre strictement inférieur à celui de b, donc ne peut être élément de a. Donc $b \cap a = \emptyset$.

Remarquons que les ordinaux de L sont les ordinaux de l'univers $\mathcal{U}$: on a vu en effet que si α est un ordinal, α est constructible, et satisfait évidemment $On^L(\alpha)$; inversement, si α est constructible, et satisfait $On^L(\alpha)$, il est transitif, et totalement ordonné par la relation $\in$, donc est un ordinal.

Il nous faut maintenant montrer que l'axiome de constructibilité est satisfait dans L.

Énoncés à quantificateurs universels bornés

Un énoncé sans paramètre $E(x_1,\dots,x_k)$ est dit *à quantificateurs universels bornés* (en abrégé *q.u.b.*) s'il est obtenu en appliquant un certain nombre de fois les règles suivantes :

1. Un énoncé sans quantificateur est q.u.b.

2. Si A et B sont des énoncés q.u.b., alors « A ou B », « A et B » sont des énoncés q.u.b.

3. Si $A(x,x_1,\dots,x_n)$ est un énoncé q.u.b., alors $\exists x\, A(x,x_1,\dots,x_n)$ est un énoncé q.u.b.

4. Si $A(x,y,x_1,\dots,x_n)$ est un énoncé q.u.b., alors $\forall x[x \in y \Rightarrow A(x,y,x_1,\dots,x_n)]$ est un énoncé q.u.b. (dont les variables libres sont $y,x_1,\dots,x_n$).

On dit qu'une relation est q.u.b. si elle peut être définie (dans l'univers $\mathcal{U}$), par un énoncé q.u.b.

Théorème 8.4. *Considérons un énoncé q.u.b.* $E(x_1,\ldots,x_k)$ *et deux collections* W, W' *; on suppose que* W *est transitive* ($\forall x \forall y[W(x)$ *et* $y \in x \Rightarrow W(y)]$) *et que tout objet de* W *est dans* W'. *Si* $a_1,\ldots,a_k$ *sont des objets de* W *tels que* $E^W(a_1,\ldots,a_k)$ *soit satisfait, alors* $E^{W'}(a_1,\ldots,a_k)$ *est satisfait. Autrement dit, on a :* $\forall x_1 \ldots \forall x_k[W(x_1)$ *et*... *et* $W(x_k) \Rightarrow (E^W(x_1,\ldots,x_k) \Rightarrow E^{W'}(x_1,\ldots,x_k))]$.

On le montre par récurrence (au sens intuitif) sur la longueur de l'énoncé E. Le résultat est évident si E est sans quantificateur, puisqu'alors E^W et $E^{W'}$ ne sont autres que E.

Si E est « F ou G », et si $a_1,\ldots,a_k$ sont dans W, on a d'après l'hypothèse de récurrence :

$$F^W(a_1,\ldots,a_k) \Rightarrow F^{W'}(a_1,\ldots,a_k)$$

$$G^W(a_1,\ldots,a_k) \Rightarrow G^{W'}(a_1,\ldots,a_k)$$

et donc :

$F^W(a_1,\ldots,a_k)$ ou $G^W(a_1,\ldots,a_k) \Rightarrow F^{W'}(a_1,\ldots,a_k)$ ou $G^{W'}(a_1,\ldots,a_k)$.

Même démonstration si E est « F et G ».

Si $E(x_1,\ldots,x_k)$ est $\exists x F(x,x_1,\ldots,x_k)$ et si $a_1,\ldots,a_k$ sont des objets de W tels que $E^W(a_1,\ldots,a_k)$, on a $\exists x[W(x)$ et $F^W(x,a_1,\ldots,a_k)]$. D'où un objet a de W, tel que $F^W(a,a_1,\ldots,a_k)$. D'après l'hypothèse de récurrence, l'énoncé $F^{W'}(a,a_1,\ldots,a_k)$ est vrai, donc aussi $\exists x[W'(x)$ et $F^{W'}(x,a_1,\ldots,a_k)]$, c'est-à-dire $E^{W'}(a_1,\ldots,a_k)$.

Si $E(y,x_1,\ldots,x_k)$ est $\forall x[x \in y \Rightarrow F(x,y,x_1,\ldots,x_k)]$, considérons des objets $b,a_1,\ldots,a_k$ de W tels que $E^W(b,a_1,\ldots,a_k)$; on a donc :

$$\forall x[W(x) \Rightarrow (x \in b \Rightarrow F^W(x,b,a_1,\ldots,a_k))]$$

ou encore :

$$\forall x[x \in b \text{ et } W(x) \Rightarrow F^W(x,b,a_1,\ldots,a_k)].$$

Mais comme b est dans W, collection transitive, on a $x \in b \Rightarrow W(x)$. De plus, par hypothèse de récurrence :

$$W(x) \text{ et } F^W(x,b,a_1,\ldots,a_k) \Rightarrow F^{W'}(x,b,a_1,\ldots,a_k).$$

Donc :

$$\forall x[x \in b \Rightarrow F^{W'}(x,b,a_1,\ldots,a_k)]$$

et par suite, on a $E^{W'}(b,a_1,\ldots,a_k)$.

C.Q.F.D.

- *Si la relation* $G(y, z_1, \ldots, z_l)$ *est q.u.b., ainsi que la relation fonctionnelle* $y = F(x_1, \ldots, x_k)$*, alors la relation* $G(F(x_1, \ldots, x_k), z_1, \ldots, z_l)$ *est q.u.b.*

En effet, elle est définie par l'énoncé :

$$\exists y[y = F(x_1, \ldots, x_k) \text{ et } G(y, z_1, \ldots, z_l)]$$

et est donc q.u.b. par application des règles 2 et 3 aux énoncés q.u.b. définissant les relations données.

En particulier :

- *Si* a *est un ensemble tel qu'on ait un énoncé q.u.b.* $R(y)$ *équivalent à* $y = a$*, et si* $G(y, z_1, \ldots, z_l)$ *est q.u.b., alors* $G(a, z_1, \ldots, z_l)$ *est q.u.b.*

Dans ce qui suit, on suppose que l'axiome de fondation est vrai dans $\mathcal{U}$. On se propose de montrer que la relation fonctionnelle $y = L_\alpha$ est q.u.b.

- *Les relations (à un argument)* $On(x)$ *et* $x = \omega$ *sont q.u.b.*[1].

C'est immédiat pour la première puisqu'elle s'énonce :

$\forall u \forall v[u \in x \text{ et } v \in x \Rightarrow u \in v \text{ ou } u = v \text{ ou } v \in u]$ et
$\forall u[u \in x \Rightarrow \forall v(v \in u \Rightarrow v \in x)]$.

Pour la deuxième, on vérifie que les relations suivantes sont q.u.b. :

$\underline{x = \emptyset}$ qui peut s'énoncer $\forall y(y \in x \Rightarrow y \notin x)$.

$\underline{y = x \cup \{x\}}$: $\forall z(z \in y \Rightarrow z = x \text{ ou } z \in x)$ et $\forall z(z \in x \Rightarrow z \in y)$ et $x \in y$.

$\underline{x = \omega}$ peut alors s'énoncer :

$On(x)$ et $\emptyset \in x$ et $\forall y[y \in x \Rightarrow y \cup \{y\} \in x]$
et $\forall y[y \in x \Rightarrow (y = \emptyset \text{ ou } \exists z(y = z \cup \{z\}))]$.

C.Q.F.D.

Lemme 8.5. *Considérons une relation fonctionnelle* $y = H(x)$*, qui est q.u.b., dont le domaine est la collection des fonctions définies sur les ordinaux. Alors la relation fonctionnelle* F *de domaine* On*, définie par induction par la condition :* $F(\alpha) = H(F \upharpoonright \alpha)$*, est q.u.b.*

On vérifie successivement que les relations suivantes sont q.u.b. :

$\underline{z = \{x, y\}}$: $x \in z$ et $y \in z$ et $\forall t(t \in z \Rightarrow t = x \text{ ou } t = y)$.

$\underline{z = (x, y)}$: $z = \{\{x\}, \{x, y\}\}$
(composition de relations fonctionnelles q.u.b.).

$\underline{y \subset x}$: $\forall z[z \in y \Rightarrow z \in x]$.

---

[1] L'énoncé $On(x)$ écrit page 20 n'est évidemment pas q.u.b. En fait, on peut montrer qu'il n'équivaut, dans ZF, à aucun énoncé q.u.b. (voir l'exercice 24).

$\underline{z = x \cup y}$: $x \subset z$ et $y \subset z$ et $\forall t(t \in z \Rightarrow t \in x$ ou $t \in y)$.
$\underline{z = x \cap y}$: $z \subset x$ et $z \subset y$ et $\forall t[t \in x \Rightarrow (t \in y \Rightarrow t \in z)]$.
$\underline{z = x \setminus y}$: $z \subset x$ et $\forall t[t \in x \Rightarrow (t \notin y \Leftrightarrow t \in z)]$.
$\underline{z \subset x \times y}$: $\forall t[t \in z \Rightarrow \exists u \exists v[u \in x$ et $v \in y$ et $t = (u, v)]]$.
$\underline{z \supset x \times y}$: $\forall u[u \in x \Rightarrow \forall v[v \in y \Rightarrow \exists t(t \in z$ et $t = (u, v))]]$.
$\underline{z = x \times y}$: conjonction des deux précédents.

z est une application de x dans y : $z \subset x \times y$ et $\forall u[u \in x \Rightarrow \exists v \exists t(v \in y$ et $t \in z$ et $t = (u, v))]$ et $\forall t \forall t' \forall u \forall v \forall v'[(t \in z$ et $t' \in z$ et $u \in x$ et $v \in y$ et $v' \in y$ et $t = (u, v)$ et $t' = (u, v')) \Rightarrow v = v']$.

f est une fonction de domaine x : $\exists y(f$ est une application définie sur x à valeurs dans $y)$.

f est une fonction : $\exists x(f$ est une fonction de domaine $x)$.

$\underline{g = f \restriction x}$ (relation à trois arguments f, g, x) : $\exists x'[x' \supset x$ et $(f$ est une fonction de domaine $x')$ et $(g$ est une fonction de domaine $x)$ et $g \subset f]$.

$\underline{y = f(x)}$ (relation fonctionnelle à deux arguments f et x) : $(f$ est une fonction$)$ et $(x, y) \in f$.

On peut alors écrire l'énoncé $y = F(\alpha)$ sous la forme :
$On(\alpha)$ et $\exists f[(f$ est une fonction définie sur $\alpha)$

$$\text{et } \forall \beta(\beta \in \alpha \Rightarrow f(\beta) = H(f \restriction \beta)) \text{ et } y = H(f)]$$

et donc cette relation est q.u.b., si la relation $y = H(f)$ l'est.

C.Q.F.D.

Notons, pour la suite, les relations q.u.b. suivantes :

f est une injection de x dans y :
$(f$ est une application de x dans $y)$ et $\forall t \forall t' \forall u \forall u' \forall v[(t \in f$ et $t' \in f$ et $u \in x$ et $u' \in x$ et $v \in y$ et $t = (u, v)$ et $t' = (u', v)) \Rightarrow u = u']$.

f est une surjection de x sur y :
$(f$ est une application de x dans $y)$ et $\forall v[v \in y \Rightarrow \exists u(u \in x$ et $(u, v) \in f)]$.

$\underline{h = f \circ g}$ (relation fonctionnelle à deux arguments f, g) :
$\exists x \exists y \exists z(g$ est une application de x dans y et f est une application de y dans z et h est une application de x dans $z)$ et $\forall t[t \in h \Rightarrow \exists u \exists v \exists w[(u, v) \in g$ et $(v, w) \in f$ et $t = (u, w)]]$.

La relation $y = L_\alpha$ est définie par induction, et dans ce cas la relation $y = H(f)$ est $y = \bigcup_{x \in \mathrm{Dom}(f)} \Pi(f(x))$ ($\mathrm{Dom}(f)$ désigne le domaine de la fonction f). D'après le lemme 8.5 ci-dessus, il nous reste donc à montrer que cette relation $y = H(f)$ est q.u.b. Or elle s'écrit :
$\forall x[x \in \mathrm{Dom}(f) \Rightarrow \Pi(f(x)) \subset y]$ et $\forall z[z \in y \Rightarrow \exists x[x \in \mathrm{Dom}(f)$ et $z \in \Pi(f(x))]]$.

Le résultat cherché est donc conséquence du

Lemme 8.6. *La relation fonctionnelle* $y = \Pi(x)$ *est q.u.b.*

Les relations $x = 0$ et $y = x \cup \{x\}$ étant q.u.b., on en déduit (par composition) que les relations $x = 1, x = 2, \ldots$, sont q.u.b. Comme $\neg, \vee, \bigvee, \varepsilon, \approx, \mathcal{V}$ sont respectivement $0, 1, 2, 3, 4$ et l'ensemble des entiers $\geqslant 5$, les relations $x = \neg$, $x = \vee$, $x = \bigvee$, $x = \varepsilon$, $x = \approx$, $x = \mathcal{V}$ sont q.u.b. (la dernière s'énonce $x = \omega \setminus \{0, 1, 2, 3, 4\}$). On a alors les relations q.u.b. suivantes :

<u>$z = \mathcal{F}_0$</u> (ensemble des formules atomiques) :

$z = (\{\varepsilon\} \times \mathcal{V} \times \mathcal{V}) \cup (\{\approx\} \times \mathcal{V} \times \mathcal{V})$ (composition de relations fonctionnelles q.u.b.).

<u>$z = \mathcal{F}_k$</u> (relation fonctionnelle à un argument k) :

$\exists f[(f$ est une fonction de domaine $\omega)$ et $(f(0) = \mathcal{F}_0)$ et

$\forall n[n \in \omega \Rightarrow (f(n+1) = M(f(n)))]$ et $z = f(k)]$

où la relation fonctionnelle $y = M(x)$ est donnée par l'énoncé

$y = x \cup [\{\neg\} \times x] \cup [\{\vee\} \times x \times x] \cup [(\{\bigvee\} \times \mathcal{V}) \times x]$, donc est q.u.b.

<u>z est une formule</u> : $\exists k(k \in \omega$ et $z \in \mathcal{F}_k)$.

<u>$z = \mathcal{F}$</u> (ensemble des formules sans paramètre) :

$\forall k[k \in \omega \Rightarrow z \supset \mathcal{F}_k]$ et $\forall y[y \in z \Rightarrow (y$ est une formule$)]$.

<u>z est une formule et $y = \mathrm{vl}(z)$</u>

($\mathrm{vl}(z)$ est l'ensemble des variables libres de la formule z) :

$z \in \mathcal{F}$ et $\exists f[(f$ est une fonction définie sur $\mathcal{F})$ et

$\forall x \forall y[x \in \mathcal{V}$ et $y \in \mathcal{V} \Rightarrow (f(x \varepsilon y) = f(x \approx y) = \{x, y\})]$ et

$\forall x \forall y[x \in \mathcal{F}$ et $y \in \mathcal{F} \Rightarrow (f(\neg x) = f(x)$ et $f(x \vee y) = f(x) \cup f(y))]$ et

$\forall x \forall y[x \in \mathcal{V}$ et $y \in \mathcal{F} \Rightarrow [(f(\bigvee x y) = f(y) \setminus \{x\}]]$ et $y = f(z)]$.

On veut montrer maintenant que la relation $y = X^{\mathrm{vl}(F)}$ (à trois arguments y, X, F) est q.u.b. Notons que l'énoncé $y = X^Y$ (à trois variables libres y, X, Y) n'est pas q.u.b. (en effet, si Z est un ensemble transitif, $(y = X^Y)^Z$ signifie : y est l'ensemble des applications de Y dans X, qui sont éléments de Z ; il est clair que cela n'implique pas que y soit l'ensemble de toutes les applications de Y dans X ; d'après le théorème 8.4, l'énoncé $y = X^Y$ n'est donc pas q.u.b.). Pour la démonstration, nous allons utiliser le fait que $\mathrm{vl}(F)$ est un ensemble fini. On écrit les relations q.u.b. suivantes :

<u>k est un entier et $y = X^k$</u>

(relation fonctionnelle à deux arguments X et k) :

$k \in \omega$ et $\exists f[(f$ est une fonction définie sur $\omega)$ et $(f(0) = \{\emptyset\})$

et $\forall n[n \in \omega \Rightarrow f(n+1) = N(n, X, f(n))]$ et $y = f(k)]$,

la relation fonctionnelle à trois arguments $Z = N(n, X, Y)$ étant donnée par l'énoncé q.u.b. :

$n \in \omega$ et $\forall g[g \in Z \Rightarrow g$ est une application de $n+1$ dans $X]$

et $\forall h \forall x[(h \in Y$ et $x \in X) \Rightarrow h \cup \{(n, x)\} \in Z]$.

<u>F est une formule et $y \supset X^{\mathrm{vl}(F)}$</u> (relation à trois arguments y, X, F) :

$F \in \mathscr{F}$ et $\exists\phi\exists n[n \in \omega$ et (ϕ est une bijection de $\mathrm{vl}(F)$ sur n)
et $\forall f(f \in X^n \Rightarrow f\circ\phi \in y)]$.

F est une formule et $y = X^{\mathrm{vl}(F)}$ (relation fonctionnelle à deux arguments X et F) :

$F \in \mathscr{F}$ et $y \supset X^{\mathrm{vl}(F)}$ et
$\forall f[f \in y \Rightarrow$ (f est une application de $\mathrm{vl}(F)$ dans X)].

y est une formule close à paramètres dans X :

$\exists F\exists\phi[F \in \mathscr{F}$ et (ϕ est une application de $\mathrm{vl}(F)$ dans X) et $y = (F,\phi)]$.

$y = \mathscr{F}_X^0$ (cette notation désigne l'ensemble des formules closes à paramètres dans X) :

$\forall x[x \in y \Rightarrow x$ est une formule close à paramètres dans $X]$
et $\forall F[F \in \mathscr{F} \Rightarrow \forall\phi[\phi \in X^{\mathrm{vl}(F)} \Rightarrow (F,\phi) \in y]]$.

y est une formule à paramètres dans X dont la seule variable libre est x :

$\exists F\exists\phi[F \in \mathscr{F}$ et $x \in \mathrm{vl}(F)$ et
(ϕ est une application de $\mathrm{vl}(F) \setminus \{x\}$ dans X) et $y = (F,\phi)]$.

$y = \mathscr{F}_X^x$ (cette notation désigne l'ensemble des formules à paramètres dans X, dont la seule variable libre est x) :

$\forall z[z \in y \Rightarrow z$ est une formule à paramètres dans X, dont la seule variable libre est $x]$ et $\forall F\forall\phi[F \in \mathscr{F}$ et $x \in \mathrm{vl}(F)$ et $\phi \in X^{\mathrm{vl}(F)\setminus\{x\}} \Rightarrow (F,\phi) \in y]$.

$y \in \mathscr{F}_X^x$ et z est la formule close obtenue
en substituant à x dans y l'élément a de X

(relation à cinq arguments x, y, z, X, a) :

$\exists F\exists\phi\exists\psi[F \in \mathscr{F}$ et $x \in \mathrm{vl}(F)$ et (ϕ est une application de $\mathrm{vl}(F) \setminus \{x\}$ dans X) et (ψ est une application de $\mathrm{vl}(F)$ dans X) et ($\phi \subset \psi$) et ($\psi(x) = a$) et $y = (F,\phi)$ et $z = (F,\psi)]$.

Φ est une formule close à paramètres dans X et $\theta = \mathrm{Val}(\Phi, X)$ (relation fonctionnelle à deux arguments Φ, X ; θ prend les valeurs $0, 1$) :

$\Phi \in \mathscr{F}_X^0$ et $\exists f\{f$ est une application de $\mathscr{F}_X^0$ dans $\{0,1\}$ et
$\forall a\forall b[a \in X$ et $b \in X \Rightarrow ((a \in b$ et $f(a\varepsilon b) = 1)$ ou $(a \notin b$ et $f(a\varepsilon b) = 0))]$ et
$\forall a\forall b[a \in X$ et $b \in X \Rightarrow ((a = b$ et $f(a\approx b) = 1)$ ou $(a \neq b$ et $f(a\approx b) = 0)]$ et
$\forall\Psi[\Psi \in \mathscr{F}_X^0 \Rightarrow f(\neg\Psi) = 1 - f(\Psi)]$ et
$\forall\Psi\forall\Psi'[\Psi \in \mathscr{F}_X^0$ et $\Psi' \in \mathscr{F}_X^0 \Rightarrow f(\Psi \vee \Psi') = f(\Psi) \cup f(\Psi')]$ et
$\forall x\forall\Psi[x \in \mathscr{V}$ et $\Psi \in \mathscr{F}_X^x \Rightarrow ([\exists a(a \in X$ et $f(\Psi(a)) = 1$ et $f(\bigvee x\Psi) = 1]$ ou
$[(\forall a(a \in X \Rightarrow f(\Psi(a)) = 0)$ et $f(\bigvee x\Psi) = 0])]$ et $\theta = f(\Phi)\}$.

$\Phi \in \mathscr{F}_X^x$ et $y = \mathrm{val}(\Phi, X)$ (autrement dit, y est le sous-ensemble représenté par la formule Φ à une variable libre, dans l'ensemble X) :

$\Phi \in \mathscr{F}_X^x$ et $\forall a[a \in y \Rightarrow (a \in X$ et $\mathrm{Val}(\Phi(a), X) = 1)]$
et $\forall a[a \in X \Rightarrow (\mathrm{Val}(\Phi(a), X) = 0$ ou $a \in y)]$.

$\underline{y \in \Pi(X)}$ (relation à deux arguments y, X) :
$\exists x \exists \Phi[x \in \mathcal{V}$ et $\Phi \in \mathscr{F}_X^x$ et $y = \text{val}(\Phi, X)]$.
$\underline{y = \Pi(X)}$:
$\forall z[z \in y \Rightarrow z \in \Pi(X)]$ et $\forall x \forall \Phi[x \in \mathcal{V}$ et $\Phi \in \mathscr{F}_X^x$
$\Rightarrow \exists z(z \in y$ et $z = \text{val}(\Phi, X))]$.

C.Q.F.D.

Ayant montré que la relation $y = \Pi(X)$ est q.u.b., on a le

Théorème 8.7. *La relation $y = L_\alpha$ est q.u.b.*

On en déduit immédiatement que *l'axiome de constructibilité est satisfait dans L*. En effet, comme la collection L satisfait les axiomes de $ZF + AF$, la relation $[y = L_\alpha]^L$ est une relation fonctionnelle. D'autre part, d'après le théorème 8.4, on a $\forall y \forall \alpha[L(y)$ et $L(\alpha)$ et $[y = L_\alpha]^L \Rightarrow y = L_\alpha]$, puisque la collection L est transitive, et que l'énoncé $y = L_\alpha$ est q.u.b. Soit alors a un objet de L ; on a $a \in L_{\alpha_0}$ pour un certain ordinal α_0. Comme α_0 est un ordinal de L, il existe un ensemble y_0 et un seul, qui est constructible, et satisfait $(y_0 = L_{\alpha_0})^L$; comme $(y_0 = L_{\alpha_0})^L \Rightarrow y_0 = L_{\alpha_0}$, on a $y_0 = L_{\alpha_0}$, donc $a \in y_0$.

Par suite $(a \in L_{\alpha_0})^L$ est vrai et donc $[\exists \alpha(a \in L_\alpha)]^L$ est vrai également.

C.Q.F.D.

Si on a l'axiome de fondation, l'axiome de constructibilité exprime que les collections V et L sont identiques. C'est pourquoi on l'écrit en abrégé $V = L$. On a donc montré que si ZF est non-contradictoire, $ZF + AF + V = L$ est non-contradictoire également.

L'axiome de constructibilité a beaucoup de conséquences intéressantes ; nous allons démontrer qu'il entraîne, en particulier, l'axiome du choix (et même le principe du choix, voir page 72) et l'hypothèse généralisée du continu. Ces deux axiomes sont donc satisfaits dans L, et on démontre ainsi le résultat classique de K. Gödel [8] :

Théorème 8.8. *Si ZF est non contradictoire, il en est de même de $ZF + AF + AC + HGC$.*

$V = L$ implique AC

Considérons un univers $\mathscr{U}$ qui satisfait l'axiome de constructibilité.

On définit, *au moyen d'un énoncé sans paramètre*, une relation fonctionnelle $v = F(u)$, dont le domaine est la collection des bons ordres, et qui a la propriété suivante : si u est un bon ordre de domaine X, $F(u)$ est un bon ordre dont le domaine est l'ensemble des formules à une variable libre à paramètres dans X.

Soit $\mathscr{F}$ l'ensemble des formules sans paramètre ; c'est une partie de V_ω et on a donc déjà défini (page 45) une relation fonctionnelle K, sans paramètre, qui est une injection de $\mathscr{F}$ dans ω ; soit j l'isomorphisme de u sur son ordinal α.

L'ensemble des formules à une variable libre à paramètres dans X est une partie de $\mathscr{F} \times \sigma(X)$ ($\sigma(X)$ est l'ensemble des suites finies d'éléments de X) ; les deux applications K, j définissent une injection de $\mathscr{F} \times \sigma(X)$ dans $\omega \times \sigma(\alpha)$, qui est bien ordonné par la relation de bon ordre déjà définie sur $\sigma(On)$; d'où un bon ordre sur $\mathscr{F} \times \sigma(X)$ et, par restriction, le bon ordre v cherché.

On définit, par induction, une relation fonctionnelle $y = B(\alpha)$ sans paramètre, de domaine On, ayant les propriétés suivantes : pour chaque ordinal α, $B(\alpha)$ est un bon ordre sur L_α ; si $\beta \leqslant \alpha$, L_β est un segment initial de L_α pour le bon ordre $B(\alpha)$, et, sur L_β, les bons ordres $B(\alpha)$ et $B(\beta)$ coïncident.

Supposons défini $B(\beta)$ pour tout $\beta < \alpha$, avec ces propriétés ; si α est un ordinal limite, $L_\alpha = \bigcup_{\beta<\alpha} L_\beta$, et on peut définir $B(\alpha)$, comme le prolongement commun des $B(\beta)$ pour $\beta < \alpha$.

Si $\alpha = \beta + 1$, $B(\beta)$ est un bon ordre sur L_β, donc $v_\beta = F(B(\beta))$ est un bon ordre sur l'ensemble des formules à une variable libre à paramètres dans L_β. On définit le bon ordre $B(\alpha)$ sur $L_\alpha = \Pi(L_\beta)$ en posant : $x \leqslant y$ (mod. $B(\alpha)$)
$\Leftrightarrow$ [$x \in L_\beta$ et $y \in L_\beta$ et $x \leqslant y$(mod. $B(\beta)$)] ou [$x \in L_\beta$ et $y \in L_\alpha \setminus L_\beta$] ou
[$x \in L_\alpha \setminus L_\beta$ et $y \in L_\alpha \setminus L_\beta$ et la première formule qui définit x dans L_β précède la première formule qui définit y dans L_β, pour l'ordre v_β sur les formules à une variable libre à paramètres dans L_β].
Il est clair que l'ordre $B(\alpha)$ ainsi défini sur L_α a les propriétés voulues.

La relation fonctionnelle $y = B(\alpha)$ est donc définie par induction. On obtient alors une relation binaire $R(x, y)$ sans paramètre, qui établit un bon ordre sur $\mathscr{U}$ tout entier, par l'énoncé $\exists\alpha[On(\alpha)$ et $x \leqslant y$(mod. $B(\alpha)$)].

Cela montre que *le principe du choix est satisfait dans* $\mathscr{U}$, et donc également l'axiome : « Tout ensemble est définissable en termes d'ordinaux » (voir page 72).

$V = L$ implique l'hypothèse du continu

La démonstration repose sur une propriété des relations fonctionnelles à quantificateurs universels bornés, exprimée par le

Théorème 8.9. *On considère un univers $\mathscr{U}$ satisfaisant ZF + AF + AC, et un énoncé q.u.b. $E(x, y)$ qui définit dans $\mathscr{U}$ une relation fonctionnelle à un argument $y = \Phi(x)$. Alors $\overline{\overline{\Phi(x)}} \leqslant \overline{\overline{\mathrm{Cl}(x)}} + \aleph_0$ pour tout objet x du domaine de Φ.*

Rappelons que $\mathrm{Cl}(x)$ désigne la clôture transitive de x.

Considérons un objet a du domaine de Φ, et soit α un ordinal tel que $a \in V_\alpha$, $\Phi(a) \in V_\alpha$ et tel que :

$$\forall x \forall y [x \in V_\alpha \text{ et } y \in V_\alpha \Rightarrow (E^{V_\alpha}(x, y) \Leftrightarrow E(x, y))].$$

On obtient un tel ordinal en appliquant le schéma de réflexion à l'énoncé $E(x, y)$.

Désignons par P la clôture transitive de $\{a\}$. Comme $\{a\} \subset V_\alpha$ et que V_α est transitif, on a $P \subset V_\alpha$.

De plus $P = \mathrm{Cl}(a) \cup \{a\}$ donc $\overline{\overline{P}} = \overline{\overline{\mathrm{Cl}(a)}} + 1$.

Soit $\mathscr{G}$ l'ensemble des formules closes à paramètres dans P qui sont satisfaites par l'ensemble V_α. D'après le théorème 5.2 (Löwenheim-Skolem), il existe un sous-ensemble X de V_α, qui contient P, tel que $\overline{\overline{X}} \leqslant \overline{\overline{P}} + \aleph_0$ et qui satisfait toutes les formules de $\mathscr{G}$.

Parmi les formules de $\mathscr{G}$ se trouve l'axiome d'extensionnalité, c'est-à-dire $\bigwedge x \bigwedge y [x \approx y \leftrightarrow \bigwedge z (z \,\varepsilon\, x \leftrightarrow z \,\varepsilon\, y)]$: en effet V_α est transitif, donc satisfait l'axiome d'extensionnalité. Cette formule est donc satisfaite par X, ce qui montre que X est un ensemble extensionnel.

D'après le théorème 3.6, il existe un isomorphisme j de X sur un ensemble transitif Y ; Y satisfait donc toutes les formules de l'ensemble $\mathscr{G}'$ obtenu à partir de $\mathscr{G}$ en remplaçant chaque paramètre u ($u \in P$) par $j(u)$.

Or $j(u) = u$ pour tout $u \in P$: soit en effet u_0 un élément de P de rang minimum tel que $j(u_0) \neq u_0$ s'il en existe. On a donc $j(v) = v$ pour tout élément v de u_0 (v est élément de P puisque $P = \mathrm{Cl}(\{a\})$ est un ensemble transitif).

Mais $j(u_0) = \{j(v);\ v \in u_0\} = u_0$, ce qui contredit la définition de u_0.

Par suite $Y \supset P$, et Y satisfait toutes les formules de $\mathscr{G}$. De plus $\overline{\overline{Y}} = \overline{\overline{X}}$ et donc $\overline{\overline{Y}} \leqslant \overline{\overline{P}} + \aleph_0$.

Comme $a, \Phi(a) \in V_\alpha$, et que $E(a, \Phi(a))$ est vrai, on a $E^{V_\alpha}(a, \Phi(a))$ (puisque l'on a choisi V_α de façon qu'il convienne à l'énoncé $E(x, y)$). Donc l'énoncé $E(a, \Phi(a))$ est vrai dans V_α, et aussi l'énoncé $\exists y E(a, y)$. L'ensemble V_α satisfait donc la formule $\ulcorner \exists y E(a, y) \urcorner$, qui a pour seul paramètre l'élément a de P. Cette formule est donc élément de $\mathscr{G}$, et par suite est satisfaite par Y. Donc l'énoncé $\exists y E(a, y)$ est satisfait dans Y, et il existe $b \in Y$ tel que $E^Y(a, b)$.

Puisque l'énoncé $E(x,y)$ est q.u.b., et que Y est transitif, on a $E^Y(a,b) \Rightarrow E(a,b)$. Par suite $E(a,b)$ est vrai, et donc $b = \Phi(a)$. Donc $\Phi(a) \in Y$ et, Y étant transitif, $\Phi(a) \subset Y$; d'où $\overline{\overline{\Phi(a)}} \leqslant \overline{\overline{Y}} \leqslant \overline{\overline{P}} + \aleph_0$, et finalement $\overline{\overline{\Phi(a)}} \leqslant \overline{\overline{\mathrm{Cl}(a)}} + \aleph_0$.

C.Q.F.D.

Notons un cas particulier de ce théorème : si a est un objet de $\mathscr{U}$ qui est défini par un énoncé q.u.b. $E(y)$ (c'est-à-dire si $\forall y[y = a \Leftrightarrow E(y)]$ est vrai dans $\mathscr{U}$), alors $\overline{\overline{a}} \leqslant \aleph_0$.

Il suffit en effet d'appliquer le théorème précédent à l'énoncé $E(y)$ (qui ne contient pas x) avec $x = \emptyset$. On en déduit, par exemple, que si $\mathscr{U}$ satisfait $ZF + AF + AC$, l'énoncé $y = \mathscr{P}(\omega)$ n'équivaut à aucun énoncé q.u.b.

Théorème 8.10. *Soit $\mathscr{U}$ un univers qui satisfait $ZF + AF + AC$. Alors :*
i) $\overline{\overline{L_\alpha}} = \overline{\overline{\alpha}}$ pour tout ordinal $\alpha \geqslant \omega$.
ii) Pour tout ensemble constructible a, on a $\overline{\overline{\mathrm{od}(a)}} \leqslant \overline{\overline{\mathrm{Cl}(a)}} + \aleph_0$.

(Rappelons que $\mathrm{od}(a)$ désigne le premier ordinal α tel que $a \in L_\alpha$.)

i) On a vu que $\alpha \subset L_\alpha$, et donc $\overline{\overline{\alpha}} \leqslant \overline{\overline{L_\alpha}}$. On montre par induction que $\overline{\overline{L_\alpha}} \leqslant \overline{\overline{\alpha}}$ pour tout $\alpha \geqslant \omega$. Il est immédiat, par induction sur n, que $L_n = V_n$ pour tout entier naturel n. Donc $L_\omega = V_\omega$ et $\overline{\overline{L_\omega}} = \omega$.

Or $L_\alpha = \bigcup_{\beta<\alpha} \Pi(L_\beta)$; d'après l'hypothèse d'induction, on a $\overline{\overline{L_\beta}} \leqslant \overline{\overline{\beta}}$ si β est infini et $< \alpha$. Comme $\overline{\overline{\Pi(a)}} = \overline{\overline{a}}$ si a est infini, on a $\overline{\overline{L_\alpha}} \leqslant \sup(\overline{\overline{\alpha}}, \bigcup_{\beta<\alpha} \overline{\overline{\beta}}) \leqslant \overline{\overline{\alpha}}$.

On pourrait aussi remarquer que la relation $y = L_\alpha$ est q.u.b. et appliquer le théorème 8.9 ci-dessus.

ii) C'est de cette façon que l'on démontre la deuxième partie du théorème ; la relation $y = \mathrm{od}(x)$ est q.u.b. puisqu'elle s'énonce :

$$On(y) \text{ et } x \in L_y \text{ et } \forall z[z \in y \Rightarrow x \notin L_z]$$

et que la relation $y = L_x$ est q.u.b.

Le théorème 8.9 montre alors que $\overline{\overline{\mathrm{od}(a)}} \leqslant \overline{\overline{\mathrm{Cl}(a)}} + \aleph_0$.

C.Q.F.D.

Considérons alors un univers $\mathscr{U}$ qui satisfait l'axiome de constructibilité. On a vu que $\mathscr{U}$ satisfait l'axiome du choix, donc les théorèmes précédents sont applicables. Si $a \subset \aleph_\rho$, comme a est constructible, on a :

$$\overline{\overline{\mathrm{od}(a)}} \leqslant \overline{\overline{\mathrm{Cl}(a)}} + \aleph_0 \leqslant \aleph_\rho$$

puisque $\mathrm{Cl}(a) \subset \aleph_\rho$. Cela montre que $\mathrm{od}(a) < \aleph_{\rho+1}$ et donc que $a \in L_{\aleph_{\rho+1}}$. Comme a est une partie quelconque de $\aleph_\rho$, on a $\mathscr{P}(\aleph_\rho) \subset L_{\aleph_{\rho+1}}$; il en résulte que $\overline{\overline{\mathscr{P}(\aleph_\rho)}} \leqslant \overline{\overline{L_{\aleph_{\rho+1}}}}$, soit $\overline{\overline{\mathscr{P}(\aleph_\rho)}} \leqslant \aleph_{\rho+1}$. L'inégalité inverse étant donnée par le théorème de Cantor, on a $\overline{\overline{\mathscr{P}(\aleph_\rho)}} = \aleph_{\rho+1}$, ce qui est l'hypothèse généralisée du continu.

On a un résultat analogue à celui obtenu au chapitre 6, concernant les énoncés d'arithmétique :

Soit E un énoncé d'arithmétique (énoncé dont les quantificateurs sont restreints à V_ω) démontrable à l'aide de l'axiome du choix et de l'hypothèse du continu (ou, plus généralement, à l'aide de l'axiome de constructibilité). Alors E est démontrable sans l'aide de ces axiomes.

En effet, on a vu que $V_\omega = L_\omega$; l'énoncé E dont tous les quantificateurs sont restreints à L_ω est q.u.b., et donc $E^L \Rightarrow E$ est conséquence de ZF.

Soit alors $A_1, \ldots, A_n, E$ une démonstration de E à l'aide des axiomes de $ZF + V = L$. Si A_i est l'un de ces axiomes, on a montré que A_i^L est conséquence de ZF. La suite $A_1^L, \ldots, A_n^L, E^L$ est donc une démonstration de E^L à l'aide des axiomes de ZF. Comme $E^L \Rightarrow E$ est conséquence de ZF, on voit que E lui-même est conséquence de ZF.

Chapitre 9

Le théorème d'incomplétude de Gödel

Dans un univers $\mathscr{U}$, on appellera *modèle* un couple (X,R) avec $X \neq \emptyset$ et $R \subset X^2$. Etant donné un modèle $\mathscr{M} = (X,R)$, X est appelé *l'ensemble de base* de $\mathscr{M}$ et noté $|\mathscr{M}|$; R est appelée *la relation d'appartenance* de $\mathscr{M}$ et notée $\in_{\mathscr{M}}$.

On définit une relation fonctionnelle à deux arguments : $Y = \mathrm{Val}(F,\mathscr{M})$ dont le domaine est la relation « F est une formule sans paramètre et $\mathscr{M}$ est un modèle » ; Y est appelée la *valeur* de la formule F dans le modèle $\mathscr{M}$; c'est un sous-ensemble de $|\mathscr{M}|^{\mathrm{vl}(F)}$. La définition se fait par induction sur la longueur de F :

1. Si F est $x \,\varepsilon\, y$ (resp. $x \approx y$), alors $\mathrm{Val}(F,\mathscr{M}) =$
$$\{\delta \in |\mathscr{M}|^{\{x,y\}} ; (\delta x, \delta y) \in \in_{\mathscr{M}} \text{ (resp. } \delta x = \delta y)\}.$$

2. Si $F = \neg G$, alors $\mathrm{Val}(F,\mathscr{M}) = |\mathscr{M}|^{\mathrm{vl}(F)} \setminus \mathrm{Val}(G,\mathscr{M})$.

3. Si $F = G \vee G'$, alors $\mathrm{Val}(F,\mathscr{M}) =$
$$\{\delta \in |\mathscr{M}|^{\mathrm{vl}(F)} ; \delta \restriction \mathrm{vl}(G) \in \mathrm{Val}(G,\mathscr{M}) \text{ ou } \delta \restriction \mathrm{vl}(G') \in \mathrm{Val}(G',\mathscr{M})\}.$$

4. Si $F = \bigvee x\, G$, alors $\mathrm{Val}(F,\mathscr{M}) =$
$$\{\delta \in |\mathscr{M}|^{\mathrm{vl}(F)} ; \text{il existe } \delta' \in \mathrm{Val}(G,\mathscr{M}), \delta' \supset \delta\}.$$

On voit que la définition est tout à fait analogue à celle de la page 63 ; cette dernière correspond en fait au cas particulier où $\in_{\mathscr{M}}$ est la restriction à $|\mathscr{M}|$ de la relation d'appartenance. Un modèle de ce type est appelé *modèle standard.*

Si $F = (F_0, \eta)$ est une formule avec paramètres dans $|\mathcal{M}|$, on pose :

$$\mathrm{Val}(F, \mathcal{M}) = \{\delta \in |\mathcal{M}|^{\mathrm{vl}(F)}\,;\ \delta \cup \eta \in \mathrm{Val}(F_0, \mathcal{M})\}.$$

Si F est une formule close à paramètres dans $|\mathcal{M}|$, on a $\mathrm{Val}(F, \mathcal{M}) = 1$ ou 0. Dans le premier cas on dit que $\mathcal{M}$ est un *modèle de F*, ou encore que *$\mathcal{M}$ satisfait F*, ce que l'on note $\mathcal{M} \models F$. Si $\mathcal{A}$ est un ensemble de formules closes, et si $\mathcal{M}$ satisfait chaque formule de $\mathcal{A}$, on dit que $\mathcal{M}$ est un modèle de $\mathcal{A}$, ce que l'on note $\mathcal{M} \models \mathcal{A}$.

Etant donné deux modèles $\mathcal{M}, \mathcal{N}$ on dit que $\mathcal{M}$ est un *sous-modèle* de $\mathcal{N}$ si $|\mathcal{M}| \subset |\mathcal{N}|$ et $\in_{\mathcal{M}} = \in_{\mathcal{N}} \cap |\mathcal{M}|^2$ (autrement dit, quels que soient $a, b \in |\mathcal{M}|$, $\mathcal{M} \models a \varepsilon b \Leftrightarrow \mathcal{N} \models a \varepsilon b$). On dit que $\mathcal{M}$ est un *sous-modèle transitif* de $\mathcal{N}$, si on a de plus la propriété suivante : si $a \in |\mathcal{M}|, b \in |\mathcal{N}|$ et $\mathcal{N} \models b \varepsilon a$, alors $b \in |\mathcal{M}|$.

Théorème 9.1. *Soient $\mathcal{M}$ un sous-modèle transitif de $\mathcal{N}$, et E un énoncé q.u.b., clos, à paramètres dans $\mathcal{M}$. Si E est vrai dans $\mathcal{M}$, il l'est aussi dans $\mathcal{N}$.*

La démonstration se fait aisément, par induction (au sens intuitif) sur la longueur de l'énoncé E, exactement comme celle du théorème 8.4.

Dans l'univers $\mathcal{U}$, considérons un modèle $\mathcal{M}$ qui est aussi un univers (c'est-à-dire qui satisfait les axiomes de ZF).

Si $a_0, a_1, \ldots, a_n$ est, dans $\mathcal{U}$, une suite finie d'éléments de $|\mathcal{M}|$, il existe dans $|\mathcal{M}|$ un objet et un seul qui a comme éléments dans $\mathcal{M}$, $a_0, a_1, \ldots, a_n$ et eux seulement (démonstration immédiate, par induction sur n dans $\mathcal{U}$). On définit alors, dans $\mathcal{U}$, une application $\phi : V_\omega \to |\mathcal{M}|$ qui est un isomorphisme de V_ω (muni de la relation d'appartenance) sur une partie $\varepsilon_{\mathcal{M}}$-transitive de $|\mathcal{M}|$. Si $a \in V_\omega$, ϕa est défini par induction sur $\mathrm{rg}(a)$, en posant : ϕa = l'objet de $|\mathcal{M}|$ dont les éléments dans $\mathcal{M}$ sont les ϕb pour $b \in a$ (l'existence et l'unicité d'un tel objet viennent d'être démontrées). Il est évident que tout élément de $\mathrm{Im}(\phi)$ est, dans $\mathcal{M}$, un ensemble héréditairement fini.

Il en résulte qu'on peut, au remplacement près de $\mathcal{M}$ par un modèle qui lui est isomorphe dans $\mathcal{U}$, supposer que (V_ω, ε) est un sous-modèle transitif de $\mathcal{M}$ et même de $(A, \varepsilon_{\mathcal{M}})$, A étant l'ensemble des $x \in |\mathcal{M}|$ qui, dans $\mathcal{M}$, sont héréditairement finis. Tout ensemble héréditairement fini dans $\mathcal{U}$ est donc aussi héréditairement fini dans $\mathcal{M}$, avec les mêmes éléments. En particulier, toute formule de $\mathcal{U}$ sans paramètre est une formule de $\mathcal{M}$.

Considérons maintenant un modèle quelconque $\mathcal{N}$, *pris dans l'univers $\mathcal{M}$*. On définit un objet $\mathcal{N}'$ de $\mathcal{U}$ qui est un modèle en posant :

$$|\mathcal{N}'| = \{a \in |\mathcal{M}|\,;\ \mathcal{M} \models a \varepsilon |\mathcal{N}|\}$$

$$\in_{\mathcal{N}'} = \{(a,b) \in |\mathcal{N}'|^2 \text{ ; } \mathcal{M} \text{ satisfait l'énoncé : } (a,b) \in \in_{\mathcal{N}}\}.$$

On a alors :

- *Quelle que soit la formule close* $F(a_1,\ldots,a_k)$ *de l'univers* $\mathcal{U}$*, à paramètres dans* $\mathcal{N}'$*, l'énoncé « $\mathcal{N}'$ satisfait* $F(a_1,\ldots,a_k)$ *» est vrai dans l'univers* $\mathcal{U}$ *si et seulement si l'énoncé « $\mathcal{N}$ satisfait* $F(a_1,\ldots,a_k)$ *» est vrai dans l'univers* $\mathcal{M}$*.*

La démonstration se fait par induction dans $\mathcal{U}$ sur la longueur de la formule F. Si F est atomique, on a le résultat par définition du modèle $\mathcal{N}'$. Les autres cas de l'induction sont immédiatement vérifiés.

Soit $T(x)$ un énoncé q.u.b. sans paramètre à une variable libre, et soit $a \in V_\omega$. Alors :

- *Si* $T(a)^{V_\omega}$ *est vrai dans* $\mathcal{U}$*, il l'est aussi dans* $\mathcal{M}$*.*

En effet, $(V_\omega, \in)$ est un sous-modèle transitif de $(A, \in_{\mathcal{M}})$. Donc $T(a)$ est vrai dans le modèle $(A, \in_{\mathcal{M}})$, d'après le théorème 9.1. Or, si $\mathcal{N}$ est, dans $\mathcal{M}$, le modèle standard des ensembles héréditairement finis, le modèle $\mathcal{N}'$ construit ci-dessus n'est autre que $(A, \in_{\mathcal{M}})$. D'après le résultat précédent, l'énoncé « V_ω satisfait $T(a)$ » est donc vrai dans $\mathcal{M}$.

Dans toute la suite de ce chapitre, contrairement à la convention adoptée jusqu'ici, toutes les notions de théorie des ensembles seront, sauf avis contraire, *interprétées dans leur sens intuitif.* Une notion de théorie des ensembles qui est interprétée dans un univers $\mathcal{U}$, sera notée avec l'indice $\mathcal{U}$ (par exemple, l'ensemble vide de $\mathcal{U}$ sera noté $\emptyset_{\mathcal{U}}$, la relation d'appartenance de $\mathcal{U}$ sera notée $\in_{\mathcal{U}}$, etc.).

On désignera par HF l'ensemble des ensembles héréditairement finis (au sens intuitif).

Etant donné un univers $\mathcal{U}$, on définit un isomorphisme ϕ de HF (muni de la relation d'appartenance) dans $\mathcal{U}$; si $a \in HF$, ϕa est défini par induction sur le rang de a : on a $a = \{a_1,\ldots,a_k\}$ et on pose $\phi a = \{\phi a_1,\ldots,\phi a_k\}_{\mathcal{U}}$ (l'objet de $\mathcal{U}$ dont les éléments dans $\mathcal{U}$ sont $\phi a_1,\ldots,\phi a_k$). L'image de ϕ est une partie A de $\mathcal{U}$ (qui n'est pas, en général, un ensemble dans $\mathcal{U}$) dont tous les éléments sont des ensembles héréditairement finis de $\mathcal{U}$, et qui est $\in_{\mathcal{U}}$-transitive (si $a \in A$, $b \in \mathcal{U}$ et $b \in_{\mathcal{U}} a$, alors $b \in A$). Ceci est immédiat d'après la définition de ϕ.

Par suite, au remplacement près de $\mathcal{U}$ par un univers isomorphe, on pourra toujours supposer que $HF \subset \mathcal{U}$, et que HF, muni de la relation d'appartenance, est un sous-modèle transitif de $\mathcal{U}$. Dans la suite, on ne considérera plus que des univers $\mathcal{U}$ de ce type. Alors tout entier intuitif est un entier de $\mathcal{U}$, tout énoncé sans paramètre est une formule de $\mathcal{U}$, etc.

Lemme 9.2. *Soient $a_1,\dots,a_k \in HF$, et $E(x_1,\dots,x_k)$ un énoncé q.u.b. sans paramètre. Si $E(a_1,\dots,a_k)$ est vrai dans HF, alors l'univers $\mathcal{U}$ satisfait l'énoncé $E^{V_\omega}(a_1,\dots,a_k)$.*

La démonstration se fait par induction (au sens intuitif) sur la longueur de E. Si E est sans quantificateur, $E^{V_\omega}(a_1,\dots,a_k)$ est $E(a_1,\dots,a_k)$ lui-même. Comme $HF \subset \mathcal{U}$, il est clair que $E(a_1,\dots,a_k)$ est alors simultanément vrai ou faux dans HF et dans $\mathcal{U}$.

Les cas où E s'écrit « E_1 ou E_2 », « E_1 et E_2 » sont immédiats.

Si $E(a_1,\dots,a_k)$ s'écrit $\exists x E_1(x,a_1,\dots,a_k)$, on prend $a \in HF$ tel que l'énoncé $E_1(a,a_1,\dots,a_k)$ soit vrai dans HF. Donc $E_1^{V_\omega}(a,a_1,\dots,a_k)$ est vrai dans $\mathcal{U}$ (hypothèse d'induction), et comme a est un ensemble héréditairement fini de $\mathcal{U}$, l'énoncé $\exists x[x \in V_\omega$ et $E_1^{V_\omega}(x,a_1,\dots,a_k)]$ est vrai dans $\mathcal{U}$.

Si E s'écrit $\forall x[x \in a_1 \Rightarrow E_1(x,a_1,\dots,a_k)]$, l'énoncé $E_1(a,a_1,\dots,a_k)$ est vrai dans HF pour tout $a \in a_1$. Donc, d'après l'hypothèse d'induction, l'énoncé $E_1^{V_\omega}(a,a_1,\dots,a_k)$ est vrai dans $\mathcal{U}$ pour tout $a \in a_1$, et donc également l'énoncé $\forall x[x \in a_1 \Rightarrow E_1^{V_\omega}(a,a_1,\dots,a_k)]$.

C.Q.F.D.

Une théorie *TH* est, par définition, un ensemble d'énoncés clos sans paramètre (*TH* est donc un sous-ensemble de *HF*).

Une *théorie axiomatisée* est la donnée d'une théorie *TH* et d'un énoncé *q.u.b.* $T(x)$ à une variable libre sans paramètre, *TH* étant l'ensemble des éléments a de *HF* tels que $T(a)$ soit vrai dans *HF*.

Une théorie *TH* est dite *axiomatisable* (ou encore récursivement énumérable), si l'on peut trouver un énoncé q.u.b. $T(x)$ ayant la propriété indiquée.

Considérons une théorie axiomatisée *TH*, définie dans *HF* par l'énoncé q.u.b. $T(x)$. Etant donné un univers $\mathcal{U}$, on désignera par $TH_{\mathcal{U}}$ l'ensemble des formules closes sans paramètre Φ de $\mathcal{U}$ telles que l'énoncé $T(\Phi)^{V_\omega}$ soit vrai dans $\mathcal{U}$. On a donc dans $\mathcal{U}$:

$$\forall x[x \in TH_{\mathcal{U}} \Leftrightarrow x \text{ est une formule close sans paramètre et } T(x)^{V_\omega}].$$

D'après le lemme 9.2, et le fait que l'énoncé $T(x)$ est q.u.b., il est clair que chaque élément de *TH* est élément (dans $\mathcal{U}$) de $TH_{\mathcal{U}}$.

Soit $\mathcal{M}$ un univers qui est un objet de $\mathcal{U}$ ($\mathcal{M}$ est un modèle dans $\mathcal{U}$). On a vu page 103 que, pour tout ensemble a héréditairement fini de $\mathcal{U}$, si l'énoncé $T(a)^{V_\omega}$ est vrai dans $\mathcal{U}$, il l'est aussi dans $\mathcal{M}$. Il en résulte que, pour toute formule F close de $\mathcal{U}$, si l'énoncé $F \in TH_{\mathcal{U}}$ est vrai dans $\mathcal{U}$, alors l'énoncé $F \in TH_{\mathcal{M}}$ est vrai dans $\mathcal{M}$.

On désigne par Cons(*TH*) (lire : « consistance de *TH* ») l'énoncé :

$$\exists \mathcal{M}(\mathcal{M} \text{ est un modèle et } \mathcal{M} \models TH).$$

L'énoncé $\mathcal{M} \models TH$ est écrit :

$$\forall F(F \text{ est une formule close et } T(F)^{V_\omega} \Rightarrow \mathcal{M} \models F).$$

L'énoncé Cons(TH) est satisfait dans un univers $\mathcal{U}$ si et seulement s'il existe dans cet univers un objet qui est un modèle de $TH_{\mathcal{U}}$.

Nous nous proposons de montrer maintenant le « deuxième théorème d'incomplétude de Gödel » [7] (pour une théorie contenant la théorie des ensembles). Il s'énonce :

Théorème 9.3. *Soit TH une théorie axiomatisée, contenant ZF. Si TH est non contradictoire, TH + non* Cons(TH) *est aussi non contradictoire (autrement dit,* Cons(TH) *n'est pas conséquence de TH).*

On désigne par $\Xi(x)$ l'énoncé suivant, à une variable libre sans paramètre : « x est une formule close à paramètres dans V_ω et non $\exists\mathcal{M}(\mathcal{M}$ est un modèle et $\mathcal{M} \models x$ et $\mathcal{M} \models TH)$ ».
On le notera aussi, en abrégé : non Cons($TH + x$).

Lemme 9.4. *Soit a un ensemble héréditairement fini ($a \in HF$) qui est une formule close à paramètres dans HF. Si l'univers $\mathcal{U}$ satisfait $\Xi(a)$, alors il satisfait aussi $\forall\mathcal{M}[\mathcal{M} \models TH \Rightarrow \mathcal{M} \models \Xi(a)]$.*

On raisonne par l'absurde, en supposant qu'il existe, dans l'univers $\mathcal{U}$, un modèle $\mathcal{M}$ de $TH_{\mathcal{U}}$ qui ne satisfait pas $\Xi(a)$. Par suite, $\mathcal{M} \models$ Cons($TH + a$), c'est-à-dire qu'il existe un objet $\mathcal{N}$ de $\mathcal{M}$, qui est, dans $\mathcal{M}$, un modèle de $TH_{\mathcal{M}}$ et de a. On a vu (page 103) qu'il existe dans $\mathcal{U}$ un modèle $\mathcal{N}'$, tel que, pour toute formule close F de $\mathcal{U}$ à paramètres dans $\mathcal{N}'$, l'énoncé « $\mathcal{N}' \models F$ » est vrai dans $\mathcal{U}$, si et seulement si l'énoncé « $\mathcal{N} \models F$ » est vrai dans $\mathcal{M}$. Or, si $F \in TH_{\mathcal{U}}$ est vrai dans $\mathcal{U}$, on a vu (page 104) que $F \in TH_{\mathcal{M}}$ est vrai dans $\mathcal{M}$, et donc « $\mathcal{N} \models F$ » est vrai dans $\mathcal{M}$. Par suite, $\mathcal{N}' \models F$ est vrai dans $\mathcal{U}$, et $\mathcal{N}'$ est donc un modèle de $TH_{\mathcal{U}}$. De plus, $\mathcal{N}' \models a$ puisque $\mathcal{N} \models a$. Mais alors $\mathcal{N}'$ est, dans $\mathcal{U}$, un modèle de $TH_{\mathcal{U}} + a$, ce qui contredit l'hypothèse que $\mathcal{U}$ satisfait $\Xi(a)$, c'est-à-dire non Cons($TH + a$).

C.Q.F.D.

On désigne par $z = \mathrm{S}(x, y)$ l'énoncé suivant à trois variables libres sans paramètre : « x est une formule à une variable libre sans paramètre, $y \in V_\omega$ et z est la formule close avec le paramètre y, obtenue en substituant y à la variable libre de la formule x ». En fait, si on se réfère à la définition des formules avec paramètres donnée au chapitre 5, cet énoncé s'écrit : « $\exists v[x$ est une formule sans paramètre à une variable libre v, $y \in V_\omega$ et $z = (x, \{(v, y)\})]$ ».

On désigne par $\Psi(x)$ l'énoncé $\Xi(\mathrm{S}(x,x))$ à une variable libre sans paramètre, qui s'écrit aussi non $\mathrm{Cons}(TH+\mathrm{S}(x,x))$. $\Psi(x)$ est donc l'énoncé suivant : « x est une formule à une variable libre sans paramètre et non $\exists\mathcal{M}[\mathcal{M}$ est un modèle et $\mathcal{M}\models TH$ et $\mathcal{M}\models \mathrm{S}(x,x)]$ ». Cet énoncé est lui-même un ensemble héréditairement fini (comme tout énoncé sans paramètre, ou même à paramètres dans *HF*) que nous désignerons par ψ. Nous désignerons par Φ l'énoncé $\Psi(\psi)$ à un paramètre dans *HF*, et par ϕ l'objet héréditairement fini correspondant (formule à un paramètre ψ dans *HF*). Dans tout univers $\mathcal{U}$, on a donc $\phi=\mathrm{S}(\psi,\psi)$.

Lemme 9.5. *Soit* $\mathcal{U}$ *un univers qui satisfait TH et* Φ. *Alors* $\mathcal{U}$ *satisfait non* $\mathrm{Cons}(TH)$.

On raisonne par l'absurde, en supposant qu'il existe un objet $\mathcal{M}$ de $\mathcal{U}$ qui satisfait $TH_{\mathcal{U}}$. Par hypothèse, $\mathcal{U}$ satisfait Φ, c'est-à-dire $\Xi(\mathrm{S}(\psi,\psi))$. Par suite, d'après le lemme 9.4, $\mathcal{M}$ satisfait aussi $\Xi(\mathrm{S}(\psi,\psi))$, c'est-à-dire Φ. Donc $\mathcal{M}$ est, dans $\mathcal{U}$, un modèle de $TH_{\mathcal{U}}+\phi$. Par suite, $\mathcal{U}$ satisfait $\mathrm{Cons}(TH+\phi)$, c'est-à-dire non $\Xi(\phi)$, ou encore non $\Xi(\mathrm{S}(\psi,\psi))$, puisque $\phi=\mathrm{S}(\psi,\psi)$. Autrement dit, $\mathcal{U}$ satisfait non Φ, ce qui est une contradiction.

C.Q.F.D.

On peut alors terminer la démonstration du théorème 9.3 : soit $\mathcal{U}$ un univers, qui est un modèle de *TH*. Si $\mathcal{U}$ satisfait Φ, d'après le lemme 9.5, il satisfait non $\mathrm{Cons}(TH)$, et c'est le modèle cherché. Si $\mathcal{U}$ satisfait non Φ, c'est-à-dire non $\Xi(\mathrm{S}(\psi,\psi))$, alors $\mathcal{U}$ satisfait non $\Xi(\phi)$ (puisque $\phi=\mathrm{S}(\psi,\psi)$), c'est-à-dire $\mathrm{Cons}(TH+\phi)$. Autrement dit, il existe dans $\mathcal{U}$ un objet $\mathcal{U}'$ qui est un modèle de $TH_{\mathcal{U}}$ et qui satisfait Φ. Or, ainsi qu'on l'a vu page 104, chaque formule de *TH* est élément (dans $\mathcal{U}$) de $TH_{\mathcal{U}}$. Il en résulte que $\mathcal{U}'$ est un univers qui satisfait *TH* et Φ. En appliquant encore une fois le lemme 9.5, avec $\mathcal{U}'$ à la place de $\mathcal{U}$, on voit que $\mathcal{U}'$ satisfait non $\mathrm{Cons}(TH)$, et est donc le modèle cherché.

C.Q.F.D.

Remarque 1. Notons que la théorie *ZF* est axiomatisable, en prenant pour $T(x)$ l'énoncé suivant : « $x=A_0$ ou $x=A_1$ ou $x=A_2$ ou $x=A_3$ ou il existe une formule sans paramètre $A(u,v,u_1,\dots,u_n)$ telle que $x=$

$$\bigwedge u_1\dots\bigwedge u_n\{\bigwedge u\bigwedge v\bigwedge v'[A(u,v)\wedge A(u,v')\to v\approx v']\to \bigwedge t\bigvee w\bigwedge v[v\,\varepsilon\, w\leftrightarrow\bigvee u(u\,\varepsilon\, t\wedge A(u,v))]\}$$ ».

Dans cet énoncé, A_0, A_1, A_2, A_3 sont respectivement les axiomes d'extensionnalité, de la somme, des parties, et de l'infini. Etant donné un univers $\mathcal{U}$, l'ensemble $ZF_{\mathcal{U}}$ est constitué par les formules A_0, A_1, A_2, A_3 et :

$$\bigwedge u_1 \ldots \bigwedge u_n \{\bigwedge u \bigwedge v \bigwedge v' [A(u,v) \wedge A(u,v') \to v \approx v'] \to \bigwedge t \bigvee w \bigwedge v [v \,\varepsilon\, w \leftrightarrow \bigvee u(u \,\varepsilon\, t \wedge A(u,v))]\}$$

où $A(u, v, u_1, \ldots, u_n)$ décrit l'ensemble des formules de $\mathscr{U}$ ayant au moins deux variables libres.

De la même façon, on voit que la théorie Z de Zermelo (page 57) est axiomatisable.

Remarque 2. D'après le théorème de complétude du calcul des prédicats (cf. [3], [22] ou [28]), l'énoncé Cons(TH) équivaut à un énoncé d'arithmétique (énoncé dont tous les quantificateurs sont restreints à V_ω). En effet, il existe dans l'univers $\mathscr{U}$ un modèle de $TH_\mathscr{U}$ si et seulement s'il n'existe pas, dans $\mathscr{U}$, de « démonstration » d'une formule identiquement fausse (par exemple $\bigvee u \neg(u \approx u)$) au moyen des règles de déduction du calcul des prédicats et des formules de $TH_\mathscr{U}$.

L'énoncé Cons(TH) équivaut donc à l'énoncé : $\forall s[s \in V_\omega \Rightarrow$ non(s est une suite finie de formules de longueur $n+1$ et $s(n) = \bigvee u \neg(u \approx u)$ et $\forall i(i \leqslant n \Rightarrow T(s(i))^{V_\omega}$ ou $\exists j \exists j'(j < i$ et $j' < i$ et $s(i)$ est obtenu à partir de $s(j), s(j')$ en appliquant l'une des règles de déduction du calcul des prédicats)))]. Cet énoncé a visiblement ses quantificateurs restreints à V_ω.

Applications

En utilisant le théorème 9.3, on voit qu'il est impossible de démontrer, en théorie intuitive des ensembles, qu'il existe un modèle de ZF. Car une telle démonstration serait aussi valable dans un univers quelconque $\mathscr{U}$, et montrerait que, dans cet univers il y a un ensemble qui est un modèle de $ZF_\mathscr{U}$. Autrement dit, tout univers satisferait Cons(ZF) ; or, d'après le théorème 9.3, ceci montre que ZF est contradictoire.

Soit CI l'axiome : « il existe un cardinal inaccessible ».

Lemme 9.6. *Tout univers satisfaisant* $ZF + AC + CI$ *satisfait* Cons(ZF).

En effet, soit π un cardinal inaccessible de $\mathscr{U}$; on montre que $V_\pi \models ZF_\mathscr{U}$; on a déjà vu, page 50, que V_π satisfait A_0, A_1, A_2, A_3. On considère une formule de $ZF_\mathscr{U}$ qui s'écrit :

$$\bigwedge u \bigwedge v \bigwedge v' [A(u,v) \wedge A(u,v') \to v \approx v'] \to \bigwedge t \bigvee w \bigwedge v [v \,\varepsilon\, w \leftrightarrow \bigvee u(u \,\varepsilon\, t \wedge A(u,v))]$$

où $A(u, v)$ est une formule de $\mathscr{U}$ à paramètres dans V_π. Si V_π satisfait la formule $\bigwedge u \bigwedge v \bigwedge v'[A(u,v) \wedge A(u,v') \to v \approx v']$, la valeur dans V_π de la formule $A(u,v)$ est une fonction h de domaine $\subset V_\pi$ à valeurs dans V_π. Donc, si

$a \in V_\pi$, l'image de $h \restriction a$ est un ensemble $b \subset V_\pi$. Or, $\overline{\overline{a}} < \pi$, donc $\overline{\overline{b}} < \pi$, et par suite (lemme 3.9) $b \in V_\pi$. La formule $\bigwedge v[v \,\varepsilon\, b \leftrightarrow \bigvee u(u \,\varepsilon\, a \wedge A(u, v))]$ est donc vraie dans V_π.

C.Q.F.D.

On a ainsi montré le

Théorème 9.7. *Si ZF est non contradictoire, l'énoncé* Cons(*ZF*) *est un énoncé arithmétique, conséquence de ZF + AC + CI, mais non conséquence de ZF.*

De la même façon, l'énoncé Cons(*ZF* + *AC* + *CI*) est un énoncé arithmétique, conséquence de *ZF* + *AC*+ « il existe deux cardinaux inaccessibles », mais non conséquence de *ZF* + *AC* + *CI*, etc.

Remarque. Ces résultats sont un peu inattendus ; ils montrent, en effet, que l'existence de grands cardinaux (ici des cardinaux inaccessibles) a des conséquences en arithmétique.

Soit *TH* une théorie axiomatisée contenant *ZF*, et non contradictoire. En théorie des ensembles intuitive, on a montré que *TH*+ non Cons(*TH*) est alors non contradictoire. Par contre, *il est impossible de démontrer que, dans les mêmes conditions, TH*+Cons(*TH*) *est non contradictoire.* Car étant donné un univers quelconque $\mathcal{U}$, cette démonstration, interprétée dans $\mathcal{U}$, montrerait alors que $\mathcal{U}$ satisfait l'énoncé : Cons(*TH*) $\Rightarrow$ Cons(*TH* + Cons(*TH*)). Par suite, tout univers satisfaisant *TH*+Cons(*TH*) satisferait aussi Cons(*TH*+ Cons(*TH*)). Alors, le théorème de Gödel appliqué à la théorie *TH*+Cons(*TH*) montre que cette théorie est contradictoire.

Par exemple, en supposant *ZF* non-contradictoire, on a montré, page 50, que *ZF* + *AC*+ non *CI* est aussi non-contradictoire ; mais on ne pourra pas démontrer que *ZF* + *AC* + *CI* est non-contradictoire : en effet, Cons(*ZF*) est conséquence de *ZF* + *AC* + *CI*, et on aurait ainsi démontré que, si *ZF* est non-contradictoire, *ZF* + Cons(*ZF*) l'est aussi.

Dans l'énoncé du théorème de Gödel, on peut affaiblir considérablement l'hypothèse « *TH* contient *ZF* ». Par exemple, sans changer la démonstration, on peut prendre comme hypothèse : *TH* contient *Z* (théorie de Zermelo). On en déduit le

Théorème 9.8. *Soit A un énoncé clos, sans paramètre, tel que Z + AF + A ne soit pas contradictoire. Alors, l'énoncé* Cons(*Z* + *AF* + *A*) *est un énoncé d'arithmétique, conséquence de ZF + AF + A, mais non de Z + AF + A.*

Le fait que Cons(*Z* + *AF* + *A*) ne soit pas conséquence de *Z* + *AF* + *A* est donné par le théorème de Gödel. Considérons un univers $\mathcal{U}$ qui satisfait

$ZF + AF + A$; dans $\mathcal{U}$, soit α un ordinal limite $> \omega$ tel que V_α convienne à l'énoncé A (schéma de réflexion). On montre que $V_\alpha \models (Z + AF + A)_{\mathcal{U}}$: Comme A est vrai dans $\mathcal{U}$, il l'est aussi dans V_α ; d'autre part, les axiomes *a), b), c), d), e)*, page 56, sont vrais dans V_α. Il reste donc à vérifier que, si $F(u)$ est une formule à une variable libre à paramètres dans V_α, V_α satisfait la formule :

$$\bigwedge x \bigvee y \bigwedge u[u \varepsilon y \leftrightarrow u \varepsilon x \wedge F(u)].$$

Soient $a \in V_\alpha$, et b la valeur dans V_α de la formule $u \varepsilon a \wedge F(u)$. On a $b \subset a$, et donc $b \in V_\alpha$; dans V_α la formule $\bigwedge u[u \varepsilon b \leftrightarrow u \varepsilon a \wedge F(u)]$ est donc satisfaite.

Comme $V_\alpha \models (Z + AF + A)_{\mathcal{U}}$, l'énoncé Cons($Z + AF + A$) est donc satisfait dans l'univers $\mathcal{U}$.

C.Q.F.D.

On en déduit qu'il est impossible de montrer l'assertion suivante : « si Z est non-contradictoire, alors ZF l'est aussi ». En effet, cela signifierait que Cons(Z) $\Rightarrow$ Cons(ZF) est conséquence de ZF. Or Cons(Z) est conséquence de ZF, d'après ce que l'on vient de montrer. Il en résulterait que Cons(ZF) est conséquence de ZF, ce qui contredit le théorème de Gödel.

A fortiori, on ne peut montrer que « si Z_0 (théorie de Zermelo-Frænkel sans axiome de l'infini) est non-contradictoire, alors ZF l'est aussi ». En effet, comme on le voit facilement, si Z est non-contradictoire, alors Z_0 l'est aussi (il suffit, pour le montrer, de répéter la preuve du théorème 3.8).

Le théorème de Gödel est en fait valable pour toute théorie axiomatisée TH contenant Z_0. Dans l'énoncé du théorème, il faut alors considérer que Cons(TH) est écrit sous forme d'énoncé arithmétique (comme indiqué dans la remarque 2, page 107) ; voir [3] ou [28].

Dans la démonstration du théorème de Gödel, on a utilisé un argument dérivé du paradoxe classique du « menteur » ; il concerne la phrase suivante : « l'énoncé que vous êtes en train de lire est faux », dont on tire une contradiction si on admet qu'elle a une valeur de vérité. Un argument analogue est utilisé, dans une preuve extrêmement simple, pour obtenir le théorème suivant de Tarski :

Théorème 9.9. *Etant donné un univers $\mathcal{U}$, il n'existe aucun énoncé $R(x)$ à une variable libre, sans paramètre, ayant la propriété suivante : pour chaque énoncé clos E sans paramètre, $E \Leftrightarrow R(\ulcorner E \urcorner)$ est vrai dans $\mathcal{U}$.*

On raisonne par l'absurde, en supposant donné un tel énoncé $R(x)$. On désigne par $G(x)$ l'énoncé non $R(\mathrm{S}(x,x))$, à une variable libre sans paramètre, qui est un objet héréditairement fini g. On désigne par F l'énoncé clos $G(g)$, à un paramètre dans HF. Si on désigne par f l'objet héréditairement fini associé à F, on a donc $f = \mathrm{S}(g, g)$ dans l'univers $\mathscr{U}$.

L'univers $\mathscr{U}$ satisfait F si et seulement s'il satisfait non $R(\mathrm{S}(g, g))$, c'est-à-dire non $R(f)$. D'après l'hypothèse faite sur l'énoncé $R(x)$, cela équivaut à dire que $\mathscr{U}$ satisfait non F, ce qui est une contradiction.

C.Q.F.D.

Remarque. Le théorème de Tarski montre qu'il n'existe aucun ensemble X de $\mathscr{U}$, *définissable dans* $\mathscr{U}$, tel que l'on ait $E \Leftrightarrow \ulcorner E \urcorner \in X$ pour chaque énoncé clos E sans paramètre. On énonce souvent ce théorème (de façon approximative) en disant que « l'ensemble des formules vraies dans $\mathscr{U}$ n'est pas définissable dans $\mathscr{U}$ ».

Par contre, il est facile de construire un univers $\mathscr{U}$, et un ensemble M de $\mathscr{U}$, tels que, pour chaque énoncé clos E sans paramètre, on ait $E \Leftrightarrow E^M$ (c'est-à-dire $\mathscr{U} \models E \Leftrightarrow M \models E$). On peut même supposer, en plus, que M est dénombrable et transitif dans $\mathscr{U}$. Il suffit, pour cela, d'appliquer le théorème 10.1. Le théorème de Tarski indique simplement qu'un tel ensemble M ne peut être définissable dans $\mathscr{U}$ par un énoncé sans paramètre.

Deuxième partie

FORCING

Chapitre 10

Un cas simple de forcing

Modèles transitifs dénombrables

Dans cette deuxième partie, nous allons considérer des théories axiomatiques écrites à l'aide des deux symboles de relation binaire $=, \in$, et éventuellement d'autres symboles de relation à plusieurs arguments, et de symboles de constante. Si, par exemple, R, S sont des symboles de relation à deux arguments, et m un symbole de constante, on désigne par $ZF(R,S)$ la théorie dont les axiomes sont ceux de Zermelo-Fraenkel, mais où le schéma de remplacement

$$\forall x_1 \ldots \forall x_n \{\forall x \forall y \forall y' [E(x,y) \text{ et } E(x,y') \Rightarrow y = y'] \Rightarrow \forall u \exists v \forall y [y \in v \Leftrightarrow \exists x (x \in u \text{ et } E(x,y))]\}$$

est écrit pour tous les énoncés $E(x, y, x_1, \ldots, x_n)$, y compris ceux comportant les symboles de relation R, S (il est, bien entendu, inutile d'écrire des énoncés comportant le symbole de constante m).

Un univers est alors constitué par une collection d'objets $\mathscr{U}$, sur laquelle sont données trois relations binaires, qui sont les interprétations des symboles $\in$, R, S, et un objet distingué, qui est l'interprétation du symbole de constante m.

Le théorème suivant est un outil fort utilisé dans toute la suite :

Théorème 10.1. *Soit $\mathscr{T}$ une théorie écrite avec les symboles $\in$, $=$, et qui comporte tous les axiomes de $ZF + AF + AC$. Si $\mathscr{T}$ est non contradictoire, la théorie $\mathscr{T}^*$ suivante écrite avec $\in$, $=$, et le symbole de constante m est également non contradictoire : $\mathscr{T} + \mathscr{T}^m +$ « m est un ensemble transitif dénombrable ».*

(Bien entendu, $\mathscr{T}^m$ est la théorie obtenue en relativisant chaque axiome de $\mathscr{T}$ à m).

Démonstration par l'absurde : si $\mathcal{T}^*$ était contradictoire, la contradiction serait obtenue en n'utilisant qu'un nombre fini (au sens intuitif) d'axiomes de $\mathcal{T}^m$ soient $E_1^m, \ldots, E_k^m$, les énoncés $E_1, \ldots, E_k$ étant des axiomes de $\mathcal{T}$. La théorie $\mathcal{T} + E^m +$ « m est un ensemble transitif dénombrable » serait donc contradictoire, E étant l'énoncé « E_1 et ... et E_k ».

Comme $\mathcal{T}$ est non contradictoire, on a un univers $\mathcal{U}$ qui satisfait $\mathcal{T}$. L'énoncé E est donc satisfait dans $\mathcal{U}$, d'où un ordinal α tel que V_α satisfasse E (schéma de réflexion). D'après le théorème de Löwenheim-Skolem (théorème 5.2) qui est applicable puisque $\mathcal{U}$ satisfait AC, il existe un sous-ensemble dénombrable a de V_α qui satisfait les mêmes formules closes que V_α ; a satisfait donc E et aussi l'axiome d'extensionnalité (en effet, V_α, étant transitif, satisfait l'axiome d'extensionnalité).

D'après le théorème 3.6, il existe un ensemble b transitif isomorphe à a ; l'énoncé E est donc satisfait dans b. L'univers $\mathcal{U}$, dans lequel on interprète le symbole de constante m par l'ensemble b, satisfait donc les axiomes $\mathcal{T} + E^m +$ « m est un ensemble transitif dénombrable ». Cette théorie n'est donc pas contradictoire, ce qui est une contradiction.

C.Q.F.D.

Un principe de choix

On se propose, dans ce chapitre, de démontrer le :

Théorème 10.2. *Soit $\mathcal{G}$ la théorie écrite à l'aide des symboles $\in$, $=$, R (symbole de relation binaire) : $ZF(R) + AF +$ « R est une relation fonctionnelle qui est une bijection de On sur l'univers ». Soit E un énoncé clos ne comportant pas le symbole R ; alors, E est conséquence de $\mathcal{G}$ si et seulement s'il est conséquence de $ZF + AF + AC$.*

Remarque. Le théorème 10.2 exprime que la théorie $\mathcal{G}$ est une *extension conservative* de la théorie $ZF + AF + AC$.

Précisons une écriture explicite du dernier axiome de $\mathcal{G}$; c'est la conjonction des énoncés suivants :

$\forall x \forall y \forall y' [Rxy$ et $Rxy' \Rightarrow y = y']$; $\forall x \forall x' \forall y [Rxy$ et $Rx'y \Rightarrow x = x']$;
$\forall x [\exists y Rxy \Leftrightarrow On(x)]$; $\forall y \exists x Rxy$.

Il est évident que la théorie $\mathcal{G}$ a pour conséquence : « tout ensemble peut être bien ordonné », donc l'axiome du choix. Donc, si E est un énoncé clos conséquence de $ZF + AF + AC$, il est conséquence de $\mathcal{G}$.

Soit alors E un énoncé clos, ne comportant pas le symbole R, qui n'est pas conséquence de $ZF + AF + AC$. Il s'agit de montrer qu'il n'est pas non plus conséquence de $\mathcal{G}$, c'est-à-dire de trouver un modèle de $\mathcal{G}$ + non E.

Par hypothèse, la théorie $\mathcal{T}$ suivante : $ZF + AF + AC+$ non E, est non contradictoire. Donc la théorie $\mathcal{T}^*$ (théorème 10.1) est aussi non contradictoire. D'où un univers $\mathcal{U}$, satisfaisant $ZF + AF + AC+$ non E, et, dans cet univers, un ensemble $\mathcal{M}$ dénombrable transitif, qui satisfait également les axiomes $ZF + AF + AC+$ non E.

Soit P l'ensemble des éléments de $\mathcal{M}$ qui sont des fonctions bijectives dont le domaine est un ordinal. P est, dans $\mathcal{U}$, un ensemble dénombrable, et ses éléments constituent la collection définie dans l'univers $\mathcal{M}$ par l'énoncé $C(x)$: « x est une fonction bijective dont le domaine est un ordinal » (ou encore, P est la valeur de la formule $\ulcorner C(x) \urcorner$ dans l'ensemble $\mathcal{M}$).

Une partie X de P sera dite *dense* si $(\forall p \in P)(\exists q \in X)(q \supset p)$, c'est-à-dire si toute fonction p de P possède un prolongement qui est dans X.

Comme $\mathcal{M}$ est un ensemble dénombrable, l'ensemble des formules à une variable libre, à paramètres dans $\mathcal{M}$, est dénombrable. Donc l'ensemble $\mathcal{D}$ des parties denses de P, qui sont définies dans $\mathcal{M}$ par une formule à une variable libre à paramètres dans $\mathcal{M}$, est dénombrable. Soit $(\Delta_n)_{n\in\omega}$ une énumération de $\mathcal{D}$. On définit une suite $(p_n)_{n\in\omega}$ d'éléments de P par récurrence sur n : p_0 est un élément quelconque de Δ_0 ; p_{n+1} est un élément quelconque de Δ_{n+1} tel que $p_{n+1} \supset p_n$ (il en existe puisque Δ_{n+1} est dense).

On a donc $p_0 \subset p_1 \subset \ldots \subset p_n \subset p_{n+1} \subset \ldots$, et $p_n \in \Delta_n$ pour tout $n \in \omega$. Soit G l'ensemble des p_n $(n \in \omega)$.

Lemme 10.3. *La théorie $\mathcal{S}$ écrite avec les symboles $\in, =, \Gamma$ (symbole de relation à un argument), dont les axiomes sont les suivants, est non contradictoire :*

$ZF + AF + AC+$ *non* $E\,;\ \forall p[\Gamma(p) \Rightarrow C(p)]\,;$

$\forall p \forall q[\Gamma(p)$ *et* $\Gamma(q) \Rightarrow p \supset q$ *ou* $q \supset p]\,;$

$\forall x_1 \ldots \forall x_k\{[\forall p[D(p, x_1, \ldots, x_k) \Rightarrow C(p)]$ *et*

$\forall p[C(p) \Rightarrow \exists q(q \supset p$ *et* $D(q, x_1, \ldots, x_k))]] \Rightarrow \exists p[\Gamma(p)$ *et* $D(p, x_1, \ldots, x_k)]\}$

(dans ce schéma d'axiomes, $D(p, x_1, \ldots, x_k)$ désigne un énoncé quelconque, écrit avec les seuls symboles $\in$, $=$, et ayant les variables libres $p, x_1, \ldots, x_k$).

Remarques. Ce dernier schéma d'axiomes exprime que la collection Γ rencontre chaque sous-collection de C qui est dense et définie par un énoncé ne comportant pas le symbole Γ.

Noter également qu'avec l'interprétation donnée ci-dessous pour le symbole Γ, $\mathcal{M}$ satisfait *ZF*, mais non pas *ZF*(Γ) ; autrement dit, $\mathcal{M}$ satisfait le schéma de remplacement écrit avec des formules ne comportant que les symboles $\in$ et $=$, mais pas le symbole Γ.

Pour montrer le lemme 10.3, il suffit de remarquer que, si l'on prend comme univers l'ensemble $\mathcal{M}$, et que l'on interprète Γ comme la partie G de $\mathcal{M}$, les axiomes de $\mathcal{S}$ sont satisfaits : si $D(x, a_1, \ldots, a_k)$ est un énoncé à une variable libre à paramètres dans $\mathcal{M}$ qui définit dans $\mathcal{M}$ une sous-collection dense de la collection C, cette sous-collection est un des Δ_n (puisque c'est la valeur dans $\mathcal{M}$ de la formule $\ulcorner D(x, a_1, \ldots, a_k) \urcorner$) et on a bien $\Delta_n \cap G \neq \emptyset$ puisque $p_n \in \Delta_n \cap G$.

C.Q.F.D.

Pour la suite de la démonstration, on se place dans un modèle $\mathcal{M}$ quelconque de la théorie $\mathcal{S}$.

Dans ce modèle, on définit une relation binaire $\bar{R}(x, y)$ par l'énoncé suivant : $\exists p[\Gamma(p)$ et $x \in \mathrm{Dom}(p)$ et $p(x) = y]$. On montre que l'on obtient le modèle cherché de la théorie $\mathcal{G}+$ non E, en prenant l'univers $\mathcal{M}$ et en interprétant le symbole R par la relation $\bar{R}(x, y)$.

Si on a $\bar{R}(\alpha, a)$ et $\bar{R}(\alpha, a')$, alors il existe p, p' dans Γ, tels que $\alpha \in \mathrm{Dom}(p)$, $\alpha \in \mathrm{Dom}(p')$, $p(\alpha) = a$ et $p'(\alpha) = a'$. Or $p \supset p'$ ou $p' \supset p$. Donc $a = a'$ et l'axiome $\forall x \forall y \forall y'[Rxy$ et $Rxy' \Rightarrow y = y']$ est satisfait.

Si on a $\bar{R}(\alpha, a)$ et $\bar{R}(\beta, a)$, alors il existe p, q dans Γ, tels que $\alpha \in \mathrm{Dom}(p)$, $\beta \in \mathrm{Dom}(q)$ et $p(\alpha) = q(\beta) = a$. On a, par exemple, $q \supset p$, donc $\alpha \in \mathrm{Dom}(q)$ et $q(\alpha) = q(\beta) = a$. Comme q est une fonction bijective, on a $\alpha = \beta$. Cela montre que l'axiome $\forall x \forall x' \forall y[Rxy$ et $Rx'y \Rightarrow x = x']$ est satisfait.

Soit α un ordinal quelconque de $\mathcal{M}$. La collection des p de C tels que $\alpha \in \mathrm{Dom}(p)$ est évidemment dense dans C. Elle rencontre donc Γ. Soit p tel que l'on ait $\Gamma(p)$ et $\alpha \in \mathrm{Dom}(p)$. On a alors $\bar{R}(\alpha, p(\alpha))$. Cela montre que l'axiome $\forall x[On(x) \Leftrightarrow \exists y Rxy]$ est satisfait.

Soit a un objet quelconque de $\mathcal{M}$. Alors la collection des p de C tels que $a \in \mathrm{Im}(p)$ est évidemment dense dans C. Elle rencontre donc Γ. Soit p tel que $\Gamma(p)$ et $a \in \mathrm{Im}(p)$ et soit $\alpha \in \mathrm{Dom}(p)$ tel que $p(\alpha) = a$. On a alors $\bar{R}(\alpha, a)$. Cela montre que l'axiome $\forall y \exists x Rxy$ est satisfait.

Il reste donc maintenant à démontrer que $\mathcal{M}$ satisfait tous les cas du schéma de remplacement écrits avec les symboles $\in$, $=$ et R.

Définition et propriétés du forcing

A chaque énoncé $A(R, x_1, \dots, x_k)$ écrit avec les symboles $\in$, $=$, R, et ayant les variables libres $x_1, \dots, x_k$, on associe un énoncé $A'(p, x_1, \dots, x_k)$, *écrit avec les seuls symboles* $\in$, $=$, et ayant les variables libres $p, x_1, \dots, x_k$. On le note $p \Vdash A(R, x_1, \dots, x_k)$ (le symbole $\Vdash$ se lit « force ») ; noter que, malgré la notation, cet énoncé ne comporte pas le symbole R. La définition se fait par induction (au sens intuitif) sur la longueur de l'énoncé $A(R, x_1, \dots, x_k)$:

- $p \Vdash x = y$ est l'énoncé : $x = y$ et $C(p)$;
- $p \Vdash x \in y$ est l'énoncé : $x \in y$ et $C(p)$;
- $p \Vdash Rxy$ est l'énoncé : $C(p)$ et $x \in \mathrm{Dom}(p)$ et $p(x) = y$;
- $p \Vdash (A$ ou $B)$ est l'énoncé : $p \Vdash A$ ou $p \Vdash B$;
- $p \Vdash \exists x A$ est l'énoncé : $\exists x(p \Vdash A)$;
- $p \Vdash$ non A est l'énoncé : $C(p)$ et $\forall q[C(q)$ et $q \supset p \Rightarrow q \nVdash A]$.

La notation $q \nVdash A$ désigne l'énoncé : non $(q \Vdash A)$. L'énoncé $p \Vdash$ non A signifie donc : aucun prolongement de p (qui est une fonction bijective définie sur un ordinal) ne force A.

Si $A(R, a_1, \dots, a_k)$ est un énoncé clos, à paramètres dans $\mathcal{M}$, l'énoncé $p \Vdash A(R, a_1, \dots, a_k)$ est, bien entendu, ce que l'on obtient à partir de l'énoncé $p \Vdash A(R, x_1, \dots, x_k)$ en y remplaçant $x_1, \dots, x_k$ respectivement par $a_1, \dots, a_k$.

On vérifie immédiatement, par induction (au sens intuitif) sur la longueur de l'énoncé $A(R, x_1, \dots, x_n)$, qu'on a dans $\mathcal{M}$:

- $p \Vdash A$ *et* $C(q)$ *et* $q \supset p \Rightarrow q \Vdash A$ *; autrement dit : si p force A, tout prolongement de p force aussi A.*

On vérifie aisément aussi que, si A ne comporte pas le symbole R, on a dans $\mathcal{M}$:

- $p \Vdash A \Leftrightarrow A$ *et* $C(p)$.

Si $A(R, a_1, \dots, a_k)$ est un énoncé clos à paramètres dans $\mathcal{M}$, alors :

- *La collection* D_A *des p tels que* $p \Vdash (A$ *ou non* $A)$ *est dense dans* C.

En effet soit p un objet quelconque de la collection C ; alors, ou bien $p \Vdash$ non A, et dans ce cas p est lui-même dans D_A, ou bien $p \nVdash$ non A, et alors, par définition, p a un prolongement q qui force A, donc qui est dans D_A.

- *Pour chaque énoncé clos $A(R, a_1, \ldots, a_k)$ à paramètres dans $\mathcal{M}$, il existe p tel que $\Gamma(p)$ et $p \Vdash A$ ou $p \Vdash$ non A.*

En effet la collection des p tels que $p \Vdash A$ ou $p \Vdash$ non A est une sous-collection dense de C définie par un énoncé ne comportant que les symboles $\in, =$. Elle rencontre donc Γ d'après les axiomes de $\mathscr{S}$ (page 115).

Théorème 10.4 (Lemme de vérité). *Pour que l'énoncé $A(R, a_1, \ldots, a_k)$, clos à paramètres dans $\mathcal{M}$, soit vrai dans $\mathcal{M}$ (le symbole R étant interprété par la relation $\bar{R}$), il faut et il suffit qu'il existe p tel que, dans $\mathcal{M}$, on ait $\Gamma(p)$ et $p \Vdash A(R, a_1, \ldots, a_k)$.*

On le montre par induction (au sens intuitif) sur la longueur de l'énoncé A. C'est évident si l'énoncé est atomique de la forme $a_1 = a_2$ ou $a_1 \in a_2$, puisqu'alors $p \Vdash A$ est l'énoncé « A et $C(p)$ ».

Si A est l'énoncé Ra_1a_2, il est vrai dans $\mathcal{M}$ si on a $\bar{R}(a_1, a_2)$ c'est-à-dire s'il existe p tel que $\Gamma(p)$, $a_1 \in \mathrm{Dom}(p)$ et $p(a_1) = a_2$. Cela revient exactement à dire que $p \Vdash Ra_1a_2$.

Si A s'écrit « B ou C », le lemme étant vrai pour les énoncés B, C, on voit que « B ou C » est vrai si et seulement si $\exists p[\Gamma(p)$ et $p \Vdash B]$ ou $\exists p[\Gamma(p)$ et $p \Vdash C]$; donc si et seulement si $\exists p[\Gamma(p)$ et $p \Vdash (B$ ou $C)]$.

Si A s'écrit $\exists x B(x)$: si $\exists x B(x)$ est vrai, on a un objet a tel que $B(a)$, d'où (hypothèse d'induction) un objet p tel que $\Gamma(p)$ et $p \Vdash B(a)$.
On a donc $\exists x(p \Vdash B(x))$, d'où $p \Vdash \exists x B(x)$. Même chose pour la réciproque.

Supposons maintenant que A s'écrive non B : si B est vrai dans $\mathcal{M}$, il existe p tel que $\Gamma(p)$ et $p \Vdash B$. Supposons qu'il existe q tel que $\Gamma(q)$ et $q \Vdash A$. On a alors $p \supset q$ ou $q \supset p$. Si, par exemple, $p \supset q$, on a $p \Vdash A$ (puisque $q \Vdash A$; voir page 117). Mais alors $p \Vdash B$ et $p \Vdash$ non B ce qui est impossible, par définition de l'énoncé $p \Vdash$ non B. Cette contradiction montre que l'énoncé $\exists q[\Gamma(q)$ et $q \Vdash A]$ est faux dans $\mathcal{M}$.

Supposons inversement que l'énoncé $\exists q[\Gamma(q)$ et $q \Vdash A]$ soit faux dans $\mathcal{M}$. On a vu, page 118, qu'il existe p tel que $\Gamma(p)$ et ($p \Vdash B$ ou $p \Vdash$ non B). Comme $p \Vdash$ non B est impossible par hypothèse, on a donc $\Gamma(p)$ et $p \Vdash B$. D'après l'hypothèse d'induction B est donc vrai dans $\mathcal{M}$.

On a ainsi montré que $B \Leftrightarrow$ non $\exists p[\Gamma(p)$ et $p \Vdash A]$ et donc $A \Leftrightarrow \exists p[\Gamma(p)$ et $p \Vdash A]$.

C.Q.F.D.

Grâce à ce théorème, pour savoir si un énoncé clos $A(R, a_1, \ldots, a_k)$, *comportant le symbole R*, est vrai dans $\mathcal{M}$, il suffit de résoudre cette question pour l'énoncé $p \Vdash A(R, a_1, \ldots, a_k)$ qui, lui, ne comporte plus R.

Application à la preuve du principe de choix

Nous pouvons maintenant terminer la démonstration du théorème 10.2. Le lemme essentiel est le suivant :

Lemme 10.5. *Soient $A(R, x, a_1, \ldots, a_k)$ un énoncé (qu'on notera plus simplement $A(x)$) à une variable libre à paramètres dans $\mathcal{M}$, et a un objet de $\mathcal{M}$. La collection des fonctions p de C telles que $(\forall x \in a)[p \Vdash A(x)$ ou $p \Vdash$ non $A(x)]$ est dense.*

Soit j une bijection de a sur son cardinal κ (il en existe une, puisque $\mathcal{M}$ satisfait l'axiome du choix). Pour chaque $\alpha < \kappa$, soit D_α la collection des fonctions p telles que $p \Vdash A(j(\alpha))$ ou $p \Vdash$ non $A(j(\alpha))$. D_α est une sous-collection dense de C. De plus, si p est dans D_α et $q \supset p$, alors q est dans D_α (voir page 117).

Soit p_0 un objet de C. Il suffit, pour prouver le lemme, de trouver $q \supset p_0$ tel que q soit dans D_α pour tout $\alpha < \kappa$.

Pour chaque $\alpha < \kappa$, et chaque fonction $p \neq \emptyset$ de C, on désigne par $X_\alpha(p)$ l'ensemble des objets q de D_α, de rang minimum, tels que $q \supset p$. On désigne par $X_\alpha(\emptyset)$ l'ensemble des objets q de D_α, de rang minimum, tels que $q \supset p_0$. Comme D_α est une collection dense, $X_\alpha(p)$ est toujours un sous-ensemble non vide de D_α ; de plus, tout élément de $X_\alpha(p)$ contient p.

Une fonction f, définie sur un ordinal α, à valeurs dans C, sera dite *croissante* si $\gamma < \beta < \alpha \Rightarrow f(\gamma) \subset f(\beta)$. On pose $U(f) = \bigcup_{\beta<\alpha} f(\beta)$; il est clair que $U(f)$ est alors un objet de C.
La fonction f sera dite *modérée* si, pour tout $\beta \in \alpha$, $f \restriction \beta$ est croissante, et $f(\beta) \in X_\beta(\bigcup_{\gamma<\beta} f(\gamma))$; autrement dit, $f(\beta) \in X_\beta(U(f \restriction \beta))$. Si f est une fonction modérée de domaine α, il est clair que $f \restriction \beta$ est modérée, quel que soit $\beta \leqslant \alpha$. Egalement, de façon évidente, $f(\beta)$ est dans D_β pour tout $\beta < \alpha$. Notons enfin que f est une fonction croissante : en effet, si $\gamma < \beta$, on a $f(\beta) \supset f(\gamma)$ puisque $f(\beta) \in X_\beta(\bigcup_{\gamma<\beta} f(\gamma))$.

On se propose de construire une fonction g modérée de domaine κ. Cela donnera le résultat voulu, en posant $q = U(g)$. En effet $q \supset g(\alpha)$, donc q est dans D_α pour tout $\alpha < \kappa$; De plus, on a $q \supset g(0) \supset p_0$, puisque $g(0) \in X_0(\emptyset)$.

Lemme 10.6. *Pour $\alpha < \kappa$, la collection des fonctions modérées de domaine α est un ensemble M_α.*

On fait la preuve par induction sur α. D'après le schéma de compréhension, il suffit de montrer que cette collection est contenue dans un ensemble.

Soit f une fonction modérée de domaine α. Si $\beta < \alpha$, on a $f \restriction \beta \in M_\beta$ par hypothèse d'induction. Or, on a $f(\beta) \in X_\beta(U(f \restriction \beta))$ et donc : $f(\beta) \in Y_\beta = \bigcup\{X_\beta(U(g))\,;\ g \in M_\beta\}$. Il en résulte que $f \in \prod_{\beta<\alpha} Y_\beta$.

C.Q.F.D.

On pose $Z = \bigcup\{X_\alpha(U(f))\,;\ \alpha < \kappa, f \in M_\alpha\}$. Puisque $\mathscr{M}$ satisfait AC, il existe une fonction de choix ϕ sur l'ensemble Z. Soit H la fonction, dont le domaine est l'ensemble des fonctions modérées f de domaine $\alpha < \kappa$, définie par $H(f) = \phi[X_\alpha(U(f))]$ (cette définition est correcte, puisque $X_\alpha(p) \neq \emptyset$ pour tout p dans C). Soit f une fonction H-inductive de domaine $\alpha < \kappa$; par définition, on a $f \restriction \beta \in \mathrm{Dom}(H)$ et $f(\beta) = H(f \restriction \beta)$ pour tout $\beta < \alpha$. Donc $f \restriction \beta$ est croissante, et $f(\beta) = \phi[X_\beta(U(f \restriction \beta))]$ pour tout $\beta < \alpha$. Ceci montre que f est modérée, et donc que $f \in \mathrm{Dom}(H)$. D'après le théorème 2.5, il existe alors une fonction g et une seule, de domaine κ, telle que $g \restriction \alpha \in \mathrm{Dom}(H)$ et $g(\alpha) = H(g \restriction \alpha) = \phi[X_\alpha(U(g \restriction \alpha))]$ pour tout $\alpha < \kappa$. Il est clair que g est une fonction modérée de domaine κ.

C.Q.F.D.

On peut montrer maintenant que le schéma de remplacement est vrai dans $\mathscr{M}$, *y compris pour des énoncés comportant le symbole* R. Pour cela, considérons un objet a de $\mathscr{M}$ et un énoncé $A(R,x,y)$ à deux variables libres à paramètres dans $\mathscr{M}$, tels que l'on ait, dans $\mathscr{M}$:

$$(\star) \qquad \forall x \forall y \forall y'[A(R,x,y) \text{ et } A(R,x,y') \Rightarrow y = y']$$

Il s'agit de trouver un objet b de $\mathscr{M}$, qui soit l'image de a par la relation fonctionnelle $A(R,x,y)$.

D'après le lemme 10.5, la collection des fonctions p de C telles que :

$$(\forall x \in a)\ [p \Vdash \exists y\, A(R,x,y) \text{ ou } p \Vdash \text{non } \exists y\, A(R,x,y)]$$

est dense. Il existe donc, dans cette collection, une fonction p_0 telle que $\Gamma(p_0)$. Par définition du forcing, on a donc :

$$(\star\star) \qquad (\forall x \in a)[\exists y(p_0 \Vdash A(R,x,y)) \text{ ou } p_0 \Vdash \text{non } \exists y\, A(R,x,y)].$$

Or si $y \neq y'$, il est impossible que l'on ait $p_0 \Vdash A(R,x,y)$ et $p_0 \Vdash A(R,x,y')$; sinon, comme $\Gamma(p_0)$ est vrai, on aurait dans $\mathscr{M}$, à la fois $A(R,x,y)$ et $A(R,x,y')$

(théorème 10.4), ce qui contredit ($\star$). L'énoncé $p_0 \Vdash A(R,x,y)$, qui a comme paramètre p_0, et ne comporte pas le symbole R, définit donc, dans $\mathscr{M}$, une relation fonctionnelle. Par suite, on peut lui appliquer le schéma de remplacement, et définir l'ensemble $b = \{y;\ (\exists x \in a)(p_0 \Vdash A(R,x,y))\}$, qui est l'image de a par cette relation fonctionnelle.

On montre que b est également l'image de a par la relation fonctionnelle $A(R,x,y)$:

Supposons $x_0 \in a$ et $A(R,x_0,y_0)$; on a alors $p_0 \nVdash$ non $\exists y\, A(R,x_0,y)$: sinon, puisque $\Gamma(p_0)$ est vrai, le théorème 10.4 donnerait non $\exists y\, A(R,x_0,y)$.

D'après ($\star\star$), il existe donc y_0' tel que $p_0 \Vdash A(R,x_0,y_0')$. Par définition de b, on a donc $y_0' \in b$. Mais, puisque $\Gamma(p_0)$ est vrai, le théorème 10.4 montre $A(R,x_0,y_0')$. D'après ($\star$), on a donc $y_0 = y_0'$, d'où $y_0 \in b$.

Inversement, si $y_0 \in b$, il existe $x_0 \in a$ tel que $p_0 \Vdash A(R,x_0,y_0)$. Comme $\Gamma(p_0)$ est vrai, on a $A(R,x_0,y_0)$ dans $\mathscr{M}$, d'après le théorème 10.4.

On a ainsi montré que $y \in b \Leftrightarrow (\exists x \in a)A(R,x,y)$. Il en résulte que le schéma de remplacement est vrai dans $\mathscr{M}$ pour tous les énoncés écrits avec les symboles $\in$, $=$, R, et cela termine la démonstration du théorème 10.2.

Remarque. La théorie des ensembles exposée dans Bourbaki [1] n'est pas formellement une théorie axiomatique du type de celles que nous considérons dans ce livre. Toutefois, à chaque énoncé $E(x_1,\ldots,x_k)$ du langage de Bourbaki, on peut associer une « traduction » $E'(x_1,\ldots,x_k)$, qui est un énoncé écrit avec $\in$, $=$ et R, défini par induction sur la longueur de E : il suffit d'interpréter chaque terme de la forme $\tau x\, A(x,x_1,\ldots,x_k)$ par « le premier objet x suivant le bon ordre R tel que $A(x,x_1,\ldots,x_k)$ s'il en existe, et 0 sinon ». On montre alors aisément que, pour chaque énoncé clos E, conséquence des axiomes de la théorie des ensembles de Bourbaki, sa traduction E' est conséquence de $\mathscr{G}$. De plus, lorsque E ne comporte pas le symbole τ, E' est E lui-même.

Par suite, tout énoncé clos écrit avec $=$ et $\in$, qui est démontrable dans la théorie des ensembles de Bourbaki, est démontrable dans $\mathscr{G}$. Le théorème 10.2 montre alors que *tout énoncé clos écrit avec $\in$ et $=$, démontrable dans la théorie des ensembles de Bourbaki, est démontrable dans ZF+AF+AC.*

Noter que la réciproque est fausse, puisque *AF* n'est pas démontrable dans la théorie de Bourbaki.

Chapitre 11

Extensions génériques

Dans tout ce chapitre, on considère un univers $\mathcal{M}$ qui satisfait $ZF+AF$, qui est un ensemble transitif d'un univers $\mathcal{U}$ satisfaisant $ZF+AF+AC$. On considère également un ensemble ordonné C, non vide, de l'univers $\mathcal{M}$, dont les éléments seront appelés *conditions de forcing* (ou, en abrégé, *conditions*). Si $p, q \in C$ et $p \geqslant q$, on dira que la condition q est *plus forte* que p. Deux conditions p, q sont dites *compatibles* s'il existe $r \in C$ tel que $r \leqslant p$ et $r \leqslant q$.

Une partie X de C est dite *saturée* si, quel que soit $p \in X$, toute condition $\leqslant p$ est aussi dans X. Elle est dite *dense* si, pour toute condition p, il existe $q \in X, q \leqslant p$. Elle est dite *prédense* si toute condition est compatible avec au moins un élément de X.

Pour chaque partie A de C, soit $\tilde{A}$ la plus petite partie saturée de C qui contient A : $\tilde{A} = \{q \in C;\ (\exists p \in A)(p \geqslant q)\}$. Il est clair que, si A est une partie prédense de C, $\tilde{A}$ est une partie dense saturée.

Une partie G de C qui est un objet de $\mathcal{U}$ (mais pas forcément de $\mathcal{M}$) est dite *C-générique sur $\mathcal{M}$* si elle a les propriétés suivantes :

1. Si $p \in G$, $q \in C$ et $q \geqslant p$, alors $q \in G$.
2. Si $p, q \in G$, alors p et q sont compatibles.
3. Si X est une partie dense de C, *qui est dans l'univers $\mathcal{M}$*, alors $X \cap G \neq \emptyset$.

Dans cette définition on peut remplacer la condition 3 par l'une des deux conditions suivantes :

3′. Si X est une partie prédense de C qui est dans $\mathcal{M}$, alors $X \cap G \neq \emptyset$.

3″. Si X est une partie dense saturée de C qui est dans $\mathcal{M}$, alors $X \cap G \neq \emptyset$.

En effet, il est clair que $3' \Rightarrow 3$ et $3 \Rightarrow 3''$. D'autre part, si G satisfait les conditions 1 et $3''$, soit X une partie prédense de C qui est dans $\mathcal{M}$. Alors

$\tilde{X}$ est une partie dense saturée de C qui est dans $\mathcal{M}$. Donc $\tilde{X} \cap G \neq \emptyset$ et il existe $p \in G$ et une condition $q \geqslant p$ qui est dans X. D'après 1, $q \in G$ et donc $X \cap G \neq \emptyset$. Donc $3'' \Rightarrow 3'$.

- *Si $p \in C$, on a $p \notin G$ si et seulement si p est incompatible avec un élément de G.*

La condition est suffisante d'après 2. Inversement, si $p \notin G$, soit $X = \{q \in C;$ $q \leqslant p$ ou q est incompatible avec $p\}$. Alors X est dense : en effet, si q n'est pas incompatible avec p, il a un minorant commun avec p, donc il a un minorant dans X. Evidemment X est dans $\mathcal{M}$. Donc $X \cap G \neq \emptyset$. Si $q \in X \cap G$, on n'a pas $q \leqslant p$ (sinon $p \in G$). Donc q est incompatible avec p.

- *Si $p, q \in G$, ils ont un minorant commun dans G.*

Soit $X = \{r \in C;$ r est incompatible avec p, ou $r \leqslant p$ et r est incompatible avec q, ou $r \leqslant p$ et $r \leqslant q\}$. Il est clair que X est dans $\mathcal{M}$; de plus, X est dense : en effet, soit $r \in C$; si r est incompatible avec p, on a $r \in X$; sinon on prend $s \in C$, $s \leqslant r$, $s \leqslant p$. Si s est incompatible avec q, on a $s \in X$, donc r a un minorant dans X ; si s est compatible avec q, on prend $t \in C$, $t \leqslant s$, $t \leqslant q$. Alors t est un minorant de r, et $t \leqslant p$, $t \leqslant q$. Donc $t \in X$. Donc, dans tous les cas, r a un minorant dans X.

Il en résulte que $X \cap G \neq \emptyset$; soit $r \in X \cap G$. Alors r est compatible avec p et q puisque $p, q \in G$. Comme $r \in X$, on a $r \leqslant p$ et $r \leqslant q$.

C.Q.F.D.

On en déduit immédiatement :

- *Toute partie finie de G a un minorant dans G.*

Soit $p \in C$. Une partie X de C est dite *dense en dessous de p*, si tout minorant q de p a un minorant dans X. On a alors :

- *Si $p \in G$, et si X est une partie de C qui est dans $\mathcal{M}$ et qui est dense en dessous de p, alors $X \cap G \neq \emptyset$.*

En effet, soit Y la réunion de X et de l'ensemble des éléments de C incompatibles avec p. Y est dans $\mathcal{M}$ et est dense dans C : si $q \in C$, ou bien il est incompatible avec p, donc dans Y, ou bien il a un minorant dans X. Donc il existe $p_0 \in Y \cap G$. Comme p_0 est compatible avec p, on a $p_0 \in X$.

C.Q.F.D.

Une partie X de C est appelée une *antichaîne* si ses éléments sont deux à deux incompatibles. Une *antichaîne maximale* de C est une antichaîne qui n'est strictement contenue dans aucune antichaîne de C ; autrement dit, c'est une antichaîne qui est prédense dans C.

Lemme 11.1. *(Avec AC) Toute partie dense de C contient une antichaîne maximale de C.*

Soit D une partie dense de C. D'après le théorème de Zorn, l'ensemble des antichaînes de C, qui sont contenues dans D, a un élément maximal X ; si $p \in C$ est incompatible avec chaque élément de X, on prend $q \in D$, $q \leqslant p$, et alors $X \cup \{q\}$ est alors une antichaîne $\subset D$, qui contredit la maximalité de X. Donc X est une antichaîne maximale de C.

C.Q.F.D.

Théorème 11.2. *(Avec AC) Pour qu'une partie G de C soit C-générique sur $\mathcal{M}$, il faut et il suffit qu'elle ait les propriétés suivantes :*

i) Si $p, q \in G$, alors p et q sont compatibles.

ii) Si X est, dans $\mathcal{M}$, une antichaîne maximale de C, alors $X \cap G \neq \emptyset$.

En effet, ces deux conditions sont évidemment nécessaires. Réciproquement, si elles sont vérifiées par une partie G de C, soient $p \in G$, $q \in C$ tels que $q \geqslant p$. Posons $C_q = \{r \in C ;\ r \text{ incompatible avec } q\}$, et soit X une antichaîne maximale de C_q (lemme 11.1). Alors $X \cup \{q\}$ est une antichaîne maximale de C, donc $(X \cup \{q\}) \cap G \neq \emptyset$, d'après (ii). Or $X \cap G = \emptyset$ d'après (i) : en effet, un élément de C incompatible avec q, l'est aussi avec p. Donc $q \in G$.

Soient maintenant D une partie dense de C, qui est dans $\mathcal{M}$, et $X \subset D$ une antichaîne maximale de C (lemme 11.1). D'après (ii), $X \cap G$ est alors non vide, et donc $D \cap G \neq \emptyset$.

C.Q.F.D.

Le théorème suivant montre que, si D est une partie dense de C, qui est dans $\mathcal{M}$, les D-génériques sur $\mathcal{M}$ correspondent canoniquement aux C-génériques sur $\mathcal{M}$.

Théorème 11.3. *Soit D une partie dense de C qui est dans $\mathcal{M}$. Si G est C-générique sur $\mathcal{M}$, alors $G \cap D$ est D-générique sur $\mathcal{M}$.*
Inversement, si H est D-générique sur $\mathcal{M}$, il existe un C-générique G sur $\mathcal{M}$ et un seul tel que $H = G \cap D$; on a $G = \{p \in C ;\ (\exists q \in H)(p \geqslant q)\}$.

Soit G un C-générique sur $\mathcal{M}$. Alors $H = G \cap D$ est D-générique. En effet :
Si $p \in G \cap D$ et si $q \in D$, $q \geqslant p$, alors $q \in G \cap D$.
Si $p, q \in G \cap D$, il existe $r \in C$, $r \leqslant p$, $r \leqslant q$. Comme D est dense dans C, il existe $s \in D$, $s \leqslant r$; cela montre que p, q sont compatibles dans D.

Si E est une partie dense de D qui est dans $\mathcal{M}$, alors E est dense dans C, donc $G \cap E \neq \emptyset$, et comme $E \subset D$, on a $G \cap D \cap E \neq \emptyset$.

On a de plus $G = \{p \in C;\ (\exists q \in H)(p \geqslant q)\}$: en effet, si $q \in H$ et $p \geqslant q$ on a évidemment $p \in G$. Inversement, si $p \in G$, l'ensemble $X = \{q \in D;\ q \leqslant p\}$ est une partie de C qui est évidemment dense en dessous de p. Il en résulte, comme on l'a montré ci-dessus, que $G \cap X \neq \emptyset$. Il existe donc $q \in G \cap D = H$ tel que $q \leqslant p$.

Soit maintenant H un D-générique quelconque sur $\mathcal{M}$; on définit G en posant $G = \{p \in C;\ (\exists q \in H)(p \geqslant q)\}$, et on vérifie que G est C-générique sur $\mathcal{M}$:

- Si $p \in G$ et si $p' \geqslant p$, alors $p' \in G$: évident.
- Si $p, p' \in G$, on a $q, q' \in H$, $p \geqslant q$, $p' \geqslant q'$. Or q, q' sont compatibles dans D, donc p, p' sont compatibles.
- Soit E une partie dense saturée de C qui est dans $\mathcal{M}$. Alors $E \cap D$ est dense dans D : car si $p \in D$, on a $q \in E$, $q \leqslant p$, et $r \in D$, $r \leqslant q$ (car E et D sont denses) donc $r \in E$ (car E est saturée).

Donc $(E \cap D) \cap H \neq \emptyset$, c'est-à-dire $E \cap H \neq \emptyset$, et donc $E \cap G \neq \emptyset$, puisque $G \supset H$.

Il reste à vérifier que $H = G \cap D$; évidemment $H \subset G \cap D$. D'autre part si $p \in G \cap D$, et si $p \notin H$, p est incompatible avec un élément de H (puisque H est D-générique sur $\mathcal{M}$) donc avec un élément de G, ce qui est impossible car $p \in G$.

C.Q.F.D.

Un *atome* de l'ensemble ordonné C est, par définition, un élément de C dont tous les minorants sont deux à deux compatibles.

Un C-générique G sur $\mathcal{M}$ est dit *trivial* s'il est dans l'univers $\mathcal{M}$. Le théorème suivant caractérise les ensembles génériques triviaux.

Théorème 11.4. *Pour qu'un C-générique G sur $\mathcal{M}$ soit trivial, il faut et il suffit qu'il existe un atome p_0 de C, tel que $p_0 \in G$.*
On a alors $G = \{p \in C;\ p$ compatible avec $p_0\}$.

Soit p_0 un atome de C ; si $p, q \in C$ sont compatibles avec p_0, alors p et q sont compatibles : il existe, en effet, $r, s \in C$, $r \leqslant p$, $r \leqslant p_0$, $s \leqslant q$, $s \leqslant p_0$; r et s étant deux minorants de p_0 sont compatibles. Or tout minorant commun de r et s est un minorant commun de p et q.

Soient p_0 un atome de C, et $G = \{p \in C;\ p$ compatible avec $p_0\}$; alors G est C-générique sur $\mathcal{M}$: en effet, la condition 1 de définition des génériques est évidemment satisfaite. Si $p, q \in G$, ils sont compatibles avec p_0, donc compatibles entre eux. Enfin si X est une partie dense de C, il existe $p \in X$, $p \leqslant p_0$. Donc $p \in X \cap G$.

Soient maintenant p_0 un atome de C, et G un C-générique sur $\mathcal{M}$ tel que $p_0 \in G$. Si $p \in G$, p est donc compatible avec p_0. Inversement, soient $p \in C$ compatible avec p_0, et $q \in G$; alors p et q sont compatibles avec p_0, donc sont compatibles. Puisque p est compatible avec tout élément de G, on a $p \in G$ (cf. page 124). Donc $G = \{p \in C;\ p$ compatible avec $p_0\}$.

Soit enfin G un ensemble C-générique sur $\mathcal{M}$, qui est dans $\mathcal{M}$. On pose $X = C \setminus G$; X est une partie de C qui est dans $\mathcal{M}$ et ne rencontre pas G. X n'est donc pas dense dans C; d'où un élément p_0 de C qui n'a aucun minorant dans X. Par suite tout minorant de p_0 est dans G, ce qui montre que les minorants de p_0 sont deux à deux compatibles. Donc p_0 est un atome, et $p_0 \in G$.

C.Q.F.D.

Dans les ensembles de conditions que nous considérons dans la suite, il n'y aura, en général, aucun atome. Il n'existera alors pas de C-générique trivial sur $\mathcal{M}$.

Le théorème très simple suivant donne une condition suffisante pour qu'il existe, dans $\mathcal{U}$, un C-générique sur $\mathcal{M}$. Rappelons que l'on suppose que $\mathcal{U}$ satisfait AC.

Théorème 11.5. *Si l'ensemble des parties denses de C qui sont dans $\mathcal{M}$ est dénombrable dans $\mathcal{U}$, alors pour chaque $p \in C$, il existe, dans $\mathcal{U}$, un C-générique G sur $\mathcal{M}$ tel que $p \in G$.*

Soit $(X_n)_{n \in \omega}$ une énumération de l'ensemble des parties denses de C qui sont dans $\mathcal{M}$ (cette fonction étant dans l'univers $\mathcal{U}$). Soit $f : \mathcal{P}(C) \setminus \{\emptyset\} \to C$ une fonction de choix sur C. On définit par induction une suite décroissante $(p_n)_{n \in \omega}$ d'éléments de C :
$p_0 = p$; $p_{n+1} =$ l'élément distingué par f dans l'ensemble des minorants de p_n qui appartiennent à X_n (il est non vide puisque X_n est dense).

On a donc $p = p_0 \geqslant p_1 \geqslant \ldots \geqslant p_n \geqslant \ldots$ et $p_{n+1} \in X_n$ pour tout $n \in \omega$. On pose alors $G = \{q \in C;\ (\exists n \in \omega)(q \geqslant p_n)\}$ et on vérifie que G est C-générique sur $\mathcal{M}$. La condition 1 est évidemment satisfaite.
Si $q, q' \in G$, on a $q \geqslant p_n$, $q' \geqslant p_m$, et, par exemple, $m \geqslant n$. Alors p_m est un minorant commun de q, q'. Si X est une partie dense de C qui est dans $\mathcal{M}$, on a $X = X_n$ pour un n et $p_{n+1} \in X_n \cap G$. Enfin il est clair que $p \in G$.

C.Q.F.D.

L'hypothèse du théorème précédent est évidemment satisfaite lorsque

$\mathcal{M}$ est un ensemble dénombrable de $\mathcal{U}$. Une méthode pour réaliser cette situation est donnée par le théorème 10.1.

Applications contractantes

Le présent paragraphe constitue une digression. On y démontre un résultat simple de théorie des ensembles (sans axiome de fondation ni axiome du choix) indispensable pour la suite.

Soit R une relation binaire sur un ensemble A ; elle est dite *bien fondée* si, quelle que soit la partie X non vide de A, il existe $x \in X$ tel que $(\forall y \in X)$ non $R(y,x)$.

Une application ϕ, de domaine A, est dite *contractante* (pour R) si pour tout $x \in A$ on a $\phi(x) = \{\phi(y)\,;\ y \in A$ et $R(y,x)\}$. Il est évident que l'image de ϕ est alors un ensemble transitif.

Théorème 11.6. *Si R est une relation bien fondée sur A, il existe une application contractante pour R et une seule.*

Unicité : Soient ϕ, ψ deux applications contractantes distinctes, et posons $X = \{x \in A;\ \phi(x) \neq \psi(x)\}$. Puisque $\phi \neq \psi$, on a $X \neq \emptyset$; comme R est bien fondée, il existe donc $x_0 \in X$ tel que $(\forall y \in X)$ non $R(y,x_0)$. On a $\phi(x_0) \neq \psi(x_0)$, et donc, par exemple, il existe $a \in \phi(x_0)$, $a \notin \psi(x_0)$. Comme ϕ est contractante, et $a \in \phi(x_0)$, il existe $y \in A$ tel que $R(y,x_0)$ et $\phi(y) = a$. Par définition de x_0, on a $y \notin X$, donc $\phi(y) = \psi(y) = a$. Comme ψ est contractante et que $R(y,x_0)$ est vrai, on a $\psi(y) \in \psi(x_0)$, donc $a \in \psi(x_0)$. Contradiction.

Existence : Une partie Z de A sera dite *R-transitive* si, quels que soient $x \in A$ et $y \in Z$ tels que $R(x,y)$, on a $x \in Z$. Il est clair que, si ϕ est une fonction contractante sur A, alors la fonction $\phi \restriction Z$ est contractante sur Z. Par ailleurs, si Z, Z' sont deux parties R-transitives de A, $Z \cap Z'$ l'est aussi. Si ϕ, ϕ' sont respectivement contractantes sur Z, Z', alors $\phi \restriction (Z \cap Z')$ et $\phi' \restriction (Z \cap Z')$ sont toutes deux contractantes sur $Z \cap Z'$ donc sont égales, d'après l'unicité.

Soit Φ la réunion de toutes les fonctions contractantes définies sur des parties R-transitives de A (celles pour lesquelles il existe une fonction contractante). D'après la remarque qui précède, Φ est une fonction. Il est clair que cette fonction est contractante et que son domaine Y est une partie R-transitive de A (réunion d'un ensemble de parties R-transitives de A). Y est donc la plus grande partie R-transitive de A sur laquelle il existe une fonction contractante. Si $Y = A$, le théorème est démontré.

Si $Y \neq A$, soit $X = A \setminus Y$. Comme R est une relation bien fondée, il existe $x_0 \in X$ tel que $(\forall y \in X)$ non $R(y, x_0)$. On définit alors une fonction Ψ de domaine $Y \cup \{x_0\}$ qui est un prolongement de Φ, en posant :
$\Psi(x_0) = \{\Phi(y)\,;\ y \in A, R(y, x_0)\}$. Cette définition a un sens car, si $R(y, x_0)$, on a $y \in Y$, donc Φ est définie en y.

Alors Ψ est une application contractante dont le domaine $Y \cup \{x_0\}$ est une partie R-transitive de A qui contient strictement Y. Cela contredit la définition de Y.

C.Q.F.D.

Définition du modèle $\mathcal{M}[G]$

Soient C un ensemble ordonné de l'univers $\mathcal{M}$ et G une partie de C, qui est dans l'univers $\mathcal{U}$, et qui est C-générique sur $\mathcal{M}$. Sur l'ensemble $\mathcal{M}$ de $\mathcal{U}$, on définit, dans $\mathcal{U}$, une relation binaire R en posant :

$$R(x, y) \Leftrightarrow (\exists p \in G)((x, p) \in y) \text{ quels que soient } x, y \in \mathcal{M}.$$

La relation R est alors bien fondée : si $X \subset \mathcal{M}$, $X \neq \emptyset$, soit x_0 un élément de X de rang minimum. Il est clair que si on a $R(x, x_0)$, alors $\text{rg}(x) < \text{rg}(x_0)$, donc $x \notin X$.

Soit ϕ l'application contractante pour R sur $\mathcal{M}$. L'image de ϕ est un ensemble transitif que l'on désignera par $\mathcal{M}[G]$. Dans la suite de ce chapitre on montrera que $\mathcal{M}[G]$ satisfait les axiomes $ZF + AF$. Ce modèle $\mathcal{M}[G]$ est appelé *extension générique* de $\mathcal{M}$. Notons tout de suite certaines propriétés de $\mathcal{M}[G]$:

- $\mathcal{M}[G] \supset \mathcal{M}$.

On définit, *dans l'univers* $\mathcal{M}$, une relation fonctionnelle notée $y = \hat{x}$, par induction sur le rang de x, en posant :

$$\hat{x} = \{(\hat{y}, p)\,;\ y \in x \text{ et } p \in C\}.$$

Soit $\widehat{\mathcal{M}}$ l'ensemble des $\hat{x}$ pour $x \in \mathcal{M}$ (c'est donc une collection dans l'univers $\mathcal{M}$).
$\widehat{\mathcal{M}}$ est une partie R-transitive de $\mathcal{M}$: car si l'on a $R(u, \hat{x})$ alors $(u, p) \in \hat{x}$ pour un certain $p \in G$; par définition de $\hat{x}$, on a donc $u = \hat{y}$ avec $y \in x$.

On en déduit que, pour $x, y \in \mathcal{M}$:

$$(\star) \qquad y \in x \Leftrightarrow R(\hat{y}, \hat{x}).$$

La relation fonctionnelle $y = \hat{x}$ est une bijection de $\mathcal{M}$ sur $\widehat{\mathcal{M}}$: en effet, si $x_0 \neq x_1$, on a $y \in x_0$, $y \notin x_1$ (par exemple), donc $R(\hat{y}, \hat{x}_0)$ et non $R(\hat{y}, \hat{x}_1)$: donc $\hat{x}_0 \neq \hat{x}_1$. L'application $\hat{x} \mapsto x$ est donc une bijection de $\widehat{\mathcal{M}}$ sur $\mathcal{M}$. Elle est contractante pour R sur $\widehat{\mathcal{M}}$: car, d'après ($\star$), $x = \{y \in \mathcal{M}\,;\ R(\hat{y}, \hat{x})\}$. Comme $\widehat{\mathcal{M}}$ est une partie R-transitive de $\mathcal{M}$, cette application est donc $\phi \restriction \widehat{\mathcal{M}}$. On a donc $\phi(\hat{x}) = x$ pour tout $x \in \mathcal{M}$, ce qui montre que $\mathcal{M} \subset \mathcal{M}[G]$.

- $G \in \mathcal{M}[G]$.

On pose $\Gamma = \{(\hat{p}, q)\,;\ p, q \in C,\ q \leqslant p\}$. On a évidemment $\Gamma \in \mathcal{M}$. On montre que $\phi(\Gamma) = G$: si $p \in G$, $(\hat{p}, p) \in \Gamma$ et on a donc $R(\hat{p}, \Gamma)$. Comme ϕ est contractante pour R, on a $\phi(\hat{p}) \in \phi(\Gamma)$, donc $p \in \phi(\Gamma)$.

Inversement, soit $y \in \phi(\Gamma)$. Il existe donc $z \in \mathcal{M}$ tel que $\phi(z) = y$ et $R(z, \Gamma)$. On a donc $(z, q) \in \Gamma$, avec $q \in G$. Par définition de Γ, on en déduit que $z = \hat{p}$, avec $p \in C$, $p \geqslant q$; donc $p \in G$. On a $y = \phi(z) = \phi(\hat{p}) = p$. Donc $y \in G$.

- *Quel que soit* $x \in \mathcal{M}$, *on a* $\mathrm{rg}(\phi(x)) \leqslant \mathrm{rg}(x)$.

En effet, il est clair que $R(y, x) \Rightarrow \mathrm{rg}(y) < \mathrm{rg}(x)$. Soit alors x un élément de $\mathcal{M}$ de rang minimum tel que $\mathrm{rg}(\phi(x)) > \mathrm{rg}(x)$ s'il en existe.
On a $\phi(x) = \{\phi(y)\,;\ y \in \mathcal{M}, R(y, x)\}$. Pour tout élément $\phi(y)$ de $\phi(x)$ on a $\mathrm{rg}(\phi(y)) \leqslant \mathrm{rg}(y)$ puisque $\mathrm{rg}(y) < \mathrm{rg}(x)$. Donc $\mathrm{rg}(\phi(y)) < \mathrm{rg}(x)$, ce qui montre que $\mathrm{rg}(\phi(x)) \leqslant \mathrm{rg}(x)$ contrairement à l'hypothèse.

- *Un ordinal est dans* $\mathcal{M}[G]$ *si et seulement s'il est dans* $\mathcal{M}$.

Soit en effet α un ordinal, $\alpha \in \mathcal{M}[G]$. Il existe $x \in \mathcal{M}$ tel que $\alpha = \phi(x)$. Donc $\mathrm{rg}(\alpha) \leqslant \mathrm{rg}(x) \in \mathcal{M}$. Or $\mathrm{rg}(\alpha) = \alpha + 1$, donc $\alpha + 1 \in \mathcal{M}$, et $\alpha \in \mathcal{M}$.

- $\mathcal{M}[G]$ *satisfait les axiomes d'extensionnalité, de fondation et de l'infini.*

En effet, $\mathcal{M}[G]$ est un ensemble transitif, et $\omega \in \mathcal{M}[G]$.

- $\mathcal{M}[G]$ *satisfait l'axiome de la somme.*

Comme $\mathcal{M}[G]$ est l'image de la fonction contractante ϕ, nous devons montrer que, si ϕa est un élément quelconque de $\mathcal{M}[G]$ ($a \in \mathcal{M}$), il existe $b \in \mathcal{M}$ tel que ϕb soit la réunion des éléments de ϕa. On pose :
$b = \{(y, r)\,;\ y \in \mathcal{M},\ r \in C,\ (\exists p, q \geqslant r)(\exists x \in \mathcal{M})[(x, p) \in a \text{ et } (y, q) \in x]\}$.

L'ensemble b est défini dans $\mathcal{M}$ par le schéma de compréhension, puisqu'il est évidemment contenu dans $\mathrm{Cl}(a) \times C$ ($\mathrm{Cl}(a)$ étant la clôture transitive de a). On montre que $\phi b = \bigcup \phi a$.

Soit ϕv un élément quelconque de ϕb (comme l'image $\mathcal{M}[G]$ de ϕ est un ensemble transitif, tout élément de ϕb est de la forme ϕv, avec $v \in \mathcal{M}$). Comme la fonction ϕ est contractante pour la relation R, et que $\phi v \in \phi b$, il existe $y \in \mathcal{M}$ tel que $\phi v = \phi y$ et $R(y, b)$; d'où un élément r de G tel que $(y, r) \in b$. Par définition de b, il existe donc $p, q \geqslant r$ (donc $p, q \in G$) et $x \in \mathcal{M}$, tels que $(x, p) \in a$ et $(y, q) \in x$. On a donc $R(x, a)$ et $R(y, x)$, d'où $\phi x \in \phi a$ et $\phi y \in \phi x$, soit $\phi y \in \bigcup \phi a$. Comme $\phi v = \phi y$, on a bien $\phi v \in \bigcup \phi a$.

Inversement, soit ϕv ($v \in \mathcal{M}$) un élément quelconque de $\bigcup \phi a$. Il existe donc $u \in \mathcal{M}$ tel que $\phi u \in \phi a$ et $\phi v \in \phi u$. Comme ϕ est contractante et que $\phi u \in \phi a$, il existe $x \in \mathcal{M}$ tel que $\phi u = \phi x$ et $R(x, a)$; d'où un élément p de G tel que $(x, p) \in a$.
Comme $\phi v \in \phi u$, et $\phi u = \phi x$, on a $\phi v \in \phi x$. Il existe donc un $y \in \mathcal{M}$ tel que $\phi v = \phi y$, et $R(y, x)$; d'où l'existence de $q \in G$ tel que $(y, q) \in x$. Mais $p, q \in G$ et il existe donc $r \in G$, $r \leqslant p, q$. Par définition de b, on a alors $(y, r) \in b$. Comme $r \in G$, on en déduit $R(y, b)$, donc $\phi y \in \phi b$, et on a finalement $\phi v \in \phi b$.

Définition du forcing

Soient $\mathcal{M}$ un modèle de $ZF + AF$, et C un ensemble ordonné de $\mathcal{M}$. On se propose d'écrire quatre énoncés, à paramètres dans $\mathcal{M}$ (en fait, le seul paramètre sera l'ensemble C muni de son ordre), à trois variables libres p, x, y (p varie dans l'ensemble C, x et y dans $\mathcal{M}$ tout entier) notés respectivement :

$$p \Vdash \bar{x} \in \bar{y},\ p \Vdash \bar{x} \notin \bar{y},\ p \Vdash \bar{x} \neq \bar{y},\ p \Vdash \bar{x} = \bar{y}$$

de façon que les propriétés suivantes soient vraies dans $\mathcal{M}$:

1. $p \Vdash \bar{x} \in \bar{y} \Leftrightarrow (\exists r \geqslant p)\exists z[(z, r) \in y \text{ et } p \Vdash \bar{z} = \bar{x}]$;
2. $p \Vdash \bar{x} \neq \bar{y} \Leftrightarrow$
   $(\exists r \geqslant p)\exists z[((z, r) \in y \text{ et } p \Vdash \bar{z} \notin \bar{x}) \text{ ou } ((z, r) \in x \text{ et } p \Vdash \bar{z} \notin \bar{y})]$;
3. $p \Vdash \bar{x} \notin \bar{y} \Leftrightarrow (\forall q \leqslant p)(q \nVdash \bar{x} \in \bar{y})$;
4. $p \Vdash \bar{x} = \bar{y} \Leftrightarrow (\forall q \leqslant p)(q \nVdash \bar{x} \neq \bar{y})$.

Le symbole $\Vdash$ se lit « force ». L'énoncé $q \nVdash \bar{x} \in \bar{y}$ (resp. $q \nVdash \bar{x} \neq \bar{y}$) est la négation de $q \Vdash \bar{x} \in \bar{y}$ (resp. $q \Vdash \bar{x} \neq \bar{y}$).

En supposant ces quatre énoncés écrits, satisfaisant 1, 2, 3, 4, désignons respectivement par $\Phi(x, y), \Psi(x, y), \Phi'(x, y), \Psi'(x, y)$ les ensembles suivants :

$$\{p \in C;\ p \Vdash \bar{x} \in \bar{y}\}, \{p \in C;\ p \Vdash \bar{x} \neq \bar{y}\},$$
$$\{p \in C;\ p \Vdash \bar{x} \notin \bar{y}\}, \{p \in C;\ p \Vdash \bar{x} = \bar{y}\}.$$

Il est clair que le problème revient à définir les quatre relations fonctionnelles Φ, Ψ, Φ', Ψ'. Or la condition 3 (resp. 4) est une définition explicite de $\Phi'(x, y)$ (resp. $\Psi'(x, y)$) en fonction de $\Phi(x, y)$ (resp. $\Psi(x, y)$). Il en résulte que les conditions 1 et 2 peuvent s'écrire :

$\Phi(x, y) = E[x, y, \Psi \restriction \{(z, x); \mathrm{rg}(z) < \mathrm{rg}(y)\}]$

$\Psi(x,y) = F[x,y,\Phi \restriction \{(z,x)\,;\, \mathrm{rg}(z) < \mathrm{rg}(y)\} \cup \{(z,y)\,;\, \mathrm{rg}(z) < \mathrm{rg}(x)\}]$,

où $E(x,y,z)$ et $F(x,y,z)$ sont des relations fonctionnelles définies par des formules que l'on pourrait, sans difficulté, écrire explicitement.

Désignons par $\Omega(x,y)$ le couple $(\Phi(x,y), \Psi(x,y))$. Les deux conditions ci-dessus peuvent s'écrire :

$(\star\star)$ $\Omega(x,y) = J[x,y,\Omega \restriction \{(z,x)\,;\, \mathrm{rg}(z) < \mathrm{rg}(y)\} \cup \{(z,y)\,;\, \mathrm{rg}(z) < \mathrm{rg}(x)\}]$

$J(x,y,z)$ étant une relation fonctionnelle connue.

On pose $\rho(x,y) = (\mathrm{rg}(x) \cup \mathrm{rg}(y), \mathrm{rg}(x) \cap \mathrm{rg}(y))$; ρ est une relation fonctionnelle à deux arguments, partout définie sur $\mathcal{M}$, dont l'image est la collection Δ des couples d'ordinaux (α,β) tels que $\alpha \geqslant \beta$. Sur Δ on a une relation de bon ordre, si on pose :

$$(\alpha',\beta') < (\alpha,\beta) \Leftrightarrow \alpha' < \alpha \text{ ou } (\alpha' = \alpha \text{ et } \beta' < \beta).$$

La condition $(\star\star)$ ci-dessus, qu'on impose à Ω, peut alors s'écrire :

$$\Omega(x,y) = H[x,y,\Omega \restriction \{(x',y')\,;\, \rho(x',y') < \rho(x,y)\}]$$

$H(x,y,z)$ étant une relation fonctionnelle connue. Il est clair que cette condition est une définition de $\Omega(x,y)$ par induction sur $\rho(x,y)$ ($\rho(x,y)$ décrivant la collection bien ordonnée Δ : voir chapitre 2, page 26).

Il en résulte qu'il y a une façon et une seule (à une équivalence près) d'écrire les quatre énoncés $p \Vdash \bar{x} \in \bar{y}$, $p \Vdash \bar{x} \neq \bar{y}$, $p \Vdash \bar{x} \notin \bar{y}$, $p \Vdash \bar{x} = \bar{y}$, de façon à satisfaire les conditions 1, 2, 3, 4, et le problème posé page 131 est ainsi résolu.

Considérons un énoncé $E(x_1,\ldots,x_n)$ sans paramètre, que l'on suppose écrit au moyen des seuls connecteurs logiques : ou, non, $\exists$, à partir d'énoncés atomiques du type $x \in y$, $x \neq y$ (l'énoncé « $x = y$ » n'est donc pas atomique, il s'écrit « non $x \neq y$ »). On lui associe un énoncé $E'(p,x_1,\ldots,x_n)$ qui a une variable libre p de plus, et qui sera noté $p \Vdash E(\bar{x}_1,\ldots,\bar{x}_n)$. On le définit par induction (au sens intuitif) sur la longueur de E :

- si E est de la forme $x \in y$, $x \neq y$, l'énoncé $p \Vdash E(\bar{x},\bar{y})$ est déjà écrit ;
- si $E(x_1,\ldots,x_n)$ est « $F(x_1,\ldots,x_n)$ ou $F'(x_1,\ldots,x_n)$ », l'énoncé $p \Vdash E(\bar{x}_1,\ldots,\bar{x}_n)$ est « $p \Vdash F(\bar{x}_1,\ldots,\bar{x}_n)$ ou $p \Vdash F'(\bar{x}_1,\ldots,\bar{x}_n)$ » ;
- si $E(x_1,\ldots,x_n)$ est $\exists x F(x,x_1,\ldots,x_n)$, l'énoncé $p \Vdash E(\bar{x}_1,\ldots,\bar{x}_n)$ est $\exists x[p \Vdash F(\bar{x},\bar{x}_1,\ldots,\bar{x}_n)]$;

- si $E(x_1,\dots,x_n)$ est « non $F(x_1,\dots,x_n)$ » l'énoncé $p \Vdash E(\bar{x}_1,\dots,\bar{x}_n)$ est « $p \in C$ et $(\forall q \in C)[q \leqslant p \Rightarrow q \nVdash F(\bar{x}_1,\dots,\bar{x}_n)]$ »
(rappelons que $q \nVdash F(\bar{x}_1,\dots,\bar{x}_n)$ est la négation de $q \Vdash F(\bar{x}_1,\dots,\bar{x}_n)$).

Il est clair que, dans l'énoncé $p \Vdash E(\bar{x}_1,\dots,\bar{x}_n)$, la variable p est restreinte à l'ensemble C (c'est-à-dire que $p \Vdash E(\bar{x}_1,\dots,\bar{x}_n) \Rightarrow p \in C$ est toujours vrai dans $\mathcal{M}$).

Si $a_1,\dots,a_n$ sont des objets de $\mathcal{M}$, on notera $p \Vdash E(\bar{a}_1,\dots,\bar{a}_n)$ l'énoncé clos, dont les paramètres sont $a_1,\dots,a_n$, obtenu en substituant a_i à x_i (pour $1 \leqslant i \leqslant n$) dans l'énoncé $p \Vdash E(\bar{x}_1,\dots,\bar{x}_n)$.

Lemme 11.7.
Soient $p, q \in C$ tels que $q \leqslant p$. Si $p \Vdash E(\bar{a}_1,\dots,\bar{a}_n)$, alors $q \Vdash E(\bar{a}_1,\dots,\bar{a}_n)$.

D'après la définition du forcing, c'est évident lorsque $E(a_1,\dots,a_n)$ s'écrit non $F(a_1,\dots,a_n)$. C'est, en particulier, vrai lorsque E s'écrit $a \notin b$, ou $a = b$.

On montre le résultat cherché par induction (au sens intuitif) sur la longueur de E. Les cas où E s'écrit « F ou F' », « $\exists x F$ » sont immédiats. Il reste donc à étudier le cas des énoncés atomiques.

Si $p \Vdash \bar{a} \in \bar{b}$, on a (condition 1, page 131) $p \Vdash \bar{c} = \bar{a}$ et $(c, r) \in b$ pour un $r \geqslant p$ et un $c \in \mathcal{M}$. Si $q \leqslant p$, on a vu que $q \Vdash \bar{c} = \bar{a}$ (car $c = a$ est « non $c \neq a$ ») ; comme $r \geqslant q$, la même condition 1 montre que $q \Vdash \bar{a} \in \bar{b}$.
Si $p \Vdash \bar{a} \neq \bar{b}$, d'après la condition 2, on a, par exemple $p \Vdash \bar{c} \notin \bar{b}$ et $(c, r) \in a$ pour un $r \geqslant p$ et un $c \in \mathcal{M}$. Si $q \leqslant p$, on a vu que $q \Vdash \bar{c} \notin \bar{b}$; comme $r \geqslant q$, la condition 2 montre alors que $q \Vdash \bar{a} \neq \bar{b}$.

C.Q.F.D.

On vérifie immédiatement que :

- *L'énoncé $p \Vdash \forall x E(x, \bar{a}_1,\dots,\bar{a}_n)$ équivaut à*
$$\forall x (\forall q \leqslant p)(\exists r \leqslant q)[r \Vdash E(\bar{x}, \bar{a}_1,\dots,\bar{a}_n)];$$

- *L'énoncé $p \Vdash [E(\bar{a}_1,\dots,\bar{a}_n)$ et $E'(\bar{a}_1,\dots,\bar{a}_n)]$ équivaut à*
$$(\forall q \leqslant p)(\exists r \leqslant q)[r \Vdash E(\bar{a}_1,\dots,\bar{a}_n) \text{ et } r \Vdash E'(\bar{a}_1,\dots,\bar{a}_n)].$$

En effet, en écrivant « E et E' » sous la forme « non (non E ou non E') », et en appliquant la définition du forcing, on trouve l'énoncé :

$$(*) \qquad (\forall q \leqslant p)[(\exists r \leqslant q)(r \Vdash E) \text{ et } (\exists r' \leqslant q)(r' \Vdash E')].$$

Il reste à montrer que cet énoncé implique :

$$(\forall q \leqslant p)(\exists r \leqslant q)[r \Vdash E \text{ et } r \Vdash E'].$$

Or si l'énoncé $(*)$ est vrai, et si $q \leqslant p$, il existe $r' \leqslant q$ tel que $r' \Vdash E'$; comme $r' \leqslant p$, toujours d'après $(*)$, il existe $r \leqslant r'$ tel que $r \Vdash E$; on a encore $r \Vdash E'$ (lemme 11.7) et donc $r \leqslant q$, $r \Vdash E$ et $r \Vdash E'$.

C.Q.F.D.

Lemme 11.8. *i) Quels que soient $p \in C$ et $a \in \mathcal{M}$, on a $p \Vdash \bar{a} = \bar{a}$.*
ii) Quels que soient $p \in C$ et $a, b \in \mathcal{M}$, si $(a, p) \in b$ alors $p \Vdash \bar{a} \in \bar{b}$.

i) Preuve par induction sur $\mathrm{rg}(a)$:
si $p \nVdash \bar{a} = \bar{a}$, il existe $q \leqslant p$, $q \Vdash \bar{a} \neq \bar{a}$ (condition 4, page 131) ; d'où un élément b de $\mathcal{M}$ tel que $q \Vdash \bar{b} \notin \bar{a}$, et $(b, r) \in a$ avec $r \geqslant q$ (condition 2, page 131). Donc $\mathrm{rg}(b) < \mathrm{rg}(a)$ et $q \Vdash \bar{b} = \bar{b}$ (hypothèse d'induction). Comme $(b, r) \in a$, on a $q \Vdash \bar{b} \in \bar{a}$ (condition 1, page 131) ce qui contredit $q \Vdash \bar{b} \notin \bar{a}$ (condition 3, page 131).

ii) On a $p \Vdash \bar{a} = \bar{a}$, et $(a, p) \in b$, donc $p \Vdash \bar{a} \in \bar{b}$ (condition 1, page 131).

C.Q.F.D.

Lemme de vérité et axiomes de ZF

Soit G un ensemble de $\mathcal{U}$, qui est C-générique sur $\mathcal{M}$ (on rappelle que $\mathcal{U}$ est un univers qui satisfait $ZF + AF + AC$, et $\mathcal{M}$ un univers satisfaisant $ZF + AF$ qui est un ensemble transitif de $\mathcal{U}$). A la page 129, on a défini l'ensemble $\mathcal{M}[G]$, image de $\mathcal{M}$ par l'application contractante pour la relation binaire R sur $\mathcal{M}$.

Dans toute la suite, sauf indication contraire, tous les énoncés (à paramètres dans $\mathcal{M}$) seront considérés comme interprétés dans $\mathcal{M}$; on écrira donc simplement $p \Vdash E(\bar{a}_1, \ldots, \bar{a}_n)$ pour dire que l'énoncé $p \Vdash E(\bar{a}_1, \ldots, \bar{a}_n)$ est vrai dans $\mathcal{M}$.

Lemme 11.9. *Pour chaque énoncé $E(a_1, \ldots, a_n)$, clos, à paramètres dans $\mathcal{M}$, il existe $p \in G$ tel que $p \Vdash E(\bar{a}_1, \ldots, \bar{a}_n)$ ou $p \Vdash$ non $E(\bar{a}_1, \ldots, \bar{a}_n)$.*

En effet, $\{p \in C ;\ p \Vdash E$ ou $p \Vdash$ non $E\}$ est une partie de C qui est dans $\mathcal{M}$. Elle est dense dans C : car si $p \in C$, par définition de « $p \Vdash$ non E », on a :
$p \Vdash$ non E ou $(\exists q \leqslant p)(q \Vdash E)$. Il en résulte que cette partie de C rencontre le générique G.

C.Q.F.D.

Lemme 11.10. *Si $a, b \in \mathcal{M}$, on a $\phi a \in \phi b \Leftrightarrow (\exists p \in G)(p \Vdash \bar{a} \in \bar{b})$*
et $\phi a \neq \phi b \Leftrightarrow (\exists p \in G)(p \Vdash \bar{a} \neq \bar{b})$.

On le montre par induction sur $\rho(a,b) = (\mathrm{rg}(a) \cup \mathrm{rg}(b), \mathrm{rg}(a) \cap \mathrm{rg}(b))$ qui décrit la collection bien ordonnée Δ (voir page 132).

Si $\phi a \in \phi b$, il existe $c \in \mathcal{M}$ tel que $\phi a = \phi c$ et $R(c,b)$ (puisque ϕ est contractante pour R). Par définition de R, il existe $q \in G$ tel que $(c,q) \in b$. D'autre part, d'après le lemme 11.9, il existe $r \in G$ tel qu'on ait $r \Vdash \bar{c} = \bar{a}$ ou $r \Vdash \bar{c} \neq \bar{a}$. Comme $\mathrm{rg}(c) < \mathrm{rg}(b)$, on a $\rho(c,a) < \rho(a,b)$. Donc (hypothèse d'induction) si $r \Vdash \bar{c} \neq \bar{a}$, on a $\phi a \neq \phi c$, ce qui est faux. Il en résulte que $r \Vdash \bar{c} = \bar{a}$. Comme $q, r \in G$, il existe $p \in G$, $p \leqslant q, r$ (page 124). Alors $p \Vdash \bar{c} = \bar{a}$ (lemme 11.7) et $(c,q) \in b$ avec $q \geqslant p$. Donc (condition 1, page 131) $p \Vdash \bar{a} \in \bar{b}$.

Si $p \Vdash \bar{a} \in \bar{b}$ avec $p \in G$, on a $p \Vdash \bar{a} = \bar{c}$ et $(c,q) \in b$ pour un $q \geqslant p$ (condition 1, page 131). On a $\mathrm{rg}(c) < \mathrm{rg}(b)$, donc $\rho(a,c) < \rho(a,b)$; si $\phi a \neq \phi c$, par hypothèse d'induction, il existe $r \in G$, $r \Vdash \bar{a} \neq \bar{c}$. Mais r est alors compatible avec p, ce qui contredit $p \Vdash \bar{a} = \bar{c}$. On a donc $\phi a = \phi c$. Comme $p \in G$ et $q \geqslant p$ on a $q \in G$. Donc on a $R(c,b)$ et, par suite, $\phi c \in \phi b$ (ϕ est contractante). Donc $\phi a \in \phi b$.

Si $\phi a \neq \phi b$, comme ϕ est contractante pour R, il existe, par exemple, $c \in \mathcal{M}$ tel que $R(c,a)$ et $\phi c \notin \phi b$. On a donc $(c,q) \in a$ pour un $q \in G$. D'autre part, d'après le lemme 11.9, il existe $r \in G$, tel que $r \Vdash \bar{c} \notin \bar{b}$ ou $r \Vdash \bar{c} \in \bar{b}$. Comme $\mathrm{rg}(c) < \mathrm{rg}(a)$, on a $\rho(c,b) < \rho(a,b)$; donc, si $r \Vdash \bar{c} \in \bar{b}$, on a (hypothèse d'induction) $\phi c \in \phi b$, ce qui est faux. Il en résulte que $r \Vdash \bar{c} \notin \bar{b}$.
On a $q, r \in G$, et il existe donc $p \in G$ tel que $p \leqslant q$, $p \leqslant r$. Alors $p \Vdash \bar{c} \notin \bar{b}$ et $(c,q) \in a$, $q \geqslant p$. D'après la condition 2, page 131, on a donc $p \Vdash \bar{a} \neq \bar{b}$.

Si $p \Vdash \bar{a} \neq \bar{b}$ avec $p \in G$, d'après la condition 2, page 131, on a, par exemple : $p \Vdash \bar{c} \notin \bar{b}$ et $(c,q) \in a$ pour un $q \geqslant p$. On a donc $q \in G$, et $\mathrm{rg}(c) < \mathrm{rg}(a)$ d'où $\rho(c,b) < \rho(a,b)$; si $\phi c \in \phi b$, par hypothèse d'induction, il existe $r \in G$, $r \Vdash \bar{c} \in \bar{b}$. Mais r est alors compatible avec p, ce qui contredit $p \Vdash \bar{c} \notin \bar{b}$. On a donc $\phi c \notin \phi b$. Comme $q \in G$ et $(c,q) \in a$, on a $R(c,a)$, et donc $\phi c \in \phi a$ (ϕ est contractante). Donc $\phi a \neq \phi b$.

C.Q.F.D.

Le théorème suivant exprime une propriété fondamentale du forcing, sans cesse utilisée dans toute la suite.

Théorème 11.11 (Lemme de vérité). *Soit $E(x_1, \ldots, x_n)$ un énoncé sans paramètre, et soient $a_1, \ldots, a_n \in \mathcal{M}$. Alors $E(\phi a_1, \ldots, \phi a_n)$ est vrai dans $\mathcal{M}[G]$ si et seulement s'il existe $p \in G$ tel que $p \Vdash E(\bar{a}_1, \ldots, \bar{a}_n)$ soit vrai dans $\mathcal{M}$.*

On le montre par induction, au sens intuitif, sur la longueur de l'énoncé $E(x_1, \ldots, x_n)$ (supposé écrit à partir d'énoncés atomiques de la forme $x \in y$, $x \neq y$).

Si l'énoncé E est atomique, le résultat est donné par le lemme 11.10.

Si $E(x_1,\ldots,x_n)$ est « $F(x_1,\ldots,x_n)$ ou $F'(x_1,\ldots,x_n)$ » : supposons que $E(\phi a_1,\ldots,\phi a_n)$ soit vrai dans $\mathscr{M}[G]$; on a alors, par exemple, $F(\phi a_1,\ldots,\phi a_n)$ dans $\mathscr{M}[G]$. Par hypothèse d'induction, il existe $p \in G$ tel que $p \Vdash F(\bar{a}_1,\ldots,\bar{a}_n)$; donc $p \Vdash E(\bar{a}_1,\ldots,\bar{a}_n)$.

Inversement, s'il existe $p \in G$ tel que $p \Vdash E(\bar{a}_1,\ldots,\bar{a}_n)$, alors on a, par exemple, $p \Vdash F(\bar{a}_1,\ldots,\bar{a}_n)$, et, par suite (hypothèse d'induction), l'énoncé $F(\phi a_1,\ldots,\phi a_n)$ est vrai dans $\mathscr{M}[G]$; donc aussi l'énoncé $E(\phi a_1,\ldots,\phi a_n)$.

Si $E(x_1,\ldots,x_n)$ est $\exists x F(x,x_1,\ldots,x_n)$: supposons $E(\phi a_1,\ldots,\phi a_n)$ vrai dans $\mathscr{M}[G]$. Comme $\mathscr{M}[G]$ est, par définition, l'image de ϕ, il existe $a \in \mathscr{M}$ tel que $F(\phi a,\phi a_1,\ldots,\phi a_n)$ soit vrai dans $\mathscr{M}[G]$. Par hypothèse d'induction, il existe donc $p \in G$ tel que $p \Vdash F(\bar{a},\bar{a}_1,\ldots,\bar{a}_n)$; par suite, $p \Vdash \exists x F(x,\bar{a}_1,\ldots,\bar{a}_n)$.

Inversement, s'il existe $p \in G$ tel que $p \Vdash \exists x F(x,\bar{a}_1,\ldots,\bar{a}_n)$, alors il existe $a \in \mathscr{M}$ tel que $p \Vdash F(\bar{a},\bar{a}_1,\ldots,\bar{a}_n)$. Donc (hypothèse d'induction), l'énoncé $F(\phi a,\phi a_1,\ldots,\phi a_n)$ est vrai dans $\mathscr{M}[G]$; par suite aussi $E(\phi a_1,\ldots,\phi a_n)$.

Si $E(x_1,\ldots,x_n)$ est « non $F(x_1,\ldots,x_n)$ » : supposons $E(\phi a_1,\ldots,\phi a_n)$ vrai dans $\mathscr{M}[G]$. D'après le lemme 11.9, il existe $p \in G$ tel que $p \Vdash F(\bar{a}_1,\ldots,\bar{a}_n)$ ou $p \Vdash$ non $F(\bar{a}_1,\ldots,\bar{a}_n)$.

Si on est dans le premier cas, par hypothèse d'induction, $F(\phi a_1,\ldots,\phi a_n)$ est vrai dans $\mathscr{M}[G]$, et on a une contradiction. Il en résulte que l'on a $p \in G$ et $p \Vdash$ non $F(\bar{a}_1,\ldots,\bar{a}_n)$.

Inversement, soit $p \in G$, tel que $p \Vdash$ non $F(\bar{a}_1,\ldots,\bar{a}_n)$; quel que soit $q \leqslant p$, on a donc $q \nVdash F(\bar{a}_1,\ldots,\bar{a}_n)$. Si $F(\phi a_1,\ldots,\phi a_n)$ était vrai dans $\mathscr{M}[G]$, d'après l'hypothèse d'induction, il existerait $p' \in G$ tel que $p' \Vdash F(\bar{a}_1,\ldots,\bar{a}_n)$. Comme $p, p' \in G$, ils ont un minorant commun q.
On a alors $q \leqslant p$, $q \Vdash F(\bar{a}_1,\ldots,\bar{a}_n)$, ce qui est une contradiction.
Donc $\mathscr{M}[G]$ satisfait non $F(\phi a_1,\ldots,\phi a_n)$.

C.Q.F.D.

Dans la suite, nous utiliserons la notation suivante :

$$p \Vdash E(a_1,\ldots,a_k,\bar{b}_1,\ldots,\bar{b}_l)$$

(dans laquelle $E(x_1,\ldots,x_k,y_1,\ldots,y_l)$ est un énoncé sans paramètre, $p \in C$, et $a_1,\ldots,a_k,b_1,\ldots,b_l \in \mathscr{M}$), au lieu de :

$$p \Vdash E(\bar{c}_1,\ldots,\bar{c}_k,\bar{b}_1,\ldots,\bar{b}_l)$$

avec $c_1 = \hat{a}_1,\ldots,c_k = \hat{a}_k$ (voir la définition de $\hat{a}_i$ à la page 129).
Comme $\phi\hat{a}_i = a_i$, on a d'après le lemme de vérité :

- *Pour que $E(a_1,\ldots,a_k,\phi b_1,\ldots,\phi b_l)$ soit vrai dans $\mathscr{M}[G]$, il faut et il suffit qu'il existe $p \in G$ tel que l'énoncé $p \Vdash E(a_1,\ldots,a_k,\bar{b}_1,\ldots,\bar{b}_l)$ soit vrai dans $\mathscr{M}$.*

Théorème 11.12. *$\mathscr{M}[G]$ satisfait les axiomes de ZF + AF.*

On l'a déjà montré pour les axiomes d'extensionnalité, de fondation, de la somme et de l'infini.

- *Axiome de l'ensemble des parties.*

Soit ϕa un élément quelconque de $\mathcal{M}[G]$ $(a \in \mathcal{M})$. On pose $a' = \{(x,p);$ $p \in C, (\exists q \geqslant p)(x,q) \in a\}$, et $b = \mathcal{P}(a') \times C$ (où $\mathcal{P}(a')$ désigne l'ensemble des parties de a' dans $\mathcal{M}$). On montre que ϕb est l'ensemble des parties de ϕa qui sont dans $\mathcal{M}[G]$.

En effet, soit ϕu un élément quelconque de ϕb ; on a donc $v \in \mathcal{M}$ tel que $\phi u = \phi v$ et $R(v,b)$; il existe donc $r \in G$ tel que $(v,r) \in b$. Par définition de b, on a donc $v \subset a'$. On montre que $\phi v \subset \phi a$ (ce qui donne $\phi u \subset \phi a$, qui est le résultat cherché) : en effet, si $\phi x \in \phi v$, on a $\phi x = \phi y$ et $R(y,v)$, et il existe $(y,p) \in v$ avec $p \in G$. Comme $v \subset a'$, on a $(y,p) \in a'$, donc $(y,q) \in a$ avec $q \geqslant p$. On a donc $q \in G$, donc $R(y,a)$, ce qui donne $\phi y \in \phi a$, d'où $\phi x \in \phi a$.

Inversement, soit ϕu un sous-ensemble de ϕa, qui est dans $\mathcal{M}[G]$. On pose $v = \{(x,p) \in a';\ p \Vdash \bar{x} \in \bar{u}\}$. Comme $v \subset a'$, on a $(v,p) \in b$ pour tout $p \in C$, donc $R(v,b)$. Il en résulte que $\phi v \in \phi b$. On montre ci-dessous que $\phi u = \phi v$, ce qui donne $\phi u \in \phi b$, qui est le résultat voulu.

Soit $\phi y \in \phi v$; il existe donc $x \in \mathcal{M}$ tel que $\phi y = \phi x$ et $R(x,v)$; il existe donc $p \in G$ tel que $(x,p) \in v$. Par définition de v, on a $p \Vdash \bar{x} \in \bar{u}$. On en déduit $\phi x \in \phi u$ (lemme de vérité), d'où $\phi y \in \phi u$.

Inversement soit $\phi y \in \phi u$. Comme $\phi u \subset \phi a$, on a $\phi y \in \phi a$; d'où un élément x de $\mathcal{M}$ tel que $\phi x = \phi y$ et $R(x,a)$; on a donc $(x,q) \in a$ avec $q \in G$. Par ailleurs, on a $\phi x \in \phi u$ et, d'après le lemme de vérité, il existe donc $r \in G$ tel que $r \Vdash \bar{x} \in \bar{u}$. Soit $p \in G$, $p \leqslant q,r$; on a $(x,p) \in a'$ (puisque $p \leqslant q$), et $p \Vdash \bar{x} \in \bar{u}$ (puisque $p \leqslant r$). Par définition de v, on a donc $(x,p) \in v$. Comme $p \in G$, on en déduit $R(x,v)$, et donc $\phi x \in \phi v$, d'où finalement $\phi y \in \phi v$.

- *Schéma de remplacement.*

Soient ϕa un élément quelconque de $\mathcal{M}[G]$, et $E(x,y,\phi a_1,\ldots,\phi a_k)$ un énoncé à paramètres $\phi a_1,\ldots,\phi a_k$ dans $\mathcal{M}[G]$ $(a,a_1,\ldots,a_k \in \mathcal{M})$ qui, interprété dans $\mathcal{M}[G]$, définit une relation fonctionnelle. Soit B l'ensemble (dans $\mathcal{U}$) des images des éléments de ϕa par cette relation fonctionnelle. Il s'agit de trouver $b \in \mathcal{M}$ tel que $\phi b = B$.
Pour chaque $u \in \mathcal{M}$ et $p \in C$, désignons par $F(u,p)$ l'ensemble des $v \in \mathcal{M}$ de rang minimum tels que $p \Vdash E(\bar{u},\bar{v},\bar{a}_1,\ldots,\bar{a}_k)$. F est donc, dans $\mathcal{M}$, une relation fonctionnelle à deux arguments. On pose alors

$$b = \{(v,p);\ v \in \mathcal{M},\ p \in C,\ \exists u(\exists q \geqslant p)[(u,q) \in a \text{ et } v \in F(u,p)]\};$$

b est bien un ensemble de $\mathscr{M}$: car, si $(u,q) \in a$, alors $u \in \mathrm{Cl}(a)$, et, par suite, $b \subset \bigcup\{F(u,p) \times C;\ p \in C,\ u \in \mathrm{Cl}(a)\}$.

Soit ϕv un élément quelconque de ϕb ; il existe donc $v_0 \in \mathscr{M}$ tel que l'on ait $\phi v = \phi v_0$ et $R(v_0, b)$. On a donc $(v_0, p) \in b$ pour un certain $p \in G$. Par définition de b, il existe $u \in \mathscr{M}$, $q \geqslant p$ tels que $(u,q) \in a$ et $v_0 \in F(u,p)$; comme $(u,q) \in a$ et $q \in G$ (puisque $q \geqslant p$), on a $R(u,a)$, et donc $\phi u \in \phi a$.

D'autre part, comme $v_0 \in F(u,p)$, on a $p \Vdash E(\bar{u}, \bar{v}_0, \bar{a}_1, \ldots, \bar{a}_k)$, par définition de F ; donc (lemme de vérité) l'énoncé $E(\phi u, \phi v_0, \phi a_1, \ldots, \phi a_k)$ est vrai dans $\mathscr{M}[G]$. Comme $\phi u \in \phi a$, on voit que $\phi v_0 \in B$; donc $\phi v \in B$.

Inversement, soit ϕt un élément quelconque de B ; il existe donc $\phi u \in \phi a$ $(u \in \mathscr{M})$ tel que $E(\phi u, \phi t, \phi a_1, \ldots, \phi a_k)$ soit vrai dans $\mathscr{M}[G]$.
Comme $\phi u \in \phi a$, il existe $u_0 \in \mathscr{M}$ tel que $\phi u_0 = \phi u$ et $R(u_0, a)$; on a donc $(u_0, q) \in a$ avec $q \in G$. D'autre part, $\mathscr{M}[G]$ satisfait $E(\phi u_0, \phi t, \phi a_1, \ldots, \phi a_k)$, et il existe donc $r \in G$, $r \Vdash E(\bar{u}_0, \bar{t}, \bar{a}_1, \ldots, \bar{a}_k)$. Soit $p \in G$, $p \leqslant q, r$; on a donc $p \Vdash E(\bar{u}_0, \bar{t}, \bar{a}_1, \ldots, \bar{a}_k)$, ce qui montre que $F(u_0, p) \neq \emptyset$.

Soit $v \in F(u_0, p)$; on a $(u_0, q) \in a$ et $q \geqslant p$, ce qui montre, par définition de b, que $(v, p) \in b$. Comme $p \in G$, on a $R(v, b)$, et donc $\phi v \in \phi b$. Mais on a $v \in F(u_0, p)$, et donc $p \Vdash E(\bar{u}_0, \bar{v}, \bar{a}_1, \ldots, \bar{a}_k)$. D'après le lemme de vérité, l'énoncé $E(\phi u_0, \phi v, \phi a_1, \ldots, \phi a_k)$ est donc vrai dans $\mathscr{M}[G]$. Or $\mathscr{M}[G]$ satisfait aussi $E(\phi u_0, \phi t, \phi a_1, \ldots, \phi a_k)$. Comme la relation $E(x, y, \phi a_1, \ldots, \phi a_k)$ est fonctionnelle dans $\mathscr{M}[G]$, on en déduit que $\phi v = \phi t$; or $\phi v \in \phi b$, et donc $\phi t \in \phi b$.

C.Q.F.D.

Théorème 11.13. *$\mathscr{M}$ et $\mathscr{M}[G]$ ont les mêmes ordinaux.*

Remarquons d'abord que, si $\mathscr{N}$ est un ensemble transitif de $\mathscr{U}$, qui satisfait *ZF* (et donc aussi *AF*), les ordinaux de $\mathscr{N}$ sont les ordinaux de $\mathscr{U}$ qui sont dans $\mathscr{N}$. En effet, soit α un ordinal de $\mathscr{U}$, $\alpha \in \mathscr{N}$. Alors α est évidemment, dans $\mathscr{N}$, un ensemble transitif, bien ordonné par $\in$, donc est un ordinal de $\mathscr{N}$. Inversement, on a vu, page 91, que l'énoncé $On(x)$ est q.u.b., et on a donc $On^{\mathscr{N}}(x) \Rightarrow On(x)$ (théorème 8.4).

Or on a montré, à la page 130, qu'un ordinal de $\mathscr{U}$ est dans $\mathscr{M}[G]$ si et seulement s'il est dans $\mathscr{M}$. D'où le résultat voulu, puisque $\mathscr{M}$ et $\mathscr{M}[G]$ sont des ensembles transitifs de $\mathscr{U}$.

C.Q.F.D.

On a ainsi montré que $\mathscr{M}[G]$ est un modèle transitif de $ZF + AF$, qui contient $\mathscr{M}$, a les mêmes ordinaux que $\mathscr{M}$, et que $G \in \mathscr{M}[G]$ (page 130). On a de plus

Théorème 11.14. *$\mathcal{M}[G]$ est le plus petit des ensembles transitifs $\mathcal{N}$ qui ont les propriétés suivantes : $\mathcal{N} \supset \mathcal{M}$, $G \in \mathcal{N}$, $\mathcal{N}$ satisfait les axiomes de ZF.*

Soit en effet $\mathcal{N}$ un ensemble transitif ayant ces propriétés, et soit ϕa un élément quelconque de $\mathcal{M}[G]$, avec $a \in \mathcal{M}$; on pose alors $b = \mathrm{Cl}(\{a\})$ et $r = \{(x, y) \in b^2 ; (\exists p \in G)((x, p) \in y)\}$; r est donc la restriction de la relation R à l'ensemble b qui est évidemment R-transitif. Comme $\mathcal{N} \supset \mathcal{M}$ on a $b \in \mathcal{N}$; comme $G \in \mathcal{N}$, on en déduit que $r \in \mathcal{N}$. Comme $\mathcal{N}$ satisfait les axiomes de *ZF*, l'application contractante ψ de domaine b, pour la relation r, appartient aussi à $\mathcal{N}$. On a évidemment $\psi = \phi \restriction b$ et donc $\phi \restriction b \in \mathcal{N}$.
En particulier $\phi a \in \mathcal{N}$; comme ϕa était un élément quelconque de $\mathcal{M}[G]$, on a bien $\mathcal{N} \supset \mathcal{M}[G]$.

C.Q.F.D.

Théorème 11.15. *Si $\mathcal{M}$ satisfait l'axiome du choix, il en est de même pour $\mathcal{M}[G]$.*

Soit ϕa un élément quelconque de $\mathcal{M}[G]$. Il suffit de trouver, dans $\mathcal{M}[G]$, une surjection d'un ordinal sur un ensemble qui contient ϕa.

On pose $b = \mathrm{Cl}(a)$; d'après l'axiome du choix dans $\mathcal{M}$, il existe dans $\mathcal{M}$ une surjection $f : \alpha \to b$, α étant un ordinal de $\mathcal{M}$.

Soit r la restriction de la relation R à l'ensemble b (qui est évidemment R-transitif) ; on a donc $r = \{(x, y) \in b^2 ; (\exists p \in G)((x, p) \in y)\}$.
L'application $\psi = \phi \restriction b$ est l'application contractante de domaine b pour la relation r. Comme $r \in \mathcal{M}[G]$, on a donc $\psi \in \mathcal{M}[G]$.

On a $\mathrm{Im}(\psi) \supset \phi a$: en effet si $\phi u \in \phi a$, il existe $u_0 \in \mathcal{M}$ tel que $\phi u_0 = \phi u$ et $R(u_0, a)$; donc $u_0 \in \mathrm{Cl}(a)$, soit $u_0 \in \mathrm{Dom}(\psi)$ et $\psi u_0 = \phi u_0 = \phi u$. On a donc $\phi u \in \mathrm{Im}(\psi)$.

Comme f est surjective de α sur b, on voit que $\psi \circ f$ est une surjection de α sur $\mathrm{Im}(\psi) \supset a$.

C.Q.F.D.

Forcing faible

On suppose, à partir de maintenant, qu'on a la propriété suivante : pour chaque $p \in C$, il existe dans $\mathcal{U}$ un C-générique G sur $\mathcal{M}$ tel que $p \in G$. On a vu (théorème 11.5) que cette propriété est satisfaite lorsque l'ensemble des parties denses de C qui sont dans $\mathcal{M}$ est dénombrable dans $\mathcal{U}$ (condition suffisante, mais non nécessaire) et donc bien entendu, lorsque $\mathcal{M}$ est un ensemble dénombrable de $\mathcal{U}$.

Tous les énoncés considérés sont supposés écrits à partir d'énoncés atomiques de la forme $x \in y, x \neq y$, au moyen des connecteurs logiques ou, non, $\exists$.

Théorème 11.16. *On considère un énoncé sans paramètre* $E(x_1, \ldots, x_n)$, *tel que* $\forall x_1 \ldots \forall x_n$ *non* $E(x_1, \ldots, x_n)$ *soit conséquence de ZF + AF. On a alors dans* $\mathscr{M}$: $(\forall p \in C)\forall x_1 \ldots \forall x_n[p \Vdash$ *non* $E(\bar{x}_1, \ldots, \bar{x}_n)]$.

En effet, supposons qu'il existe $p \in C$ et $a_1, \ldots, a_n$ dans $\mathscr{M}$, tels que l'on ait $p \nVdash$ non $E(\bar{a}_1, \ldots, \bar{a}_n)$. Alors, par définition du forcing, il existe $q \leqslant p$, $q \Vdash E(\bar{a}_1, \ldots, \bar{a}_n)$. Soit G un C-générique sur $\mathscr{M}$ tel que $q \in G$. D'après le lemme de vérité, $\mathscr{M}[G]$ satisfait l'énoncé $E(\phi a_1, \ldots, \phi a_n)$, et cela contredit le fait que $\forall x_1 \ldots \forall x_n$ non $E(x_1, \ldots, x_n)$ est conséquence de $ZF + AF$.

C.Q.F.D.

Notons aussi la propriété suivante, qui est souvent utilisée :

• *Si* $E_1(x_1, \ldots, x_n), \ldots, E_k(x_1, \ldots, x_n)$ *sont des énoncés dont la conjonction est contradictoire avec ZF + AF (c'est-à-dire si ZF + AF a pour conséquence* $\forall x_1 \ldots \forall x_n$ *non* $[E_1(x_1, \ldots, x_n)$ *et ... et* $E_k(x_1, \ldots, x_n)]$ *), alors, quels que soient* $a_1, \ldots, a_n \in \mathscr{M}$, *il n'existe aucun* $p \in C$ *tel que l'on ait* $p \Vdash E_1(\bar{a}_1, \ldots, \bar{a}_n), \ldots$, $p \Vdash E_k(\bar{a}_1, \ldots, \bar{a}_n)$.

En effet, s'il existe un tel p, on prend G, C-générique sur $\mathscr{M}$, tel que $p \in G$. D'après le lemme de vérité, on aurait dans $\mathscr{M}[G]$: $E_1(\phi a_1, \ldots, \phi a_n)$ et ... et $E_k(\phi a_1, \ldots, \phi a_n)$, ce qui contredit l'hypothèse du théorème.

C.Q.F.D.

• *On a* $p \Vdash$ *non* $(A$ *ou* $B)$ *si et seulement si* $p \Vdash$ *non* A *et* $p \Vdash$ *non* B.

En effet $p \Vdash$ non $(A$ ou $B)$ si et seulement si $(\forall q \leqslant p)\ q \nVdash (A$ ou $B)$, autrement dit $(\forall q \leqslant p)\ q \nVdash A$ et $(\forall q \leqslant p)\ q \nVdash B$, ce qui est exactement $p \Vdash$ non A et $p \Vdash$ non B.

• *On a* $p \Vdash$ *non non* F *si et seulement si* $\{q \in C;\ q \Vdash F\}$ *est dense en dessous de* p.

En effet $p \Vdash$ non non F s'écrit : $(\forall q \leqslant p)(\exists r \leqslant q)(r \Vdash F)$.

• *Si l'énoncé* $\forall x_1 \ldots \forall x_n F(x_1, \ldots, x_n)$ *est conséquence de ZF + AF, l'ensemble* $\{q \in C;\ q \Vdash F(\bar{a}_1, \ldots, \bar{a}_n)\}$ *est dense dans C, pour tous* $a_1, \ldots, a_n \in \mathscr{M}$.

En effet $\forall x_1 \ldots \forall x_n$ non non $F(x_1, \ldots, x_n)$ est conséquence de $ZF + AF$; d'après le théorème 11.16, on a donc $p \Vdash$ non non $F(\bar{a}_1, \ldots, \bar{a}_n)$ pour tout $p \in C$.

L'ensemble considéré est donc dense en dessous de p, quel que soit p.

C.Q.F.D.

Le forcing n'est pas compatible avec la déduction, c'est-à-dire qu'il se peut que $E \Rightarrow F$ soit conséquence de $ZF + AF$, et que $p \Vdash E$, sans que $p \Vdash F$. Par exemple, si $q < p$, et $b = \{(a, q)\}$, on a $q \Vdash \bar{a} \in \bar{b}$ (lemme 11.8), et donc $p \nVdash \bar{a} \notin \bar{b}$ (condition 3, page 131). Mais $p \nVdash \bar{a} \in \bar{b}$ (condition 1, page 131). Donc $p \nVdash (\bar{a} \in \bar{b}$ ou $\bar{a} \notin \bar{b})$. Or l'énoncé $\bar{a} = \bar{a} \Rightarrow (\bar{a} \in \bar{b}$ ou $\bar{a} \notin \bar{b})$ est, bien sûr, conséquence de ZF, et $p \Vdash \bar{a} = \bar{a}$ (lemme 11.8).

On a toutefois :

- *Si $E \Rightarrow F$ est conséquence de $ZF + AF$, et si $p \Vdash E$, alors $p \Vdash$ non non F.*

En effet, l'ensemble $\{q \in C;\ q \Vdash$ (non E) ou $F\}$ est dense dans C. Mais, si $q \leqslant p$ et $q \Vdash$ (non E) ou F, alors $q \Vdash F$: en effet $p \Vdash E$ par hypothèse, donc $q \Vdash E$, et on ne peut avoir $q \Vdash$ non E.

Cela montre que $\{q \in C;\ q \Vdash F\}$ est dense en dessous de p.

C.Q.F.D.

L'énoncé $p \Vdash$ non non $E(\bar{x}_1, \ldots, \bar{x}_n)$, c'est-à-dire :

$$(\forall q \leqslant p)(\exists r \leqslant q)[r \Vdash E(\bar{x}_1, \ldots, \bar{x}_n)]$$

est noté $p \Vdash^* E(\bar{x}_1, \ldots, \bar{x}_n)$, et se lit : « p force faiblement $E(\bar{x}_1, \ldots, \bar{x}_n)$ ».

On a alors les propriétés suivantes (pour abréger, on omet d'écrire les variables libres des énoncés considérés) :

1. $p \Vdash E \Rightarrow p \Vdash^* E$;
2. $p \Vdash$ non $E \Leftrightarrow p \Vdash^*$ non E ;
3. $p \Vdash^* E$ et $F \Leftrightarrow p \Vdash^* E$ et $p \Vdash^* F$;
4. $p \Vdash^* \forall x E(x) \Leftrightarrow \forall x[p \Vdash^* E(\bar{x})]$;
5. $p \Vdash^*$ non $E \Leftrightarrow (\forall q \in C)[q \leqslant p \Rightarrow$ non $q \Vdash^* E]$.

La propriété 1 est évidente sur les définitions.

Dans 2, il reste à montrer : $p \Vdash$ non non non $E \Rightarrow p \Vdash$ non E. Or l'énoncé « $p \Vdash$ non non non E » équivaut à $(\forall q \leqslant p)(\exists r \leqslant q)(r \Vdash$ non $E)$; cela implique que $(\forall q \leqslant p)(\exists r \leqslant q)(r \nVdash E)$, et donc $(\forall q \leqslant p)(q \nVdash E)$, c'est-à-dire $p \Vdash$ non E.

Dans 3, on considère $p \Vdash^* E$ et F, c'est-à-dire $p \Vdash^*$ non (non E ou non F) qui équivaut donc à $p \Vdash$ non (non E ou non F). Il suffit alors d'appliquer le résultat montré page 140 pour $p \Vdash$ non (A ou B).

Dans 4, l'énoncé $p \Vdash^* \forall x E(x)$, c'est-à-dire $p \Vdash^*$ non $\exists x$ non $E(x)$ équivaut à $p \Vdash$ non $\exists x$ non $E(x)$, ou encore à $(\forall q \leqslant p)\forall x(q \nVdash$ non $E(\bar{x}))$, soit encore $\forall x[p \Vdash$ non non $E(\bar{x})]$.

Pour montrer 5, on remarque que si $(\forall q \leqslant p)(\text{non } q \Vdash^* E)$, alors on a $(\forall q \leqslant p)(\text{non } q \Vdash E)$, et donc $p \Vdash$ non E, c'est-à-dire $p \Vdash^*$ non E.

Inversement, si $p \Vdash$ non E, on ne peut avoir $q \leqslant p$ et $q \Vdash^* E$: on aurait alors $q \Vdash$ non non E et $q \Vdash$ non E.

C.Q.F.D.

Le forcing faible est, lui, compatible avec la déduction :

- *Si $E \Rightarrow F$ est conséquence de $ZF + AF$ et si $p \Vdash^* E$, alors $p \Vdash^* F$.*

En effet, on a $p \Vdash$ non non E, et l'énoncé (non non E) $\Rightarrow F$ est conséquence de $ZF + AF$; on a donc $p \Vdash$ non non F (page 141).

Introduction de nouveaux symboles de relation

On se donne un nouveau symbole de relation S, à k arguments, et on considère un énoncé $\Sigma(p, x_1, \dots, x_k)$ à $k+1$ variables libres (écrit avec les seuls symboles $\in, =$), tel que dans l'univers $\mathcal{M}$ on ait :

1. $\Sigma(p, x_1, \dots, x_k) \Rightarrow p \in C$;

2. $\Sigma(p, x_1, \dots, x_k)$ et $q \leqslant p \Rightarrow \Sigma(q, x_1, \dots, x_k)$;

3. si $p \Vdash \bar{x}_1 = \bar{y}_1, \dots, p \Vdash \bar{x}_k = \bar{y}_k$ et $\Sigma(p, x_1, \dots, x_k)$, alors il existe $q \leqslant p$ tel que $\Sigma(q, y_1, \dots, y_k)$.

On interprète alors le symbole S dans $\mathcal{M}[G]$ de la façon suivante : étant donnés des éléments quelconques $\phi a_1, \dots, \phi a_k$ de $\mathcal{M}[G]$, on décide que $\mathcal{M}[G]$ satisfait $S(\phi a_1, \dots, \phi a_k)$ si et seulement s'il existe $p \in G$ tel que $\mathcal{M}$ satisfasse $\Sigma(p, a_1, \dots, a_k)$.

Grâce aux conditions imposées à Σ, cette définition est bien cohérente : supposons, en effet, que $\phi a_1 = \phi b_1$, ..., $\phi a_k = \phi b_k$, et $S(\phi a_1, \dots, \phi a_k)$. Il existe donc $p_0, p_1, \dots, p_k \in G$ tels que $p_1 \Vdash \bar{a}_1 = \bar{b}_1, \dots, p_k \Vdash \bar{a}_k = \bar{b}_k$ (lemme de vérité) et $\Sigma(p_0, a_1, \dots, a_k)$. Soit $p \in G$ un minorant de $p_0, p_1, \dots, p_k$. Quel que soit $q \leqslant p$, on a donc $q \Vdash \bar{a}_1 = \bar{b}_1$, ..., $q \Vdash \bar{a}_k = \bar{b}_k$ et $\Sigma(q, a_1, \dots, a_k)$ (d'après 2). Donc, d'après 3, on a $(\forall q \leqslant p)(\exists r \leqslant q)\,\Sigma(r, b_1, \dots, b_k)$.

Cela montre que $\{r \in C ; \Sigma(r, b_1, \dots, b_k)\}$ est une partie de C, qui est dans $\mathcal{M}$ et qui est dense en dessous de p. Comme $p \in G$, il existe un tel r dans G (page 124). On a donc $S(\phi b_1, \dots, \phi b_k)$, ce qui est le résultat cherché.

Pour chaque énoncé $E(x_1, \dots, x_n)$ à n variables libres, sans paramètre, écrit avec les symboles $\in, =, S$, on définit l'énoncé $p \Vdash E(\bar{x}_1, \dots, \bar{x}_n)$, qui a $n+1$ variables libres : $p, x_1, \dots, x_n$, et *qui est écrit avec les seuls symboles* $\in, =$.

Cette définition se fait par induction (au sens intuitif) sur la longueur de l'énoncé E, exactement comme à la page 132, avec une clause supplémentaire, correspondant au cas où E est l'énoncé atomique $S(x_1, \ldots, x_k)$:

- l'énoncé $p \Vdash S(\bar{x}_1, \ldots, \bar{x}_k)$ est, par définition, $\Sigma(p, x_1, \ldots, x_k)$.

Le lemme 11.7 reste valable ; la démonstration est la même, avec en plus, le cas où l'énoncé $E(\bar{a}_1, \ldots, \bar{a}_n)$ s'écrit $S(\bar{a}_1, \ldots, \bar{a}_k)$: dans ce cas, le résultat découle immédiatement de la condition 2.

Le lemme de vérité reste également valable ; pour la démonstration, on a seulement à considérer, en plus, le cas où $E(x_1, \ldots, x_n)$ est l'énoncé atomique $S(x_1, \ldots, x_k)$; or, par définition, $S(\phi a_1, \ldots, \phi a_k)$ est vrai dans $\mathcal{M}[G]$ si, et seulement s'il existe $p \in G$, tel que $\Sigma(p, a_1, \ldots, a_k)$ soit vrai dans $\mathcal{M}$, c'est-à-dire tel que $p \Vdash S(\bar{a}_1, \ldots, \bar{a}_k)$. Le résultat est donc trivial dans ce cas.

Théorème 11.17. *$\mathcal{M}[G]$ satisfait les axiomes de $ZF(S)$.*

Il suffit évidemment de considérer le schéma de remplacement, puisque ce sont les seuls axiomes qui comportent le symbole S. La démonstration faite page 137 reste valable, sans aucune modification.

A titre de première application, montrons le

Théorème 11.18. *On considère un nouveau symbole de relation M à un argument qu'on interprète dans $\mathcal{M}[G]$ par le sous-ensemble $\mathcal{M}$. Alors $\mathcal{M}[G]$ satisfait les axiomes de $ZF(M)$.*

Notons qu'en général, $\mathcal{M}$ n'est pas une collection dans $\mathcal{M}[G]$ (c'est-à-dire n'est pas définie dans $\mathcal{M}[G]$ par un énoncé écrit avec $\in, =$, à une variable libre à paramètres dans $\mathcal{M}[G]$) ; dans ce cas le théorème serait évident.

On définit dans $\mathcal{M}$ la relation $\Sigma(p, x)$ par l'énoncé $p \in C$ et $\exists u(p \Vdash \bar{x} = u)$ (rappelons que l'énoncé $p \Vdash \bar{x} = u$ est en fait l'énoncé $p \Vdash \bar{x} = \bar{v}$ avec $v = \hat{u}$; cf. page 136).

Il est clair que l'on a : $q \leqslant p$ et $\Sigma(p, x) \Rightarrow \Sigma(q, x)$.
Si $p \Vdash \bar{x} = \bar{y}$ et $\Sigma(p, x)$ sont vrais dans $\mathcal{M}$, on a $p \Vdash \bar{x} = u$ pour un $u \in \mathcal{M}$. Comme $\bar{y} = u$ est conséquence de $\bar{x} = \bar{y}, \bar{x} = u$, on en déduit $p \Vdash^* \bar{y} = u$ (page 142), c'est-à-dire $p \Vdash \bar{y} = u$ (car $\bar{y} = u$ est, en fait, « non $\bar{y} \neq u$ »). Les conditions 1, 2, 3, page 142 sont donc satisfaites. Par suite, si on définit M dans $\mathcal{M}[G]$ par la condition :

$M(\phi a) \Leftrightarrow (\exists p \in G)$(l'énoncé $\Sigma(p, a)$ est vrai dans $\mathcal{M}$)

alors $\mathcal{M}[G]$ satisfait $ZF(M)$.

Or, dans cette définition, le second membre équivaut à :

$(\exists p \in G)(\exists u \in \mathcal{M})(p \Vdash \bar{a} = u)$.

D'après le lemme de vérité, $(\exists p \in G)(p \Vdash \bar{a} = u)$ équivaut à $\phi a = u$. La définition de M s'écrit donc :

$M(\phi a) \Leftrightarrow (\exists u \in \mathcal{M})(\phi a = u)$

et l'interprétation de M est donc le sous-ensemble $\mathcal{M}$ de $\mathcal{M}[G]$.

C.Q.F.D.

Théorème 11.19. *Soit $E(a_1, \ldots, a_n)$ un énoncé clos à paramètres dans $\mathcal{M}$, écrit avec les symboles $\in, =$. Les propriétés suivantes sont équivalentes :*
i) $E(a_1, \ldots, a_n)$ est vrai dans $\mathcal{M}$;
ii) pour tout $p \in C$, on a $p \Vdash E^M(a_1, \ldots, a_n)$;
iii) il existe $p \in C$ tel que $p \Vdash E^M(a_1, \ldots, a_n)$.

On montre d'abord que, s'il existe $p \in C$ tel que $p \Vdash E^M(a_1, \ldots, a_n)$, alors $E(a_1, \ldots, a_n)$ est vrai dans $\mathcal{M}$: en effet, on prend un C-générique G sur $\mathcal{M}$ tel que $p \in G$; d'après le lemme de vérité, $E^M(a_1, \ldots, a_n)$ est alors vrai dans $\mathcal{M}[G]$, ce qui veut dire que $E(a_1, \ldots, a_n)$ est vrai dans $\mathcal{M}$.

On montre inversement, par induction (au sens intuitif) sur la longueur de E, que si $E(a_1, \ldots, a_n)$ est vrai dans $\mathcal{M}$, tout $p \in C$ force $E^M(a_1, \ldots, a_n)$.

Si E est atomique, il est de la forme $a \in b$, ou $a \neq b$.
Si $a \in b$, on a $(\hat{a}, p) \in \hat{b}$ et donc $p \Vdash a \in b$ pour tout $p \in C$.
Si $a \neq b$, on a, par exemple, $c \in a$, $c \notin b$. En appliquant (iii) $\Rightarrow$ (i) à l'énoncé $c \in b$, on voit qu'aucun $p \in C$ ne force $c \in b$. Par définition du forcing, cela veut dire que $p \Vdash c \notin b$ pour tout $p \in C$. Comme $c \in a$, on a $(\hat{c}, p) \in \hat{a}$. Par suite (condition 2, page 131), on a $p \Vdash a \neq b$.

Si E, de la forme « non F », est vrai dans $\mathcal{M}$, alors d'après (iii) $\Rightarrow$ (i), aucun $p \in C$ ne force F. Donc tout $p \in C$ force E, par définition du forcing.

Si E, de la forme « F ou F' », est vrai dans $\mathcal{M}$, alors, par exemple, F est vrai dans $\mathcal{M}$. Donc tout $p \in C$ force F (hypothèse d'induction), donc aussi E.

Si E, de la forme « $\exists x F(x)$ », est vrai dans $\mathcal{M}$, on a $F(a)$ pour un élément a de $\mathcal{M}$. Donc (hypothèse d'induction) $p \Vdash F^M(a)$ pour tout $p \in C$. Or $p \Vdash M(a)$, puisque $p \Vdash a = a$. On a donc $(\forall p \in C)[p \Vdash M(a)$ et $p \Vdash F^M(a)]$, et par suite $(\forall p \in C)[p \Vdash M(a)$ et $F^M(a)]$ (page 133). Donc $p \Vdash \exists x[M(x)$ et $F^M(x)]$, c'est-à-dire $p \Vdash E^M$.

C.Q.F.D.

Chapitre 12

Indépendance de l'hypothèse du continu

La méthode des extensions génériques, développée dans le chapitre précédent est utilisée de la façon suivante pour obtenir des résultats de non-contradiction relative : on considère une théorie $\mathcal{T}$, plus forte que $ZF+AF+AC$, et que l'on suppose non-contradictoire. D'après le théorème 10.1, on sait que $\mathcal{T}^*$ est alors non-contradictoire. On se place dans un modèle $\mathcal{U}$ de $\mathcal{T}^*$; dans $\mathcal{U}$, il y a donc un ensemble $\mathcal{M}$ dénombrable transitif qui est un modèle de $\mathcal{T}$. Dans $\mathcal{M}$, on choisit (convenablement) un ensemble ordonné C. D'après le théorème 11.5, il existe dans $\mathcal{U}$ une partie G de C, qui est C-générique sur $\mathcal{M}$. On considère alors l'ensemble $\mathcal{M}[G]$, qui satisfait $ZF+AF+AC$; si on montre qu'un certain axiome E est vrai dans $\mathcal{M}[G]$, on aura prouvé que la non-contradiction de la théorie $\mathcal{T}$ entraîne celle de $ZF+AF+AC+E$. La difficulté réside donc d'abord dans le choix de l'ensemble C, en fonction de l'axiome E dont on espère montrer la non-contradiction.

Pour annoncer une démonstration de consistance relative selon cette méthode, on écrit de facon abrégée : « soient $\mathcal{M}$ un modèle transitif dénombrable de la théorie $\mathcal{T}$ (on dira aussi : un modèle *standard* dénombrable de $\mathcal{T}$), et C l'ensemble ordonné défini dans l'univers $\mathcal{M}$ de telle et telle façon ; soit G une partie de C, qui est C-générique sur $\mathcal{M}$ … ».

Dans ce chapitre, la théorie $\mathcal{T}$ considérée sera $ZF+AF+AC+HGC$ (hypothèse généralisée du continu), théorie dont on a déjà montré la consistance relative vis-à-vis de ZF (chapitre 8). On considère donc un ensemble transitif dénombrable $\mathcal{M}$ qui est un modèle de $ZF+AF+AC+HGC$.
On choisit, dans l'univers $\mathcal{M}$, un ensemble infini I, et on prend, pour en-

semble de conditions C, l'ensemble des fonctions dont le domaine est une partie finie de I, à valeurs dans $\{0,1\}$. L'ordre de C est défini en posant : $p \leqslant q \Leftrightarrow p \supset q$ pour $p, q \in C$; autrement dit, on a $p \leqslant q$ si et seulement si la fonction p est un prolongement de la fonction q.

Deux conditions $p, q \in C$ sont donc compatibles si et seulement si elles ont un prolongement commun. Elles ont alors une borne inférieure, qui est $p \cup q$.

Deux conditions $p, q \in C$ sont incompatibles si, et seulement s'il existe $i \in \mathrm{Dom}(p) \cap \mathrm{Dom}(q)$ tel que $p(i) = 1 - q(i)$.

Soit G une partie de C, qui est C-générique sur $\mathcal{M}$. Comme les éléments de G sont deux à deux compatibles, la réunion des éléments de G est une fonction $f \in \mathcal{M}[G]$, de domaine inclus dans I, à valeurs dans $\{0,1\}$.

Soit X une partie finie quelconque de I ; on voit aisément que $\{p \in C;\ X \subset \mathrm{Dom}(p)\}$ est une partie dense de C qui est dans $\mathcal{M}$. Par suite, il existe $p \in G$ tel que $X \subset \mathrm{Dom}(p)$. Il en résulte que le domaine de f est I tout entier.

Par définition de f, si $p \in G$ on a $p = f \restriction \mathrm{Dom}(p)$, et donc p est la restriction de f à une partie finie de I. Inversement, soit q la restriction de f à une partie finie X de I. On a vu qu'il existe $p \in G$, $\mathrm{Dom}(p) \supset X$. Alors $p = f \restriction \mathrm{Dom}(p)$, donc $p \leqslant q$. Par suite $q \in G$. On a donc finalement :

- *Si $f = \bigcup_{p \in G} p$, alors f est une application de I dans $\{0,1\}$, et G est l'ensemble des restrictions de f aux parties finies de I.*

Il est alors clair que tout modèle transitif de *ZF* qui contient $\mathcal{M}$ et a pour élément l'un des deux ensembles f, G, a aussi pour élément l'autre. Le modèle $\mathcal{M}[G]$ est donc le plus petit ensemble transitif, contenant $\mathcal{M}$, ayant f pour élément et satisfaisant *ZF*. Il est donc naturel d'employer aussi, pour le désigner, la notation $\mathcal{M}[f]$.

On a vu (page 130) que $\mathcal{M}$ et $\mathcal{M}[G]$ ont les mêmes ordinaux. Dans le cas étudié ici, *ces deux univers ont aussi les mêmes cardinaux*, comme on va le montrer maintenant.

Etant donné un ensemble ordonné D de $\mathcal{M}$, rappelons qu'une *antichaîne* de D est, par définition, une partie de D dont les éléments sont deux à deux incompatibles. On dit que *D satisfait la condition d'antichaîne dénombrable* (dans $\mathcal{M}$), si toute antichaîne de D, qui est dans $\mathcal{M}$, est dénombrable ou finie (dans $\mathcal{M}$).

Lemme 12.1. *C satisfait la condition d'antichaîne dénombrable.*

On montre, par induction sur $n \in \omega$, que, si A est une antichaîne de C telle que $(\forall p \in A)[\overline{\overline{\mathrm{Dom}(p)}} = n]$, alors A est fini. C'est évident pour $n = 0$. En supposant le résultat vrai pour $n-1$, on choisit $p_0 \in A$. On pose, pour chaque $i \in \mathrm{Dom}(p_0)$:

$$A_i = \{p \in A;\ i \in \mathrm{Dom}(p) \text{ et } p(i) = 1 - p_0(i)\}.$$

Comme tout élément de A différent de p_0 est incompatible avec p_0, on a $A = \{p_0\} \cup \bigcup_{i \in \mathrm{Dom}(p_0)} A_i$.

Il suffit donc de montrer que chacun des A_i est fini. Or, les éléments de A_i sont deux à deux incompatibles et prennent tous la même valeur au point i ; pour chaque $p \in A_i$, soit $\tilde{p}$ la restriction de p à $\mathrm{Dom}(p) \setminus \{i\}$. Si $B_i = \{\tilde{p};\ p \in A_i\}$, B_i est donc une antichaîne de C, dont tous les éléments ont un domaine de cardinal $n-1$. B_i est donc fini (hypothèse d'induction) et A_i aussi, puisque A_i et B_i ont évidemment même cardinal.

Soit alors B une antichaîne quelconque de C. Pour chaque $n \in \omega$, on pose $B_n = \{p \in B;\ \overline{\overline{\mathrm{Dom}(p)}} = n\}$. Chaque B_n est fini, et comme $B = \bigcup_{n \in \omega} B_n$, B est dénombrable.

C.Q.F.D.

Le fait que $\mathcal{M}$ et $\mathcal{M}[G]$ ont les mêmes cardinaux découle alors du

Théorème 12.2. *Soient D un ensemble ordonné de $\mathcal{M}$, satisfaisant, dans $\mathcal{M}$, la condition d'antichaîne dénombrable, et H une partie de D, D-générique sur $\mathcal{M}$. Alors $\mathcal{M}$ et $\mathcal{M}[H]$ ont les mêmes cardinaux.*

Il est évident que tout cardinal de $\mathcal{M}[H]$ est un cardinal de $\mathcal{M}$. Inversement, soit κ un cardinal infini de $\mathcal{M}$. Supposons que κ ne soit pas un cardinal de $\mathcal{M}[H]$; il existe donc $\lambda \in \kappa$, et un objet ϕa de $\mathcal{M}[H]$ ($a \in \mathcal{M}$) qui est une surjection de λ sur κ. D'après le lemme de vérité, il existe donc $p_0 \in H$ tel que $p_0 \Vdash$ « $\bar{a}$ est une surjection de λ sur κ ».

Pour chaque $\alpha \in \lambda$, soit $X_\alpha = \{\beta \in \kappa$; il existe $p \leqslant p_0$ tel que $p \Vdash (\alpha, \beta) \in \bar{a}\}$. A chaque $\beta \in X_\alpha$, on peut donc associer $p_\beta \in D$ tel que :

$$p_\beta \leqslant p_0 \text{ et } p_\beta \Vdash (\alpha, \beta) \in \bar{a}.$$

Si β, β' sont deux éléments distincts de X_α, alors p_β et $p_{\beta'}$ sont incompatibles : car si $r \leqslant p_\beta$, $r \leqslant p_{\beta'}$, alors r force simultanément les énoncés suivants : $(\alpha, \beta) \in \bar{a}$, $(\alpha, \beta') \in \bar{a}$, $\beta \neq \beta'$ (théorème 11.19), « $\bar{a}$ est une surjection de λ sur κ ».
Mais c'est impossible, car ces énoncés sont visiblement contradictoires.

L'ensemble des p_β pour $\beta \in X_\alpha$ est donc une antichaîne de D, donc est dénombrable. Comme l'application $\beta \mapsto p_\beta$ est injective (si $\beta \neq \beta'$, alors p_β et $p_{\beta'}$ sont distincts puisqu'incompatibles), on en déduit que X_α est dénombrable pour tout $\alpha < \lambda$.

Comme κ est un cardinal de $\mathcal{M}$, on a dans $\mathcal{M}$: $\overline{\overline{\bigcup_{\alpha \in \lambda} X_\alpha}} \leqslant \overline{\overline{\lambda}} \times \aleph_0 < \kappa$.

Il existe donc $\beta_0 \in \kappa \setminus \bigcup_{\alpha\in\lambda} X_\alpha$. Mais, comme ϕa est une surjection de λ sur κ, il existe $\alpha_0 \in \lambda$ tel que $(\alpha_0, \beta_0) \in \phi a$. D'après le lemme de vérité, il existe donc $p \in H$, $p \Vdash (\alpha_0, \beta_0) \in \bar{a}$. On peut évidemment supposer $p \leqslant p_0$ (p et p_0 sont compatibles puisque tous deux dans H). Mais on a alors $\beta_0 \in X_{\alpha_0}$, ce qui contredit la définition de β_0.

C.Q.F.D.

Nous pouvons maintenant démontrer l'indépendance de l'hypothèse du continu vis-à-vis de $ZF + AF + AC$. Pour cela, on choisit un cardinal infini π de $\mathcal{M}$, $\pi > \aleph_1$, et on prend pour I l'ensemble $\omega \times \pi$. Pour chaque $\alpha \in \pi$, on pose $d_\alpha = \{n \in \omega;\ f(n,\alpha) = 1\}$. Comme $f \in \mathcal{M}[G]$, on voit que la fonction $\alpha \mapsto d_\alpha$ est, dans $\mathcal{M}[G]$, une application de π dans $\mathcal{P}(\omega)$.

- *Si $\alpha, \beta \in \pi$ et $\alpha \neq \beta$, alors $d_\alpha \neq d_\beta$.*

En effet, il est facile de voir que :

$\{p \in C;\ (\exists n \in \omega)[(n,\alpha) \in \mathrm{Dom}(p)$ et $(n,\beta) \in \mathrm{Dom}(p)$ et $p(n,\alpha) \neq p(n,\beta)]\}$
est une partie dense de C, qui est dans $\mathcal{M}$. Il existe donc $p \in G$ et $n \in \omega$ tels que $(n,\alpha), (n,\beta) \in \mathrm{Dom}(p)$ et $p(n,\alpha) \neq p(n,\beta)$. Donc $f(n,\alpha) \neq f(n,\beta)$ d'où $d_\alpha \neq d_\beta$.

C.Q.F.D.

L'application $\alpha \mapsto d_\alpha$ est donc, dans $\mathcal{M}[G]$, une injection de π dans $\mathcal{P}(\omega)$. Or π est, dans $\mathcal{M}$, un cardinal $> \aleph_1$; ceci est également vrai dans $\mathcal{M}[G]$, puisque $\mathcal{M}$ et $\mathcal{M}[G]$ ont les mêmes cardinaux.

Comme $\mathcal{M}[G]$ satisfait l'énoncé « $\overline{\overline{\mathcal{P}(\omega)}} \geqslant \pi$ », on a donc obtenu un modèle de $ZF + AF + AC +$« $\overline{\overline{\mathcal{P}(\omega)}} > \aleph_1$ ». On a ainsi montré le célèbre résultat de P. Cohen :

- *Si ZF est non-contradictoire, l'hypothèse du continu n'est pas démontrable à partir des axiomes de ZF, de l'axiome de fondation et de l'axiome du choix.*

Le théorème suivant permet de préciser ce qui se passe pour les ensembles puissances des divers cardinaux du modèle $\mathcal{M}[G]$.

Théorème 12.3. *Soient D un ensemble ordonné de l'univers $\mathcal{M}$, $\mathcal{A}(D)$ l'ensemble des antichaînes de D (dans $\mathcal{M}$), et H un ensemble D-générique sur $\mathcal{M}$. Pour tout ordinal ρ, il existe, dans $\mathcal{M}[H]$, une surjection de l'ensemble $\mathcal{A}(D)^\rho$ de $\mathcal{M}$ sur l'ensemble $\mathcal{P}(\rho)$ de $\mathcal{M}[H]$ (ensemble des parties de ρ qui sont dans $\mathcal{M}[H]$).*

On définit l'application surjective s cherchée de la façon suivante : soit $g : \rho \to \mathcal{A}(D)$, $g \in \mathcal{M}$. On pose $s(g) = \{\alpha \in \rho;\ g(\alpha) \cap H \neq \emptyset\}$. Soit ϕa

une partie quelconque de ρ, qui est dans $\mathcal{M}[H]$ ($a \in \mathcal{M}$). On a à montrer que $\phi a \in \text{Im}(s)$. Pour chaque $\alpha \in \rho$, on choisit, dans $\mathcal{M}$, une partie maximale $g(\alpha)$ de D, dont les éléments sont deux à deux incompatibles, et forcent « $\alpha \in \bar{a}$ ». Le théorème de Zorn donne immédiatement l'existence d'une telle partie de D.

On a ainsi défini, dans $\mathcal{M}$, une application $g : \rho \to \mathcal{A}(D)$. Si $\alpha \in s(g)$, on a $g(\alpha) \cap H \neq \emptyset$; il existe donc $p \in H$ tel que $p \Vdash \alpha \in \bar{a}$, et on a donc $\alpha \in \phi a$ (lemme de vérité). Inversement, si $\alpha \in \phi a$, il existe $p \in H$, $p \Vdash \alpha \in \bar{a}$. On en déduit que tout minorant de p est compatible avec un élément de $g(\alpha)$: si $q \leqslant p$ n'avait pas cette propriété, $g(\alpha) \cup \{q\}$ contredirait la maximalité de $g(\alpha)$.

Alors $g(\alpha) \cap H \neq \emptyset$: car l'ensemble des minorants des éléments de $g(\alpha)$ est dense en dessous de p, donc rencontre H (page 124).

C.Q.F.D.

Corollaire 12.4. *Soient D un ensemble ordonné de l'univers $\mathcal{M}$, de cardinal $\pi \geqslant \aleph_0$, satisfaisant la condition d'antichaîne dénombrable, et H un ensemble D-générique sur $\mathcal{M}$. Si ρ est un cardinal infini de $\mathcal{M}$, le cardinal de 2^ρ calculé dans $\mathcal{M}[H]$ est au plus égal au cardinal de π^ρ calculé dans $\mathcal{M}$.*

En effet, si D satisfait la condition d'antichaîne dénombrable, le cardinal de $\mathcal{A}(D)$ est majoré par $\overline{\overline{D^\omega}}$ (cardinal de l'ensemble des parties dénombrables de D) dans $\mathcal{M}$. Donc $\overline{\overline{\mathcal{A}(D)^\rho}} \leqslant \overline{\overline{\pi^{\omega \times \rho}}} = \pi^\rho$ dans $\mathcal{M}$. D'après le théorème 12.3, on voit alors que 2^ρ calculé dans $\mathcal{M}[H]$ est majoré par π^ρ calculé dans $\mathcal{M}$.

C.Q.F.D.

Appliquons par exemple ce résultat au cas où $I = \omega \times \aleph_3$, d'où $\pi = \aleph_3$. On a alors dans $\mathcal{M}$ (puisque, par hypothèse, $\mathcal{M}$ satisfait *HGC*) :
$\pi^\rho = \aleph_3$ pour $\rho = \aleph_0, \aleph_1, \aleph_2$;
$\pi^\rho = \rho^+$ (cardinal successeur de ρ) si $\rho \geqslant \aleph_3$.

Le corollaire 12.4 montre alors que, dans $\mathcal{M}[G]$, on a :
$2^\rho \leqslant \aleph_3$ pour $\rho = \aleph_0, \aleph_1, \aleph_2$; $2^\rho = \rho^+$ pour $\rho \geqslant \aleph_3$.

Mais on a $2^\rho \geqslant \rho^+$ (théorème de Cantor), et on a vu que, dans $\mathcal{M}[G]$, $2^\omega \geqslant \pi = \aleph_3$. Il en résulte que, dans le modèle $\mathcal{M}[G]$, on a finalement :

$$2^{\aleph_0} = 2^{\aleph_1} = 2^{\aleph_2} = \aleph_3 ; \; 2^\rho = \rho^+ \text{ pour } \rho \geqslant \aleph_3$$

Dans le cas général, on montre aisément, grâce à *HGC* et au théorème de König, que dans $\mathcal{M}$, on a :

$\pi^\rho = \pi$ si $\rho < \text{cof}(\pi)$ (cofinalité de π) ;

$\pi^\rho = \pi^+$ si $\mathrm{cof}(\pi) \leqslant \rho \leqslant \pi$; $\pi^\rho = \rho^+$ si $\pi \leqslant \rho$.

Le corollaire 12.4 montre alors qu'on a dans $\mathcal{M}[G]$:

$2^\rho \leqslant \pi$ si $\rho < \mathrm{cof}(\pi)$; $2^\rho \leqslant \pi^+$ si $\mathrm{cof}(\pi) \leqslant \rho \leqslant \pi$; $2^\rho \leqslant \rho^+$ si $\pi \leqslant \rho$.

Comme on a vu que $2^\omega \geqslant \pi$ dans $\mathcal{M}[G]$, on a nécessairement $2^\rho = \pi$ pour $\rho < \mathrm{cof}(\pi)$; d'après le théorème de Cantor, on a $2^\rho = \rho^+$ si $\pi \leqslant \rho$. Si $\rho = \mathrm{cof}(\pi)$, on a $\pi \leqslant 2^\rho \leqslant \pi^+$; mais, d'après le lemme de König, 2^ρ n'est pas cofinal à ρ, donc $2^\rho \neq \pi$. Donc $2^\rho = \pi^+$ si $\rho = \mathrm{cof}(\pi)$. Par suite :

$$2^\rho = \pi^+ \text{ pour } \mathrm{cof}(\pi) \leqslant \rho \leqslant \pi.$$

Finalement, on a dans $\mathcal{M}[G]$:

$$2^\rho = \pi \text{ si } \rho < \mathrm{cof}(\pi) ;\ 2^\rho = \pi^+ \text{ si } \mathrm{cof}(\pi) \leqslant \rho \leqslant \pi ;\ 2^\rho = \rho^+ \text{ si } \pi \leqslant \rho.$$

Consistance de $HGC + V \neq L$

On prend pour I l'ensemble ω ; l'ensemble de conditions considéré est donc l'ensemble C des fonctions de domaine fini $\subset \omega$, à valeurs dans $\{0, 1\}$; la fonction $f : \omega \to \{0, 1\}$ est la fonction caractéristique d'une partie d de ω, $d \in \mathcal{M}[G]$.

On a $G \notin \mathcal{M}$; en effet, il est évident que toute condition possède deux minorants incompatibles, et il suffit alors d'appliquer le théorème 11.4. Comme G est l'ensemble des restrictions de f aux parties finies de ω, on a $f \notin \mathcal{M}$. Donc $d \notin \mathcal{M}$.

- *La collection des constructibles de $\mathcal{M}$ est la même que celle de $\mathcal{M}[G]$.*

En effet, la relation $y = L_\alpha$ étant q.u.b., et $\mathcal{M}$ étant un sous-ensemble transitif de $\mathcal{M}[G]$, on a $[y = L_\alpha]^{\mathcal{M}} \Rightarrow [y = L_\alpha]^{\mathcal{M}[G]}$ pour tout ordinal α de $\mathcal{M}$ et tout $y \in \mathcal{M}$. Il en résulte que L_α calculé dans $\mathcal{M}$ est le même que L_α calculé dans $\mathcal{M}[G]$, pour tout ordinal $\alpha \in \mathcal{M}$. Comme $\mathcal{M}$ et $\mathcal{M}[G]$ ont les mêmes ordinaux, on a le résultat annoncé.

C.Q.F.D.

La collection des constructibles de $\mathcal{M}[G]$ est donc contenue dans $\mathcal{M}$; étant donné que $d \notin \mathcal{M}$, on voit que d n'est pas constructible dans $\mathcal{M}[G]$.

On vérifie que $\mathcal{M}[G]$ satisfait *HGC* au moyen du corollaire 12.4 : si ρ est un cardinal infini, le cardinal de 2^ρ dans $\mathcal{M}[G]$ est au plus égal à ω^ρ calculé dans $\mathcal{M}$, c'est-à-dire ρ^+ (puisque $\mathcal{M}$ satisfait *HGC*). Donc $2^\rho = \rho^+$ dans $\mathcal{M}[G]$ pour tout cardinal infini ρ. On a ainsi montré un autre résultat de P. Cohen :

- *Si ZF est non contradictoire, alors ni l'axiome de constructibilité, ni même l'énoncé « tout ensemble d'entiers est constructible », n'est démontrable dans la théorie ZF + AF + AC + HGC.*

Chapitre 13

Indépendance de l'axiome du choix

Retour sur les ensembles définissables

On considère ici une généralisation simple de la notion d'ensemble définissable en termes d'ordinaux. Soient $\mathcal{N}$ un univers, satisfaisant $ZF+AF$, et une collection, définie dans $\mathcal{N}$ par un énoncé $P(x, a_1, \ldots, a_n)$, telle que :

- les paramètres $a_1, \ldots, a_n$ de l'énoncé considéré sont dans la collection P ;
- tout ordinal est dans la collection P.

On définit alors la collection DP des ensembles *définissables en termes d'éléments de P*, par l'énoncé $DP(x)$: « il existe un ordinal α et une formule $\Phi(v)$ à une seule variable libre, à paramètres dans P, tels que la valeur de $\Phi(v)$ dans V_α soit $\{x\}$ ».

Noter que l'énoncé $DP(x)$ a pour seuls paramètres $a_1, \ldots, a_n$.

Lemme 13.1. *Soit $E(x, u)$ un énoncé à une variable libre x, à un paramètre u qui est une suite finie d'éléments de P, qui n'est satisfait dans $\mathcal{N}$ que par le seul objet a. Alors a est définissable en termes d'éléments de P.*

L'énoncé $E(x, u)$ est alors appelé une définition de a (en termes d'éléments de P).

Soit α un ordinal limite, $\alpha > \text{rg}(a), \text{rg}(u)$, tel que V_α convienne à l'énoncé $E(x, u)$. La valeur de la formule $\ulcorner E(x, u) \urcorner$ dans V_α est alors $\{a\}$ puisque $a \in V_\alpha$. Si k est la longueur de la suite u, on obtient une formule à paramètres dans P, dont la valeur dans V_α est $\{a\}$, en écrivant :

$$\bigvee y(\ulcorner y = \{(0, u(0)), \ldots, (k-1, u(k-1))\} \urcorner \wedge \ulcorner E(x, y) \urcorner).$$

C.Q.F.D.

La réciproque est également vraie, et, de façon plus précise :

Lemme 13.2. *On peut écrire un énoncé $E(x, y)$ à deux variables libres, sans paramètre, tel que, pour tout objet a définissable en termes d'éléments de P, il existe une suite finie u d'éléments de P telle que $E(x, u)$ soit une définition de a.*

On écrit d'abord un énoncé à quatre variables libres $A(x, \Phi, z, \alpha)$: « α est un ordinal, Φ une formule sans paramètre, z une suite finie, (Φ, z) une formule avec paramètres à une seule variable libre dont la valeur dans V_α est $\{x\}$ ».

Soit a un ensemble définissable en termes d'éléments de P. Par définition de DP, il existe une formule Φ_0, une suite finie z_0 d'éléments de P, et un ordinal α_0, tels que $A(x, \Phi_0, z_0, \alpha_0)$ soit satisfait par le seul objet a. En utilisant une bijection $y = K(x)$ de ω sur V_ω définie par un énoncé sans paramètre, on écrit l'énoncé $B(x, n, z, \alpha)$ à quatre variables libres : $\exists\Phi[K(n) = \Phi$ et $A(x, \Phi, z, \alpha)]$.

Il existe donc $n_0 \in \omega$ tel que $B(x, n_0, z_0, \alpha_0)$ soit satisfait par le seul objet a. Comme tout ordinal est dans P, on voit que l'énoncé $E(x, y)$: $\exists n[n \in \omega$ et y est une suite finie de longueur $n+2$ et $B(x, y(n), y \restriction n, y(n+1))]$ résout le problème posé ; car si u est la suite obtenue en mettant bout à bout la suite z_0 et la suite à deux éléments (n_0, α_0), l'énoncé $E(x, u)$ est une définition de a.

C.Q.F.D.

On définit alors *la collection HDP des ensembles héréditairement définissables en termes d'éléments de P* ; l'énoncé *HDP*(x), qui a les paramètres $a_1, \ldots, a_n$, est : $\forall y[y \in \mathrm{Cl}(\{x\}) \Rightarrow DP(y)]$.

On montre alors, exactement comme dans le cas particulier des ensembles héréditairement définissables en termes d'ordinaux, que *HDP* satisfait *ZF* + *AF*. Noter que c'est seulement pour vérifier l'axiome de l'ensemble des parties dans le modèle *HDP* que l'on utilise l'hypothèse que les paramètres $a_1, \ldots, a_n$ sont dans la collection P.

Remarquons que, *si P, Q sont deux collections satisfaisant les conditions page 151, et si P est une sous-collection de Q, alors l'univers HDP est inclus dans l'univers HDQ*, comme on le voit immédiatement sur les définitions. En particulier, *HDO* (collection des ensembles héréditairement définissables en termes d'ordinaux) est toujours inclus dans *HDP*.

Notons enfin que cette construction est aussi valable dans le cas où les énoncés utilisés sont écrits avec $\in, =$ et aussi d'autres symboles de relation $S_1, \ldots, S_p$, mais à condition que l'univers $\mathcal{N}$ satisfasse $ZF(S_1, \ldots, S_p)$; la collection *HDP* satisfait alors également $ZF(S_1, \ldots, S_p)$. La démonstration évoquée ci-dessus reste valable dans ce cas.

Par exemple, si $\mathcal{N}$ est un univers du type $\mathcal{M}[G]$ étudié au chapitre 11, la collection *HDM* de $\mathcal{M}[G]$ (collection des ensembles héréditairement définissables en termes d'éléments de $\mathcal{M}$) est un sous-univers transitif de $\mathcal{M}[G]$ qui satisfait *ZF(M)*.

Automorphismes d'un ensemble de conditions

On considère un univers $\mathcal{M}$, satisfaisant $ZF+AF$, et dans $\mathcal{M}$, un ensemble ordonné C. Un automorphisme de C est, par définition, une application bijective $\sigma : C \to C$, telle que $p \leqslant q \Leftrightarrow \sigma p \leqslant \sigma q$ quels que soient $p, q \in C$. A l'aide d'un tel automorphisme, on définit dans $\mathcal{M}$ une relation fonctionnelle $y = A_\sigma(x)$, de domaine $\mathcal{M}$ tout entier.
La définition se fait par induction sur $\mathrm{rg}(x)$:
$v \in A_\sigma(x) \Leftrightarrow \exists u (\exists p \in C)[(u,p) \in x$ et $v = (A_\sigma(u), \sigma p)]$ ou
$[v \in x$ et v n'est pas de la forme (u,p) avec $p \in C]$.

On vérifie immédiatement que, si σ, τ sont deux automorphismes de C, on a $A_\sigma \circ A_\tau(x) = A_{\sigma\circ\tau}(x)$; et que, si σ est l'identité sur C, A_σ est l'identité sur $\mathcal{M}$.

Il en résulte que A_σ est une bijection de $\mathcal{M}$ sur lui-même, et que la bijection inverse est $A_{\sigma^{-1}}$.

L'énoncé $y = A_\sigma(x)$ s'écrit aisément sous la forme d'un énoncé à trois variables libres x, y, σ. Pour alléger les notations, on l'écrira $y = x^\sigma$ (peu de risques de confusion avec l'emploi normal de l'exposant).

- *Soient $a_1, \dots, a_n$ des objets de $\mathcal{M}$, $p \in C$, et $E(x_1, \dots, x_n)$ un énoncé sans paramètre, écrit avec $\in$ et $=$. On a alors, dans $\mathcal{M}$:*

$$p \Vdash E(\bar{a}_1, \dots, \bar{a}_n) \Leftrightarrow \sigma p \Vdash E(\bar{a}_1^\sigma, \dots, \bar{a}_n^\sigma)$$

pour tout automorphisme σ de C.

On le montre d'abord lorsque E est un énoncé atomique, de la forme $\bar{a} \in \bar{b}$ ou $\bar{a} \neq \bar{b}$, par induction sur $\rho(a,b) = (\mathrm{rg}(a) \cup \mathrm{rg}(b), \mathrm{rg}(a) \cap \mathrm{rg}(b))$.

Si $p \Vdash \bar{a} \in \bar{b}$, il existe $(u,q) \in b$ avec $q \geqslant p$, tel que $p \Vdash \bar{a} = \bar{u}$ (condition 1, page 131). Or, on a $p \Vdash \bar{a} = \bar{u} \Leftrightarrow (\forall r \leqslant p)\, r \not\Vdash \bar{a} \neq \bar{u}$ (condition 4, page 131). Comme $\mathrm{rg}(u) < \mathrm{rg}(b)$, on a $\rho(a,u) < \rho(a,b)$, donc, par hypothèse d'induction, on a pour tout $r \in C$: $r \Vdash \bar{a} \neq \bar{u} \Leftrightarrow \sigma r \Vdash \bar{a}^\sigma \neq \bar{u}^\sigma$. On a donc $p \Vdash \bar{a} = \bar{u} \Leftrightarrow (\forall r \leqslant p)\, \sigma r \not\Vdash \bar{a}^\sigma \neq \bar{u}^\sigma$. Comme σ est un automorphisme de C, on a $r \leqslant p \Leftrightarrow \sigma r \leqslant \sigma p$, d'où $p \Vdash \bar{a} = \bar{u} \Leftrightarrow (\forall r \leqslant \sigma p)\, r \not\Vdash \bar{a}^\sigma \neq \bar{u}^\sigma$. Finalement, on a montré : $p \Vdash \bar{a} = \bar{u} \Leftrightarrow \sigma p \Vdash \bar{a}^\sigma = \bar{u}^\sigma$.

Comme $(u, q) \in b$, on a $(u^\sigma, \sigma q) \in b^\sigma$ (par définition de b^σ) et $\sigma q \geqslant \sigma p$. Or $\sigma p \Vdash \bar{a}^\sigma = \bar{u}^\sigma$, et donc $\sigma p \Vdash \bar{a}^\sigma \in \bar{b}^\sigma$ (condition 1, page 131).

Inversement, si $\sigma p \Vdash \bar{a}^\sigma \in \bar{b}^\sigma$, il existe un objet de $\mathcal{M}$, qu'on peut désigner par u^σ, et un élément de C, qu'on peut écrire σq tels que

$$\sigma p \Vdash \bar{a}^\sigma = \bar{u}^\sigma, (\bar{u}^\sigma, \sigma q) \in \bar{b}^\sigma, \sigma q \geqslant \sigma p.$$

On a alors $q \geqslant p$ et $(u, q) \in b$; donc $\mathrm{rg}(u) < \mathrm{rg}(b)$, $\rho(a, u) < \rho(a, b)$ et, par suite, ainsi qu'on vient de le montrer : $\sigma p \Vdash \bar{a}^\sigma = \bar{u}^\sigma \Leftrightarrow p \Vdash \bar{a} = \bar{u}$. On a donc $p \Vdash \bar{a} = \bar{u}$, $(u, q) \in b$ et $q \geqslant p$, soit $p \Vdash \bar{a} \in \bar{b}$.

La démonstration est tout à fait semblable pour l'énoncé $a \neq b$. Le résultat pour un énoncé E quelconque se démontre alors immédiatement par induction (au sens intuitif) sur la longueur de E.

C.Q.F.D.

- *Pour tout objet a de $\mathcal{M}$, et tout automorphisme σ de C, on a* $(\hat{a})^\sigma = \hat{a}$.

Par induction sur $\mathrm{rg}(a)$; on a, par définition : $\hat{a} = \{(\hat{u}, p) ;\ u \in a, p \in C\}$. Donc $(\hat{a})^\sigma = \{((\hat{u})^\sigma, \sigma p) ;\ u \in a, p \in C\}$. Mais $(\hat{u})^\sigma = \hat{u}$ si $u \in a$ (hypothèse d'induction). D'où $(\hat{a})^\sigma = \hat{a}$.

C.Q.F.D.

Il en résulte que, si l'énoncé E est écrit avec $\in, =$, on a :

$$p \Vdash E(a_1, \ldots, a_m, \bar{b}_1, \ldots, \bar{b}_n) \Leftrightarrow \sigma p \Vdash E(a_1, \ldots, a_m, \bar{b}_1^\sigma, \ldots, \bar{b}_n^\sigma).$$

Considérons maintenant un nouveau symbole de relation S, à k arguments, et supposons défini l'énoncé $p \Vdash S(\bar{x}_1, \ldots, \bar{x}_k)$ par la relation $\Sigma(p, x_1, \ldots, x_k)$ satisfaisant les conditions 1, 2, 3, page 142. Etant donné un automorphisme σ de C, on introduit un autre symbole de relation S^σ à k arguments, et on définit $p \Vdash S^\sigma(\bar{x}_1, \ldots, \bar{x}_k)$ en posant :

$$p \Vdash S^\sigma(\bar{x}_1, \ldots, \bar{x}_k) \Leftrightarrow \Sigma(\sigma^{-1} p, x_1^{\sigma^{-1}}, \ldots, x_k^{\sigma^{-1}}).$$

On vérifie immédiatement que les conditions 1, 2, 3, page 142 restent satisfaites. On a alors :

$$p \Vdash S(\bar{x}_1, \ldots, \bar{x}_k) \Leftrightarrow \sigma p \Vdash S^\sigma(\bar{x}_1^\sigma, \ldots, \bar{x}_k^\sigma).$$

Pour chaque énoncé clos $E(\bar{a}_1, \ldots, \bar{a}_n)$, écrit avec les symboles $\in, =$, et S ($a_1, \ldots, a_n$ étant des objets de $\mathcal{M}$), on désigne par $[E(\bar{a}_1, \ldots, \bar{a}_n)]^\sigma$ l'énoncé obtenu en remplaçant $\bar{a}_1, \ldots, \bar{a}_n, S$ respectivement par $\bar{a}_1^\sigma, \ldots, \bar{a}_n^\sigma, S^\sigma$. Il est alors aisé de montrer, par induction (au sens intuitif) sur la longueur de l'énoncé E, que l'on a :

$$p \Vdash E(\bar{a}_1,\ldots,\bar{a}_n) \Leftrightarrow \sigma p \Vdash [E(\bar{a}_1,\ldots,\bar{a}_n)]^\sigma.$$

Le symbole de relation S est dit *invariant par* σ si on a dans $\mathcal{M}$:

$$p \Vdash S(\bar{x}_1,\ldots,\bar{x}_k) \Leftrightarrow p \Vdash S^\sigma(\bar{x}_1,\ldots,\bar{x}_k),$$

ou encore

$$\Sigma(p, x_1,\ldots,x_k) \Leftrightarrow \Sigma(\sigma p, x_1^\sigma,\ldots,x_k^\sigma).$$

Dans ce cas, on vérifie aisément que, pour tout énoncé E écrit avec $\in$, $=$ et S, on a $p \Vdash [E(\bar{a}_1,\ldots,\bar{a}_n)]^\sigma \Leftrightarrow p \Vdash E(\bar{a}_1^\sigma,\ldots,\bar{a}_n^\sigma)$ (preuve par induction, au sens intuitif, sur la longueur de l'énoncé E). On a donc :

- $p \Vdash E(\bar{a}_1,\ldots,\bar{a}_n) \Leftrightarrow \sigma p \Vdash E(\bar{a}_1^\sigma,\ldots,\bar{a}_n^\sigma)$.

Bien entendu $\in$ et $=$ sont des symboles invariants par tout automorphisme σ ; le symbole M (introduit page 143) est également invariant par tout automorphisme σ. On a en effet :

$$\sigma p \Vdash M\bar{a}^\sigma \Leftrightarrow \exists u(\sigma p \Vdash \bar{a}^\sigma = u) \Leftrightarrow \exists u(p \Vdash \bar{a} = u) \Leftrightarrow p \Vdash M\bar{a}.$$

Considérons une partie G de C qui est C-générique sur $\mathcal{M}$, et un automorphisme σ de C (qui est dans $\mathcal{M}$). On pose $\sigma G = \{\sigma p;\ p \in G\}$, et on vérifie immédiatement que

- *σG est un élément de $\mathcal{M}[G]$ qui est C-générique sur $\mathcal{M}$.*

On a vu (page 130) que, si l'on pose $\Gamma = \{(\hat{p}, q);\ p, q \in C, p \geqslant q\}$, on a $\phi(\Gamma) = G$ (ϕ étant l'application contractante de $\mathcal{M}$ sur $\mathcal{M}[G]$). On a alors

- *$\phi(\Gamma^\sigma) = \sigma^{-1}G$ pour tout automorphisme σ de C, $\sigma \in \mathcal{M}$.*

En effet $\Gamma^\sigma = \{(\hat{p}, \sigma q);\ p, q \in C,\ p \geqslant q\}$ puisque $(\hat{p})^\sigma = \hat{p}$.

Si $r \in \sigma^{-1}G$, on a $\sigma r \in G$; d'autre part $(\hat{r}, \sigma r) \in \Gamma^\sigma$ et donc $\phi(\hat{r}) \in \phi(\Gamma^\sigma)$ (ϕ est contractante). Donc $r \in \phi(\Gamma^\sigma)$.

Inversement, si ϕa est un élément quelconque de $\phi(\Gamma^\sigma)$ on a $\phi a = \phi b$ et $(b, r) \in \Gamma^\sigma$ avec $r \in G$ (ϕ est contractante). Donc $r = \sigma q$, $b = \hat{p}$ et $p \geqslant q$; soit $\sigma p \geqslant r$, donc $\sigma p \in G$. Comme $\phi a = \phi b = p$ on a bien $\phi a \in \sigma^{-1}G$.

Consistance de $HGC + \exists x$ non $DO(x)$

Soient $\mathcal{M}$ un modèle transitif $ZF + AF$, et C un ensemble ordonné de $\mathcal{M}$. On dira que C est *homogène* si, quels que soient $p, q \in C$, il existe dans $\mathcal{M}$ un automorphisme σ de C tel que σp et q soient compatibles.

Théorème 13.3. *Soient $\mathscr{M}$ un modèle transitif dénombrable de ZF + AF, et C un ensemble ordonné homogène de $\mathscr{M}$. Si G est un C-générique sur $\mathscr{M}$, on a dans $\mathscr{M}[G]$: $\forall x[HDM(x) \Leftrightarrow M(x)]$ (tout ensemble héréditairement définissable en termes d'éléments de $\mathscr{M}$ est dans $\mathscr{M}$).*

On montre d'abord le

Lemme 13.4. *Avec les mêmes hypothèses, soit $E(a_1,\ldots,a_n)$ un énoncé clos écrit avec $\in, =, M$, à paramètres dans $\mathscr{M}$. Alors les trois propriétés suivantes sont équivalentes :*

a) $\mathscr{M}[G]$ satisfait $E(a_1,\ldots,a_n)$;

b) il existe $p \in C$, $p \Vdash E(a_1,\ldots,a_n)$;

c) pour tout $p \in C$, $p \Vdash^* E(a_1,\ldots,a_n)$.

D'après le lemme de vérité, il est clair que *a)* ⇒ *b)* et *c)* ⇒ *a)* ; il reste à voir que *b)* ⇒ *c)* :

Par hypothèse, on a $p \in C$, $p \Vdash E(a_1,\ldots,a_n)$; s'il existe $q \in C$, $q \Vdash$ non $E(a_1,\ldots,a_n)$, on choisit un automorphisme σ de C tel que σp et q soient compatibles. Il existe donc $r \in C$, $r \leqslant \sigma p$, $r \leqslant q$. Comme $p \Vdash E(a_1,\ldots,a_n)$, on a $\sigma p \Vdash [E(a_1,\ldots,a_n)]^\sigma$, c'est-à-dire $\sigma p \Vdash E(a_1,\ldots,a_n)$ (en effet, le symbole M est invariant par σ). Donc r force simultanément $E(a_1,\ldots,a_n)$ et non $E(a_1,\ldots,a_n)$ ce qui est impossible. Il en résulte que $(\forall q \in C)(q \nVdash$ non $E(a_1,\ldots,a_n))$, ce qui est le résultat cherché.

C.Q.F.D.

On montre alors, par induction sur $\text{rg}(x)$ que, dans l'univers $\mathscr{M}[G]$, on a $HDM(x) \Rightarrow M(x)$. Soit x_0 un ensemble héréditairement définissable en termes d'éléments de $\mathscr{M}$. Par hypothèse d'induction, tout élément de x_0 est dans $\mathscr{M}$, soit $x_0 \subset \mathscr{M}$. Comme on a $DM(x_0)$, on a une définition de x_0 en termes d'éléments de $\mathscr{M}$, d'où un énoncé $E(x,b)$ écrit avec $\in, =, M$, à une variable libre x (b étant une suite finie d'éléments de $\mathscr{M}$, c'est-à-dire un élément de $\mathscr{M}$) tel que, dans $\mathscr{M}[G]$, on ait : $\forall x[x \in x_0 \Leftrightarrow E(x,b)]$.
Si u est un objet quelconque de $\mathscr{M}$, on a donc :

$$u \in x_0 \Leftrightarrow \mathscr{M}[G] \text{ satisfait } E(u,b).$$

D'après le lemme 13.4, on a donc, si $u \in \mathscr{M}$:

$$u \in x_0 \Leftrightarrow (\exists p \in C)[p \Vdash E(u,b)].$$

Soit $\alpha = \text{rg}(x_0)$. Comme $x_0 \subset \mathscr{M}$, on a $x_0 \subset a$ où a est l'ensemble V_α de l'univers $\mathscr{M}$. On a donc :

$$x_0 = \{u \in a;\ (\exists p \in C)[p \Vdash E(u,b)]\}$$

ce qui montre que $x_0 \in \mathscr{M}$ (schéma de compréhension).

C.Q.F.D.

On prend de nouveau, comme ensemble de conditions, l'ensemble C utilisé page 150 : une condition est une fonction de domaine fini, inclus dans ω, à valeurs dans $\{0, 1\}$. Cet ensemble est homogène : en effet, si $p, q \in$ C, soit θ une permutation de ω qui envoie $\mathrm{Dom}(p)$ sur un ensemble disjoint de $\mathrm{Dom}(q)$. On définit alors un automorphisme σ de C en posant pour $r \in$ C : $\mathrm{Dom}(\sigma r) = \theta(\mathrm{Dom}(r))$; $\sigma r(n) = r(\theta^{-1} n)$ pour $n \in \mathrm{Dom}(\sigma r)$. Alors $\mathrm{Dom}(\sigma p)$ est disjoint de $\mathrm{Dom}(q)$, donc σp et q sont compatibles.

On a défini, page 150, une partie d de ω qui est dans $\mathscr{M}[G]$, mais pas dans $\mathscr{M}$. D'après le théorème 13.3, d n'est donc pas dans *HDM*, et donc n'est pas dans *HDO*. Comme $d \subset \omega$, cela veut dire que d n'est pas dans *DO*. On a ainsi montré :

- *A l'aide des axiomes ZF + AF + AC + HGC, supposés non contradictoires, on ne peut pas démontrer l'énoncé $\forall x DO(x)$, ni même l'énoncé « tout ensemble d'entiers est définissable en termes d'ordinaux ».*

Si on choisit pour $\mathscr{M}$ un modèle de $V = L$, $\mathscr{M}$ est la collection des constructibles de $\mathscr{M}[G]$ (puisque $\mathscr{M}$ et $\mathscr{M}[G]$ ont les mêmes constructibles). Or, tout ensemble constructible est dans *HDO* et on a donc, dans $\mathscr{M}[G]$:
$\forall x[M(x) \Rightarrow HDO(x)]$, et, par suite, $\forall x[HDM(x) \Rightarrow HDO(x)]$.

On voit donc que, dans $\mathscr{M}[G]$, la collection *HDO* est $\mathscr{M}$. Donc $\mathscr{M}[G]$ satisfait l'énoncé « $L = HDO$ et $V \neq L$ », dont on a montré ainsi la non-contradiction relative vis-à-vis de *ZF*.

Indépendance de l'axiome du choix

On considère un cardinal infini π quelconque de $\mathscr{M}$, (par exemple $\pi = \omega$). On prend, comme ensemble de conditions, l'ensemble C des applications de domaine fini inclus dans $\omega \times \pi$ à valeurs dans $\{0, 1\}$. G étant un C-générique sur $\mathscr{M}$, on considère, dans $\mathscr{M}[G]$, la famille $(d_\alpha)_{\alpha<\pi}$ de parties de ω définie page 148.

On définit dans $\mathscr{M}$, pour chaque $\alpha \in \pi$:

$$a_\alpha = \{(\hat{n}, p) ; \ n \in \omega, p \in C, (n, \alpha) \in \mathrm{Dom}(p) \text{ et } p(n, \alpha) = 1\}$$

et on montre que $\phi a_\alpha = d_\alpha$:

Si $n \in d_\alpha$, alors $f(n, \alpha) = 1$, ce qui veut dire, par définition de f, qu'il existe $p \in G$ tel que $(n, \alpha) \in \mathrm{Dom}(p)$ et $p(n, \alpha) = 1$. Alors $(\hat{n}, p) \in a_\alpha$, donc $p \Vdash n \in \bar{a}_\alpha$, et par suite (lemme de vérité) on a $n \in \phi a_\alpha$.

Inversement, soit ϕx un élément quelconque de ϕa_α ; comme ϕ est contractante pour la relation R, il existe y tel que $\phi x = \phi y$ et $R(y, a_\alpha)$. Il existe donc $p \in G$, tel que $(y, p) \in a_\alpha$. Par définition de a_α, on a donc $y = \hat{n}$, et

$p(n,\alpha) = 1$. Comme $p \in G$, on a $p \subset f$, d'où $f(n,\alpha) = 1$, et $n \in d_\alpha$; comme $\phi x = \phi y = n$, on a bien $\phi x \in d_\alpha$, ce qui termine la preuve de $\phi a_\alpha = d_\alpha$.

Par la même démonstration, on voit que, si on pose, pour chaque $\alpha \in \pi$:

$$b_\alpha = \{(\hat{n}, p)\,;\; n \in \omega,\; p \in C,\; (n,\alpha) \in \mathrm{Dom}(p),\; p(n,\alpha) = 0\}$$

on a $\phi b_\alpha = \omega \setminus d_\alpha$.

On désigne par X l'ensemble des d_α pour $\alpha \in \pi$; dans l'univers $\mathcal{M}[G]$, on a donc $X \subset \mathscr{P}(\omega)$.

On pose $A = \{(a_\alpha, p)\,;\; \alpha \in \pi,\; p \in C\}$. Il est clair que $A \in \mathcal{M}$; montrons que $\phi A = X$:

Pour tout $\alpha \in \pi$, et tout $p \in G$, on a $(a_\alpha, p) \in A$; donc $\phi a_\alpha \in \phi A$ c'est-à-dire $d_\alpha \in \phi A$. Donc $X \subset \phi A$.

Si $\phi u \in \phi A$, il existe $p \in G$, et $v \in \mathcal{M}$, tels que $\phi u = \phi v$, $(v, p) \in A$; donc $v = a_\alpha$ pour un $\alpha \in \pi$, soit $\phi v = d_\alpha$. Donc $\phi u \in X$, ce qui termine la preuve de $\phi A = X$.

- *Si $\alpha \neq \beta$, $\alpha, \beta \in \pi$, alors $\{p \in C\,;\; p \Vdash \bar{a}_\alpha \neq \bar{a}_\beta\}$ est dense dans C.*

Soit $p \in C$ et $n \in \omega$ tels que (n,α) et (n,β) n'appartiennent pas au domaine de p. On définit une condition $q \leqslant p$ de domaine $\mathrm{Dom}(p) \cup \{(n,\alpha), (n,\beta)\}$ en posant $q(n,\alpha) = 1$, $q(n,\beta) = 0$.

On montre que $q \Vdash n \notin \bar{a}_\beta$: sinon, il existe $r \leqslant q$, $r \Vdash n \in \bar{a}_\beta$; on en déduit $r \Vdash n = \bar{u}$, $(u, s) \in a_\beta$ avec un $s \geqslant r$. Par définition de a_β, u est de la forme $\hat{m}$ avec $m \in \omega$. Mais alors $r \Vdash n = m$, et par suite on a $n = m$ (théorème 11.19). Donc $u = \hat{n}$ et $(\hat{n}, s) \in a_\beta$, soit $s(n,\beta) = 1$; comme $s \geqslant r$, on a $r(n,\beta) = 1$; cela contredit le fait que $r \leqslant q$ et $q(n,\beta) = 0$.

Comme $q(n,\alpha) = 1$, on a $(\hat{n}, q) \in a_\alpha$; comme on vient de montrer que $q \Vdash n \notin \bar{a}_\beta$, on a $q \Vdash \bar{a}_\alpha \neq \bar{a}_\beta$ (condition 2, page 131). On a bien trouvé $q \leqslant p$ qui force $\bar{a}_\alpha \neq \bar{a}_\beta$.

C.Q.F.D.

Lemme 13.5. *Soient u une suite finie d'éléments de X, et d un élément de X, défini dans $\mathcal{M}[G]$ par un énoncé $E(x, u, X)$ (c'est-à-dire que, dans $\mathcal{M}[G]$ on a $\forall x[x = d \Leftrightarrow E(x, u, X)]$), écrit avec les symboles $\in$, $=$, M, dont les paramètres sont u, X, et des éléments de $\mathcal{M}$. Alors d est l'un des éléments de la suite u.*

On a $u = (d_{\alpha_0}, \ldots, d_{\alpha_{k-1}})$, $d = d_\alpha$; on raisonne par l'absurde, en supposant α distinct de $\alpha_0, \ldots, \alpha_{k-1}$. On introduit un nouveau symbole de relation S à deux arguments, et on définit $p \Vdash S(\bar{x}, \bar{y})$ par l'énoncé :

$$(\exists i < k)[p \Vdash \bar{x} = i \text{ et } p \Vdash \bar{y} = \bar{a}_{\alpha_i}].$$

Il est trivial de vérifier les conditions 1, 2, 3, page 142, et de voir que l'interprétation du symbole S dans $\mathcal{M}[G]$ est alors la relation fonctionnelle qui, à l'entier $i < k$, associe d_{α_i}, c'est-à-dire la relation fonctionnelle qui représente la suite u. Dans $\mathcal{M}[G]$, l'énoncé $y = u$ équivaut alors à l'énoncé $U(y)$:

$$\forall z[z \in y \Leftrightarrow \exists t \exists t'(z = (t,t') \text{ et } S(t,t'))].$$

L'énoncé $E(x,u,X)$ est donc équivalent à l'énoncé $F(x,X)$: $\exists y[U(y)$ et $E(x,y,X)]$, qui est écrit avec les symboles $\in, =, M, S$, et a comme paramètres X, et des éléments de $\mathcal{M}$. Dans $\mathcal{M}[G]$, on a donc $\forall x[F(x,X) \Leftrightarrow x = d_\alpha]$. Puisque $\phi A = X$ et $\phi a_\alpha = d_\alpha$, d'après le lemme de vérité, il existe $p_0 \in G$ tel que :

$$(\star) \qquad p_0 \Vdash \forall x[F(x,\bar{A}) \Leftrightarrow x = \bar{a}_\alpha].$$

On choisit un ordinal $\beta < \pi$, différent de $\alpha, \alpha_0, \ldots, \alpha_{k-1}$, et tel que, pour tout entier l, $(l,\beta) \notin \mathrm{Dom}(p_0)$. C'est possible, puisque $\mathrm{Dom}(p_0)$ est fini. Soit θ la permutation de $\omega \times \pi$ définie par :

$$\theta(l,\gamma) = (l,\gamma) \text{ si } \gamma \neq \alpha,\beta\,; \theta(l,\alpha) = (l,\beta)\,; \theta(l,\beta) = (l,\alpha)$$

pour tout entier $l \in \omega$. On a $\theta = \theta^{-1}$.

On définit alors un automorphisme σ de C en posant pour $p \in C$:

$$\mathrm{Dom}(\sigma p) = \theta(\mathrm{Dom}(p))\,; \sigma p(l,\gamma) = p \circ \theta(l,\gamma).$$

D'après le choix de β, il est clair que p_0 et σp_0 sont compatibles.

On a $a_\gamma^\sigma = a_\gamma$ *si* $\gamma \neq \alpha,\beta\,;$ $a_\alpha^\sigma = a_\beta\,;$ $a_\beta^\sigma = a_\alpha$.

En effet $a_\gamma = \{(\hat{l},p);\ (l,\gamma) \in \mathrm{Dom}(p)$ et $p(l,\gamma) = 1\}$. Donc $a_\gamma^\sigma = \{(\hat{l},\sigma p);\ p(l,\gamma) = 1\} = \{(\hat{l},p);\ \sigma p(l,\gamma) = 1\}$ d'où le résultat.

D'après la définition de A, on en déduit immédiatement que $A^\sigma = A$.
On montre que le symbole S est invariant par σ. En effet l'énoncé :
$\sigma p \Vdash S(\bar{x}^\sigma, \bar{y}^\sigma)$ s'écrit $(\exists i < k)[\sigma p \Vdash \bar{x}^\sigma = i$ et $\sigma p \Vdash \bar{y}^\sigma = \bar{a}_{\alpha_i}]$.
Comme $a_{\alpha_i} = a_{\alpha_i}^\sigma$, puisque $\alpha_0, \ldots, \alpha_{k-1}$ sont distincts de α, β, cet énoncé est équivalent à $(\exists i < k)[\sigma p \Vdash \bar{x}^\sigma = i$ et $\sigma p \Vdash \bar{y}^\sigma = \bar{a}_{\alpha_i}^\sigma]$ c'est-à-dire à :
$(\exists i < k)[p \Vdash \bar{x} = i$ et $p \Vdash \bar{y} = \bar{a}_{\alpha_i}]$ (page 153) et donc à $p \Vdash S(\bar{x},\bar{y})$.

D'après $(\star)$ et le résultat page 155, on déduit :

$$\sigma p_0 \Vdash \forall x([F(x,\bar{A}]^\sigma \Leftrightarrow x = \bar{a}_\alpha^\sigma),$$

c'est-à-dire, d'après les remarques qui précèdent :

$$(\star\star) \qquad \sigma p_0 \Vdash \forall x[F(x,\bar{A}) \Leftrightarrow x = \bar{a}_\beta].$$

Or p_0 et σp_0 étant compatibles, il existe $p \leqslant p_0, \sigma p_0$; comme l'ensemble des $q \in C$ qui forcent $\bar{a}_\alpha \neq \bar{a}_\beta$ est dense, on trouve un tel $q \leqslant p$. Mais alors q force à la fois $(\star)$, $(\star\star)$ et $\bar{a}_\alpha \neq \bar{a}_\beta$, ce qui est impossible, car la conjonction de ces énoncés est contradictoire.

C.Q.F.D.

Dans $\mathcal{M}[G]$ on considère la collection $P(x)$ définie par l'énoncé « Mx ou $x \in X$ ou $x = X$ ». Un objet de DP est donc défini par un énoncé $E(x, u, X)$ écrit avec les symboles $\in, =, M$, dont les paramètres sont X, u (suite finie d'éléments de X) et des éléments de $\mathcal{M}$. Il est clair que chaque élément d de X est dans DP (défini par l'énoncé $x = d$), donc dans HDP. X est donc aussi dans HDP (défini par l'énoncé $x = X$). On a vu que la collection HDP de $\mathcal{M}[G]$ satisfait $ZF + AF$. Comme X est de cardinal infini π dans $\mathcal{M}[G]$, il ne peut être fini (équipotent à un ordinal fini) dans l'univers HDP. On montre que, dans HDP, il ne possède aucun sous-ensemble dénombrable (équipotent à ω).

En effet, soit h une injection de ω dans X qui est dans HDP, s'il en existe ; h est donc définie dans $\mathcal{M}[G]$ par un énoncé $H(x, u, X)$ où u est une suite finie d'éléments de X. Comme h est injective, il existe un entier n tel que $h(n) = d$ ne soit pas un élément de la suite u. Or d est défini dans $\mathcal{M}[G]$ par l'énoncé $E(x, u, X)$:

$$\exists y[H(y, u, X) \text{ et } (n, x) \in y]$$

dont les paramètres sont u, X et des éléments de $\mathcal{M}$ (ceux qui apparaissent dans l'énoncé $H(y, u, X)$, et aussi l'entier n). On a ainsi une contradiction avec le lemme 13.5.

Dans l'univers HDP on a $X \subset \mathcal{P}(\omega)$. On a ainsi montré :

- *Si ZF est non-contradictoire, il en est de même de la théorie suivante : $ZF + AF +$ « il existe une partie de $\mathcal{P}(\omega)$ qui n'est pas finie et ne possède aucun sous-ensemble dénombrable ».*

Il est clair que X ne peut être bien ordonné dans HDP (sinon il serait équipotent à un ordinal, nécessairement infini, d'où une injection de ω dans X). Par suite $\mathcal{P}(\omega)$ ne peut être bien ordonné, et on a ainsi montré un autre théorème de P. Cohen :

- *Si ZF est non contradictoire, alors, à l'aide des axiomes de $ZF + AF$, on ne peut pas démontrer l'axiome du choix, ni même l'énoncé : « il existe un bon ordre sur $\mathcal{P}(\omega)$ ».*

Chapitre 14

Produits d'ensembles de conditions

Soient $\mathscr{M}$ un modèle transitif de $ZF + AF$, et C_1, C_2 deux ensembles ordonnés de $\mathscr{M}$. Sur l'ensemble $C = C_1 \times C_2$, on définit une relation d'ordre en posant :

$$(p_1, p_2) \leqslant (q_1, q_2) \Leftrightarrow p_1 \leqslant q_1 \text{ et } p_2 \leqslant q_2$$

quels que soient $p_1, q_1 \in C_1$ et $p_2, q_2 \in C_2$. Cet ensemble ordonné est appelé *produit* des ensembles de conditions C_1 et C_2.

Théorème 14.1. *Soit G une partie de $C = C_1 \times C_2$. Pour que G soit C-générique sur $\mathscr{M}$, il faut et il suffit que $G = G_1 \times G_2$, où G_1 est C_1-générique sur $\mathscr{M}$ et G_2 est C_2-générique sur $\mathscr{M}[G_1]$*

La condition est suffisante : on prend $G_1 \subset C_1$, qui est C_1-générique sur $\mathscr{M}$, et $G_2 \subset C_2$ qui est C_2-générique sur $\mathscr{M}[G_1]$; on vérifie alors que $G_1 \times G_2$ satisfait les conditions 1, 2, 3, page 123.

1) Il est clair que, si $(p_1, p_2) \in G_1 \times G_2$ et $(p_1, p_2) \leqslant (q_1, q_2)$, alors $(q_1, q_2) \in G_1 \times G_2$.

2) Soient $(p_1, p_2), (q_1, q_2)$ deux éléments de $G_1 \times G_2$. Comme $p_1, q_1 \in G_1$, ces deux éléments de C_1 sont compatibles et il existe donc $r_1 \in C_1$, $r_1 \leqslant p_1$, $r_1 \leqslant q_1$. Il existe de même $r_2 \in C_2$, $r_2 \leqslant p_2$, $r_2 \leqslant q_2$; (r_1, r_2) est donc un minorant commun de (p_1, p_2) et (q_1, q_2).

3) Soit X une partie dense de $C_1 \times C_2$, qui est dans l'univers $\mathscr{M}$. Si $p_2 \in C_2$, l'ensemble $\{q_1 \in C_1 ; (\exists q_2 \in C_2)(q_2 \leqslant p_2 \text{ et } (q_1, q_2) \in X)\}$ est une partie de C_1, qui est dans $\mathscr{M}$, et qui est dense dans C_1 : en effet, si p_1 est un élément quelconque de C_1, (p_1, p_2) a un minorant $(q_1, q_2) \in X$, alors q_1 est un minorant de p_1 qui est dans l'ensemble considéré.

Comme G_1 est C_1-générique sur $\mathscr{M}$, il rencontre cette partie dense de C_1. On a ainsi montré que $(\forall p_2 \in C_2)(\exists q_1 \in G_1)(\exists q_2 \leqslant p_2)((q_1, q_2) \in X)$.

Il en résulte que l'ensemble $\{q_2 \in C_2\,;\ (\exists q_1 \in G_1)((q_1,q_2) \in X)\}$ est une partie dense de C_2 ; cette partie de C_2 est dans $\mathcal{M}[G_1]$ comme le montre sa définition. Comme G_2 est C_2-générique sur $\mathcal{M}[G_1]$, il rencontre cette partie dense de C_2 ; d'où une condition $q_2 \in G_2$ telle qu'il existe $q_1 \in G_1$ avec $(q_1,q_2) \in X$. On a ainsi montré que $(G_1 \times G_2) \cap X \neq \emptyset$.

La condition est nécessaire : soit $G \subset C_1 \times C_2$, qui est $C_1 \times C_2$-générique sur $\mathcal{M}$. On pose

$$G_1 = \{p_1 \in C_1\,;\ (\exists p_2 \in C_2)((p_1,p_2) \in G)\}\,;$$

$$G_2 = \{p_2 \in C_2\,;\ (\exists p_1 \in C_1)((p_1,p_2) \in G)\}.$$

Evidemment $G \subset G_1 \times G_2$. Inversement, si $p_1 \in G_1$ et $p_2 \in G_2$, alors il existe $q_1 \in C_1$ et $q_2 \in C_2$ tels que $(p_1,q_2) \in G$ et $(q_1,p_2) \in G$. Puisque G est C-générique sur $\mathcal{M}$, il existe $(r_1,r_2) \in G$ qui minore (p_1,q_2) et (q_1,p_2) dans $C_1 \times C_2$. Donc $r_1 \leqslant p_1$, $r_2 \leqslant p_2$ et, par suite, $(r_1,r_2) \leqslant (p_1,p_2)$; on a donc $(p_1,p_2) \in G$. Il en résulte que $G = G_1 \times G_2$.

G_1 est C_1-générique sur $\mathcal{M}$: si $p_1 \in G_1$, on a $(p_1,p_2) \in G$ pour un certain $p_2 \in C_2$; si $p_1 \leqslant q_1$, $(p_1,p_2) \leqslant (q_1,p_2)$, donc $(q_1,p_2) \in G$ et $q_1 \in G_1$.

Si $p_1,q_1 \in G_1$, il existe $p_2,q_2 \in C_2$ tels que $(p_1,p_2) \in G$, $(q_1,q_2) \in G$; ces deux éléments de G ont un minorant commun (r_1,r_2), donc $r_1 \leqslant p_1$, $r_1 \leqslant q_1$.

Soit X_1 une partie dense de C_1 qui est dans $\mathcal{M}$. Il est clair que $X_1 \times C_2$ est une partie dense de $C_1 \times C_2$ qui est dans $\mathcal{M}$. Donc $G \cap (X_1 \times C_2) \neq \emptyset$ et, par suite, $G_1 \cap X_1 \neq \emptyset$.

De la même façon, il est clair que G_2 est C_2-générique sur $\mathcal{M}$. Mais il s'agit de montrer maintenant que *G_2 est, en fait, C_2-générique sur $\mathcal{M}[G_1]$*. Les conditions 1, 2, page 123 sont évidemment satisfaites. On considère alors une partie dense X_2 de C_2, qui est dans $\mathcal{M}[G_1]$, et on a à voir que $G_2 \cap X_2 \neq \emptyset$.

Dans cette démonstration, le symbole $\Vdash$ est utilisé pour la notion de forcing définie, dans l'univers $\mathcal{M}$, pour l'ensemble C_1 de conditions. Comme $X_2 \in \mathcal{M}[G_1]$, on a $X_2 = \phi a$, avec $a \in \mathcal{M}$ (ϕ étant l'application contractante de domaine $\mathcal{M}$ et d'image $\mathcal{M}[G_1]$).

On pose $Z = \{(p_1,p_2) \in C_1 \times C_2\,;\ p_1 \Vdash p_2 \in \bar{a}\}$,
$Z' = \{(p_1,p_2) \in C_1 \times C_2\,;\ (p_1,p_2)$ est incompatible avec tout élément de $Z\}$
et $X = Z \cup Z'$.

Il est clair que X est une partie prédense de $C_1 \times C_2$, qui est dans $\mathcal{M}$ (en effet, si $(p_1,p_2) \in C_1 \times C_2$, alors (p_1,p_2) est ou bien $\in Z'$, ou bien compatible avec un élément de Z). Par suite $(G_1 \times G_2) \cap X \neq \emptyset$. Il existe donc $p_1 \in G_1$, $p_2 \in G_2$ tels que $(p_1,p_2) \in Z \cup Z'$. Comme $p_2 \in C_2$, et que X_2 est dense dans C_2, il existe $q_2 \in X_2$, $q_2 \leqslant p_2$. D'après le lemme de vérité, il existe $q_1 \in G_1$ tel que $q_1 \Vdash q_2 \in \bar{a}$; on peut prendre, de plus, $q_1 \leqslant p_1$ puisque $p_1 \in G_1$. On a alors $(q_1, q_2) \leqslant (p_1, p_2)$ et $(q_1, q_2) \in Z$. Il en résulte que $(p_1, p_2) \notin Z'$. Comme $(p_1, p_2) \in Z \cup Z'$, on a donc $(p_1, p_2) \in Z$. Donc $p_1 \Vdash p_2 \in \bar{a}$. Comme $p_1 \in G_1$, on en déduit $p_2 \in X_2$, par le lemme de vérité. Donc $G_2 \cap X_2 \neq \emptyset$.

C.Q.F.D.

Notation : On désigne naturellement par $\mathcal{M}[G_1][G_2]$ le modèle obtenu au moyen d'un générique G_1 sur $\mathcal{M}$ et d'un générique G_2 sur $\mathcal{M}[G_1]$.

Exemple : Soient I un ensemble (infini) de $\mathcal{M}$, et C l'ensemble des applications de domaine fini, inclus dans I, à valeurs dans $\{0,1\}$, muni de l'ordre $p \leqslant q \Leftrightarrow q \subset p$. On a vu, page 146, que si G est C-générique sur $\mathcal{M}$, il est défini par une fonction $f : I \to \{0,1\}$.

Soit J une partie de I, qui est dans $\mathcal{M}$. On désigne par C_1 (resp. C_2) l'ensemble des applications de domaine fini inclus dans J (resp. $I \setminus J$) à valeurs dans $\{0,1\}$. C est canoniquement isomorphe à $C_1 \times C_2$: si $p \in C$, on lui associe $(p_1, p_2) \in C_1 \times C_2$, avec $p_1 = p \restriction \mathrm{Dom}(p) \cap J$ et $p_2 = p \restriction \mathrm{Dom}(p) \cap (I \setminus J)$.

D'après le théorème précédent, on a donc $G = G_1 \times G_2$, où G_1 est C_1-générique sur $\mathcal{M}$ (et même sur $\mathcal{M}[G_2]$) et G_2 est C_2-générique sur $\mathcal{M}[G_1]$. On voit immédiatement que la fonction $f_1 : J \to \{0,1\}$ associée à G_1 est $f \restriction J$ et que la fonction f_2 associée à G_2 est $f \restriction (I \setminus J)$. On a donc $\mathcal{M}[f] = \mathcal{M}[f_1][f_2]$.

Si, par exemple, $I = \omega$ et J est l'ensemble des nombres pairs, il est évident que C, C_1, C_2 sont isomorphes, et on a donc $\mathcal{M}[f] = \mathcal{M}[f_1][f_2]$, où f, f_1, f_2 sont des applications C-génériques sur $\mathcal{M}$ de ω dans $\{0,1\}$.

Produit d'une famille d'ensembles de conditions

On considère, dans $\mathcal{M}$, une famille $(C_i)_{i \in I}$ d'ensembles ordonnés. Soit C l'ensemble des applications p, de domaine fini inclus dans I, qui sont telles que $p(i) \in C_i$ pour tout $i \in \mathrm{Dom}(p)$. Si $p, q \in C$, on pose $p \leqslant q$ si et seulement si $\mathrm{Dom}(p) \supset \mathrm{Dom}(q)$ et $p(i) \leqslant q(i)$ (pour l'ordre de C_i) pour tout $i \in \mathrm{Dom}(q)$. L'ensemble C ainsi ordonné est appelé *produit de la famille* $(C_i)_{i \in I}$ et noté $\bigotimes_{i \in I} C_i$.

Soit $G \subset C$ un C-générique sur $\mathcal{M}$; pour chaque $i \in I$, on désigne par G_i l'ensemble des $p(i)$ pour tous les $p \in G$ tels que $i \in \mathrm{Dom}(p)$. La famille $(G_i)_{i \in I}$ est donc un objet de $\mathcal{M}[G]$.

- *On a* $G = \{p \in C ;\ p(i) \in G_i$ *pour tout* $i \in \mathrm{Dom}(p)\}$.

En effet, soit $p \in C$ tel que $p(i) \in G_i$ pour tout $i \in \mathrm{Dom}(p)$; pour chaque $i \in \mathrm{Dom}(p)$, on peut donc choisir $q_i \in G$ tel que $i \in \mathrm{Dom}(q_i)$ et $q_i(i) = p(i)$; comme $\mathrm{Dom}(p)$ est fini, les q_i forment une partie finie de G, qui est donc minorée par un $r \in G$; alors $\mathrm{Dom}(r) \supset \mathrm{Dom}(q_i)$, donc $\mathrm{Dom}(r) \supset \{i\}$ pour tout $i \in \mathrm{Dom}(p)$; par suite $\mathrm{Dom}(r) \supset \mathrm{Dom}(p)$. Soit $i \in \mathrm{Dom}(p)$; on a alors $r(i) \leqslant q_i(i) = p(i)$. Donc $r \leqslant p$, et comme $r \in G$, on a bien $p \in G$.

Inversement, si $p \in G$ alors, par définition de G_i, on a $p(i) \in G_i$ pour tout $i \in \mathrm{Dom}(p)$, d'où le résultat annoncé.

On en déduit que tout modèle transitif de *ZF*, qui contient $\mathcal{M}$, a pour élément la famille $(G_i)_{i\in I}$ si, et seulement si, il a pour élément G ; d'où la notation $\mathcal{M}[(G_i)_{i\in I}]$ pour désigner le modèle $\mathcal{M}[G]$. La famille $(G_i)_{i\in I}$ est aussi appelée (par abus de langage) $\bigotimes_{i\in I} C_i$-générique sur $\mathcal{M}$.

Soit J une partie de I, qui est dans $\mathcal{M}$. On a alors $C = C_1 \times C_2$, en posant $C_1 = \bigotimes_{i\in J} C_i$; $C_2 = \bigotimes_{i\in I\setminus J} C_i$.

D'après le théorème 14.1, on a $G = G_1 \times G_2$ et $\mathcal{M}[G] = \mathcal{M}[G_1][G_2]$, G_1 étant C_1-générique sur $\mathcal{M}$, et G_2 étant C_2-générique sur $\mathcal{M}[G_1]$. On voit immédiatement que la famille générique associée à G_1 est $(G_i)_{i\in J}$, que celle associée à G_2 est $(G_i)_{i\in I\setminus J}$. On a donc $\mathcal{M}[(G_i)_{i\in I}] = \mathcal{M}[(G_i)_{i\in J}][(G_i)_{i\in I\setminus J}]$. En particulier si $J = \{i_0\}$ pour un certain $i_0 \in I$, on voit que G_{i_0} est C_{i_0}-générique sur $\mathcal{M}$, et que $(G_i)_{i\neq i_0}$ est une famille qui est $\bigotimes_{i\neq i_0} C_i$-générique sur $\mathcal{M}[G_{i_0}]$.

Notation : Lorsque C_i est le même ensemble ordonné C pour tout $i \in I$, on utilisera la notation $\bigotimes^I C$ pour $\bigotimes_{i\in I} C_i$. Par exemple, les ensembles de conditions utilisés au chapitre 12 sont de cette forme, avec $C = \{0, 1\}$ muni de l'ordre trivial (0 et 1 non comparables).

Notons les résultats suivants, qui seront utiles pour la suite :

Théorème 14.2. *Si C est un ensemble ordonné, et I un ensemble infini, alors $\bigotimes^I C$ est homogène.*

On remarque que, si $q, q' \in C$ et si $\mathrm{Dom}(q) \cap \mathrm{Dom}(q') = \emptyset$, alors q, q' sont compatibles : en effet $q \cup q'$ est un minorant commun de q et q'.

Soient alors $p, q \in C$; on choisit une bijection θ de I sur lui-même, telle que $\mathrm{Dom}(q) \cap \theta(\mathrm{Dom}(p)) = \emptyset$. C'est possible, car I est infini. On définit un automorphisme σ de C en posant pour chaque $r \in C$:

$\mathrm{Dom}(\sigma r) = \theta[\mathrm{Dom}(r)]$ et $\sigma r(i) = r(\theta^{-1} i)$ pour tout $i \in \theta[\mathrm{Dom}(r)]$. Alors σp et q sont compatibles puisque $\mathrm{Dom}(\sigma p) \cap \mathrm{Dom}(q) = \emptyset$.

C.Q.F.D.

Théorème 14.3. *Soit $(C_i)_{i\in I}$ une famille d'ensembles ordonnés homogènes. Alors $\bigotimes_{i\in I} C_i$ est homogène.*

Soient $p, q \in \bigotimes_{i\in I} C_i$ et $J = \mathrm{Dom}(p) \cap \mathrm{Dom}(q)$ (J est un sous-ensemble fini de I). Pour chaque $i \in J$, soit σ_i un automorphisme de C_i tel que $\sigma_i p(i)$

soit compatible avec $q(i)$ dans C_i. On définit un automorphisme σ de l'ensemble ordonné $\bigotimes_{i\in I} C_i$ de la façon suivante : si $r \in \bigotimes_{i\in I} C_i$, σr a même domaine que r, et $(\sigma r)(i) = \sigma_i r(i)$ (pour $i \in J$) ou $r(i)$ (pour $i \notin J$). Il est clair que σp est compatible avec q, dans $\bigotimes_{i\in I} C_i$.

C.Q.F.D.

Axiomes du choix dépendant et dénombrable

L'axiome du choix dépendant est l'énoncé, noté *ACD* : « quels que soient a, $x_0 \in a$, et $r \subset a^2$ tel que $(\forall x \in a)(\exists y \in a)((x, y) \in r)$, il existe une suite $f : \omega \to a$ telle que $f(0) = x_0$ et $(f(n), f(n+1)) \in r$ pour tout $n \in \omega$ ».

Il est facile de montrer, dans *ZF*, que *AC* ⇒ *ACD* : on considère une fonction de choix ϕ sur a ($\phi : \mathscr{P}(a) \setminus \{\emptyset\} \to a$ est telle que $\phi(X) \in X$ pour toute partie X non vide de a), et on définit f par induction sur ω, en posant :

$$f(0) = x_0 \,;\; f(n+1) = \phi(\{y \in a;\ (f(n), y) \in r\}).$$

L'axiome du choix dénombrable est l'énoncé, noté *ACDen* : « si $(X_n)_{n\in\omega}$ est une suite d'ensembles non vides, alors $\prod_{n\in\omega} X_n$ est non vide ».

On montre aisément, dans *ZF*, que *ACD* ⇒ *ACDen* : en effet, soit $(X_n)_{n\in\omega}$ une suite d'ensembles non vides. Si on pose $Y_n = \{n\} \times X_n$ et $a = \bigcup_{n\in\omega} Y_n$, alors la famille $(Y_n)_{n\in\omega}$ est alors une partition de a. On définit $r \subset a^2$ en posant $(x, y) \in r \Leftrightarrow (\exists n \in \omega)(x \in Y_n$ et $y \in Y_{n+1})$. L'axiome du choix dépendant donne alors une suite $f : \omega \to a$, telle que $f(n) \in Y_n$ pour tout $n \in \omega$. On a donc $f(n) = (n, g(n))$ et g est une fonction de domaine ω qui appartient à $\prod_{n\in\omega} X_n$.

Notons encore que *ACD* équivaut, dans la théorie *ZF* + *AF*, au schéma d'axiomes suivant :

$$\forall x_1 \ldots \forall x_k [\forall x \exists y E(x, y, x_1, \ldots, x_k) \Rightarrow \forall u \exists f (f \text{ est une fonction de domaine } \omega, \text{ et } f(0) = u \text{ et } (\forall n \in \omega) E(f(n), f(n+1), x_1, \ldots, x_k))]$$

où $E(x, y, x_1, \ldots, x_k)$ est un énoncé quelconque, sans paramètre.

En effet, ce schéma d'axiomes donne immédiatement *ACD* (prendre le cas particulier où $E(x, y)$ est l'énoncé $x \in a \Rightarrow (x, y) \in r$).

Inversement, supposons *ACD* satisfait, et considérons un énoncé $E(x, y)$ tel qu'on ait $\forall x \exists y E(x, y)$. Pour chaque ensemble x, soit $\Phi(x)$ l'ensemble des y de rang minimum tels que $E(x, y)$. Etant donné un ensemble u, on définit par induction une fonction g de domaine ω, en posant :

$$g(0) = \{u\} \,;\; g(n+1) = \bigcup_{x\in g(n)} \Phi(x).$$

On pose $a = \bigcup_{n\in\omega} g(n)$ et $r = \{(x, y) \in a^2 ;\ E(x, y)\}$. Alors, par construction, on a $u \in a$ et $(\forall x \in a)(\exists y \in a)((x, y) \in r)$. L'axiome du choix dépendant donne alors une suite $f : \omega \to a$ telle que $f(0) = u$ et $E(f(n), f(n+1))$ pour tout entier n.

Le modèle étudié au chapitre précédent (page 157 et suivantes) pour établir l'indépendance de l'axiome du choix, ne satisfait pas l'axiome du choix dénombrable, comme on va le montrer ci-dessous. On aura ainsi le résultat suivant :

• *Si ZF est non contradictoire, il en est de même de ZF + AF+ « il existe une suite d'ensembles non vides dont le produit est vide ».*

Dans le modèle considéré, on a vu en effet qu'il existe un ensemble X (inclus dans $\mathscr{P}(\omega)$) qui n'est pas fini, mais ne contient aucun sous-ensemble dénombrable. Il suffit donc de montrer la proposition suivante :

• *Si ACDen est vrai, tout ensemble qui n'est pas fini a un sous-ensemble dénombrable.*

Soit X un ensemble qui n'est équipotent à aucun ordinal fini ; on voit immédiatement, par récurrence, que pour tout $n \in \omega$, il existe une injection de n dans X. Soit alors U_n l'ensemble des injections de n dans X ; puisque $U_n \neq \emptyset$, on a $\prod_{n\in\omega} U_n \neq \emptyset$, d'après *ACDen*. Il existe donc une fonction f, de domaine ω, telle que, pour chaque n, $f(n)$ soit une injection de n dans X.

On définit alors, par induction, une application $g : \omega \to X$ en posant :

$g(0) =$ le seul élément de l'image de $f(1)$;

$g(n+1) = f(k)(l)$, où k est le premier entier tel que $\mathrm{Im}(f(k))$ n'est pas contenue dans $\{g(0), g(1), \ldots, g(n)\}$

et l le premier entier $< k$ tel que $f(k)(l) \notin \{g(0), g(1), \ldots, g(n)\}$.

Il est clair que g est une injection de ω dans X.

C.Q.F.D.

Dans la suite de ce chapitre, nous nous proposons d'étudier certains modèles de *ZF + AF + ACD* qui ne satisfont pas l'axiome du choix. De tels modèles présentent un certain intérêt, en particulier parce que, pour une bonne partie de l'analyse (espaces topologiques séparables, théorie de la mesure), on a besoin d'utiliser non pas l'axiome du choix, mais seulement l'axiome du choix dépendant, ou même l'axiome du choix dénombrable.

On emploiera la méthode suivante pour construire ces modèles : soient $\mathscr{M}$ un modèle transitif de *ZF + AF + AC*, C un ensemble ordonné de $\mathscr{M}$, G un C-générique sur $\mathscr{M}$. Soit $M^{\omega}(x)$ l'énoncé : « x est une application de domaine ω à valeurs dans M » (M est le symbole de relation défini au théorème 11.18).

Le modèle considéré est alors la collection HDM^{ω} prise dans $\mathscr{M}[G]$ (voir page 152). On l'appelle *collection des ensembles héréditairement définissa-*

bles en termes d'une suite d'éléments de M. Noter qu'il n'est pas vrai que tout ordinal de $\mathcal{M}[G]$ soit dans M^ω ; mais tout ordinal, et plus généralement tout élément a de $\mathcal{M}$ est (trivialement) défini au moyen d'un élément de M^ω : la fonction de domaine ω constamment égale à a. Cela suffit pour appliquer les remarques page 151. La collection HDM^ω de $\mathcal{M}[G]$ est donc un modèle transitif de $ZF + AF$ qui contient $\mathcal{M}$.

Lemme 14.4. *Si $f \in \mathcal{M}[G]$ est une suite d'éléments de HDM^ω, alors f elle-même est dans HDM^ω.*

Les éléments de f sont des couples $(n, f(n))$ d'éléments de HDM^ω, donc sont dans HDM^ω. Il nous reste donc à montrer que f est elle-même définissable en termes d'une suite d'éléments de $\mathcal{M}$. Or, d'après le lemme 13.2, on a un énoncé $E(x, y)$ à deux variables libres sans paramètre, et pour chaque entier n, une suite s d'éléments de $\mathcal{M}$, tels que $E(x, s)$ soit une définition de $f(n)$ dans $\mathcal{M}[G]$. Comme $\mathcal{M}[G]$ satisfait l'axiome du choix (puisque $\mathcal{M}$ le satisfait par hypothèse) il existe donc dans $\mathcal{M}[G]$ une suite $(s_n)_{n\in\omega}$ telle que, pour tout entier n, $E(x, s_n)$ soit une définition de $f(n)$ dans $\mathcal{M}[G]$; et chaque s_n est une suite d'éléments de $\mathcal{M}$.

On définit une fonction t de domaine ω^2 à valeurs dans $\mathcal{M}$, en posant $t(n, p) = s_n(p)$. Pour chaque entier n, s_n est défini dans $\mathcal{M}[G]$ par l'énoncé $S(t, n, z)$ suivant, dont les paramètres sont t et n : $z = \{(p, x) ; ((n, p), x) \in t\}$.

Or, il est clair que f est défini dans $\mathcal{M}[G]$ par l'énoncé suivant :

$$\forall v[v \in y \Leftrightarrow (\exists n \in \omega)\exists x(E(x, s_n) \text{ et } v = (n, x))]$$

et donc par l'énoncé $A(t, y)$:

$$\forall v[v \in y \Leftrightarrow \exists z(\exists n \in \omega)\exists x(S(t, n, z) \text{ et } E(x, z) \text{ et } v = (n, x))]$$

qui a pour seul paramètre t.

Soit alors j la la bijection canonique de ω sur ω^2. On définit une suite u d'éléments de $\mathcal{M}$ en posant $u(m) = t(j(m))$ pour chaque $m \in \omega$. Alors f est défini dans $\mathcal{M}[G]$ par l'énoncé suivant, dont u est le seul paramètre :

$$\exists x[A(x, y) \text{ et } x = u \circ j^{-1}].$$

C.Q.F.D.

Corollaire 14.5. *HDM^ω satisfait l'axiome du choix dépendant.*

Soient $a, r \in HDM^\omega$, tels que $r \subset a^2$ et $(\forall x \in a)(\exists y \in a)((x, y) \in r)$, et soit $x_0 \in a$. D'après l'axiome du choix dans $\mathcal{M}[G]$, il existe $f \in \mathcal{M}[G]$, application de ω dans a, telle que $(f(n), f(n+1)) \in r$ pour tout $n \in \omega$ et $f(0) = x_0$. Donc f est une suite d'éléments de HDM^ω et, par suite, est elle-même dans HDM^ω d'après le lemme 14.4.

C.Q.F.D.

Consistance de ACD + « il n'y a pas d'ultrafiltre non trivial sur ω »

Soient $\mathcal{M}$ un modèle transitif dénombrable de $ZF + AF + AC$, et C l'ensemble des applications de domaine fini $\subset \omega$, à valeurs dans $\{0,1\}$, muni de l'ordre inverse de l'inclusion. On a vu (page 146) qu'un C-générique sur $\mathcal{M}$ est représenté par une fonction $f : \omega \to \{0,1\}$.

La fonction $1 - f$ est également C-générique sur $\mathcal{M}$: car l'application $\sigma : \mathsf{C} \to \mathsf{C}$, qui à chaque $p \in \mathsf{C}$ associe σp de même domaine, et égale à $1 - p$ sur $\mathrm{Dom}(p)$, est un automorphisme de C (qui est évidemment dans $\mathcal{M}$) ; et $1 - f$ est le transformé du générique f par cet automorphisme. Evidemment $\mathcal{M}[1 - f] = \mathcal{M}[f]$.

On montre de manière analogue que, si $f' : \omega \to \{0,1\}$ est égale à f sauf en un nombre fini de points $n_1, \ldots, n_k$, alors f' est C-générique sur $\mathcal{M}$ et $\mathcal{M}[f'] = \mathcal{M}[f]$.

Il suffit pour le voir de considérer l'automorphisme τ de C, qui à chaque $p \in \mathsf{C}$, associe τp, de même domaine que p, telle que :

$\tau p(i) = p(i)$ si $i \in \mathrm{Dom}(p)$, $i \neq n_1, \ldots, n_k$;

$\tau p(n_j) = 1 - p(n_j)$ si $1 \leqslant j \leqslant k$ et $n_j \in \mathrm{Dom}(p)$.

Soit κ un cardinal infini de $\mathcal{M}$, non cofinal à ω (par exemple $\kappa = \aleph_1$). On pose $C = \bigotimes^{\kappa} \mathsf{C}$; il est immédiat de vérifier que l'ensemble ordonné C est isomorphe à l'ensemble des applications de domaine fini, inclus dans $\omega \times \kappa$, à valeurs dans $\{0,1\}$, muni de l'ordre inverse de l'inclusion. Cet ensemble de conditions a déjà été considéré au chapitre 12 et on a montré (lemme 12.1) qu'il satisfait la condition d'antichaîne dénombrable.

On considère un C-générique sur $\mathcal{M}$, qui est donc représenté par une famille $(f_\alpha)_{\alpha \in \kappa}$ où chaque f_α est une application de ω dans $\{0,1\}$ qui est C-générique sur $\mathcal{M}$. On pose $\mathcal{N} = \mathcal{M}[(f_\alpha)_{\alpha \in \kappa}]$.

Dans le modèle $\mathcal{N}$, κ est encore un cardinal non cofinal à ω (cela résulte du fait que C satisfait la condition d'antichaîne dénombrable et sera montré ultérieurement (lemme 15.2) : de toutes façons, dans le cas présent, on peut prendre $\kappa = \aleph_1$ dans $\mathcal{M}$; on a alors déjà montré (théorème 12.2) que κ est encore égal à $\aleph_1$ dans $\mathcal{N}$).

Soit A l'ensemble des applications $f : \omega \to \{0,1\}$ qui sont égales à l'une des fonctions $f_\alpha, 1 - f_\alpha$ ($\alpha \in \kappa$) pour tous les entiers sauf un nombre fini. Il est clair que, dans $\mathcal{N}$, on a $A \subset \{0,1\}^\omega$; si $f \in A$, alors f est C-générique sur $\mathcal{M}$, et $\mathcal{M}[f] = \mathcal{M}[f_\alpha]$ pour un certain $\alpha < \kappa$ (voir remarques ci-dessus).

On a dans $\mathcal{N}$:

- *A est partout dense dans* $\{0,1\}^\omega$.

En effet, un ouvert élémentaire de $\{0,1\}^\omega$ est de la forme : $\{g \in \{0,1\}^\omega;$ $g(n_1) = \varepsilon_1, \ldots, g(n_k) = \varepsilon_k\}$, avec $\varepsilon_1, \ldots, \varepsilon_k \in \{0,1\}$ et $n_1, \ldots, n_k$ entiers distincts. Or il est clair qu'il existe une telle fonction g dans A : prendre, pour n'importe quel $\alpha < \kappa$, la fonction $g : \omega \to \{0,1\}$ égale à f_α sauf pour $n_1, \ldots, n_k$, telle que $g(n_1) = \varepsilon_1, \ldots, g(n_k) = \varepsilon_k$.

Théorème 14.6. *Soit D un objet de $\mathcal{N}$, définissable dans $\mathcal{N}$ en termes d'éléments de $\mathcal{M}$. Alors il existe dans $\mathcal{N}$ un ouvert U de l'espace $\{0,1\}^\omega$ tel que $D \cap A = U \cap A$.*

Par hypothèse, on a un énoncé $E(x,a)$ à une variable libre, dont le seul paramètre est $a \in \mathcal{M}$, tel que, dans $\mathcal{N}$, on ait : $\forall x[x \in D \Leftrightarrow E(x,a)]$.

Soit f un élément quelconque de A. On a $\mathcal{M}[f] = \mathcal{M}[f_{\alpha_0}] = \mathcal{M}'$ pour un ordinal $\alpha_0 < \kappa$. Or $C = \mathsf{C} \times \bigotimes^{\kappa \setminus \{\alpha_0\}} \mathsf{C}$ et, par suite, $\mathcal{N} = \mathcal{M}'[(f_\alpha)_{\alpha \neq \alpha_0}]$, la famille $(f_\alpha)_{\alpha \neq \alpha_0}$ étant générique sur $\mathcal{M}'$ pour l'ensemble de conditions $\bigotimes^{\kappa \setminus \{\alpha_0\}} \mathsf{C}$ (théorème 14.1).

Il est clair que les ensembles ordonnés $\bigotimes^{\kappa \setminus \{\alpha_0\}} \mathsf{C}$ et $C = \bigotimes^\kappa \mathsf{C}$ sont isomorphes dans $\mathcal{M}$: plus précisément, si $\theta \in \mathcal{M}$ est une bijection de κ sur $\kappa \setminus \{\alpha_0\}$, il lui est associé de façon évidente un isomorphisme j_θ de C sur $\bigotimes^{\kappa \setminus \{\alpha_0\}} \mathsf{C}$.

L'image inverse par j_θ d'un $\bigotimes^{\kappa \setminus \{\alpha_0\}} \mathsf{C}$-générique sur $\mathcal{M}'$ est donc un C-générique sur $\mathcal{M}'$. On en déduit que la famille $H = (f_{\theta\alpha})_{\alpha < \kappa}$ est C-générique sur $\mathcal{M}'$.

Evidemment $\mathcal{M}'[(f_\alpha)_{\alpha \neq \alpha_0}] = \mathcal{M}'[H]$ puisque $\theta \in \mathcal{M}'$.

On a ainsi montré que $\mathcal{N} = \mathcal{M}'[H]$, H étant C-générique sur $\mathcal{M}'$.

Or $E(f,a)$ est un énoncé clos, à paramètres dans $\mathcal{M}'$, et l'ensemble de conditions C est homogène. Il résulte alors du lemme 13.4 que l'énoncé $E(f,a)$ est satisfait dans $\mathcal{N} = \mathcal{M}'[H]$, si et seulement si l'énoncé : « il existe $p \in C$ qui force $E(f,a)$ » est satisfait dans $\mathcal{M}'$. Cet énoncé s'écrit $E'(f,a)$, $E'(x,y)$ étant un énoncé sans paramètres à deux variables libres.

Or on a $\mathcal{M}' = \mathcal{M}[f]$, où $f : \omega \to \{0,1\}$ est une fonction C -générique sur $\mathcal{M}$. Soit F l'ensemble des restrictions de f aux parties finies de ω ; F est une partie de C, qui est C-générique sur $\mathcal{M}$, et $\mathcal{M}[f] = \mathcal{M}[F]$.

On pose $a_0 = \{(\hat{n}, p) ; n \in \omega, p \in \mathsf{C}, n \in \mathrm{Dom}(p)$ et $p(n) = 1\}$.

On a vu, à la page 157, que l'image de a_0 par l'application contractante $\phi : \mathcal{M} \to \mathcal{M}[F]$ est la partie d de ω dont f est la fonction caractéristique.

$E'(f,a)$ équivaut évidemment à l'énoncé $E''(d,a)$: « la fonction caractéristique de d satisfait l'énoncé $E'(x,a)$ ». D'après le lemme de vérité, l'énoncé

$E''(d,a)$ est vrai dans $\mathcal{M}' = \mathcal{M}[F]$, si et seulement s'il existe $p \in F$ tel que, dans $\mathcal{M}$, on ait $p \Vdash E''(\bar{a}_0, a)$.

Soit $B = \{p \in \mathsf{C}$; l'énoncé $p \Vdash E''(\bar{a}_0, a)$ est vrai dans $\mathcal{M}\}$. B est alors une partie de C qui est dans $\mathcal{M}$. On vient de démontrer que l'énoncé $E(f,a)$ est vrai dans $\mathcal{N}$ si, et seulement s'il existe une restriction de f à une partie finie de ω qui est dans l'ensemble B.

On pose $U = \{g : \omega \to \{0,1\}$; $g \in \mathcal{N}$ et il existe une partie finie X de ω telle que $g \restriction X \in B\}$.

U est un ouvert de $\{0,1\}^\omega$ dans le modèle $\mathcal{N}$: en effet, si $g \in U$, alors on a $g \restriction X \in B$, pour un X fini $\subset \omega$. Les fonctions $h : \omega \to \{0,1\}$ telles que $h \restriction X = g \restriction X$ forment un ouvert élémentaire de $\{0,1\}^\omega$, voisinage de g, qui est contenu dans U.

On a ainsi montré que, pour tout $f \in A$, $E(f,a)$ est vrai dans $\mathcal{N}$ (c'est-à-dire $f \in D$) si, et seulement si $f \in U$. Donc $D \cap A = U \cap A$.

C.Q.F.D.

Théorème 14.7. *Soient $\mathcal{M}$ un modèle transitif de ZF + AF + AC, κ un cardinal infini de $\mathcal{M}$, et G un ensemble générique sur $\mathcal{M}$ pour l'ensemble de conditions $C = \bigotimes^\kappa \mathsf{C}$. Dans le modèle $\mathcal{N} = \mathcal{M}[G]$, il n'existe aucun ultrafiltre non trivial sur ω qui soit définissable en termes d'éléments de $\mathcal{M}$.*

Rappelons qu'un ultrafiltre sur ω est, par définition, un sous-ensemble $\mathcal{D}$ de $\mathcal{P}(\omega)$ tel que :

$a, b \in \mathcal{D} \Rightarrow a \cap b \in \mathcal{D}$; $a \subset b \subset \omega$, $a \in \mathcal{D} \Rightarrow b \in \mathcal{D}$;

$a \subset \omega \Rightarrow (\omega \setminus a \in \mathcal{D} \Leftrightarrow a \notin \mathcal{D})$.

L'ultrafiltre $\mathcal{D}$ est dit *trivial* s'il existe $n_0 \in \omega$ tel que $\mathcal{D} = \{a \subset \omega;\ n_0 \in a\}$.

Toute la démonstration est faite dans le modèle $\mathcal{N}$. On considère un ultrafiltre $\mathcal{D} \subset \mathcal{P}(\omega)$, définissable en termes d'éléments de $\mathcal{M}$. Soit D l'ensemble des fonctions caractéristiques des éléments de $\mathcal{D}$. D est donc une partie de $\{0,1\}^\omega$, définissable en termes d'éléments de $\mathcal{M}$ et, d'après le théorème 14.6, il existe donc un ouvert U de $\{0,1\}^\omega$ tel que $D \cap A = U \cap A$. Pour chaque partie X de $\{0,1\}^\omega$, on pose $X' = \{1 - f;\ f \in X\}$. On a donc $D' \cap A' = U' \cap A'$, c'est-à-dire $D' \cap A = U' \cap A$, puisque $A' = A$ (par définition de A). U' est évidemment un ouvert de $\{0,1\}^\omega$; on a $D' = \{0,1\}^\omega \setminus D$ puisque $\mathcal{D}$ est un ultrafiltre.

On a donc $D \cap D' = \emptyset$, et, par suite, $U \cap U' \cap A = \emptyset$. Or A est partout dense, et $U \cap U'$ est ouvert ; donc $U \cap U' = \emptyset$.

On a $D \cup D' = \{0,1\}^\omega$, donc $U \cup U' \supset A$; par suite, $U \cup U'$ est un ouvert partout dense.

Il en résulte que U ou U' est non vide ; comme $X \neq \emptyset \Rightarrow X' \neq \emptyset$, on en déduit que U et U' sont non vides tous les deux.

Comme U est un ouvert non vide, $U \cap A \neq \emptyset$ (A est partout dense) ; soit f un élément de $U \cap A$, donc de $D \cap A$.

Soit $\Omega = \{g \in \{0,1\}^\omega;\ g(n_1) = \varepsilon_1, \ldots, g(n_k) = \varepsilon_k\}$ un ouvert élémentaire quelconque de $\{0,1\}^\omega$ ($n_1, \ldots, n_k \in \omega, \varepsilon_1, \ldots, \varepsilon_k \in \{0,1\}$).
Par définition de A, la fonction $f' : \omega \to \{0,1\}$ égale à f sauf pour $n_1, \ldots, n_k$, et telle que $f'(n_i) = \varepsilon_i$ ($1 \leqslant i \leqslant k$) appartient à A ; elle appartient aussi à D puisque $f \in D$ et que $\mathcal{D}$ est un ultrafiltre non trivial (si P, Q sont deux parties de ω dont la différence symétrique est finie, alors $P \in \mathcal{D} \Leftrightarrow Q \in \mathcal{D}$). On en déduit que $D \cap A \cap \Omega \neq \emptyset$, donc $U \cap A \cap \Omega \neq \emptyset$. Comme Ω est un ouvert élémentaire quelconque, on voit que U est un ouvert partout dense de $\{0,1\}^\omega$.

Comme U' est un ouvert non vide, on en déduit que $U \cap U' \neq \emptyset$, ce qui est une contradiction.

C.Q.F.D.

Par la même démonstration, on a en fait le résultat plus général suivant :

Théorème 14.8. *On note $f \sim g$ la relation d'équivalence : « f est égale à g sauf pour un nombre fini d'entiers », définie sur $\{0,1\}^\omega$. Dans le modèle $\mathcal{N}$, il n'existe pas de partition de $\{0,1\}^\omega$ en deux parties D, D', définissables en termes d'éléments de $\mathcal{M}$, saturées pour cette relation d'équivalence, et telles que $D' = \{1 - f;\ f \in D\}$.*

Lemme 14.9. *Soit $u \in \mathcal{M}[(f_\alpha)_{\alpha<\kappa}]$, u étant une application de domaine ω à valeurs dans $\mathcal{M}$. Alors il existe $\alpha_0 < \kappa$ tel que $u \in \mathcal{M}[(f_\alpha)_{\alpha<\alpha_0}]$*

Remarquons que, puisque $C = \bigotimes^{\alpha_0} \mathrm{C} \times \bigotimes^{\kappa\setminus\alpha_0} \mathrm{C}$, la famille $(f_\alpha)_{\alpha<\alpha_0}$ est générique sur $\mathcal{M}$ pour l'ensemble de conditions $\bigotimes^{\alpha_0} \mathrm{C}$.

Soit G le C-générique sur $\mathcal{M}$, associé à la famille $(f_\alpha)_{\alpha<\kappa}$, et soit ϕ l'application contractante surjective de $\mathcal{M}$ sur $\mathcal{M}[G]$. On prend $v \in \mathcal{M}$ tel que $\phi(v) = u$. Pour chaque $n \in \omega$, on a $(n, u(n)) \in \phi(v)$; d'après le lemme de vérité, il existe donc $p_n \in G$ tel que : $p_n \Vdash (n, u(n)) \in \bar{v}$ (par hypothèse, on a $u(n) \in \mathcal{M}$ pour tout n). La suite $(p_n)_{n\in\omega}$ est dans $\mathcal{M}[G]$; pour chaque $n \in \omega$, soit β_n le plus grand élément de $\mathrm{Dom}(p_n)$ (p_n est une application de domaine fini $\subset \kappa$, à valeurs dans C). Comme κ n'est pas cofinal à ω dans $\mathcal{M}[G]$ (page 168), en posant $\alpha_0 = \sup_{n\in\omega} \beta_n + 1$, on a $\alpha_0 < \kappa$. On a alors $p_n \in \bigotimes^{\alpha_0} \mathrm{C}$ pour tout n. On a $G = G_{\alpha_0} \times G^{(\alpha_0)}$, G_{α_0} étant générique sur $\mathcal{M}$ pour l'ensemble de conditions $\bigotimes^{\alpha_0} \mathrm{C}$, et $G^{(\alpha_0)}$ étant générique sur $\mathcal{M}[G_{\alpha_0}]$ pour l'ensemble de conditions $\bigotimes^{\kappa\setminus\alpha_0} \mathrm{C}$. De plus

$$\mathcal{M}[G_{\alpha_0}] = \mathcal{M}[(f_\alpha)_{\alpha<\alpha_0}].$$

Comme $p_n \in G$ et $p_n \in \bigotimes^{\alpha_0} \mathrm{C}$, on a $p_n \in G_{\alpha_0}$ pour tout $n \in \omega$. On en déduit que $u = \{(n, y);\ n \in \omega, y \in \mathcal{M}$, il existe $p \in G_{\alpha_0}$ tel que $p \Vdash (n, y) \in \bar{v}\}$. En effet, si on a $p \in G_{\alpha_0}$, $p \Vdash (n,y) \in \bar{v}$, on a alors $p \in G$, donc $y = u(n)$ d'après le lemme de vérité. Inversement, si $y = u(n)$, on a $p_n \in G_{\alpha_0}$ et $p_n \Vdash (n,y) \in \bar{v}$ par définition de p_n.

Cette dernière égalité montre clairement que $u \in \mathcal{M}[G_{\alpha_0}]$, c'est-à-dire que $u \in \mathcal{M}[(f_\alpha)_{\alpha<\alpha_0}]$.

C.Q.F.D.

Théorème 14.10. *Dans le modèle $\mathcal{N} = \mathcal{M}[(f_\alpha)_{\alpha<\kappa}]$, il n'existe aucun ultrafiltre non trivial sur ω qui soit définissable en termes d'une suite d'éléments de $\mathcal{M}$.*

Soit $\mathcal{D}$ un tel ultrafiltre, s'il en existe. Par hypothèse, on a un énoncé $E(x,u)$ à une variable libre, dont le paramètre u est une suite d'éléments de $\mathcal{M}$ ($u \in \mathcal{N}$), tel que, dans $\mathcal{N}$, on ait $\forall x[E(x,u) \Leftrightarrow x = \mathcal{D}]$. D'après le lemme 14.9, il existe un ordinal $\alpha_0 < \kappa$ tel que

$$u \in \mathcal{M}[(f_\alpha)_{\alpha<\alpha_0}] = \mathcal{M}[G_{\alpha_0}].$$

Or on a vu que $\mathcal{N} = \mathcal{M}[G] = \mathcal{M}[G_{\alpha_0}][G^{(\alpha_0)}]$, où $G^{(\alpha_0)}$ est générique sur $\mathcal{M}[G_{\alpha_0}]$ pour l'ensemble de conditions $\bigotimes^{\kappa\setminus\alpha_0} \mathrm{C}$. Comme κ est un cardinal et $\alpha_0 < \kappa$, $\kappa \setminus \alpha_0$ est équipotent à κ dans $\mathcal{M}$. D'où un isomorphisme $j \in \mathcal{M}$ de l'ensemble ordonné $\bigotimes^{\kappa\setminus\alpha_0} \mathrm{C}$ sur $C = \bigotimes^{\kappa} \mathrm{C}$.

Si $G' = j(G^{(\alpha_0)})$, G' est donc C-générique sur $\mathcal{M}[G_{\alpha_0}]$; puisque $j \in \mathcal{M}$, on a évidemment $\mathcal{N} = \mathcal{M}[G_{\alpha_0}][G^{(\alpha_0)}] = \mathcal{M}[G_{\alpha_0}][G']$.

On peut alors appliquer le théorème 14.7, en y remplaçant le modèle $\mathcal{M}$ par $\mathcal{M}[G_{\alpha_0}]$. On en déduit que, dans $\mathcal{M}[G_{\alpha_0}][G'] = \mathcal{N}$, il n'existe aucun ultrafiltre non trivial sur ω qui soit définissable en termes d'éléments de $\mathcal{M}[G_{\alpha_0}]$. Or, par hypothèse, $\mathcal{D}$ est un tel ultrafiltre puisque $u \in \mathcal{M}[G_{\alpha_0}]$; d'où la contradiction cherchée.

C.Q.F.D.

Dans le modèle $\mathcal{N} = \mathcal{M}[(f_\alpha)_{\alpha<\kappa}]$, on considère alors la collection HDM^ω des ensembles héréditairement définissables en termes d'une suite d'éléments de $\mathcal{M}$. On a vu (corollaire 14.5) que HDM^ω satisfait $ZF + AF + ACD$. De plus, HDM^ω satisfait l'énoncé : « *il n'existe aucun ultrafiltre non trivial sur* ω ».

En effet, toute partie de ω qui est dans $\mathcal{M}$ est dans HDM^ω : car elle est définie par sa fonction caractéristique, qui est une suite de 0 et de 1, donc une suite d'éléments de $\mathcal{M}$. Donc si $\mathcal{D}$ est, dans HDM^ω, une partie de $\mathcal{P}(\omega)$ qui est un ultrafiltre non trivial sur ω, il a la même propriété dans $\mathcal{N}$. Mais $\mathcal{D}$ est définissable en termes d'une suite d'éléments de $\mathcal{M}$, et le théorème précédent montre que c'est impossible. On a ainsi montré :

• *Si ZF est non-contradictoire, il en est de même de la théorie ZF + AF + ACD+ « il n'existe aucun ultrafiltre non trivial sur ω ».*

En utilisant le théorème 14.8, on montre, exactement de la même façon, que dans HDM^{ω} il n'existe pas de partition de $\{0,1\}^{\omega}$ en deux parties D, D', saturées pour la relation d'équivalence $\sim$ (définie par : $f \sim g \Leftrightarrow f$ et g ont la même valeur pour tous les entiers excepté un nombre fini) qui sont telles que $D' = \{1-f\,;\ f \in D\}$.

Dans l'anneau de Boole $\mathscr{P}(\omega)$, soit $\mathscr{I}$ l'idéal formé des parties finies de ω. Ce résultat signifie qu'il n'existe pas de partition de l'anneau de Boole $\mathscr{P}(\omega)/\mathscr{I}$ en deux parties Δ, Δ' telles que $\Delta' = \{\theta^c\,;\ \theta \in \Delta\}$ (θ^c désigne le complément de θ dans l'algèbre de Boole $\mathscr{P}(\omega)/\mathscr{I}$) ; ou encore :

• *Dans le modèle HDM^{ω}, le produit de la famille d'ensembles à deux éléments $\{\theta,\theta^c\}$ où θ décrit l'anneau de Boole $\mathscr{P}(\omega)/\mathscr{I}$ est vide.*

Il en résulte aussi que :

• *Dans HDM^{ω}, l'ensemble $\mathscr{P}(\omega)/\mathscr{I}$ ne peut être totalement ordonné.*

En effet, si on avait un tel ordre, noté $\prec$, il suffirait de poser :
$\Delta = \{\theta \in \mathscr{P}(\omega)/\mathscr{I}\,;\ \theta \prec \theta^c\}$, $\Delta' = \{\theta^c\,;\ \theta \in \Delta\}$ pour obtenir une partition de $\mathscr{P}(\omega)/\mathscr{I}$ ayant la propriété indiquée ci-dessus.

Consistance de *ACD* + « $\mathbb{R}$ n'a pas de base sur $\mathbb{Q}$ »

Soit $\mathscr{M}$ un modèle transitif dénombrable de $ZF + AF + AC$. Dans $\mathscr{M}$, on considère l'ensemble $\mathsf{D} = \{(a,b) \in \mathbb{Q}^2\,;\ a < b\}$, que l'on ordonne en posant :

$$(a,b) \leqslant (a',b') \Leftrightarrow a' \leqslant a < b \leqslant b'.$$

Deux éléments $(a,b),(c,d)$ de D sont donc compatibles si et seulement si $]a,b[\,\cap\,]c,d[\, \neq \emptyset$.

Théorème 14.11. *Soit g un D-générique sur $\mathscr{M}$. Dans $\mathscr{M}[g]$, il existe un réel r (et un seul) tel que $\{r\} = \bigcap_{(a,b)\in g}[a,b]$. On a alors $g = \{(a,b) \in \mathsf{D}\,;\ r \in [a,b]\}$.*

Si $(a_1,b_1),\ldots,(a_k,b_k) \in g$, ces éléments de D ont un minorant commun ; il en résulte que $\bigcap_{i=1}^{k}[a_i,b_i] \neq \emptyset$. La famille d'intervalles compacts $[a,b]$ de $\mathbb{R}$ (pour $(a,b) \in g$) a donc la propriété de l'intersection finie. Donc $\bigcap_{(a,b)\in g}[a,b]$ est un intervalle fermé non vide de $\mathbb{R}$ (éventuellement réduit à un point).

Pour chaque entier $n > 0$, $\{(a,b) \in \mathsf{D}\,;\ b-a \leqslant 1/n\}$ est évidemment une partie dense de D qui est dans $\mathscr{M}$. Elle rencontre donc le générique g. Pour tout entier $n > 0$ il existe donc $(a,b) \in g$ tel que $[a,b]$ soit de longueur $\leqslant 1/n$. Cela montre que $\bigcap_{(a,b)\in g}[a,b]$ est réduit à un point r. Ce réel r n'est pas dans $\mathscr{M}$: en effet, si c est un réel de $\mathscr{M}$, $\{(a,b) \in \mathsf{D}\,;\ c \notin [a,b]\}$ est évidemment une partie dense de D, qui est dans $\mathcal{M}$; il existe donc $(a,b) \in g$ tel que $c \notin [a,b]$, d'où $r \neq c$. En particulier, r n'est pas rationnel.

Il reste à montrer que, si $a, b \in \mathbb{Q}$ et $a \leqslant r \leqslant b$, alors $(a,b) \in g$.
Mais si $(a,b) \notin g$, alors (a,b) est incompatible avec $(c,d) \in g$ (page 124), donc $[a,b] \cap [c,d]$ est soit vide, soit réduit à un point qui est a ou b. Ceci est impossible car $r \in [a,b] \cap [c,d]$ et $r \notin \mathbb{Q}$.

C.Q.F.D.

Ce théorème montre que tout modèle transitif de *ZF* qui contient $\mathcal{M}$ et a pour élément un des deux objets r, g, a pour élément l'autre. On utilise donc aussi la notation $\mathcal{M}[r]$ pour désigner le modèle $\mathcal{M}[g]$. Un tel réel r, associé à un D-générique sur $\mathcal{M}$, est appelé un *réel de Cohen* sur $\mathcal{M}$.

Théorème 14.12. *Si c est un réel de $\mathcal{M}$, et si r est un réel de Cohen sur $\mathcal{M}$, $r + c$ est un réel de Cohen sur $\mathcal{M}$; cr en est un également, si $c \neq 0$.*

Par hypothèse l'ensemble $g = \{(a,b) \in \mathrm{D};\ a < r < b\}$ est D-générique sur $\mathcal{M}$. On pose $g' = \{(a,b) \in \mathrm{D};\ a < r + c < b\}$, et on a à démontrer que g' est D-générique sur $\mathcal{M}$.

Il est clair que, si $(a,b) \in g'$ et $(a,b) \leqslant (a',b')$, alors $(a',b') \in g'$. Soient $(a,b), (a',b') \in g'$; s'ils sont incompatibles, $[a,b] \cap [a',b']$ est vide ou réduit à un point, qui est a ou b ; mais $r + c \in [a,b] \cap [a',b']$, donc, par exemple $r + c = a$, ce qui est faux, car r n'est pas dans $\mathcal{M}$.
Soit $X \in \mathcal{M}$ une partie dense de D. On pose :

$$Y = \{(u,v) \in \mathrm{D} ; \text{ il existe } (x,y) \in X \text{ tel que } x - c \leqslant u < v \leqslant y - c\}.$$

Il est clair que $Y \in \mathcal{M}$. On montre que Y est dense dans D : si $(a,b) \in \mathrm{D}$, on a $a < b$ donc $a+c < b+c$, et il existe donc $a', b' \in \mathbb{Q}$ tels que $a+c < a' < b' < b+c$. On a $(a',b') \in \mathrm{D}$, et, puisque X est dense, il existe $(x,y) \in X$, $(x,y) \leqslant (a',b')$. On a alors $a < x - c < y - c < b$; par suite, il existe $u, v \in \mathbb{Q}$ tels que : $x - c < u < v < y - c$; on a bien $(u,v) \in Y$ et $(u,v) \leqslant (a,b)$.

Il en résulte que $Y \cap g \neq \emptyset$; il existe donc $(u,v) \in g$ et $(x,y) \in X$ tels que $x - c \leqslant u < v \leqslant y - c$; on a $r \in]u,v[$, donc $r + c \in]x,y[$, et donc $(x,y) \in X \cap g'$.

On démontre de façon analogue la deuxième partie du théorème.

C.Q.F.D.

Noter que, sous les hypothèses du théorème, on a évidemment :

$$\mathcal{M}[r+c] = \mathcal{M}[cr] = \mathcal{M}[r].$$

On considère un cardinal κ de $\mathcal{M}$ et on pose $D = \bigotimes^{\kappa} \mathrm{D}$.

Lemme 14.13. *D satisfait la condition d'antichaîne dénombrable.*

Soit $X \subset D$ une antichaîne de D. On suppose d'abord qu'il existe $n \in \omega$ tel que $\overline{\overline{\mathrm{Dom}(p)}} = n$ pour tout $p \in X$. On montre par induction sur n, que X est dénombrable. C'est évident si $n = 0$.

Si $n > 0$, soit p_0 un élément fixé dans X. Si $p \in X$, $p \neq p_0$, alors p est incompatible avec p_0, donc $\mathrm{Dom}(p) \cap \mathrm{Dom}(p_0) \neq \emptyset$.

Pour chaque $\alpha \in \mathrm{Dom}(p_0)$ et $d \in \mathsf{D}$, posons :

$$X_{\alpha,d} = \{p \in X \setminus \{p_0\};\ \alpha \in \mathrm{Dom}(p) \text{ et } p(\alpha) = d\}.$$

Il est clair que la famille $X_{\alpha,d}$ constitue une partition de $X \setminus \{p_0\}$, indexée par un ensemble dénombrable. Il suffit donc de montrer que chacun des ensembles $X_{\alpha,d}$ est dénombrable. Or $X_{\alpha,d}$ est une antichaîne de D dont tous les éléments prennent la même valeur d au point α. Si $Y_{\alpha,d}$ est l'ensemble des $p \setminus \{(\alpha, d)\}$ pour $p \in X_{\alpha,d}$, alors $Y_{\alpha,d}$ est évidemment équipotent à $X_{\alpha,d}$; or c'est une antichaîne de D, et on a $\overline{\overline{\mathrm{Dom}(q)}} = n - 1$ pour tout $q \in Y_{\alpha,d}$. Par hypothèse de récurrence, $Y_{\alpha,d}$ est donc dénombrable, et $X_{\alpha,d}$ aussi.

Soit maintenant X une antichaîne quelconque de D ; pour chaque $n \in \omega$, on pose $X_n = \{p \in X; \overline{\overline{\mathrm{Dom}(p)}} = n\}$. Chaque X_n est dénombrable, comme on vient de le montrer, donc aussi $X = \bigcup_{n\in\omega} X_n$.

C.Q.F.D.

On suppose maintenant que κ est un cardinal infini de $\mathcal{M}$ non cofinal à ω, par exemple $\kappa = \aleph_1$. On considère un D-générique G sur $\mathcal{M}$. On a donc $G = (g_\alpha)_{\alpha\in\kappa}$, où chaque g_α est D-générique sur $\mathcal{M}$. On désigne par r_α le réel de Cohen sur $\mathcal{M}$ associé à g_α. On a donc $\mathcal{M}[G] = \mathcal{M}[(g_\alpha)_{\alpha<\kappa}] = \mathcal{M}[(r_\alpha)_{\alpha<\kappa}]$. Ce modèle est désigné par $\mathcal{N}$.

Dans $\mathcal{N}$, l'ordinal κ est encore un cardinal non cofinal à ω (voir la remarque page 168).

Dans le modèle $\mathcal{N}$ on considère le sous-ensemble A de $\mathbb{R}$, formé des réels de la forme $\pm r_\alpha + c$, α décrivant κ, et c décrivant l'ensemble des réels de $\mathcal{M}$. Par suite, tout $r \in A$ est un réel de Cohen sur $\mathcal{M}$. Et, de plus, on a $\mathcal{M}[r] = \mathcal{M}[r_\alpha] = \mathcal{M}[g_\alpha]$ pour un certain $\alpha \in \kappa$. On a alors dans $\mathcal{N}$:

- *A est partout dense dans $\mathbb{R}$.*

Ceci est évident, puisque A contient en particulier tous les réels $r_\alpha + q$ ($q \in \mathbb{Q}$) α étant un ordinal fixé $< \kappa$.

Théorème 14.14. *Soit Δ un objet de $\mathcal{N}$, définissable dans $\mathcal{N}$ en termes d'éléments de $\mathcal{M}$. Il existe alors $X \in \mathcal{M}$, qui est une partie saturée de* D *telle que $\Delta \cap A = \{r \in A;$ il existe $(u, v) \in X$ tel que $u < r < v\}$.*

La démonstration est tout à fait sembable à celle du théorème 14.6. On observe d'abord que l'ensemble de conditions D est homogène. Cela résulte immédiatement du théorème 14.2.

Par hypothèse, on a un énoncé $E(x,a)$ à une variable libre, dont le seul paramètre est l'objet $a \in \mathscr{M}$, tel que, dans $\mathscr{N}$, on ait : $\forall x[x \in \Delta \Leftrightarrow E(x,a)]$. Soit r un élément quelconque de A. On a $\mathscr{M}[r] = \mathscr{M}[g_{\alpha_0}] = \mathscr{M}'$ pour un certain $\alpha_0 < \kappa$.

Comme $D = \mathsf{D} \times \bigotimes^{\kappa \setminus \{\alpha_0\}} \mathsf{D}$, on a $\mathscr{N} = \mathscr{M}'[(g_\alpha)_{\alpha \neq \alpha_0}]$, la famille $(g_\alpha)_{\alpha \neq \alpha_0}$ étant générique sur $\mathscr{M}'$ pour l'ensemble de conditions $\bigotimes^{\kappa \setminus \{\alpha_0\}} \mathsf{D}$.

Les ensembles ordonnés $\bigotimes^{\kappa} \mathsf{D}$ et $\bigotimes^{\kappa \setminus \{\alpha_0\}} \mathsf{D}$ sont évidemment isomorphes dans $\mathscr{M}$. Le transformé par cet isomorphisme du générique $(g_\alpha)_{\alpha \neq \alpha_0}$ est donc un ensemble H qui est D-générique sur $\mathscr{M}'$. On a évidemment :

$$\mathscr{N} = \mathscr{M}'[(g_\alpha)_{\alpha \neq \alpha_0}] = \mathscr{M}'[H].$$

$E(r,a)$ est un énoncé clos à paramètres dans $\mathscr{M}' = \mathscr{M}[r]$. Or l'ensemble de conditions D est homogène. Il résulte alors du lemme 13.4 que l'énoncé $E(r,a)$ est satisfait dans $\mathscr{N} = \mathscr{M}'[H]$, si, et seulement si l'énoncé : « il existe $p \in D$ qui force $E(r,a)$ » est satisfait dans $\mathscr{M}'$. Cet énoncé s'écrit $E'(r,a)$, $E'(x,y)$ étant un énonce sans paramètres à deux variables libres.

Or on a $\mathscr{M}' = \mathscr{M}[r]$, où r est un réel de Cohen sur $\mathscr{M}$. Soit $g = \{(u,v) \in \mathsf{D}; u < r < v\}$ le D-générique sur $\mathscr{M}$ associé à r. On pose $\Gamma = \{(\hat{p},q);\ p,q \in \mathsf{D}, p \geqslant q\}$. On a vu que l'image de Γ par l'application contractante surjective $\phi : \mathscr{M} \to \mathscr{M}[g]$, associée au générique g, est alors g lui-même (page 130).

Dans le modèle $\mathscr{M}[r]$, l'énoncé $E'(r,a)$ équivaut évidemment à l'énoncé $E''(g,a)$: « le réel x tel que $\{x\} = \bigcap_{(u,v)\in g}[u,v]$ satisfait $E'(x,a)$ ».

D'après le lemme de vérité, l'énoncé $E''(g,a)$ est vrai dans $\mathscr{M}'$ si et seulement s'il existe $p \in g$, tel que, dans $\mathscr{M}$, on ait $p \Vdash E''(\bar{\Gamma},a)$.

On pose $X = \{p \in \mathsf{D};$ l'énoncé $p \Vdash E''(\bar{\Gamma},a)$ est vrai dans $\mathscr{M}\}$. X est alors une partie saturée de D qui est dans le modèle $\mathscr{M}$. On vient de démontrer que l'énoncé $E(r,a)$ est vrai dans $\mathscr{N}$ si, et seulement s'il existe $p \in g \cap X$; c'est-à-dire si et seulement s'il existe $(u,v) \in X$ tel que $u < r < v$.

C.Q.F.D.

Lemme 14.15. *Soient $\mathscr{M}$ un modèle transitif de ZF + AF + AC, κ un cardinal infini de $\mathscr{M}$ et G un ensemble générique sur $\mathscr{M}$ pour l'ensemble de conditions $D = \bigotimes^{\kappa} \mathsf{D}$. Dans le modèle $\mathscr{N} = \mathscr{M}[G]$, il n'existe aucune partie Δ de $\mathbb{R}$, définissable en termes d'éléments de $\mathscr{M}$, qui ait exactement un point commun avec chaque classe d'équivalence de $\mathbb{R}$ modulo $\mathbb{Q}$.*

La démonstration est faite dans le modèle $\mathscr{N}$. On considère une telle partie Δ de $\mathbb{R}$, s'il en existe. D'après le théorème 14.14, il existe $X \subset \mathsf{D}$ tel que $\Delta \cap A = \{r \in A;$ il existe $(u,v) \in X$, $u < r < v\}$.

On pose $U = \bigcup_{(u,v)\in X}]u, v[$; U est un ouvert de $\mathbb{R}$, et on a $\Delta \cap A = U \cap A$. Pour chaque $Z \subset \mathbb{R}$ et $q \in \mathbb{Q}$, on pose $Z + q = \{x + q\,;\ x \in Z\}$.
On a alors $(\Delta + q) \cap (A + q) = (U + q) \cap (A + q)$, c'est-à-dire :

$$(\Delta + q) \cap A = (U + q) \cap A$$

puisque $A + q = A$ par définition de A.

On a $\Delta \cap (\Delta + q) = \emptyset$ si $q \neq 0$: sinon, on a $x, y \in \Delta$, $x = y + q$, donc Δ rencontre la classe d'équivalence de x en deux points distincts x et y.

Donc $U \cap (U + q) \cap A = \Delta \cap (\Delta + q) \cap A = \emptyset$. Mais $U \cap (U + q)$ est ouvert dans $\mathbb{R}$ et A est partout dense ; donc $U \cap (U + q) = \emptyset$ pour tout $q \in \mathbb{Q}$, $q \neq 0$.

Si $U \neq \emptyset$, il existe un intervalle ouvert $]a, b[\subset U$; on choisit q rationnel, $0 < q < b - a$. Alors $]a, b[\cap]a + q, b + q[\neq \emptyset$, donc $U \cap (U + q) \neq \emptyset$ ce qui est faux. On a donc $U = \emptyset$, et par suite $\Delta \cap A = U \cap A = \emptyset$. Or A est une réunion non vide de classes d'équivalence de $\mathbb{R}$ modulo $\mathbb{Q}$, donc rencontre Δ d'après le choix de Δ, ce qui est une contradiction.

C.Q.F.D.

Lemme 14.16. *Les hypothèses sont celles du lemme précédent. Dans le modèle $\mathcal{N} = \mathcal{M}[G]$, toute fonction $f : \mathbb{R} \to \mathbb{R}$, définissable en termes d'éléments de $\mathcal{M}$, telle que $f(1) = 0$ et $f(x + y) = f(x) + f(y)$ quels que soient $x, y \in \mathbb{R}$, satisfait $f(c) = 0$ pour tout réel $c \in \mathcal{M}$.*

La démonstration est faite dans le modèle $\mathcal{N}$. On pose :

$$E = \{x \in \mathbb{R};\ f(x) \leqslant 0\}.$$

Puisque f est définissable en termes d'éléments de $\mathcal{M}$, il en est de même de E. Le théorème 14.14 donne alors une partie X saturée de D, $X \in \mathcal{M}$, telle que $E \cap A = \{r \in A$; il existe $(u, v) \in X,\ u < r < v\}$.

Pour chaque rationnel q, on a $f(q) = 0$, donc $f(x) = f(x + q)$ pour tout $x \in \mathbb{R}$. Il en résulte que $E + q = E$. Par définition de A, on a $A + q = A$. Donc :

$$E \cap A = (E \cap A) + q = \{r \in A;\ \text{il existe } (u, v) \in X,\ u + q < r < v + q\}.$$

Si $X = \emptyset$, on a $E \cap A = \emptyset$, donc $f(r) > 0$ pour tout $r \in A$; c'est impossible car, si $r \in A$, alors $-r \in A$ et $f(-r) = -f(r)$.

Donc $X \neq \emptyset$; on montre alors que X est une partie dense de D. En effet, soit $(a, b) \in \mathsf{D}$; comme $X \neq \emptyset$, on prend $(u, v) \in X$. On pose $q = a - u$; alors $]u + q, v + q[\cap]a, b[$ est un intervalle ouvert $\neq \emptyset$. Comme A est partout dense, il existe $r \in A\cap]u + q, v + q[\cap]a, b[$. On a donc $r \in (E \cap A) + q$, c'est-à-dire $r \in E \cap A$; par suite, il existe $(u', v') \in X$ tel que $r \in]u', v'[$. Comme $r \in]a, b[$, on voit que $]u', v'[\cap]a, b[$ est un intervalle ouvert non vide $]u'', v''[$. On a $(u'', v'') \leqslant (u', v')$, donc $(u'', v'') \in X$ puisque X est saturée, et on a bien $(u'', v'') \leqslant (a, b)$.

X est donc une partie dense saturée de D, qui est dans $\mathcal{M}$. Soit alors r un élément quelconque de A ; r est un réel de Cohen sur $\mathcal{M}$, donc si l'on pose $g = \{(u, v) \in \mathsf{D};\ u < r < v\}$, alors g est D-générique sur $\mathcal{M}$. Donc $g \cap X \neq \emptyset$; il existe donc $(u, v) \in X$ tel que $u < r < v$, ce qui montre que $r \in E \cap A$.

Par définition de E, on a donc $f(r) \leqslant 0$, quel que soit $r \in A$. Mais si $r \in A$, alors $-r \in A$; on a donc $f(r) = 0$ pour tout $r \in A$.

Soit alors c un réel de $\mathcal{M}$; on prend $r \in A$ et on a donc $r + c \in A$, d'où $f(r) = f(r + c) = 0$. Donc $f(c) = 0$.

C.Q.F.D.

Lemme 14.17. *Soit $u \in \mathcal{M}[(g_\alpha)_{\alpha<\kappa}]$, u étant une application de domaine ω à valeurs dans $\mathcal{M}$. Alors il existe $\alpha_0 < \kappa$ tel que $u \in \mathcal{M}[(g_\alpha)_{\alpha<\alpha_0}]$.*

La démonstration est exactement la même que celle du lemme 14.9, au remplacement près de C par D et de C par D. On utilise le fait, démontré ci-dessus, que D satisfait la condition d'antichaîne dénombrable.

C.Q.F.D.

Théorème 14.18. *Dans le modèle $\mathcal{N} = \mathcal{M}[G] = \mathcal{M}[(g_\alpha)_{\alpha<\kappa}]$, il n'existe aucune partie Δ de $\mathbb{R}$, définissable en termes d'une suite d'éléments de $\mathcal{M}$, qui ait exactement un point commun avec chaque classe d'équivalence de $\mathbb{R}$ modulo $\mathbb{Q}$. Dans ce modèle, toute fonction $f : \mathbb{R} \to \mathbb{R}$, définissable en termes d'une suite d'éléments de $\mathcal{M}$, telle que $f(1) = 0$ et $f(x + y) = f(x) + f(y)$ quels que soient $x, y \in \mathbb{R}$, est identiquement nulle.*

Soit $f : \mathbb{R} \to \mathbb{R}$, qui est, dans $\mathcal{M}[G]$, définissable en termes d'une suite u d'éléments de $\mathcal{M}$, telle que $f(1) = 0$ et $f(x + y) = f(x) + f(y)$ pour $x, y \in \mathbb{R}$. Soit c un réel de $\mathcal{M}[G]$; on a à montrer que $f(c) = 0$. D'après le lemme 14.17, il existe $\alpha_0 < \kappa$ tel que $u, c \in \mathcal{M}[(g_\alpha)_{\alpha<\alpha_0}]$ (c peut évidemment être considéré comme une suite de 0 et de 1).

On a $D = \bigotimes^{\alpha_0} \mathsf{D} \times \bigotimes^{\kappa\setminus\alpha_0} \mathsf{D}$, et par suite $\mathcal{N} = \mathcal{M}[(g_\alpha)_{\alpha<\alpha_0}][(g_\alpha)_{\alpha_0\leqslant\alpha<\kappa}]$ où la famille $(g_\alpha)_{\alpha_0\leqslant\alpha<\kappa}$ est générique sur $\mathcal{M}[(g_\alpha)_{\alpha<\alpha_0}]$ pour l'ensemble de conditions $\bigotimes^{\kappa\setminus\alpha_0} \mathsf{D}$. Or $\kappa \setminus \alpha_0$ est équipotent à κ dans le modèle $\mathcal{M}$, d'où un isomorphisme $j \in \mathcal{M}$ de $\bigotimes^{\kappa\setminus\alpha_0} \mathsf{D}$ sur $\bigotimes^{\kappa} \mathsf{D} = D$. Par cet isomorphisme la famille $(g_\alpha)_{\alpha_0\leqslant\alpha<\kappa}$ se transforme en un D-générique G' sur $\mathcal{M}$ et on a :

$$\mathcal{N} = \mathcal{M}[(g_\alpha)_{\alpha<\alpha_0}][G'].$$

On applique alors le lemme 14.16, en y remplaçant $\mathcal{M}$ par $\mathcal{M}[(g_\alpha)_{\alpha<\alpha_0}]$, ce qui donne immédiatement $f(c) = 0$.

De la même façon, si $\Delta \in \mathcal{M}[G]$ est définissable en termes de la suite u, le lemme 14.15, appliqué dans les mêmes conditions, montre que Δ ne peut être une partie de $\mathbb{R}$ ayant exactement un point dans chaque classe d'équivalence modulo $\mathbb{Q}$.

C.Q.F.D.

Une fonction $f : \mathbb{R} \to \mathbb{R}$ est dite *additive,* si $f(x+y) = f(x) + f(y)$ quels que soient $x, y \in \mathbb{R}$, autrement dit, si f est un endomorphisme de $\mathbb{R}$ considéré comme $\mathbb{Q}$-espace vectoriel.

Théorème 14.19. *Si ZF est non contradictoire, il en est de même de la théorie : ZF + AF + ACD + « il n'existe aucune partie de* $\mathbb{R}$ *qui ait exactement un point en commun avec chaque classe d'équivalence de* $\mathbb{R}$ *modulo* $\mathbb{Q}$ *» + « toute fonction additive* $f : \mathbb{R} \to \mathbb{R}$ *est de la forme* $f(x) = \lambda x$ *avec* $\lambda \in \mathbb{R}$ *».*

On considère la collection HDM^{ω} définie dans $\mathcal{M}[G]$ qui satisfait (voir corollaire 14.5) *ZF + AF + ACD.*

Tout réel de $\mathcal{M}[G]$ est dans HDM^{ω}, puisqu'on peut le considérer comme une suite de 0 et de 1 (représentation binaire). Il est alors immédiat, d'après le théorème 14.18, que HDM^{ω} satisfait les deux énoncés considérés (pour vérifier le deuxième, on notera que, si $f : \mathbb{R} \to \mathbb{R}$ est une fonction additive, alors $g(x) = f(x) - xf(1)$ définit une fonction additive telle que $g(1) = 0$).

C.Q.F.D.

On en déduit évidemment que, dans HDM^{ω}, l'espace vectoriel $\mathbb{R}$ sur le corps $\mathbb{Q}$ n'a pas de base : en effet, si B est une base de $\mathbb{R}$ sur $\mathbb{Q}$, il suffit de choisir $b \in B$, et de définir $f : \mathbb{R} \to \mathbb{Q}$ par $f(x)$ = le coefficient de b dans l'écriture de x comme combinaison linéaire d'éléments de B. Alors f est additive, n'est pas identiquement nulle puisque $f(b) = 1$, et n'est pas de la forme λx avec $\lambda \in \mathbb{R}$, puisqu'elle ne prend que des valeurs rationnelles. Par suite :

- *Dans la théorie ZF + AF + ACD, on ne peut montrer que tout espace vectoriel a une base, ni même que* $\mathbb{R}$ *a une base sur* $\mathbb{Q}$.

Remarque. Le théorème 14.18 (et, de façon analogue, le théorème 14.10) donne une formulation précise (et une démonstration) à une idée intuitive très répandue, à savoir que certains ensembles, dont l'existence est démontrée à l'aide de l'axiome du choix (par exemple un ensemble de réels ayant exactement un point en commun avec chaque classe d'équivalence modulo $\mathbb{Q}$, souvent utilisé comme exemple typique d'ensemble non mesurable), ne peuvent être « explicitement définis ». Si on prend les mots « explicitement défini » au sens de « définissable par un énoncé sans paramètre », on voit, d'après ce théorème, qu'on ne peut, dans la théorie des ensembles, même avec axiome du choix, démontrer l'existence d'un tel ensemble « explicitement défini ». Bien entendu, on ne peut pas non plus démontrer qu'il n'en existe pas, puisqu'en ajoutant l'axiome $V = L$, on en obtient un, en considérant « le premier ensemble de réels ayant la propriété considérée, premier suivant le bon ordre sur l'univers, défini à l'aide de l'axiome de constructibilité ».

R. Solovay a montré dans [29] un résultat beaucoup plus frappant, à savoir la consistance de la théorie $ZF + AF + ACD+$ « tout ensemble de réels est Lebesgue-mesurable » (voir chapitre 17).

Chapitre 15

Chaînes et antichaînes

Conditions d'antichaîne

On se place dans un univers satisfaisant l'axiome du choix. Soit C un ensemble ordonné. On rappelle qu'une *antichaîne* de C est une partie de C dont les éléments sont deux à deux incompatibles. Etant donné un cardinal infini κ, on dit que *C satisfait la condition d'antichaîne $< \kappa$ (resp. $\leqslant \kappa$)*, si toute antichaîne de C est de cardinal $< \kappa$ (resp. $\leqslant \kappa$).

La condition d'antichaîne $< \kappa$ n'est utilisée que lorsque κ est un cardinal régulier. En fait, ce n'est pas une restriction, d'après le

Théorème 15.1. *Pour tout ensemble ordonné C, le premier cardinal κ tel que C satisfasse la condition d'antichaîne $< \kappa$ est régulier.*

On raisonne par l'absurde, en supposant que $\lambda = \text{cof}(\kappa) < \kappa$. Il existe donc une famille de cardinaux $(\kappa_\alpha)_{\alpha<\lambda}$, telle que $\alpha < \beta < \lambda \Rightarrow \lambda < \kappa_\alpha < \kappa_\beta$, et $\kappa = \bigcup_{\alpha<\lambda} \kappa_\alpha$. En remplaçant κ_α par κ_α^+ (le cardinal successeur de κ_α), on voit qu'on peut, de plus, supposer que les κ_α sont des cardinaux réguliers. Par hypothèse sur κ, il existe, pour chaque $\alpha < \lambda$, une antichaîne X_α de C, de cardinal κ_α.

On définit, par induction sur $\alpha < \lambda$, une antichaîne A_α de C, de cardinal κ_α, et $a_\alpha \in A_\alpha$, de façon que, pour tout $\beta < \alpha$, on ait

$$A_\beta \subset A_\alpha \cup \{a_\gamma ; \gamma \leqslant \alpha\}.$$

On suppose donc défini A_β pour $\beta < \alpha$, et on pose $B_\beta = A_\beta \setminus \{a_\gamma ; \gamma < \alpha\}$. B_β est donc une antichaîne de C, de cardinal κ_β (puisque $\{a_\gamma ; \gamma < \alpha\}$ est de cardinal $< \lambda < \kappa_\beta$), et on a $\beta < \beta' < \alpha \Rightarrow B_\beta \subset B_{\beta'}$ (puisque, par hypothèse d'induction, on a $A_\beta \subset A_{\beta'} \cup \{a_\gamma ; \gamma \leqslant \beta'\}$).

Par suite, $B = \bigcup_{\beta<\alpha} B_\beta$ est une antichaîne de C, de cardinal $\sup_{\beta<\alpha}\kappa_\beta \leqslant \kappa_\alpha$. On pose $Y = \{p \in X_\alpha;\ p$ est incompatible avec tout élément de $B\}$. Alors $B \cup Y$ est une antichaîne de C, de cardinal $\leqslant \kappa_\alpha$ (puisque X_α est une antichaîne de cardinal κ_α).

Si $\overline{\overline{B \cup Y}} = \kappa_\alpha$, on pose $A_\alpha = B \cup Y$, et on choisit a_α de façon arbitraire dans A_α. Pour $\beta < \alpha$, on a $A_\beta \subset B_\beta \cup \{a_\gamma;\ \gamma < \alpha\}$ par définition de B_β, et donc, évidemment, $A_\beta \subset A_\alpha \cup \{a_\gamma;\ \gamma \leqslant \alpha\}$.

Si $\overline{\overline{B \cup Y}} < \kappa_\alpha$, soit $Z = X_\alpha \setminus Y$, d'où $\overline{\overline{Z}} = \kappa_\alpha$. On a $Z = \{p \in X_\alpha;\ p$ est compatible avec un élément de $B\}$. Comme κ_α est régulier, et que $\overline{\overline{B}} < \kappa_\alpha$, il existe $a_\alpha \in B$ tel que $Z' = \{p \in X_\alpha;\ p$ est compatible avec $a_\alpha\}$ soit de cardinal κ_α. Pour chaque $p \in Z'$, on choisit dans C un minorant commun à p et à a_α, qu'on désigne par $f(p)$. On a ainsi défini (à l'aide de AC) une fonction f injective de domaine Z', dont l'image est une antichaîne Z'', de cardinal κ_α. On pose alors $A_\alpha = (B \setminus \{a_\alpha\}) \cup Z''$; c'est une antichaîne, puisque tout élément de Z'' minore a_α. Cette définition de A_α et a_α satisfait bien les conditions voulues : en effet, si $\beta < \alpha$, on a $A_\beta \subset B_\beta \cup \{a_\gamma;\ \gamma < \alpha\}$ par définition de B_β, donc $A_\beta \subset B \cup \{a_\gamma;\ \gamma < \alpha\}$, d'où $A_\beta \subset A_\alpha \cup \{a_\gamma;\ \gamma \leqslant \alpha\}$.

Pour chaque $\alpha < \lambda$, $D_\alpha = A_\alpha \setminus \{a_\gamma;\ \gamma \leqslant \alpha\}$ est donc une antichaîne de cardinal κ_α, et $\beta < \alpha < \lambda \Rightarrow D_\beta \subset D_\alpha$. Donc $\bigcup_{\alpha<\lambda} D_\alpha$ est une antichaîne de C de cardinal κ, ce qui est une contradiction.

C.Q.F.D.

Lemme 15.2. *Soient $\mathcal{M}$ un modèle transitif de ZF + AF + AC, κ un cardinal infini de $\mathcal{M}$, C un ensemble ordonné de $\mathcal{M}$ satisfaisant la condition d'antichaîne $< \kappa$, et G un ensemble C-générique sur $\mathcal{M}$. Si ρ est un ordinal tel que* $\mathrm{cof}(\rho) \geqslant \kappa$ *dans $\mathcal{M}$, alors la cofinalité de ρ est la même dans $\mathcal{M}$ et dans $\mathcal{M}[G]$.*

Soient $\lambda \geqslant \kappa$ la cofinalité de ρ dans $\mathcal{M}$, μ sa cofinalité dans $\mathcal{M}[G]$. Evidemment $\mu \leqslant \lambda$; on suppose $\mu < \lambda$. Dans $\mathcal{M}[G]$, il existe une application $\phi a : \mu \to \rho$ dont l'image n'est pas strictement majorée dans ρ. D'après le lemme de vérité, il existe $p_0 \in G$, tel que $p_0 \Vdash$ « $\bar{a}$ est une application de μ dans ρ ».

Pour chaque $\alpha \in \mu$ on pose

$X_\alpha = \{\beta \in \rho;\ (\exists p \in C;\ p \leqslant p_0)(p \Vdash (\alpha,\beta) \in \bar{a})\}$.

A chaque $\beta \in X_\alpha$, on associe $p_\beta \leqslant p_0$ tel que $p_\beta \Vdash (\alpha,\beta) \in \bar{a}$.

Si β, β' sont deux éléments distincts de X_α, p_β et $p_{\beta'}$ sont incompatibles : car si q est un minorant commun de $p_\beta, p_{\beta'}$, on a :

$q \Vdash (\alpha,\beta) \in \bar{a}$; $q \Vdash (\alpha,\beta') \in \bar{a}$; $q \Vdash \beta \neq \beta'$; et comme $q \leqslant p_0$, $q \Vdash \bar{a} : \mu \to \rho$.

C'est impossible, car ces quatre énoncés sont contradictoires.

L'application $\beta \mapsto p_\beta$ de X_α dans C est donc une injection dont l'image est une antichaîne de C. Comme C satisfait, dans $\mathcal{M}$, la condition d'antichaîne $< \kappa$, on a $\overline{\overline{X_\alpha}} < \kappa$. Donc $\overline{\overline{X_\alpha}} < \lambda$, et comme λ est la cofinalité de ρ dans $\mathcal{M}$, on voit que X_α a, dans ρ, un majorant strict ξ_α. La famille $(\xi_\alpha)_{\alpha<\mu}$ d'éléments de ρ a elle-même un majorant strict $\xi \in \rho$ (puisque $\mu < \text{cof}(\rho)$ par hypothèse). Par suite, ξ est un majorant strict de l'ensemble $\bigcup_{\alpha<\mu} X_\alpha$. Comme $\xi \in \rho$, et que l'image de la fonction $\phi a : \mu \to \rho$ n'est pas strictement majorée dans ρ, il existe $\alpha_0 \in \mu$ tel que $\phi a(\alpha_0) = \beta_0 \geqslant \xi$. Comme $(\alpha_0, \beta_0) \in \phi a$, il existe $p \in G$ (qu'on peut prendre $\leqslant p_0$) tel que $p \Vdash (\alpha_0, \beta_0) \in \bar{a}$. Cela montre que $\beta_0 \in X_{\alpha_0}$, ce qui est une contradiction puisque $\beta_0 \geqslant \xi$.

C.Q.F.D.

Théorème 15.3. *Soient $\mathcal{M}$ un modèle transitif de ZF + AF + AC, κ un cardinal régulier de $\mathcal{M}$, C un ensemble ordonné de $\mathcal{M}$, satisfaisant dans $\mathcal{M}$ la condition d'antichaîne $< \kappa$, et G un ensemble C-générique sur $\mathcal{M}$. Si $\rho \geqslant \kappa$ est un cardinal de $\mathcal{M}$, ρ est aussi un cardinal de $\mathcal{M}[G]$. Si de plus* cof$(\rho) \geqslant \kappa$, *alors ρ a la même cofinalité dans $\mathcal{M}$ et $\mathcal{M}[G]$. En particulier, si $\rho \geqslant \kappa$ est régulier dans $\mathcal{M}$, il l'est aussi dans $\mathcal{M}[G]$.*

La deuxième partie du théorème résulte du lemme 15.2. Soit alors $\rho \geqslant \kappa$ un cardinal de $\mathcal{M}$. Si ρ est régulier, on a $\text{cof}(\rho) = \rho$ dans $\mathcal{M}$, donc aussi dans $\mathcal{M}[G]$; donc ρ est aussi un cardinal régulier dans $\mathcal{M}[G]$. Si ρ n'est pas régulier, on a $\rho = \sup_{\alpha<\lambda} \rho_\alpha$ avec $\lambda = \text{cof}(\rho) < \rho$, $\rho_\alpha < \rho$; on a donc $\rho_\alpha^+ \leqslant \rho$, où ρ_α^+ désigne le cardinal successeur de ρ_α. Donc $\rho = \sup_{\alpha<\lambda} \rho_\alpha^+ = \bigcup_{\alpha<\lambda} \rho_\alpha^+$. Comme $\rho > \lambda \geqslant \kappa$, on a $\rho_\alpha \geqslant \kappa$ pour $\alpha \geqslant \alpha_0$; comme ρ_α^+ est régulier, c'est un cardinal dans $\mathcal{M}[G]$. Puisque ρ est la réunion d'une famille de cardinaux dans $\mathcal{M}[G]$, c'est donc un cardinal de $\mathcal{M}[G]$.

C.Q.F.D.

Destruction de cardinaux

Soient $\mathcal{M}$ un modèle standard (page 145) de *ZF + AF*, et A un élément de $\mathcal{M}$. On considère l'ensemble $C = \{p \in \mathcal{M}$; p est une application de domaine fini $\subset \omega$ à valeurs dans $A\}$; si $p, q \in C$ on pose $p \leqslant q$ si et seulement si $p \supset q$ (c'est-à-dire si p est un prolongement de q). C est donc un ensemble ordonné de $\mathcal{M}$. Notons que, d'après le théorème 14.2, l'ensemble de conditions C est homogène : en effet, on a $C = \bigotimes^\omega A$, A étant muni de la relation d'ordre triviale ($a \leqslant b \Leftrightarrow a = b$).

Soit G un ensemble C-générique sur $\mathcal{M}$; les éléments de G étant deux à deux compatibles, leur réunion est une fonction g, de domaine $\subset \omega$, à valeurs dans A. On a en fait :

• *g est une application surjective de ω sur A, et G est l'ensemble des restrictions de g aux parties finies de ω.*

En effet, quels que soient $n \in \omega$ et $a \in A$, l'ensemble $\{p \in C;\ n \in \mathrm{Dom}(p)$ et $a \in \mathrm{Im}(p)\}$ est évidemment une partie dense de C, qui est dans $\mathscr{M}$. Elle rencontre donc G, ce qui montre que $n \in \mathrm{Dom}(g)$ et $a \in \mathrm{Im}(g)$; g est donc une application surjective de ω sur A. Il est clair que tout élément de G est une restriction de g à une partie finie de ω. Inversement, soit p une telle restriction ; $\{q \in C;\ \mathrm{Dom}(q) \supset \mathrm{Dom}(p)\}$ est une partie dense de C, qui est dans $\mathscr{M}$; il existe donc $q \in G$ tel que $\mathrm{Dom}(q) \supset \mathrm{Dom}(p)$. Par définition de g, on a $q \subset g$. Donc q est un prolongement de p, c'est-à-dire $q \leqslant p$. Comme $q \in G$, on a bien $p \in G$.

Dans $\mathscr{M}[G]$, l'ensemble A est donc dénombrable. D'autre part, $\mathscr{M}[G]$ est le plus petit modèle transitif de *ZF* contenant $\mathscr{M}$ et ayant g comme élément. On utilisera donc aussi la notation $\mathscr{M}[g]$ pour désigner ce modèle ; la fonction g sera également dite C-générique sur $\mathscr{M}$.

Prenons, par exemple, pour $\mathscr{M}$ un modèle transitif dénombrable de $ZF + V = L$, et pour A le cardinal $\aleph_1$ de $\mathscr{M}$. $\mathscr{M}$ est donc la collection des constructibles de $\mathscr{M}[G]$, et aussi celle des ensembles héréditairement définissables en termes d'ordinaux : en effet, on peut appliquer le théorème 13.3 (puisque C est homogène) qui montre que, dans $\mathscr{M}[G]$, on a $\forall x[HDO(x) \Rightarrow M(x)]$, soit $\forall x[HDO(x) \Rightarrow L(x)]$, et par suite $\forall x[HDO(x) \Leftrightarrow L(x)]$.

Dans $\mathscr{M}[G]$ l'ordinal $\aleph_1^L$ (cardinal $\aleph_1$ de L) est dénombrable. Comme, dans L, $\mathscr{P}(\omega)$ est équipotent à $\aleph_1$, on voit que, dans $\mathscr{M}[G]$, il n'y a qu'un ensemble dénombrable de parties constructibles de ω, et donc aussi de parties de ω qui soient définissables en termes d'ordinaux.

L'ensemble C étant de cardinal $\aleph_1$ dans $\mathscr{M}$ satisfait évidemment la condition d'antichaîne $\leqslant \aleph_1$. D'après le théorème 15.3, tout cardinal κ de $\mathscr{M}$, qui est $\geqslant \aleph_2$, est donc aussi un cardinal de $\mathscr{M}[G]$. Les cardinaux de $\mathscr{M}[G]$ sont donc ω et les $\aleph_\alpha^L$ pour $\alpha \geqslant 2$.

D'après le théorème 12.3, si κ est un cardinal de $\mathscr{M}[G]$, le cardinal 2^κ calculé dans $\mathscr{M}[G]$ est $\leqslant 2^{\overline{\overline{C \times \kappa}}}$ calculé dans $\mathscr{M}$ (car $\mathscr{A}(C) \subset \mathscr{P}(C)$). Comme, dans $\mathscr{M}$, $\overline{\overline{C}} = \aleph_1$, on voit que, si $\kappa \geqslant \aleph_2$, 2^κ calculé dans $\mathscr{M}[G]$ est égal à 2^κ calculé dans $\mathscr{M}$ (c'est-à-dire κ^+, puisque $\mathscr{M}$ satisfait *HGC*) ; si $\kappa = \omega$, on a $\left[\overline{\overline{2^\omega}}\right]^{\mathscr{M}[G]} \leqslant \left[\overline{\overline{2^{\aleph_1}}}\right]^{\mathscr{M}} = \aleph_2^{\mathscr{M}} = \aleph_1^{\mathscr{M}[G]}$. Finalement, on voit que $\mathscr{M}[G]$ satisfait l'hypothèse généralisée du continu. On a donc démontré :

• *Si ZF est non-contradictoire, il en est de même de la théorie suivante : ZF + AF + AC + HGC+ « l'ensemble des parties de ω qui sont définissables en termes d'ordinaux est dénombrable ».*

Le modèle de Lévy

Nous nous proposons de montrer, dans cette section, le théorème suivant de A. Lévy :

Théorème 15.4. *Les théories suivantes sont équiconsistantes (autrement dit la non-contradiction de l'une d'elles implique la non-contradiction des deux autres) :*

1. ZF + AF + AC + CI (CI est l'axiome « il existe un cardinal inaccessible »).

2. ZF + AF + ACD+ « toute partie bien ordonnable de $\mathscr{P}(\omega)$ est dénombrable ou finie ».

3. ZF + AF + ACDen+ « toute partie bien ordonnable de $\mathscr{P}(\omega)$ est dénombrable ou finie ».

Remarque. L'hypothèse que la théorie (1) est non-contradictoire est strictement plus forte que l'hypothèse « *ZF* est non-contradictoire » (voir chapitre 9, page 108).

On montre d'abord que la non-contradiction de (3) implique celle de (1) : soit donc $\mathscr{U}$ un univers satisfaisant *ZF + AF + ACDen*, dans lequel toute partie bien ordonnable de $\mathscr{P}(\omega)$ est dénombrable ou finie. Alors la collection *HDO* de $\mathscr{U}$ satisfait la théorie (1) : on sait, en effet, qu'elle satisfait *ZF + AF + AC* (théorème 6.4). Soit κ le premier ordinal non dénombrable de $\mathscr{U}$; alors κ est évidemment un cardinal dans *HDO*; on montre que, dans *HDO*, il est inaccessible :

Soit $f : \lambda \to \kappa$ un objet de *HDO*, qui est une fonction strictement croissante, dont le domaine est un ordinal $\lambda < \kappa$. Dans $\mathscr{U}$, λ est un ordinal dénombrable, et $f(\alpha)$ est dénombrable pour tout $\alpha \in \lambda$. Soient $h : \omega \to \lambda$ surjective, et X_n l'ensemble (non vide) des surjections de ω sur $f \circ h(n)$ (pour $n \in \omega$). Comme $\mathscr{U}$ satisfait l'axiome du choix dénombrable, $\prod_{n\in\omega} X_n \neq \emptyset$; d'où une fonction g, de domaine ω, telle que $g(n)$ soit, pour $n \in \omega$, une surjection de ω sur $f \circ h(n)$. Alors la fonction s, de domaine $\omega \times \omega$, définie par $s(n, p) = g(n)(p)$ est une surjection de $\omega \times \omega$ sur $\bigcup_{n\in\omega} f \circ h(n) = \bigcup_{\alpha<\lambda} f(\alpha)$. Donc $\bigcup_{\alpha<\lambda} f(\alpha)$ est dénombrable et, par suite, est $< \kappa$.

Soit maintenant λ un ordinal $< \kappa$; on doit démontrer que, dans *HDO*, on a $\overline{\overline{\mathscr{P}(\lambda)}} < \kappa$. Soit h une bijection de λ sur ω ; on en déduit une bijection H :

$\mathscr{P}(\lambda) \to \mathscr{P}(\omega)$. Or l'ensemble $\mathscr{P}(\lambda)^{HDO}$ des parties de λ qui sont dans HDO est une partie bien ordonnable de $\mathscr{P}(\lambda)$ (car on a, sur HDO, une relation de bon ordre, définie dans $\mathscr{U}$ par un énoncé sans paramètre). L'image de cet ensemble par H est donc une partie bien ordonnable de $\mathscr{P}(\omega)$, qui, par hypothèse, est donc dénombrable ou finie. Donc $\mathscr{P}(\lambda)^{HDO}$ est dénombrable ou fini, et, par suite, son cardinal dans HDO est un ordinal $< \kappa$.

C.Q.F.D.

Il reste donc à montrer que, si la théorie (1) est non-contradictoire, il en est de même de la théorie (2).

On considère donc un modèle transitif dénombrable $\mathscr{M}$ de $ZF+AF+AC+CI$ et, dans $\mathscr{M}$, un cardinal inaccessible κ. On peut supposer que $\mathscr{M}$ satisfait aussi $V = L$ (sinon, on considère, dans $\mathscr{M}$, la collection L des constructibles ; il est immédiat que κ est encore inaccessible dans L).

Pour chaque ordinal $\alpha < \kappa$ de $\mathscr{M}$, on pose $C_\alpha = \{p;\ p$ est une application de domaine fini $\subset \omega$ à valeurs dans $\aleph_\alpha\}$; on munit C_α de la relation d'ordre : $p \leqslant q \Leftrightarrow p \supset q$. On pose $C = \bigotimes_{\alpha<\kappa} C_\alpha$.

Lemme 15.5. *C satisfait la condition d'antichaîne $< \kappa$.*

Soit A une antichaîne de C, de cardinal κ, s'il en existe. Chaque élément de C étant une fonction de domaine fini $\subset \kappa$, on a une partition $A = \bigcup_{n\in\omega} A_n$, avec $A_n = \{p \in A;\ \overline{\overline{\mathrm{Dom}(p)}} = n\}$. Comme κ est inaccessible (donc régulier et $> \omega$), l'un des A_n est de cardinal κ.

On peut donc choisir le plus petit entier m tel qu'il existe une antichaîne B de C, de cardinal κ, telle que $\overline{\overline{\mathrm{Dom}(p)}} = m$ pour chaque $p \in B$.

Soit $p_0 \in B$, avec $\mathrm{Dom}(p_0) = \{\alpha_1, \ldots, \alpha_m\} \subset \kappa$. Tout élément p de $B \setminus \{p_0\}$ est incompatible avec p_0, et par suite, $\mathrm{Dom}(p) \cap \mathrm{Dom}(p_0) \neq \emptyset$. Il existe donc i $(1 \leqslant i \leqslant m)$ tel que $\{p \in B \setminus \{p_0\};\ \alpha_i \in \mathrm{Dom}(p)\}$ soit de cardinal κ.

Pour fixer les idées, supposons que $i = 1$, et posons :

$$B' = \{p \in B \setminus \{p_0\};\ \alpha_1 \in \mathrm{Dom}(p)\}.$$

B' est alors de cardinal κ. Si $p \in B'$, on a $p(\alpha_1) \in C_{\alpha_1}$, et par suite :

$$B' = \bigcup_{x \in C_{\alpha_1}} \{p \in B';\ p(\alpha_1) = x\}.$$

Or $\overline{\overline{C_{\alpha_1}}} = \aleph_{\alpha_1} < \kappa$. Comme κ est régulier, donc n'est pas cofinal à $\aleph_{\alpha_1}$, et que $\overline{\overline{B'}} = \kappa$, il existe $x_1 \in C_{\alpha_1}$ tel que $B'' = \{p \in B';\ p(\alpha_1) = x_1\}$ soit de cardinal κ.

Soit alors B''' l'ensemble des $p \setminus \{(\alpha_1, x_1)\}$ pour $p \in B''$. B''' est encore une antichaîne de C de cardinal κ, et on a $\overline{\overline{\mathrm{Dom}(q)}} = m - 1$ pour tout $q \in B'''$. Cela contredit la définition de l'entier m.

C.Q.F.D.

On considère un ensemble G, C-générique sur $\mathcal{M}$; G est donc représenté par une famille $(G_\alpha)_{\alpha<\kappa}$, où G_α est un ensemble C_α-générique sur $\mathcal{M}$. Comme C satisfait la condition d'antichaîne $< \kappa$, et que κ est un cardinal régulier de $\mathcal{M}$, c'est aussi un cardinal régulier de $\mathcal{M}[G]$. D'autre part, tout cardinal $\aleph_\alpha^{\mathcal{M}}$ de $\mathcal{M}$ qui est $< \kappa$, est un ordinal dénombrable de $\mathcal{M}[G]$: en effet, si g_α est la réunion des éléments de G_α, $g_\alpha \in \mathcal{M}[G]$ et est une surjection de ω sur $\aleph_\alpha^{\mathcal{M}}$ (page 184). Il en résulte que $\kappa = \aleph_1^{\mathcal{M}[G]}$ (c'est-à-dire le cardinal $\aleph_1$ de $\mathcal{M}[G]$).

Le modèle $\mathcal{M}[G]$ est appelé modèle de Lévy.

Lemme 15.6. *Soit $u \in \mathcal{M}[G]$, $u : \omega \to \mathcal{M}$. Alors il existe un ordinal $\alpha < \kappa$ tel que $u \in \mathcal{M}[(G_\beta)_{\beta<\alpha}]$.*

Notons que, pour tout $\alpha < \kappa$, la famille $(G_\beta)_{\beta<\alpha}$ est générique sur $\mathcal{M}$ pour l'ensemble de conditions $\bigotimes_{\beta<\alpha} C_\beta$.

Soient ϕ l'application contractante de $\mathcal{M}$ sur $\mathcal{M}[G]$, et $v \in \mathcal{M}$ tel que $\phi(v) = u$. Pour chaque $n \in \omega$, on a $u(n) \in \mathcal{M}$; il existe donc $p_n \in G$ tel que $p_n \Vdash (n, u(n)) \in \bar{v}$. La suite $(p_n)_{n\in\omega}$ est dans $\mathcal{M}[G]$, et, pour chaque $n \in \omega$, $\mathrm{Dom}(p_n)$ est une partie finie de κ. Comme κ n'est pas cofinal à ω dans $\mathcal{M}[G]$, il existe un ordinal $\alpha < \kappa$ tel que $\mathrm{Dom}(p_n) \subset \alpha$ pour tout $n \in \omega$. On a alors :

$(\star)$ $\quad u = \{(n, x) ; n \in \omega, x \in \mathcal{M} ;$ il existe $p \in (G_\beta)_{\beta<\alpha}, p \Vdash (n, x) \in \bar{v}\}$;

en effet, si $(n, x) \in u$, on a $x = u(n)$, et il existe bien $p_n \in (G_\beta)_{\beta<\alpha}$ tel que $p_n \Vdash (n, x) \in \bar{v}$; inversement, si $p \in (G_\beta)_{\beta<\alpha}$ et $p \Vdash (n, x) \in \bar{v}$, alors $p \in G$ et donc $(n, x) \in u$ d'après le lemme de vérité.

L'égalité $(\star)$ donne une définition de u dans $\mathcal{M}[(G_\beta)_{\beta<\alpha}]$; on a donc bien $u \in \mathcal{M}[(G_\beta)_{\beta<\alpha}]$.

C.Q.F.D.

Pour chaque $\alpha < \kappa$, on pose $H_\alpha = (G_\beta)_{\beta\leqslant\alpha}$; $H^\alpha = (G_\beta)_{\alpha<\beta<\kappa}$. On a alors :
$G = H_\alpha \times H^\alpha$;
H_α est générique sur $\mathcal{M}$ pour l'ensemble de conditions $C'_\alpha = \bigotimes_{\beta\leqslant\alpha} C_\beta$;
H^α est générique sur $\mathcal{M}$ pour l'ensemble de conditions $C''_\alpha = \bigotimes_{\alpha<\beta<\kappa} C_\beta$.

Il est clair que, dans $\mathcal{M}$, $\overline{\overline{C'_\alpha}} = \aleph_\alpha^{\mathcal{M}}$, et que $\aleph_\alpha^{\mathcal{M}}$ est un ordinal dénombrable de $\mathcal{M}[H_\alpha]$ (puisque $G_\alpha \in \mathcal{M}[H_\alpha]$ et que la réunion des éléments de G_α est une surjection de ω sur $\aleph_\alpha^{\mathcal{M}}$). Comme C'_α satisfait la condition d'antichaîne $\leqslant \aleph_\alpha$ dans $\mathcal{M}$ (il est de cardinal $\aleph_\alpha$), on voit (théorème 15.3) que $\aleph_{\alpha+1}^{\mathcal{M}}$ est un cardinal de $\mathcal{M}[H_\alpha]$. Par suite, $\aleph_{\alpha+1}^{\mathcal{M}} = \aleph_1^{\mathcal{M}[H_\alpha]}$.

- *L'hypothèse du continu est vraie dans $\mathcal{M}[H_\alpha]$.*

D'après le théorème 12.3, il existe, dans $\mathcal{M}[H_\alpha]$, une surjection de l'ensemble $(\mathscr{P}(C'_\alpha))^\omega$ de $\mathcal{M}$, sur l'ensemble $\mathscr{P}(\omega)$ de $\mathcal{M}[H_\alpha]$. Or, dans $\mathcal{M}$, on a

$\overline{\overline{(\mathcal{P}(C'_\alpha))^\omega}} = \aleph_{\alpha+1}^{\mathcal{M}}$ (puisque $\mathcal{M}$ satisfait *HGC*). Donc, dans $\mathcal{M}[H_\alpha]$, on a : $\overline{\overline{2^\omega}} \leqslant \aleph_{\alpha+1}^{\mathcal{M}} = \aleph_1^{\mathcal{M}[H_\alpha]}$.

Lemme 15.7. *On considère, dans* $\mathcal{M}[G]$ *une application* f*, définie sur un ordinal* λ*, à valeurs dans* $\mathcal{P}(\omega)$*, qui est définissable en termes d'une suite d'éléments de* $\mathcal{M}$*. Alors* $\mathrm{Im}(f)$ *est dénombrable ou finie dans* $\mathcal{M}[G]$.

On a, par hypothèse, un énoncé $E(x, u)$ à une variable, ayant pour paramètre $u : \omega \to \mathcal{M}$, tel que, dans $\mathcal{M}[G]$, on ait $\forall x[x = f \Leftrightarrow E(x, u)]$. D'après le lemme 15.6, on a $u \in \mathcal{M}[H_\alpha] = \mathcal{N}$ pour un $\alpha < \kappa$. On a alors $\mathcal{M}[G] = \mathcal{N}[H^\alpha]$. Soit $a = f(\gamma)$ un élément de $\mathrm{Im}(f)$ ($\gamma < \lambda$). On a $a \subset \omega$ et a est définissable en termes d'éléments de $\mathcal{N}$ (à savoir u et γ). Or H_α est C''_α-générique sur $\mathcal{N}$. Comme C''_α est homogène (c'est le produit d'une famille d'ensembles ordonnés homogènes), on voit que $a \in \mathcal{N}$ (théorème 13.3 appliqué au modèle $\mathcal{N}$ et au générique H^α sur $\mathcal{N}$). On a donc montré que $\mathrm{Im}(f) \subset \mathcal{N} = \mathcal{M}[H_\alpha]$. Donc $\mathrm{Im}(f) \subset \mathcal{P}(\omega) \cap \mathcal{M}[H_\alpha]$ et $\overline{\overline{\mathrm{Im}(f)}} \leqslant \aleph_1^{\mathcal{M}[H_\alpha]}$ (cardinal, dans $\mathcal{M}[H_\alpha]$ de l'ensemble des parties de ω). Or $\aleph_1^{\mathcal{M}[H_\alpha]} = \aleph_{\alpha+1}^{\mathcal{M}}$ est dénombrable dans $\mathcal{M}[G]$ (il est, en fait, déjà dénombrable dans $\mathcal{M}[G_{\alpha+1}]$). Donc $\mathrm{Im}(f)$ est dénombrable ou finie dans $\mathcal{M}[G]$.

C.Q.F.D.

On peut maintenant terminer la démonstration du théorème 15.4. Soit $\mathcal{M}'$ la collection des ensembles héréditairement définissables, dans $\mathcal{M}[G]$, en termes d'une suite d'éléments de $\mathcal{M}$. Comme $\mathcal{M}[G]$ satisfait *ZF*+*AF*+*AC*, on voit que $\mathcal{M}'$ satisfait *ZF* + *AF* + *ACD* (corollaire 14.5). De plus, $\mathcal{P}(\omega)$ est le même dans $\mathcal{M}[G]$ et dans $\mathcal{M}'$. Donc, si $f \in \mathcal{M}'$ est une application définie sur un ordinal, à valeurs dans $\mathcal{P}(\omega)$, $\mathrm{Im}(f)$ est au plus dénombrable dans $\mathcal{M}[G]$ (lemme 15.7). Il existe donc $g : \omega \to \mathrm{Im}(f)$ surjective, $g \in \mathcal{M}[G]$. Mais alors g est une suite d'éléments de $\mathcal{M}'$, et donc $g \in \mathcal{M}'$ (lemme 14.4). Il en résulte que $\mathrm{Im}(f)$ est au plus dénombrable dans $\mathcal{M}'$. Le modèle $\mathcal{M}'$ satisfait donc la théorie : *ZF* + *AF* + *ACD*+ « toute fonction définie sur un ordinal, à valeurs dans $\mathcal{P}(\omega)$ a une image dénombrable ou finie », qui est visiblement équivalente à la théorie (2) de l'énoncé du théorème 15.4.

R. Solovay [29] a montré que le modèle $\mathcal{M}'$ satisfait les énoncés : « toute partie de $\mathbb{R}$ est mesurable au sens de Lebesgue » (voir chapitre 17) et « toute partie non dénombrable de $\mathbb{R}$ contient un ensemble parfait (c'est-à-dire fermé non vide sans point isolé) ».

Conditions de chaîne

On considère un univers $\mathcal{M}$ satisfaisant $ZF+AF+AC$, et un cardinal infini κ de $\mathcal{M}$. Etant donné, dans $\mathcal{M}$, un ensemble ordonné C, on dit que C *satisfait la condition de chaîne* $<\kappa$ si toute famille $(p_\alpha)_{\alpha<\lambda}$ d'éléments de C, décroissante ($\alpha<\beta<\lambda \Rightarrow p_\alpha \geqslant p_\beta$), indexée par un cardinal régulier $\lambda<\kappa$, possède un minorant dans C.

Lorsque $\kappa=\aleph_0$, cette condition est évidemment toujours satisfaite. Lorsque $\kappa=\aleph_1$, cette condition s'appelle *condition de chaîne dénombrable* et s'énonce donc : « toute suite décroissante d'éléments de C possède un minorant dans C ».

Notons que, si C satisfait la condition de chaîne $<\kappa$, toute famille décroissante $(p_\beta)_{\beta<\mu}$ d'éléments de C, indexée par un ordinal $\mu<\kappa$ a un minorant dans C : on considère en effet $\lambda=\text{cof}(\mu)$ qui est un cardinal régulier ; il existe donc $f:\lambda\to\mu$ croissante, d'image non majorée dans μ ; si $q_\alpha=p_{f(\alpha)}$ pour $\alpha<\lambda$, la famille $(q_\alpha)_{\alpha<\lambda}$ a donc un minorant q dans C ; on a bien $q\leqslant p_\beta$ pour tout $\beta<\mu$, puisque $\beta\leqslant f(\alpha)$ pour un $\alpha<\lambda$, et donc $q\leqslant q_\alpha\leqslant p_\beta$.

Lemme 15.8. *Soit C un ensemble ordonné, satisfaisant la condition de chaîne* $<\kappa$. *Alors C a la propriéte suivante :*
$(*)$ *Pour toute famille* $(D_\alpha)_{\alpha<\lambda}$ *de parties denses saturées de C, indexée par un ordinal* $\lambda<\kappa$, $\bigcap_{\alpha<\lambda} D_\alpha$ *est encore dense saturée dans C.*

Il est clair que $\bigcap_{\alpha<\lambda} D_\alpha$ est saturée ; montrons qu'elle est dense. Si $p\in C$, on définit, par induction sur α, une famille décroissante $(p_\alpha)_{\alpha<\lambda}$ d'éléments de C, telle que $p_\alpha\in D_\alpha$: on prend $p_0\in D_0$, $p_0\leqslant p$. Ayant défini $(p_\beta)_{\beta<\alpha}$, on définit $p_\alpha\in D_\alpha$ de la façon suivante : si $\alpha=\delta+1$, on prend $p_\alpha\in D_\alpha$, $p_\alpha\leqslant p_\delta$; si α est un ordinal limite, la famille $(p_\beta)_{\beta<\alpha}$ possède un minorant q_α dans C, par hypothèse. On choisit alors $p_\alpha\in D_\alpha$, $p_\alpha\leqslant q_\alpha$, ce qui est possible puisque D_α est dense.

La famille $(p_\alpha)_{\alpha<\lambda}$ possède un minorant q dans C. Or on a $p_\alpha\in D_\alpha$ et $q\leqslant p_\alpha$; donc $q\in D_\alpha$ pour tout $\alpha<\lambda$ (puisque D_α est saturée). On a bien trouvé $q\in\bigcap_{\alpha<\lambda} D_\alpha$, $q\leqslant p$.

C.Q.F.D.

Théorème 15.9. *Soient* $\mathcal{M}$ *un modèle transitif de* $ZF+AF+AC$, κ *un cardinal infini de* $\mathcal{M}$, *C un ensemble ordonné de* $\mathcal{M}$ *satisfaisant la condition de chaîne* $<\kappa$ *(ou même seulement la condition* $(*)$ *du lemme 15.8), et G un ensemble C-générique sur* $\mathcal{M}$. *Si* λ *est un ordinal* $<\kappa$, *et* $f\in\mathcal{M}[G]$ *est une fonction de domaine* λ *à valeurs dans* $\mathcal{M}$, *alors* $f\in\mathcal{M}$. *De plus, si* $(p_\alpha)_{\alpha<\lambda}$ *est, dans* $\mathcal{M}[G]$, *une famille d'éléments de G, elle a un minorant dans G.*

Soit $a \in \mathcal{M}$ tel que $\phi a = f$ (ϕ étant l'application contractante associée au générique G). Pour chaque $\alpha < \lambda$ on pose :

$D_\alpha = \{p \in C$; il existe $x \in \mathcal{M}$ tel que $p \Vdash (\alpha, x) \in \bar{a}\}$;

$D'_\alpha = \{p \in C$; p est incompatible avec tout élément de $D_\alpha\}$.

Il est clair que $D_\alpha \cup D'_\alpha$ est une partie dense saturée de C qui est dans $\mathcal{M}$. D'autre part, $D_\alpha \cap G \neq \emptyset$: car, d'après le lemme de vérité, il existe $p \in G$ tel que $p \Vdash (\alpha, f(\alpha)) \in \bar{a}$. Donc $G \cap D'_\alpha = \emptyset$. D'après l'hypothèse faite sur C, $\bigcap_{\alpha<\lambda}(D_\alpha \cup D'_\alpha)$ est dense saturée, et il existe donc $p_0 \in \bigcap_{\alpha<\lambda}(D_\alpha \cup D'_\alpha) \cap G$. Comme $G \cap D'_\alpha = \emptyset$ pour tout $\alpha < \lambda$, on voit que $p_0 \in \bigcap_{\alpha<\lambda} D_\alpha \cap G$. En posant $\delta = \mathrm{rg}(f)$, on a alors $f = \{(\alpha, x)$; $\alpha < \lambda$, $x \in \mathcal{M}$, $\mathrm{rg}(x) < \delta$, $p_0 \Vdash (\alpha, x) \in \bar{a}\}$ (ce qui montre que $f \in \mathcal{M}$) :
en effet, comme $p_0 \in G$, il est clair que $p_0 \Vdash (\alpha, x) \in \bar{a} \Rightarrow (\alpha, x) \in f$. Inversement, si $(\alpha, x) \in f$, on a $\alpha < \lambda$, $x \in \mathcal{M}$ et $\mathrm{rg}(x) < \delta$; comme $p_0 \in D_\alpha$, il existe $y \in \mathcal{M}$ tel que $p_0 \Vdash (\alpha, y) \in \bar{a}$. Donc $(\alpha, y) \in f$ (lemme de vérité) et, par suite, $y = x$; il en résulte que $p_0 \Vdash (\alpha, x) \in \bar{a}$.

Si maintenant $(p_\alpha)_{\alpha<\lambda}$ est, dans $\mathcal{M}[G]$, une famille d'éléments de G, cette famille est dans $\mathcal{M}$ d'après ce qu'on vient de montrer. On pose $E_\alpha = \{p \in C$; $p \leqslant p_\alpha$ ou p est incompatible avec $p_\alpha\}$. Alors $(E_\alpha)_{\alpha<\lambda}$ est une famille de parties denses saturées de C, qui est dans $\mathcal{M}$. Donc $\bigcap_{\alpha<\lambda} E_\alpha$ est dense saturée et, par suite, il existe $p \in \bigcap_{\alpha<\lambda} E_\alpha \cap G$. Comme $p \in G$, p ne peut être incompatible avec $p_\alpha \in G$, et donc $p \leqslant p_\alpha$ pour tout $\alpha < \lambda$.

C.Q.F.D.

Corollaire 15.10. *Tous les cardinaux de $\mathcal{M}$ qui sont $\leqslant \kappa$ sont des cardinaux de $\mathcal{M}[G]$.*

En effet, si $\rho \leqslant \kappa$ est un cardinal de $\mathcal{M}$, et n'est pas un cardinal dans $\mathcal{M}[G]$, il existe $f \in \mathcal{M}[G]$ et $\lambda < \rho$ tels que f soit une surjection de λ sur ρ. Mais ceci est impossible, puisque, d'après le théorème 15.9, $f \in \mathcal{M}$.

C.Q.F.D.

Considérons, par exemple, un modèle transitif dénombrable $\mathcal{M}$ de $ZF + AF + AC$, et prenons pour C l'ensemble des applications p, dont le domaine est, dans $\mathcal{M}$, une partie dénombrable de $\aleph_1$, à valeurs dans $\mathscr{P}(\omega)$; sur C on définit la relation d'ordre : $p \leqslant q \Leftrightarrow p$ est un prolongement de q. Il est clair que C satisfait la condition de chaîne dénombrable. Il en résulte que, si G est C-générique sur $\mathcal{M}$, on a $\aleph_1^{\mathcal{M}[G]} = \aleph_1^{\mathcal{M}}$. De plus, $[\mathscr{P}(\omega)]^{\mathcal{M}[G]} = [\mathscr{P}(\omega)]^{\mathcal{M}}$; en effet, une partie de ω qui est dans $\mathcal{M}[G]$ est donnée par une fonction $f : \omega \to \{0, 1\}$, $f \in \mathcal{M}[G]$. D'après le théorème 15.9, on a alors $f \in \mathcal{M}$.

La réunion des éléments de G est une fonction g de domaine $\subset \aleph_1$, à valeurs dans $[\mathscr{P}(\omega)]^{\mathcal{M}}$. En fait, *$g$ est une surjection de $\aleph_1$ sur $[\mathscr{P}(\omega)]^{\mathcal{M}}$* : car, si

$\alpha < \aleph_1$ et $a \in [\mathscr{P}(\omega)]^{\mathscr{M}}$, l'ensemble $\{p \in C;\ \alpha \in \mathrm{Dom}(p)$ et $a \in \mathrm{Im}(p)\}$ est une partie dense de C qui est dans $\mathscr{M}$, donc rencontre G ; par suite, $\alpha \in \mathrm{Dom}(g)$ et $a \in \mathrm{Im}(g)$.

Il en résulte que $\mathscr{M}[G]$ satisfait l'énoncé : « il existe une surjection de $\aleph_1$ sur $\mathscr{P}(\omega)$ », c'est-à-dire l'hypothèse du continu. On a ainsi donné une nouvelle démonstration du résultat suivant :

- *Si ZF + AF + AC est non-contradictoire, il en est de même de ZF + AF + AC + HC.*

Nous nous proposons, dans la suite de ce chapitre, de démontrer le théorème suivant, dû à W. Easton [4] :

Théorème 15.11. *Soient $\mathscr{M}$ un modèle transitif dénombrable de ZF + AF + AC + HGC, ρ un ordinal de $\mathscr{M}$, et F une fonction croissante, de domaine ρ, à valeurs dans On, telle que* $\mathrm{cof}(\aleph_{F\xi}) > \aleph_\xi$ *pour tout $\xi < \rho$ tel que $\aleph_\xi$ soit régulier. Il existe alors un modèle transitif dénombrable $\mathscr{N}$ de ZF + AF + AC, contenant $\mathscr{M}$, ayant les mêmes ordinaux et les mêmes cardinaux que $\mathscr{M}$, et tel que :*
- *La cofinalité d'un ordinal est la même dans $\mathscr{M}$ et dans $\mathscr{N}$.*
- *Dans $\mathscr{N}$, $2^{\aleph_\xi} = \aleph_{F\xi}$ pour tout $\xi < \rho$ tel que $\aleph_\xi$ soit régulier.*

Remarque. Puisque $\mathscr{M}$ satisfait *HGC*, un cardinal $\aleph_\xi$ est régulier si et seulement si $\xi = 0$, ou ξ est un successeur, ou ξ est inaccessible. En effet, si ξ est un ordinal limite, et si $\aleph_\xi$ est régulier, on a $\eta < \xi \Rightarrow \aleph_{\eta+1} < \aleph_\xi$ soit $2^{\aleph_\eta} < \aleph_\xi$ d'après *HGC*. Cela montre que $\aleph_\xi$ est inaccessible.

Le théorème 15.11 montre que, en dessous d'un cardinal $\aleph_\rho$ fixé, on peut nier de façon pratiquement arbitraire l'hypothèse généralisée du continu pour les cardinaux réguliers (la condition $\mathrm{cof}(\aleph_{F\xi}) > \aleph_\xi$ est évidemment nécessaire, puisque la cofinalité de $2^{\aleph_\xi}$ est $> \aleph_\xi$, d'après le lemme de König). En fait, ce théorème est valable sans la limitation aux cardinaux inférieurs à un cardinal $\aleph_\rho$ fixé.

La situation est tout à fait différente pour les cardinaux singuliers, et le problème est beaucoup plus complexe dans ce cas. Silver a montré que, si $\aleph_\rho$ est un cardinal singulier de cofinalité $\geqslant \aleph_1$, et si $2^{\aleph_\alpha} = \aleph_{\alpha+1}$ pour tout $\alpha < \rho$, alors $2^{\aleph_\rho} = \aleph_{\rho+1}$ (voir [13]). Par ailleurs, en admettant la consistance de *ZF+AF+AC+* un axiome d'existence de « très grands cardinaux », on peut montrer la consistance de *ZF+AF+AC* avec $(\forall n \in \omega) 2^{\aleph_n} = \aleph_{n+1}$ et $2^{\aleph_\omega} = \aleph_{\omega+2}$ (voir [20]).

Lemme 15.12 (avec *AC*)**.** *Soient C, D deux ensembles ordonnés satisfaisant respectivement la condition de chaîne $< \kappa$ et la condition d'antichaîne $< \kappa$*

(κ étant un cardinal infini), et X une partie dense saturée de $C \times D$. Alors $\{c \in C$; il existe une partie prédense Z de D telle que $\{c\} \times Z \subset X\}$ est dense saturé dans C.

On voit immédiatement que cet ensemble est saturé dans C ; soit alors $p_0 \in C$. On pose :

$$\mathscr{E} = \{(c, Z) ; Z \text{ est une antichaîne de } D, c \leqslant p_0, \{c\} \times Z \subset X\}.$$

et sur $\mathscr{E}$, on met la relation d'ordre strict définie par :

$$(c, Z) < (c', Z') \Leftrightarrow c \geqslant c' \text{ et } Z \subset Z' \text{ et } Z \neq Z'.$$

Montrons que toute partie bien ordonnée de $\mathscr{E}$ est majorée : soit en effet $(c_\alpha, Z_\alpha)_{\alpha<\lambda}$ une fonction strictement croissante, définie sur un ordinal λ, à valeurs dans $\mathscr{E}$. On a alors $\alpha < \beta < \lambda \Rightarrow Z_\alpha \subset Z_\beta$ et $Z_\alpha \neq Z_\beta$. Il en résulte que $\overline{\overline{\bigcup_{\alpha<\lambda} Z_\alpha}} \geqslant \overline{\overline{\lambda}}$. Comme $Z = \bigcup_{\alpha<\lambda} Z_\alpha$ est une antichaîne de D, on voit que $\overline{\overline{\lambda}} < \kappa$ et donc $\lambda < \kappa$. Mais, comme C satisfait la condition de chaîne $< \kappa$, il en résulte que la famille $(c_\alpha)_{\alpha<\lambda}$ est minorée par $c \in C$; on a $\{c_\alpha\} \times Z_\alpha \subset X$, donc $\{c\} \times Z_\alpha \subset X$ puisque X est saturée, d'où $\{c\} \times Z \subset X$; $\{c\} \times Z$ est donc un majorant de la famille $(c_\alpha, Z_\alpha)_{\alpha<\lambda}$.

D'après le théorème de Zorn, il existe un élément maximal $(\hat{c}, \hat{Z})$ dans $\mathscr{E}$. L'ensemble $\hat{Z}$ est alors une antichaîne maximale dans D : sinon, on choisit $\hat{d} \in D$ incompatible avec tout élément de $\hat{Z}$, et $(c', d') \in X$, $(c', d') \leqslant (\hat{c}, \hat{d})$ (ce qui est possible, car X est dense dans $C \times D$). On pose $Z' = \hat{Z} \cup \{d'\}$.

On a $\{\hat{c}\} \times \hat{Z} \subset X$, donc, puisque X est saturée, $\{c'\} \times \hat{Z} \subset X$; par suite $\{c'\} \times Z' \subset X$; (c', Z') est alors un majorant strict de $(\hat{c}, \hat{Z})$ dans $\mathscr{E}$, ce qui est une contradiction.

Comme une antichaîne maximale de D est une partie prédense, on a bien trouvé $\hat{c} \leqslant p_0$, et $\hat{Z}$ prédense dans D, tels que $\{\hat{c}\} \times \hat{Z} \subset X$.

C.Q.F.D.

Corollaire 15.13. *Soient $\mathscr{M}$ un modèle transitif de ZF + AF + AC, κ un cardinal infini de $\mathscr{M}$, et C, D deux ensembles ordonnés de $\mathscr{M}$, satisfaisant respectivement les conditions de chaîne et d'antichaîne $< \kappa$. Si G, H sont respectivement C- et D-génériques sur $\mathscr{M}$, alors $G \times H$ est $(C \times D)$-générique sur $\mathscr{M}$.*

Soit en effet X une partie dense saturée de $C \times D$ qui est dans $\mathscr{M}$. On a à montrer que $X \cap (G \times H) \neq \emptyset$. D'après le lemme 15.12, il existe $c \in G$ et Z prédense dans D tels que $\{c\} \times Z \subset X$. Mais alors $Z \cap H \neq \emptyset$, et si $d \in Z \cap H$, on a $(c, d) \in G \times H$ et $(c, d) \in \{c\} \times Z \subset X$.

C.Q.F.D.

Théorème 15.14. *Soient $\mathcal{M}$ un modèle transitif de ZF + AF + AC, κ un cardinal infini de $\mathcal{M}$, C, D deux ensembles ordonnés de $\mathcal{M}$ satisfaisant respectivement les conditions de chaîne et d'antichaîne $< \kappa$, G, H des ensembles respectivement C- et D-génériques sur $\mathcal{M}$. Si $\rho < \kappa$, toute fonction $f : \rho \to \mathcal{M}$ qui est dans $\mathcal{M}[G \times H]$ est, en fait, dans $\mathcal{M}[H]$.*

Soient ϕ la fonction contractante de $\mathcal{M}$ sur $\mathcal{M}[G \times H]$ et $a \in \mathcal{M}$ tel que $\phi a = f$. Pour chaque $\alpha < \rho$, on pose

$$X_\alpha = \{p \in C \times D;\ \text{il existe } u \in \mathcal{M} \text{ tel que } p \Vdash (\alpha, u) \in \bar{a}\}$$

(la notion de forcing utilisée étant celle définie dans $\mathcal{M}$ par l'ensemble de conditions $C \times D$), et

$$X'_\alpha = \{p \in C \times D;\ p \text{ est incompatible avec tout élément de } X_\alpha\}.$$

D'après le lemme de vérité, pour tout $\alpha < \rho$, il existe $p \in G \times H$ tel que l'on ait $p \Vdash (\alpha, f(\alpha)) \in \bar{a}$; donc $X_\alpha \cap (G \times H) \neq \emptyset$. Il en résulte que $X'_\alpha \cap (G \times H)$ est vide. De plus, $X_\alpha \cup X'_\alpha$ est une partie dense (par définition de X'_α) saturée de $C \times D$. D'après le lemme 15.12, l'ensemble

$$S_\alpha = \{c \in C;\ (\exists Z \text{ prédense dans } D)(\{c\} \times Z \subset X_\alpha \cup X'_\alpha)\}$$

est dense saturé dans C. Comme C satisfait la condition de chaîne $< \kappa$, on voit que $\bigcap_{\alpha<\rho} S_\alpha$ est aussi dense saturée dans C (lemme 15.8). Il existe donc $c_0 \in G \cap \bigcap_{\alpha<\rho} S_\alpha$; pour chaque $\alpha < \rho$ il existe alors une partie Z_α prédense de D telle que $\{c_0\} \times Z_\alpha \subset X_\alpha \cup X'_\alpha$. Soit $d_\alpha \in Z_\alpha \cap H$; alors $(c_0, d_\alpha) \in G \times H$, et comme $X'_\alpha \cap (G \times H) = \emptyset$, on voit que $(c_0, d_\alpha) \in X_\alpha$ pour tout $\alpha < \rho$. Autrement dit, $(c_0, d_\alpha) \Vdash (\alpha, u) \in \bar{a}$ pour un $u \in \mathcal{M}$; d'après le lemme de vérité, on a alors $u = f(\alpha)$; donc $(c_0, d_\alpha) \Vdash (\alpha, f(\alpha)) \in \bar{a}$.

En posant $\delta = \mathrm{rg}(f)$, on montre alors que :

$f = \{(\alpha, u);\ \alpha < \rho,\ u \in \mathcal{M},\ \mathrm{rg}(u) < \delta, \text{ il existe } d \in H \text{ tel que } (c_0, d) \Vdash (\alpha, u) \in \bar{a}\}$, ce qui prouve que $f \in \mathcal{M}[H]$. En effet, comme $c_0 \in G$, on voit que, si $d \in H$ et $(c_0, d) \Vdash (\alpha, u) \in \bar{a}$, alors on a $u = f(\alpha)$ d'après le lemme de vérité. Inversement, si $u = f(\alpha)$, on a bien $\mathrm{rg}(u) < \delta$ et $d_\alpha \in H$, $(c_0, d_\alpha) \Vdash (\alpha, u) \in \bar{a}$.

C.Q.F.D.

On considère, dans un modèle transitif $\mathcal{M}$ de $ZF + AF + AC$, un cardinal infini κ et deux ensembles A, B, $B \neq \emptyset$. On désigne par $C(A, B, \kappa)$ l'ensemble des fonctions dont le domaine est inclus dans A et est de cardinal $< \kappa$, à valeurs dans B. Bien entendu, $C(A, B, \kappa)$ est muni de la relation d'ordre définie par : $f \leqslant f' \Leftrightarrow f' \subset f$ (f est un prolongement de f'). Si G est un ensemble $C(A, B, \kappa)$-générique sur $\mathcal{M}$, on désigne par g la réunion des éléments de G. Il est aisé de montrer que g est une application surjective de A sur B, et que G est l'ensemble des restrictions de g aux parties de A qui sont, dans $\mathcal{M}$, de cardinal $< \kappa$.

Théorème 15.15. *Si κ est régulier, alors $C(A,B,\kappa)$ satisfait la condition de chaîne $<\kappa$. Si, de plus, $\mathscr{M}$ satisfait HGC, et $\overline{\overline{B}} \leqslant \kappa$, alors $C(A,B,\kappa)$ satisfait la condition d'antichaîne $\leqslant \kappa$.*

Soit $(p_\alpha)_{\alpha<\lambda}$ une famille décroissante d'éléments de $C(A,B,\kappa)$ indexée par $\lambda<\kappa$. Alors, si l'on pose $p = \bigcup_{\alpha<\lambda} p_\alpha$, on a :

$$\overline{\overline{\mathrm{Dom}(p)}} \leqslant \sup[\lambda, \sup_{\alpha<\lambda} \overline{\overline{\mathrm{Dom}(p_\alpha)}}] < \kappa$$

puisque κ est régulier, et que $\overline{\overline{\mathrm{Dom}(p_\alpha)}} < \kappa$ pour tout $\alpha<\lambda$. Il en résulte que $p \in C(A,B,\kappa)$ et minore la famille de conditions considérée. Ceci démontre la première partie du théorème.

Soit maintenant $\mathscr{X}$ une antichaîne maximale de $C(A,B,\kappa)$. On définit, par induction sur α, une famille $(A_\alpha)_{\alpha<\kappa}$ de parties de A, qui est croissante ($\beta<\alpha<\kappa \Rightarrow A_\beta \subset A_\alpha$) et telle que $\overline{\overline{A_\alpha}} \leqslant \kappa$ pour $\alpha<\kappa$, de la façon suivante :
$A_0 = \emptyset$;
si α est un ordinal limite, $A_\alpha = \bigcup_{\beta<\alpha} A_\beta$;
si $\alpha=\beta+1$, on a $C(A_\beta,B,\kappa) \subset C(A,B,\kappa)$. A chaque $p \in C(A_\beta,B,\kappa)$, on associe $q_p \in \mathscr{X}$ compatible avec p dans $C(A,B,\kappa)$ (ce qui est possible puisque $\mathscr{X}$ est une antichaîne maximale) et on pose $A_\alpha = A_\beta \cup \bigcup\{\mathrm{Dom}(q_p)\,;\ p \in C(A_\beta,B,\kappa)\}$.

On a alors $\overline{\overline{C(A_\beta,B,\kappa)}} \leqslant \kappa$: en effet, $C(A_\beta,B,\kappa) \subset \bigcup\{B^X\,;\ X \subset A_\beta,\ \overline{\overline{X}} < \kappa\}$, donc $\overline{\overline{C(A_\beta,B,\kappa)}} \leqslant \sup_{\lambda<\kappa} \overline{\overline{A_\beta^\lambda}}.\overline{\overline{B^\lambda}}$; or κ est régulier, et $\overline{\overline{A_\beta}}$ et $\overline{\overline{B}}$ sont $\leqslant \kappa$, donc $\overline{\overline{A_\beta^\lambda}}.\overline{\overline{B^\lambda}} \leqslant \kappa^\lambda$, et $\kappa^\lambda = \kappa$ d'après *HGC*.

Il en résulte que $\{q_p\,;\ p \in C(A_\beta,B,\kappa)\}$ est de cardinal $\leqslant \kappa$; comme ona de plus $\overline{\overline{\mathrm{Dom}(q_p)}} < \kappa$, on voit que $\overline{\overline{A_\alpha}} \leqslant \kappa$.

On pose $A_\kappa = \bigcup_{\alpha<\kappa} A_\alpha$; donc $\overline{\overline{A_\kappa}} \leqslant \kappa$ et, par suite, $\overline{\overline{C(A_\kappa,B,\kappa)}} \leqslant \kappa$. Il suffit donc de montrer que $\mathscr{X} \subset C(A_\kappa,B,\kappa)$; pour cela on va, en fait, montrer que $\mathscr{X} \cap C(A_\kappa,B,\kappa)$ est une partie prédense de $C(A,B,\kappa)$ (cela donne bien le résultat, car, $\mathscr{X}$ étant une antichaîne maximale, la seule partie de $\mathscr{X}$ qui soit prédense est $\mathscr{X}$ elle-même).
Soit donc $p \in C(A,B,\kappa)$, et $X = \mathrm{Dom}(p) \cap A_\kappa = \mathrm{Dom}(p) \cap \bigcup_{\alpha<\kappa} A_\alpha$.
Soit $h : X \to \kappa$ définie par $h(x)$ = le premier ordinal α tel que $x \in A_\alpha$. Comme $\overline{\overline{X}} \leqslant \overline{\overline{\mathrm{Dom}(p)}} < \kappa$ et que κ est régulier, $\mathrm{Im}(h)$ est majorée par $\delta \in \kappa$. Il en résulte que $X \subset A_\delta$, et donc $p \restriction X \in C(A_\delta,B,\kappa)$. Par définition de $A_{\delta+1}$, il existe $q \in \mathscr{X}$, compatible avec $p \restriction X$, tel que $\mathrm{Dom}(q) \subset A_{\delta+1}$.

Donc $q \in \mathscr{X} \cap C(A_\kappa, B, \kappa)$. Comme $\mathrm{Dom}(q) \cap \mathrm{Dom}(p) \subset A_\kappa \cap \mathrm{Dom}(p) = X$, et que q est compatible avec $p \restriction X$, on voit que q est compatible avec p.

C.Q.F.D.

On considère maintenant un modèle transitif dénombrable $\mathscr{M}$ de $ZF + AF + AC + HGC$, et, dans $\mathscr{M}$, un cardinal $\aleph_\rho$, et une fonction F de domaine ρ, à valeurs dans On, telle que :

$\eta \leqslant \xi < \rho \Rightarrow F(\eta) \leqslant F(\xi)$;

$\mathrm{cof}(\aleph_{F\xi}) > \aleph_\xi$ pour tout $\xi < \rho$ tel que $\aleph_\xi$ soit régulier.

Pour chaque $\xi < \rho$ tel que $\aleph_\xi$ soit régulier, on désigne par E_ξ l'ensemble des fonctions p dont le domaine est inclus dans $(\xi + 1) \times \aleph_\xi \times \aleph_{F\xi}$, à valeurs dans $\{0,1\}$, ayant les propriétés suivantes :

- pour tout $\eta \leqslant \xi$, si $(\eta, \alpha, \beta) \in \mathrm{Dom}(p)$, alors $\aleph_\eta$ est un cardinal régulier et on a $\alpha < \aleph_\eta$ et $\beta < \aleph_{F\eta}$.
- pour tout $\eta \leqslant \xi$ tel que $\aleph_\eta$ soit régulier, $\mathrm{Dom}(p) \cap [(\eta + 1) \times \aleph_\eta \times \aleph_{F\eta}]$ est de cardinal $< \aleph_\eta$.

Sur E_ξ, on met la relation d'ordre $p \leqslant q \Leftrightarrow p \supset q$.

On a évidemment $E_\xi \subset C[(\xi+1) \times \aleph_\xi \times \aleph_{F\xi}, 2, \aleph_\xi]$, et toute antichaîne de E_ξ est aussi une antichaîne de $C[(\xi + 1) \times \aleph_\xi \times \aleph_{F\xi}, 2, \aleph_\xi]$. Donc (théorème 15.15) :

- *E_ξ satisfait, dans $\mathscr{M}$, la condition d'antichaîne $\leqslant \aleph_\xi$.*

On pose $C = \bigcup_{\xi<\rho} E_\xi$, avec la relation d'ordre $p \leqslant q \Leftrightarrow p \supset q$.

- *C satisfait, dans $\mathscr{M}$, la condition d'antichaîne $\leqslant \aleph_\rho$.*

En effet, si A est une antichaîne de C, on a $A = \bigcup_{\xi<\rho}(A \cap E_\xi)$. Mais $A \cap E_\xi$ est une antichaîne de E_ξ, donc $\overline{\overline{A \cap E_\xi}} \leqslant \aleph_\xi$, d'où $\overline{\overline{A}} \leqslant \aleph_\rho$.

C.Q.F.D.

Soit $\xi < \rho$ tel que $\aleph_\xi$ soit régulier ; on a évidemment :

$$E_\xi = \{p \in C ; \mathrm{Dom}(p) \subset (\xi + 1) \times \aleph_\xi \times \aleph_{F\xi}\}.$$

On pose $E^\xi = \{p \in C ; \text{si } (\eta, \alpha, \beta) \in \mathrm{Dom}(p) \text{ alors } \xi < \eta < \rho\}$. Il est clair que $C = E_\xi \times E^\xi$.

- *E^ξ satisfait la condition de chaîne $\leqslant \aleph_\xi$ (c'est-à-dire $< \aleph_{\xi+1}$).*

Soit $(p_\lambda)_{\lambda<\aleph_\xi}$ une famille d'éléments de E^ξ telle que :

$$\lambda < \mu < \aleph_\xi \Rightarrow p_\lambda \subset p_\mu.$$

Si on pose $p = \bigcup_{\lambda<\aleph_\xi} p_\lambda$, on voit aisément que $p \in E^\xi$; la famille considérée est donc minorée par p dans E^ξ.

C.Q.F.D.

Soit G un ensemble C-générique sur $\mathscr{M}$. On a donc $G = G_\xi \times G^\xi$, G_ξ (resp. G^ξ) étant générique sur $\mathscr{M}$ pour l'ensemble de conditions E_ξ (resp. E^ξ). Comme C satisfait la condition d'antichaîne $\leqslant \aleph_\rho$, tout cardinal κ de $\mathscr{M}$, qui est $\geqslant \aleph_{\rho+1}$, est aussi un cardinal de $\mathcal{M}[G]$; de plus, la cofinalité de κ est la même dans $\mathcal{M}$ et dans $\mathcal{M}[G]$, si elle est $\geqslant \aleph_{\rho+1}$ dans $\mathcal{M}$ (théorème 15.3).

Soit $\xi \leqslant \rho$ tel que $\aleph_\xi$ soit un cardinal régulier de $\mathcal{M}$; si $\aleph_\xi$ n'est pas régulier dans $\mathcal{M}[G]$, il existe $\eta < \xi$ tel que $\aleph_\eta$ soit régulier dans $\mathcal{M}[G]$ (donc dans $\mathcal{M}$) et une fonction $f \in \mathcal{M}[G]$, $f : \aleph_\eta \to \aleph_\xi$, croissante et d'image non majorée dans $\aleph_\xi$ ($\aleph_\eta$ est la cofinalité de $\aleph_\xi$ dans $\mathcal{M}[G]$). On a $\mathcal{M}[G] = \mathcal{M}[G_\eta \times G^\eta]$; comme E_η satisfait la condition d'antichaîne $< \aleph_{\eta+1}$, et E^η la condition de chaîne $< \aleph_{\eta+1}$, le théorème 15.14 montre que $f \in \mathcal{M}[G_\eta]$. Donc $\aleph_\xi$ n'est pas un cardinal régulier de $\mathcal{M}[G_\eta]$, mais cela contredit le théorème 15.3, puisque E_η satisfait la condition d'antichaîne $\leqslant \aleph_\eta$, donc $< \aleph_\xi$.

On a ainsi montré que tout cardinal régulier de $\mathcal{M}$ est encore un cardinal régulier dans $\mathcal{M}[G]$. Si maintenant κ est un cardinal non régulier de $\mathcal{M}$, on a $\kappa = \aleph_\lambda$ (λ limite), donc $\kappa = \bigcup_{\alpha<\lambda} \aleph_{\alpha+1}$; $\aleph_{\alpha+1}$ étant régulier, on voit que κ est la réunion d'une famille de cardinaux de $\mathcal{M}[G]$, donc est un cardinal de $\mathcal{M}[G]$; de plus, si $\mathrm{cof}(\kappa) = \aleph_\delta$ dans $\mathcal{M}$, $\aleph_\delta$ est un cardinal régulier de $\mathcal{M}[G]$, cofinal à κ dans $\mathcal{M}[G]$; c'est donc la cofinalité de κ dans $\mathcal{M}[G]$. On voit donc que :

• *Les modèles $\mathcal{M}$ et $\mathcal{M}[G]$ ont les mêmes cardinaux et les mêmes cofinalités.*

Soit maintenant $\xi < \rho$ tel que $\aleph_\xi$ soit régulier ; il reste à montrer que dans $\mathcal{M}[G]$ on a $2^{\aleph_\xi} = \aleph_{F\xi}$. Or, on a $\mathcal{M}[G] = \mathcal{M}[G_\xi \times G^\xi]$, et E_ξ satisfait la condition d'antichaîne $< \aleph_{\xi+1}$, E^ξ la condition de chaîne $< \aleph_{\xi+1}$. Le théorème 15.14 montre donc que toute partie de $\aleph_\xi$ qui est dans $\mathcal{M}[G]$ est, en fait, dans $\mathcal{M}[G_\xi]$.

D'après le théorème 12.3, il existe, dans $\mathcal{M}[G_\xi]$, une surjection de l'ensemble $\mathscr{A}(E_\xi)^{\aleph_\xi}$ (défini dans $\mathcal{M}$), sur $\mathscr{P}(\aleph_\xi)$ (défini dans $\mathcal{M}[G]$). Comme E_ξ satisfait la condition d'antichaîne $\leqslant \aleph_\xi$, on a dans $\mathcal{M}$: $\overline{\overline{\mathscr{A}(E_\xi)}} \leqslant \overline{\overline{E_\xi}}^{\aleph_\xi}$.
Or $E_\xi \subset C[(\xi+1) \times \aleph_\xi \times \aleph_{F\xi}, 2, \aleph_\xi]$; ce dernier ensemble est, dans $\mathcal{M}$, de cardinal $\aleph_{F\xi}$ (puisque $\mathrm{cof}(\aleph_{F\xi}) > \aleph_\xi$ et que $\mathcal{M}$ satisfait *HGC*).
On a donc, dans $\mathcal{M}$, $\overline{\overline{\mathscr{A}(E_\xi)^{\aleph_\xi}}} \leqslant \aleph_{F\xi}^{\aleph_\xi} = \aleph_{F\xi}$ (même remarque).
On a ainsi montré que, dans $\mathcal{M}[G]$, on a $2^{\aleph_\xi} \leqslant \aleph_{F\xi}$.

On pose maintenant $g = \bigcup_{p \in G} p$; g est une fonction à valeurs dans $\{0,1\}$ puisque c'est une réunion de fonctions deux à deux compatibles. Son domaine est l'ensemble $\{(\eta,\alpha,\beta) ; \eta < \rho, \aleph_\eta$ est régulier, $\alpha < \aleph_\eta, \beta < \aleph_{F\eta}\}$: en effet, si (η,α,β) satisfait ces conditions, $\{p \in C ; (\eta,\alpha,\beta) \in \mathrm{Dom}(p)\}$ est évidemment une partie dense de C qui est dans $\mathcal{M}$, donc qui rencontre G ; donc $(\eta,\alpha,\beta) \in \mathrm{Dom}(g)$.

On définit alors dans $\mathscr{M}[G]$ une famille $(X_\beta)_{\beta<\aleph_{F\xi}}$ de parties de $\aleph_\xi$ en posant $X_\beta = \{\alpha \in \aleph_\xi \,;\, g(\xi,\alpha,\beta) = 1\}$.

- *Si $\beta < \gamma < \aleph_{F_\xi}$, alors $X_\beta \neq X_\gamma$.*

En effet, l'ensemble

$$\Delta = \{q \in C;\ \text{il existe } \alpha < \aleph_\xi \text{ tel que } (\xi,\alpha,\beta) \in \mathrm{Dom}(q) \text{ et } q(\xi,\alpha,\beta) = 0, \\ \text{et } (\xi,\alpha,\gamma) \in \mathrm{Dom}(q) \text{ et } q(\xi,\alpha,\gamma) = 1\}$$

est une partie dense de C qui est dans $\mathscr{M}$: soit, en effet, $p \in C$. Alors il existe $\alpha < \aleph_\xi$ tel que $(\xi,\alpha,\beta), (\xi,\alpha,\gamma) \notin \mathrm{Dom}(p)$; sinon $\mathrm{Dom}(p) \cap ((\xi+1) \times \aleph_\xi \times \aleph_{F\xi})$ serait de cardinal $\aleph_\xi$, ce qui contredit la définition de C.
On définit alors $q \in C$, $q \leqslant p$ en posant $\mathrm{Dom}(q) = \mathrm{Dom}(p) \cup \{(\xi,\alpha,\beta), (\xi,\alpha,\gamma)\}$ et $q(\xi,\alpha,\beta) = 0$, $q(\xi,\alpha,\gamma) = 1$.
Il existe donc $q \in G \cap \Delta$; par suite, il existe $\alpha < \aleph_\xi$ tel que $\alpha \in X_\gamma$, $\alpha \notin X_\beta$.

C.Q.F.D.

L'application $\beta \mapsto X_\beta$ est donc, dans $\mathscr{M}[G]$, une injection de $\aleph_{F\xi}$ dans $\mathscr{P}(\aleph_\xi)$. On a donc, dans $\mathscr{M}[G]$, $2^{\aleph_\xi} \geqslant \aleph_{F\xi}$, ce qui achève de démontrer le théorème 15.11.

Chapitre 16

Algèbres de Boole complètes

On suppose que le lecteur est familiarisé avec la théorie élémentaire des algèbres de Boole (voir [3, 12]). Toutefois, nous rappellerons ici la définition et les notations utilisées.

Une *algèbre de Boole* (ou *anneau de Boole*) est un ensemble ordonné $\mathscr{B}$ ayant un plus grand élément $\mathbf{1}$, un plus petit élément $\mathbf{0}$, avec $\mathbf{0} \neq \mathbf{1}$, et tel que :

• Deux éléments quelconques x, y de $\mathscr{B}$ ont une borne inférieure, notée $x \cap y$ ou $\inf(x, y)$, et une borne supérieure notée $x \cup y$ ou $\sup(x, y)$.

• $x \cap (y \cup z) = (x \cap y) \cup (x \cap z)$ quels que soient x, y, z dans $\mathscr{B}$ (distributivité de $\cap$ par rapport à $\cup$).

• Pour tout élément x de $\mathscr{B}$, il existe $x' \in \mathscr{B}$ tel que $x \cap x' = \mathbf{0}$, $x \cup x' = \mathbf{1}$. Un tel x' est appelé *complémentaire* de x.

On montre alors que chaque élément x de $\mathscr{B}$ a un seul complémentaire, que l'on notera x^c : si x', x'' sont des complémentaires de x alors, par distributivité, on a $x' \cap (x \cup x'') = (x' \cap x) \cup (x' \cap x'')$; comme $x \cup x'' = \mathbf{1}$, le premier membre est x' ; comme $x' \cap x = \mathbf{0}$, le second est $x' \cap x''$, d'où $x' \leqslant x''$; de même $x'' \leqslant x'$ et donc $x' = x''$.

On a immédiatement $(x \cap y)^c = x^c \cup y^c$; $(x \cup y)^c = x^c \cap y^c$; par suite :

$x \cup (y \cap z) = (x \cup y) \cap (x \cup z)$, quels que soient $x, y, z \in \mathscr{B}$ (distributivité de $\cup$ par rapport à $\cap$).

On vérifie facilement que $\mathscr{B}$ a une structure d'anneau commutatif, si l'on pose $x + y = (x \cup y) \cap (x \cap y)^c$, et $xy = x \cap y$.

Un élément $a \neq \mathbf{0}$ de $\mathscr{B}$ est appelé *atome* si ses seuls minorants sont $\mathbf{0}$ et a. On vérifie aisément qu'un atome de l'algèbre de Boole $\mathscr{B}$ est exactement un atome de l'ensemble ordonné $\mathscr{B} \setminus \{\mathbf{0}\}$, au sens de la définition page 126.

Une algèbre de Boole $\mathscr{B}$ est dite *complète* si toute partie X de $\mathscr{B}$ a une borne supérieure (notée $\sup(X)$ ou $\sup_{x\in X} x$). Alors toute partie X de $\mathscr{B}$ a une borne inférieure, et on a $\inf_{x\in X} x = (\sup_{x\in X} x^c)^c$.

- *Si $X \subset \mathscr{B}$, $a \in \mathscr{B}$, alors*

$$a \cap \sup(X) = \sup_{x\in X}(a \cap x) \text{ et } a \cup \inf(X) = \inf_{x\in X}(a \cup x).$$

On a, en effet, $a \geqslant x \cap a$ et $\sup(X) \geqslant x \cap a$ pour tout $x \in X$. Par suite $a \cap \sup(X) \geqslant x \cap a$ pour tout $x \in X$; d'où $a \cap \sup(X) \geqslant \sup_{x\in X}(x \cap a)$. Inversement, soit y un élément de $\mathscr{B}$, $y \geqslant x \cap a$ pour tout $x \in X$. Alors $y \cup a^c \geqslant x$, et par suite $y \cup a^c \geqslant \sup(X)$. Donc $y \geqslant a \cap (y \cup a^c) \geqslant a \cap \sup(X)$.

- *Si $X, Y \subset \mathscr{B}$, on a $\sup(X) \cap \sup(Y) = \sup\{x \cap y;\ x \in X, y \in Y\}$.*

Car $\sup_{x\in X}(x \cap \sup(Y)) = \sup(X) \cap \sup(Y)$ d'après ce que l'on vient de montrer ; de même $x \cap \sup(Y) = \sup_{y\in Y} x \cap y$. On a donc :
$\sup(X) \cap \sup(Y) = \sup_{x\in X} \sup_{y\in Y} x \cap y$.

Lemme 16.1. *(Avec AC.) Soient $\mathscr{B}$ une algèbre de Boole complète, et $(a_i)_{i\in I}$ une famille d'éléments de $\mathscr{B}$. Il existe une famille $(b_i)_{i\in I}$ d'éléments de $\mathscr{B}$ deux à deux disjoints ($i \neq j \Rightarrow b_i \cap b_j = \mathbf{0}$), telle que $b_i \leqslant a_i$ pour tout $i \in I$, et $\sup_{i\in I} a_i = \sup_{i\in I} b_i$.*

Soit $\mathscr{E}$ l'ensemble des fonctions $f : I \to \mathscr{B}$ telles que :

$$i \neq j \Rightarrow f(i) \cap f(j) = \mathbf{0} \text{ et } f(i) \leqslant a_i \text{ (pour } i, j \in I).$$

Sur $\mathscr{E}$ on met la relation d'ordre définie par : $f \leqslant g \Leftrightarrow (\forall i \in I)(f(i) \leqslant g(i))$. Si $\mathscr{X}$ est une partie totalement ordonnée de $\mathscr{E}$, on définit $h : I \to \mathscr{B}$ en posant $h(i) = \sup_{f\in\mathscr{X}} f(i)$ pour chaque $i \in I$. On voit immédiatement que $h \in \mathscr{E}$ et est un majorant de $\mathscr{X}$.

On peut donc appliquer le théorème de Zorn, et on trouve un élément maximal f_0 de $\mathscr{E}$. On montre que f_0 est la famille cherchée, c'est-à-dire que l'on a $\sup_{i\in I} f_0(i) = \sup_{i\in I} a_i$: sinon, il existe $c \in \mathscr{B}$, $c \neq \mathbf{0}$, $c \leqslant \sup_{i\in I} a_i$ et $c \cap \sup_{i\in I} f_0(i) = \mathbf{0}$. Il existe donc $i_0 \in I$ tel que $c \cap a_{i_0} = c' \neq \mathbf{0}$. On définit alors $f_1 : I \to \mathscr{B}$, en posant $f_1(i) = f_0(i)$ pour $i \neq i_0$, et $f_1(i_0) = f_0(i_0) \cup c'$. On a alors $f_1 \in \mathscr{E}$, et $f_1 > f_0$ ce qui contredit la maximalité de f_0.

C.Q.F.D.

Algèbre de Boole complète d'un ensemble ordonné

Soit C un ensemble ordonné ; pour chaque partie X de C, on pose :

$$X^c = \{p \in C;\ p \text{ est incompatible avec tout élément de } X\}.$$

Il est clair que X^c est une partie saturée de C ; $X^c \cap X = \emptyset$; $X \subset Y \Rightarrow X^c \supset Y^c$; $X^{cc} \supset X$. Par suite :

- $X^{ccc} = X^c$ *quel que soit* $X \subset C$

car $X^{ccc} \supset X^c$, et d'autre part, $X^{cc} \supset X$, donc $X^{ccc} \subset X^c$.

Notons aussi que

- $p \in X^{cc} \Leftrightarrow$ *tout minorant de* p *est compatible avec un élément de* X.

En effet, $p \notin X^{cc} \Leftrightarrow p$ est compatible avec un élément de X^c ; comme X^c est saturé, cette condition s'écrit $(\exists q \leqslant p)(q \in X^c)$. On a donc :

$$p \in X^{cc} \Leftrightarrow (\forall q \leqslant p)\ (q \notin X^c)$$

ce qui est le résultat cherché.

Lemme 16.2. *Si* X, Y *sont des parties saturées de* C*, alors*

$$(X \cap Y)^{cc} = X^{cc} \cap Y^{cc}.$$

On a, en effet, $X^{cc}, Y^{cc} \supset (X \cap Y)^{cc}$, donc $X^{cc} \cap Y^{cc} \supset (X \cap Y)^{cc}$. Inversement, soit $p \in X^{cc} \cap Y^{cc}$. On montre que tout minorant p' de p a un minorant dans $X \cap Y$, d'où le résultat, d'après la propriété précédente.
On a $p' \in X^{cc}$, donc $p' \notin X^c$; il existe donc $q' \leqslant p'$, $q' \in X$ (puisque X est saturé). On a $q' \leqslant p \in Y^{cc}$, donc $q' \in Y^{cc}$, et il existe donc $q \leqslant q'$, $q \in Y$, par le même raisonnement. Par suite $q \leqslant p'$ et on a $q \in X \cap Y$, puisque $q \leqslant q'$.

C.Q.F.D.

On désigne par $\mathscr{B}(C)$ *l'ensemble des parties* X *de* C *telles que* $X^{cc} = X$. Pour que $X \in \mathscr{B}(C)$, il faut et il suffit que $X = Y^c$ pour un $Y \subset C$ (évident d'après ce qui précède). Tout élément de $\mathscr{B}(C)$ est donc une partie saturée de C.

Théorème 16.3. *L'ensemble* $\mathscr{B}(C)$*, muni de la relation d'inclusion, est une algèbre de Boole complète. On l'appelle algèbre de Boole complète de l'ensemble ordonné* C.

Il est clair que $\emptyset$ et $C \in \mathscr{B}(C)$ sont, respectivement, le plus petit et le plus grand élément de $\mathscr{B}(C)$. Par ailleurs, si $(X_i)_{i \in I}$ est une famille d'éléments de $\mathscr{B}(C)$, elle a une borne inférieure dans $\mathscr{B}(C)$ qui est $\bigcap_{i \in I} X_i$: on a, en effet, $\bigcap_{i \in I} X_i \subset X_j$, donc $(\bigcap_{i \in I} X_i)^{cc} \subset X_j^{cc}$ pour tout $j \in I$. Comme $X_j^{cc} = X_j$, on a $(\bigcap_{i \in I} X_i)^{cc} \subset \bigcap_{j \in I} X_j$. Donc $\bigcap_{i \in I} X_i \in \mathscr{B}(C)$.

L'application $X \mapsto X^c$ de $\mathscr{B}(C)$ dans lui-même est bijective (elle est sa propre inverse) et renverse l'ordre. Donc toute famille $(X_i)_{i \in I}$ d'éléments de $\mathscr{B}(C)$ a une borne supérieure qui est $(\bigcap_{i \in I} X_i^c)^c$. C'est aussi $(\bigcup_{i \in I} X_i)^{cc}$: en effet, $(\bigcup_{i \in I} X_i)^{cc} \supset \bigcup_{i \in I} X_i$, donc majore chaque X_i ; inversement, si $Y \in \mathscr{B}(C)$ majore chaque X_i, on a $Y \supset \bigcup_{i \in I} X_i$, donc $Y \supset (\bigcup_{i \in I} X_i)^{cc}$ puisque $Y^{cc} = Y$. En particulier, si $X, Y \in \mathscr{B}(C)$, on a $\inf(X, Y) = X \cap Y$; $\sup(X, Y) = (X \cup Y)^{cc} = (X^c \cap Y^c)^c$. D'où $\inf(X, X^c) = \emptyset$; $\sup(X, X^c) = C$.

Il reste à montrer que, si $X, Y, Z \in \mathscr{B}(C)$, on a :

$$\sup[\inf(X, Y), \inf(X, Z)] = \inf[X, \sup(Y, Z)],$$

ce qui s'écrit $\sup(X \cap Y, X \cap Z) = X \cap \sup(Y, Z)$. Or $\sup(X \cap Y, X \cap Z) = [(X \cap Y) \cup (X \cap Z)]^{cc} = [(X \cap (Y \cup Z)]^{cc} = X^{cc} \cap (Y \cup Z)^{cc}$ (d'après le lemme 16.2) $= X \cap (Y \cup Z)^{cc}$ (puisque $X^{cc} = X$) $= X \cap \sup(Y, Z)$.

C.Q.F.D.

Cas particulier. Soient $\mathscr{A}$ un anneau de Boole, et $C = \mathscr{A} \setminus \{\mathbf{0}\}$. Deux éléments p, q de C sont donc incompatibles si et seulement si $p \cap q = \mathbf{0}$. Pour chaque $a \in \mathscr{A}$ on pose $X_a = \{p \in C;\ p \leqslant a\}$. On a alors $X_{a \cap b} = X_a \cap X_b$; $X_{a^c} = (X_a)^c$. Cela montre que $X_a \in \mathscr{B}(C)$ pour tout $a \in \mathscr{A}$, et que l'application $a \mapsto X_a$ est un isomorphisme d'anneau de Boole de $\mathscr{A}$ *dans* $\mathscr{B}(C)$.

Si l'on suppose que $\mathscr{A}$ est une algèbre de Boole complète, alors l'application $a \mapsto X_a$ est un isomorphisme de $\mathscr{A}$ *sur* $\mathscr{B}(C)$: soit en effet $X = Y^c$ un élément de $\mathscr{B}(C)$; on pose $b = \sup(Y)$ et $a = b^c$ $(a, b \in \mathscr{A})$. On a alors $X_a = X$; car si $p \in \mathscr{A} \setminus \{\mathbf{0}\}$, on a :

$$p \in X_a \Leftrightarrow p \leqslant a \Leftrightarrow p \cap b = \mathbf{0} \Leftrightarrow (\forall x \in Y)(p \cap x = \mathbf{0}) \Leftrightarrow p \in Y^c.$$

On voit donc que toute algèbre de Boole complète $\mathscr{B}$ est isomorphe à l'algèbre de Boole complète d'un ensemble ordonné C ; il suffit de prendre $C = \mathscr{B} \setminus \{\mathbf{0}\}$.

Algèbres de Boole complètes de bons ouverts

Soient E un espace topologique, C une *base d'ouverts* de E (tout ouvert de E est la réunion d'une partie de C), ordonnée par inclusion. Un ouvert U de E est appelé un *bon ouvert* si U est l'intérieur de sa fermeture ($U = \mathrm{int}(\overline{U})$). Il revient au même de dire que U est l'intérieur d'un fermé : car si U est l'intérieur du fermé F, on a $\overline{U} \subset F$, donc $\mathrm{int}(\overline{U}) \subset U = \mathrm{int}(F)$, d'où $\mathrm{int}(\overline{U}) = U$.

Pour chaque partie X de C, on désigne par $U(X)$ l'ouvert $\bigcup_{p \in X} p$.

- *Si $X \in \mathscr{B}(C)$, alors $U(X)$ est un bon ouvert et $p \in X \Leftrightarrow p \subset U(X)$.*

On a $X = Y^c$; donc $p \in X \Leftrightarrow (\forall q \in Y)(p \cap q = \emptyset) \Leftrightarrow p \cap U(Y) = \emptyset$. $U(X)$ est donc la réunion des ouverts de la base C qui sont disjoints de $U(Y)$; autrement dit $U(X) = \mathrm{int}[E \setminus U(Y)]$, donc $U(X)$ est un bon ouvert. De plus, si $p \in C$, on a $p \subset U(X) \Leftrightarrow p \cap U(Y) = \emptyset \Leftrightarrow p \in X$.

- *Soit U un bon ouvert de E ; on pose $X = \{p \in C;\ p \subset U\}$. Alors $X \in \mathscr{B}(C)$ et $U = U(X)$.*

D'après le résultat précédent, il suffit de montrer que $X \in \mathscr{B}(C)$. Or on a $U = \mathrm{int}(F)$, F étant un fermé ; l'ouvert $V = E \setminus F$ est la réunion d'une partie Y

de la base C. On a alors : $p \in X \Leftrightarrow p \subset F \Leftrightarrow p \cap V = \emptyset \Leftrightarrow (\forall q \in Y)(p \cap q = \emptyset)$; donc $X = Y^c$, et $X \in \mathscr{B}(C)$.

On a ainsi démontré que l'application $X \mapsto U(X)$ est un isomorphisme d'ensembles ordonnés de $\mathscr{B}(C)$ sur l'ensemble $BO(E)$ des bons ouverts de E. En particulier :

- *L'ensemble $BO(E)$, ordonné par inclusion, est une algèbre de Boole complète.*

Considérons, par exemple, l'ensemble C des applications de domaine fini, inclus dans un ensemble A, à valeurs dans un ensemble B ; la relation d'ordre sur C est définie par : $p \leqslant q \Leftrightarrow p \supset q$. Si E est l'espace topologique B^A muni de la topologie produit (B étant muni de la topologie discrète), C est isomorphe à une base d'ouverts de E : si $p \in C$, on lui associe l'ouvert élémentaire $\{f \in B^A ; f \supset p\}$. Il en résulte que $\mathscr{B}(C)$ est isomorphe à l'algèbre de Boole des bons ouverts de l'espace topologique E.

Ultrafiltres $\mathscr{M}$-complets

Soient $\mathscr{M}$ un modèle transitif de $ZF + AF$, qui est une collection dans l'univers $\mathscr{U}$, et $\mathscr{A}$ une algèbre de Boole de $\mathscr{M}$. Rappelons qu'une partie $\mathscr{D}$ de $\mathscr{A}$ est appelée un *ultrafiltre* si l'on a :

$a, b \in \mathscr{D} \Rightarrow a \cap b \in \mathscr{D}$; $a \in \mathscr{D}, b \in \mathscr{A}, b \geqslant a \Rightarrow b \in \mathscr{D}$;

$a \in \mathscr{A} \Rightarrow (1 + a \in \mathscr{D} \Leftrightarrow a \notin \mathscr{D})$.

Soit $\Phi : \mathscr{A} \to \{0, 1\}$ un homomorphisme d'anneaux de Boole. Alors l'ensemble $\{x \in \mathscr{A} ; \Phi(x) = 1\}$ est un ultrafiltre sur $\mathscr{A}$; et inversement, tout ultrafiltre sur $\mathscr{A}$ correspond à un tel homomorphisme et à un seul (voir [3, 12]).

Un ultrafiltre $\mathscr{D}$ sur $\mathscr{A}$ (qui est dans $\mathscr{U}$, mais pas forcément dans $\mathscr{M}$) est dit *$\mathscr{M}$-complet* si, pour toute partie X de $\mathscr{D}$, qui est dans $\mathscr{M}$, et qui a une borne inférieure dans $\mathscr{A}$, on a $\inf(X) \in \mathscr{D}$. Un homomorphisme d'anneaux de Boole $\Phi : \mathscr{A} \to \{0, 1\}$ (qui est dans $\mathscr{U}$, mais pas forcément dans $\mathscr{M}$) est dit *$\mathscr{M}$-complet* si, pour toute partie X de $\mathscr{A}$, qui est dans $\mathscr{M}$, et qui a une borne supérieure dans $\mathscr{A}$, on a $\Phi[\sup(X)] = \sup_{x \in X} \Phi(x)$.

Il est facile de voir que, pour qu'un ultrafiltre $\mathscr{D}$ sur $\mathscr{A}$ soit $\mathscr{M}$-complet, il faut et il suffit que l'homomorphisme $\Phi : \mathscr{A} \to \{0, 1\}$ qui lui est associé soit également $\mathscr{M}$-complet.

Théorème 16.4. *Les ultrafiltres $\mathscr{M}$-complets sur un anneau de Boole $\mathscr{A}$ sont exactement les parties génériques sur $\mathscr{M}$ de l'ensemble de conditions $\mathscr{A} \setminus \{\mathbf{0}\}$.*

Soit G une partie générique sur $\mathscr{M}$ de l'ensemble ordonné $\mathscr{A} \setminus \{\mathbf{0}\}$. Si $p, q \in G$, alors $p \cap q \in G$; pour tout $p \in \mathscr{A} \setminus \{\mathbf{0}\}$, $p \neq \mathbf{1}$, l'ensemble $\{p, p^c\}$ est une partie prédense de $\mathscr{A} \setminus \{\mathbf{0}\}$; donc $p \in G$ ou $p^c \in G$, ce qui montre que G est un ultrafiltre sur $\mathscr{A}$. Soit alors X une partie de G, qui est dans $\mathscr{M}$, et a une borne inférieure p_0. Alors $\{p^c;\ p \in X\} \cup \{p_0\}$ (si $p_0 \neq \mathbf{0}$) ou bien $\{p^c;\ p \in X\}$ (si $p_0 = \mathbf{0}$) est une partie prédense de $\mathscr{A} \setminus \{\mathbf{0}\}$ qui est dans $\mathscr{M}$. Elle rencontre donc G ; comme $p^c \notin G$, quel que soit $p \in X$, on voit que $p_0 \neq \mathbf{0}$ et que $p_0 \in G$. G est donc un ultrafiltre $\mathscr{M}$-complet sur $\mathscr{A}$.

Réciproquement, soient $\mathscr{D}$ un ultrafiltre $\mathscr{M}$-complet sur $\mathscr{A}$, et X une partie dense de l'ensemble ordonné $\mathscr{A} \setminus \{\mathbf{0}\}$, qui est dans $\mathscr{M}$. Soit a un majorant de X ; si $a^c \in \mathscr{A} \setminus \{\mathbf{0}\}$, il existe $x \in X$, $x \leqslant a^c$, ce qui est impossible, puisque $x \leqslant a$ par définition de a. Il en résulte que $a^c = \mathbf{0}$, ou encore $a = \mathbf{1}$. Donc $\sup(X)$ existe et vaut $\mathbf{1}$. Par suite, $\sup(X) \in \mathscr{D}$, et, puisque $\mathscr{D}$ est $\mathscr{M}$-complet, on a $X \cap \mathscr{D} \neq \emptyset$. Cela montre que $\mathscr{D}$ est générique sur $\mathscr{M}$, pour l'ensemble de conditions $\mathscr{A} \setminus \{\mathbf{0}\}$.

C.Q.F.D.

Le théorème suivant montre que, pour tout ensemble ordonné C de $\mathscr{M}$, les C-génériques sur $\mathscr{M}$ correspondent canoniquement aux ultrafiltres $\mathscr{M}$-complets sur l'algèbre de Boole $\mathscr{B}(C)$.

Théorème 16.5. *Soient C un ensemble ordonné de $\mathscr{M}$ et $\mathscr{B}(C)$ l'algèbre de Boole complète qui lui est associée dans $\mathscr{M}$. Si G est un ensemble C-générique sur $\mathscr{M}$, alors $\mathscr{D}_G = \{X \in \mathscr{B}(C);\ X \cap G \neq \emptyset\}$ est un ultrafiltre $\mathscr{M}$-complet sur $\mathscr{B}(C)$. Inversement, si $\mathscr{D}$ est un ultrafiltre $\mathscr{M}$-complet sur $\mathscr{B}(C)$, il existe un ensemble G et un seul, C-générique sur $\mathscr{M}$ tel que $\mathscr{D} = \mathscr{D}_G$; on a, de plus :*
$G = \{p \in C;\ \{p\}^{cc} \in \mathscr{D}\}$.

On définit, dans $\mathscr{M}$, l'application $J : C \to \mathscr{B}(C) \setminus \{\mathbf{0}\}$ en posant :
$J(p) = \{p\}^{cc}$; on a évidemment $p \leqslant q \Rightarrow J(p) \subset J(q)$.

- *$J(C)$ est une partie dense de $\mathscr{B}(C) \setminus \{\mathbf{0}\}$.*

En effet, si $X \in \mathscr{B}(C)$, $X \neq \emptyset$, on prend $p \in X$ et l'on a $\{p\}^{cc} \subset X^{cc} = X$, soit $J(p) \subset X$.

L'étude des génériques sur $\mathscr{M}$ pour $\mathscr{B}(C) \setminus \{\mathbf{0}\}$, c'est-à-dire des ultrafiltres $\mathscr{M}$-complets sur $\mathscr{B}(C)$, se ramène donc à celle des ensembles $J(C)$-génériques sur $\mathscr{M}$ (théorème 11.3).

- *Soient $p, q \in C$; alors p et q sont compatibles si, et seulement si, $J(p)$ et $J(q)$ sont compatibles dans $J(C)$.*

Si $r \leqslant p, q$, on a $J(r) \subset J(p), J(q)$, donc $J(p)$ et $J(q)$ sont compatibles. Inversement, si $J(r) \subset J(p), J(q)$, on a $r \in \{p\}^{cc}, \{q\}^{cc}$. Donc tout minorant de r est compatible avec p et avec q. Il existe donc $r' \leqslant r, p$, puis $r'' \leqslant r', q$; donc $r'' \leqslant p, q$, ce qui montre que p et q sont compatibles.

• *Si $D \subset C$ est prédense dans C, alors $J(D)$ est prédense dans $J(C)$.*

Soit $J(p) \in J(C)$; il existe $q \in D$ compatible avec p ; donc $J(q) \in J(D)$ et est compatible avec $J(p)$.

• *Si S est une partie dense saturée de $J(C)$, alors $J^{-1}(S)$ est dense saturée dans C.*

Il est clair que $J^{-1}(S)$ est saturée. Soit alors $p \in C$; il existe $J(q) \in S$ compatible avec $J(p)$; donc q est compatible avec p ; soit $r \leqslant p, q$; on a $r \in J^{-1}(S)$, puisque $J(r) \subset J(q) \in S$, et que S est saturée.

• *Si G est C-générique sur $\mathcal{M}$, alors $J(G)$ est $J(C)$-générique sur $\mathcal{M}$, et $J^{-1}J(G) = G$.*

Soient $p \in G$, $q \in C$ tels que $J(q) \geqslant J(p)$; tout minorant de p est donc compatible avec q. Comme $p \in G$, on a $q \in G$ (sinon q serait incompatible avec un élément de G, que l'on pourrait prendre $\leqslant p$). Donc $J(q) \in J(G)$; cela montre que la première condition de définition des génériques est satisfaite par $J(G)$, et aussi que $J^{-1}J(G) = G$.

La deuxième condition l'est aussi, car si $p, q \in G$, ils sont compatibles dans C, donc $J(p)$ et $J(q)$ sont compatibles dans $J(C)$.

Enfin, soit S une partie dense saturée de $J(C)$ qui est dans $\mathcal{M}$. On a vu que $J^{-1}(S)$ est dense saturée dans C. Donc $G \cap J^{-1}(S) \neq \emptyset$, et il en résulte que $J(G) \cap S \neq \emptyset$.

• *Si H est $J(C)$-générique sur $\mathcal{M}$, alors $J^{-1}(H)$ est C-générique sur $\mathcal{M}$.*

Si $p, q \in J^{-1}(H)$, $J(p)$ et $J(q)$ sont éléments de H, donc sont compatibles dans $J(C)$. Par suite, p et q sont compatibles dans C. Si D est une partie prédense de C qui est dans $\mathcal{M}$, on a vu que $J(D)$ est prédense dans $J(C)$; donc $J(D) \cap H \neq \emptyset$, et, par suite $D \cap J^{-1}(H) \neq \emptyset$.

On a ainsi montré que :

• *L'application $G \mapsto J(G)$ est une correspondance biunivoque entre l'ensemble des C-génériques sur $\mathcal{M}$, et l'ensemble des $J(C)$-génériques sur $\mathcal{M}$, l'application inverse étant $H \mapsto J^{-1}(H)$.*

Le théorème 11.3 établit d'autre part une correspondance biunivoque entre les $J(C)$-génériques sur $\mathcal{M}$, et les génériques sur $\mathcal{M}$ pour $\mathscr{B}(C) \setminus \{\mathbf{0}\}$, c'est-à-dire les ultrafiltres $\mathcal{M}$-complets de $\mathscr{B}(C)$. Si $\mathscr{D}$ est un tel ultrafiltre, le $J(C)$-générique qui lui correspond est $H = \mathscr{D} \cap J(C)$; donc le C-générique qui lui correspond est $G = \{p \in C;\ J(p) \in \mathscr{D}\}$.

Inversement, si G est C-générique sur $\mathcal{M}$, il lui correspond l'ultrafiltre $\mathscr{D} = \{X \in \mathscr{B}(C);\ (\exists p \in G)(J(p) \subset X)\}$. Or, si $X \in \mathscr{B}(C)$, on a :

$$J(p) \subset X \Leftrightarrow \{p\}^{cc} \subset X \Leftrightarrow p \in X \text{ (puisque } X = X^{cc}).$$

Donc $\mathscr{D} = \{X \in \mathscr{B}(C)\,;\ X \cap G \neq \emptyset\}$.

C.Q.F.D.

Soient G un C-générique sur $\mathscr{M}$, $\mathscr{D}$ l'ultrafiltre $\mathscr{M}$-complet sur $\mathscr{B}(C)$, et Φ l'homomorphisme $\mathscr{M}$-complet de $\mathscr{B}(C)$ dans $\{0,1\}$ qui lui sont associés. D'après le théorème précédent, il est clair que tout modèle transitif de ZF, contenant $\mathscr{M}$, et ayant l'un des trois ensembles $G, \mathscr{D}, \Phi$ pour élément, a aussi pour éléments les deux autres. Le modèle $\mathscr{M}[G]$ est donc également noté $\mathscr{M}[\mathscr{D}]$ ou $\mathscr{M}[\Phi]$.

Valeurs booléennes pour les énoncés

Considérons un modèle $\mathscr{M}$ transitif dénombrable de $ZF + AF$, et, dans $\mathscr{M}$, un ensemble ordonné C ; soit $\mathscr{B}(C)$ l'algèbre de Boole complète de l'ensemble ordonné C dans $\mathscr{M}$.

Si $y = F(x)$ est une relation fonctionnelle dont le domaine est une collection $A(x)$ dans $\mathscr{M}$, à valeurs dans $\mathscr{B}(C)$, alors l'image de F est un sous-ensemble de $\mathscr{B}(C)$; la borne supérieure (resp. inférieure) de cet ensemble sera notée $\sup_{x;A(x)} F(x)$ (resp. $\inf_{x;A(x)} F(x)$ ou encore $\bigcap_{x;A(x)} F(x)$, puisque la borne inférieure d'une famille d'éléments de $\mathscr{B}(C)$ est l'intersection de cette famille). En particulier, si le domaine de F est $\mathscr{M}$ tout entier, on utilisera les notations $\sup_x F(x)$ et $\inf_x F(x)$ (ou $\bigcap_x F(x)$).

Soit $E(a_1, \ldots, a_n)$ est un énoncé clos à paramètres dans $\mathscr{M}$. On montre que $\{p \in C;\ p \Vdash \text{non } E(\bar{a}_1, \ldots, \bar{a}_n)\} \in \mathscr{B}(C)$. Posons, en effet :

$$X = \{p \in C;\ p \Vdash E(\bar{a}_1, \ldots, \bar{a}_n)\}.$$

On a alors, par définition du forcing (page 131) :

$$p \Vdash \text{non } E(\bar{a}_1, \ldots, \bar{a}_n) \text{ si et seulement si } p \in X^c.$$

Par suite, $\{p \in C;\ p \Vdash^* E(\bar{a}_1, \ldots, \bar{a}_n)\}$ est un élément de l'algèbre de Boole $\mathscr{B}(C)$, qu'on appelle *valeur booléenne* de l'énoncé $E(\bar{a}_1, \ldots, \bar{a}_n)$ et que l'on note $\|E(\bar{a}_1, \ldots, \bar{a}_n)\|$. Pour chaque énoncé $E(x_1, \ldots, x_n)$ sans paramètre, on a ainsi défini dans $\mathscr{M}$ une relation fonctionnelle à n variables $x_1, \ldots, x_n$ de domaine $\mathscr{M}$, à valeurs dans $\mathscr{B}(C)$, que l'on note $y = \|E(\bar{x}_1, \ldots, \bar{x}_n)\|$. D'après les propriétés du forcing faible (page 141), on a immédiatement :

1. $\|E(\bar{a}_1, \ldots, \bar{a}_n) \text{ et } E'(\bar{a}_1, \ldots, \bar{a}_n)\| = \|E(\bar{a}_1, \ldots, \bar{a}_n)\| \cap \|E'(\bar{a}_1, \ldots, \bar{a}_n)\|$

2. $\|\text{non } E(\bar{a}_1, \ldots, \bar{a}_n)\| = \|E(\bar{a}_1, \ldots, \bar{a}_n)\|^c$

3. $\|\forall x E(x, \bar{a}_1, \ldots, \bar{a}_n)\| = \bigcap_x \|E(\bar{x}, \bar{a}_1, \ldots, \bar{a}_n)\|$

Il en résulte aisément que

4. $\|E(\bar{a}_1,\ldots,\bar{a}_n)$ ou $E'(\bar{a}_1,\ldots,\bar{a}_n)\| = \sup(\|E(\bar{a}_1,\ldots,\bar{a}_n)\|, \|E'(\bar{a}_1,\ldots,\bar{a}_n)\|)$

5. $\|\exists x E(x,\bar{a}_1,\ldots,\bar{a}_n)\| = \sup_x \|E(\bar{x},\bar{a}_1,\ldots,\bar{a}_n)\|$

Les égalités (2), (4), (5) permettraient de définir $\|E(\bar{a}_1,\ldots,\bar{a}_n)\|$ par induction, au sens intuitif, sur la longueur de l'énoncé E, à partir des deux relations fonctionnelles $y = \|\bar{x}_1 \in \bar{x}_2\|$, $y = \|\bar{x}_1 = \bar{x}_2\|$.

C'est la méthode qui est suivie dans la théorie des « modèles booléens » de *ZF* (voir [13, 27]) qui constitue une autre présentation de la théorie du « forcing » de P. Cohen.

Notons que, si l'énoncé $E'(\bar{a}_1,\ldots,\bar{a}_n)$ est conséquence de $E(\bar{a}_1,\ldots,\bar{a}_n)$ dans la théorie $ZF + AF$, alors $\|E(\bar{a}_1,\ldots,\bar{a}_n)\| \leqslant \|E'(\bar{a}_1,\ldots,\bar{a}_n)\|$: en effet, on a vu (page 142) que, pour tout $p \in C$, $p \Vdash^* E \Rightarrow p \Vdash^* E'$. De même, tout énoncé qui est conséquence de $ZF + AF$ a pour valeur booléenne $\mathbf{1}$.

Notons aussi que, si E est un énoncé clos, à paramètres dans $\mathcal{M}$, $\|E^M\|$ est $\mathbf{1}$ ou $\mathbf{0}$ suivant que E est vrai ou faux dans $\mathcal{M}$ (théorème 11.19).

Dans les deux lemmes suivants, on considère un C-générique G sur $\mathcal{M}$; on désigne par $\mathcal{D}$ l'ultrafiltre $\mathcal{M}$-complet sur $\mathcal{B}(C)$, par $\Phi : \mathcal{B}(C) \to \{0,1\}$ l'homomorphisme $\mathcal{M}$-complet qui lui sont associés (théorème 16.5) ; et par ϕ_G l'application contractante de $\mathcal{M}$ sur $\mathcal{M}[G]$.

Lemme 16.6. *Pour qu'un énoncé clos $E(\phi_G a_1,\ldots,\phi_G a_n)$ à paramètres dans $\mathcal{M}[G]$ soit vrai dans $\mathcal{M}[G]$, il faut et il suffit que $\Phi(\|E(\bar{a}_1,\ldots,\bar{a}_n)\|) = 1$, c'est-à-dire $\|E(\bar{a}_1,\ldots,\bar{a}_n)\| \in \mathcal{D}$.*

En effet, d'après le lemme de vérité, l'énoncé $E(\phi_G a_1,\ldots,\phi_G a_n)$ est vérifié dans $\mathcal{M}[G]$ si, et seulement s'il existe $p \in G$ tel que $p \Vdash^* E(\bar{a}_1,\ldots,\bar{a}_n)$; donc, si et seulement si $\|E(\bar{a}_1,\ldots,\bar{a}_n)\| \cap G \neq \emptyset$, ce qui veut dire exactement que $\Phi(\|E(\bar{a}_1,\ldots,\bar{a}_n)\|) = 1$.

C.Q.F.D.

Lemme 16.7. *Pour que $\|E(\bar{a}_1,\ldots,\bar{a}_n)\| = \mathbf{1}$, il faut et il suffit que, pour tout C-générique G sur $\mathcal{M}$, l'énoncé $E(\phi_G a_1,\ldots,\phi_G a_n)$ soit vrai dans $\mathcal{M}[G]$.*

Il est immédiat que la condition est nécessaire, d'après ce que l'on vient de montrer. Inversement, soit $p \in C$, et G un C-générique sur $\mathcal{M}$ tel que $p \in G$. Puisque $E(\phi_G a_1,\ldots,\phi_G a_n)$ est vrai dans $\mathcal{M}[G]$, d'après le lemme de vérité, il existe $q \in G$, que l'on peut supposer $\leqslant p$, qui force $E(\bar{a}_1,\ldots,\bar{a}_n)$. Cela montre que $\{q \in C ; q \Vdash E(\bar{a}_1,\ldots,\bar{a}_n)\}$ est dense dans C, et on a donc : $\|E(\bar{a}_1,\ldots,\bar{a}_n)\| = \mathbf{1}$.

C.Q.F.D.

Le théorème suivant permet de calculer la valeur booléenne d'un énoncé qui commence par un quantificateur restreint.

Théorème 16.8. *Soient X un objet de $\mathcal{M}$, et $E(x, a_1, \ldots, a_n)$ un énoncé à une variable libre à paramètres dans $\mathcal{M}$. Alors*
$\|\exists x(x \in X \text{ et } E(x, \bar{a}_1, \ldots, \bar{a}_n))\| = \sup_{u \in X} \|E(u, \bar{a}_1, \ldots, \bar{a}_n)\|$ *et*
$\|\forall x(x \in X \Rightarrow E(x, \bar{a}_1, \ldots, \bar{a}_n))\| = \inf_{u \in X} \|E(u, \bar{a}_1, \ldots, \bar{a}_n)\|$.

Supposons que $\|\exists x(x \in X \text{ et } E(x))\| \neq \sup_{u \in X} \|E(u)\|$; on pose :

$$\theta = \|\exists x(x \in X \text{ et } E(x))\| + \sup_{u \in X} \|E(u)\|$$

(le symbole + désignant l'addition dans l'anneau de Boole $\mathcal{B}(C)$) ; on a donc $\theta \neq \mathbf{0}$. D'après le théorème 11.5, il existe un ensemble $\mathcal{D}$, générique sur $\mathcal{M}$ pour l'ensemble de conditions $\mathcal{B}(C) \setminus \{\mathbf{0}\}$, tel que $\theta \in \mathcal{D}$; $\mathcal{D}$ est donc un ultrafiltre sur $\mathcal{B}(C)$, et, puisque $\theta \in \mathcal{D}$, on a :

$$\sup_{u \in X} \|E(u)\| \in \mathcal{D} \Leftrightarrow \|\exists x(x \in X \text{ et } E(x)\| \notin \mathcal{D}$$

ou encore, puisque $\mathcal{D}$ est $\mathcal{M}$-complet :

$$(\exists u \in X)(\|E(u)\| \in \mathcal{D}) \Leftrightarrow \|\exists x(x \in X \text{ et } E(x))\| \notin \mathcal{D}.$$

Or, pour chaque énoncé clos F, on a $\|F\| \in \mathcal{D} \Leftrightarrow \mathcal{M}[\mathcal{D}]$ satisfait F. Par suite $(\exists u \in X)(\mathcal{M}[\mathcal{D}]$ satisfait $E(u)) \Leftrightarrow \mathcal{M}[\mathcal{D}]$ ne satisfait pas $\exists x(x \in X$ et $E(x))$ ce qui est évidemment une contradiction.
Même démonstration pour la deuxième partie du théorème.

C.Q.F.D.

On définit un objet Δ de $\mathcal{M}$ en posant :

$$\Delta = \{(\hat{X}, p) ; X \in \mathcal{B}(C), p \in X\}.$$

- *On a $\phi\Delta = \mathcal{D}$ (ϕ étant l'application contractante de $\mathcal{M}$ sur $\mathcal{M}[G]$).*

En effet, si $X \in \mathcal{D}$, on a $X \cap G \neq \emptyset$; on prend $p \in X \cap G$, et on a $(\hat{X}, p) \in \Delta$, donc $X = \phi\hat{X} \in \phi\Delta$. Inversement, si $\phi x \in \phi\Delta$, on a $\phi x = \phi y$ et $(y, p) \in \Delta$, avec $p \in G$. Par suite $y = \hat{X}$ avec $X \in \mathcal{B}(C)$ et $p \in X \cap G$; donc $X \in \mathcal{D}$. Or $X = \phi\hat{X} = \phi y = \phi x$; donc $\phi x \in \mathcal{D}$.

Théorème 16.9. *Si $X \in \mathcal{B}(C)$, on a $\|X \in \overline{\Delta}\| = X$.*

Si $p \in X$, on a $(\hat{X}, p) \in \Delta$, donc $p \Vdash X \in \overline{\Delta}$ et $p \in \|X \in \overline{\Delta}\|$. Inversement, soit $p \in C \setminus X$ tel que $p \Vdash^* X \in \overline{\Delta}$. Comme $X = X^{cc}$, on a $p \notin X^{cc}$ et il existe donc $q \leqslant p$, $q \in X^c$. Comme $p \Vdash^* X \in \overline{\Delta}$, il existe $r \leqslant q$, $r \Vdash X \in \overline{\Delta}$; on a alors $r \Vdash X = \bar{u}$, $(u, s) \in \Delta$, $s \geqslant r$. Il en résulte que $u = \hat{X}$ et $s \in X$. Mais on a alors $q \in X^c$, $s \in X$, et q, s ont un minorant commun r, ce qui est une contradiction.

C.Q.F.D.

Théorème 16.10 (principe du maximum)**.** *On suppose que $\mathcal{M}$ satisfait AC, et on considère un énoncé $E(x, a_1, \dots, a_n)$ à une variable libre, à paramètres dans $\mathcal{M}$. Il existe alors un objet a de $\mathcal{M}$ tel que*

$$\|\exists x E(x, \bar{a}_1, \dots, \bar{a}_n)\| = \|E(\bar{a}, \bar{a}_1, \dots, \bar{a}_n)\|.$$

On montre d'abord le

Lemme 16.11. *Soient $(a_i)_{i \in I}$ et $(\theta_i)_{i \in I}$ deux familles dans $\mathcal{M}$; on suppose que $\theta_i \in \mathscr{B}(C)$ et $\theta_i \cap \theta_j = \mathbf{0}$ pour $i, j \in I, i \neq j$. Il existe alors un objet a de $\mathcal{M}$ tel que $\|\bar{a} = \bar{a}_i\| \geqslant \theta_i$ pour tout $i \in I$.*

Pour chaque $i \in I$, on pose :

$b_i = \{(u, p) ;\ p \in \theta_i$ et il existe $q \in C$, $q \geqslant p$ tel que $(u, q) \in a_i\}$,

et l'on définit $a = \bigcup_{i \in I} b_i$.

Supposons alors que $p \in \theta_i$ et $p \Vdash \bar{a} \neq \bar{a}_i$; d'après la définition du forcing (page 131), il y a deux possibilités :

- il existe $q \in C$, $q \geqslant p$ et u, tels que $(u, q) \in a_i$ et $p \Vdash \bar{u} \notin \bar{a}$. Alors, par définition de b_i, on a $(u, p) \in b_i$; donc $(u, p) \in a$ et $p \Vdash \bar{u} \in \bar{a}$; contradiction.

- il existe $q \in C$, $q \geqslant p$ et u, tels que $(u, q) \in a$ et $p \Vdash \bar{u} \notin \bar{a}_i$. On a alors $(u, q) \in b_j$ pour un $j \in I$. Donc $q \in \theta_j$; comme $p \leqslant q$, et que θ_j est une partie saturée de C, on a $p \in \theta_j$. Donc $\theta_i \cap \theta_j \neq \emptyset$, et, par hypothèse, il en résulte que $i = j$. Donc $(u, q) \in b_i$, et, par suite, il existe $r \geqslant q$ tel que $(u, r) \in a_i$. Or $r \geqslant p$ et $p \Vdash \bar{u} \notin \bar{a}_i$; contradiction.

Il en résulte que, pour tout $p \in \theta_i$, $p \nVdash \bar{a} \neq \bar{a}_i$. Comme θ_i est une partie saturée de C, on voit que $p \in \theta_i \Rightarrow p \Vdash \bar{a} = \bar{a}_i$. Donc $\|\bar{a} = \bar{a}_i\| \supset \theta_i$.

C.Q.F.D.

Soit $y = F(x)$ la relation fonctionnelle de domaine $\mathcal{M}$, à valeurs dans $\mathscr{B}(C)$, définie par $y = \|E(\bar{x}, \bar{a}_1, \dots, \bar{a}_n)\|$. Il existe un ensemble A de $\mathcal{M}$ tel que $\mathrm{Im}(F) = \mathrm{Im}(F \upharpoonright A)$: pour chaque $\theta \in \mathrm{Im}(F)$, soit $\Phi(\theta)$ l'ensemble des x de rang minimum tels que $F(x) = \theta$; il suffit alors de poser $A = \bigcup_{\theta \in \mathrm{Im}(F)} \Phi(\theta)$. On a donc $\sup_x F(x) = \sup_{x \in A} F(x)$.

D'après le lemme 16.1 (qu'on peut appliquer puisque, par hypothèse, $\mathcal{M}$ satisfait AC), il existe une famille $(\theta_x)_{x \in A}$ d'éléments de $\mathscr{B}(C)$, deux à deux disjoints, tels que :

$\theta_x \leqslant F(x)$ pour tout $x \in A$, et $\sup_{x \in A} \theta_x = \sup_{x \in A} F(x) = \sup_x F(x)$.

D'après le lemme 16.11, il existe un objet a de $\mathcal{M}$ tel que $\|\bar{a} = \bar{x}\| \geqslant \theta_x$ pour tout $x \in A$. Or, pour chaque $x \in A$, on a :

$$\|E(\bar{a}, \bar{a}_1, \dots, \bar{a}_n)\| \geqslant \|\bar{x} = \bar{a} \text{ et } E(\bar{x}, \bar{a}_1, \dots, \bar{a}_n)\|$$

puisque $E(\bar{a}, \bar{a}_1, \dots, \bar{a}_n)$ est conséquence de $\bar{x} = \bar{a}$ et $E(\bar{x}, \bar{a}_1, \dots, \bar{a}_n)$. Mais

$\theta_x \leqslant \|\bar{a} = \bar{x}\|$, et $\theta_x \leqslant \|E(\bar{x}, \bar{a}_1, \ldots, \bar{a}_n)\|$, et donc $\|E(\bar{a}, \bar{a}_1, \ldots, \bar{a}_n)\| \geqslant \theta_x$ pour tout $x \in A$. Il en résulte que :
$\|E(\bar{a}, \bar{a}_1, \ldots, \bar{a}_n)\| \geqslant \sup_{x \in A} \theta_x = \sup_x F(x) = \|\exists x E(x, \bar{a}_1, \ldots, \bar{a}_n)\|$.

L'inégalité inverse est évidente.

C.Q.F.D.

Applications à la théorie des algèbres de Boole complètes

Etant donnée une algèbre de Boole complète $\mathscr{B}$, une partie $\mathscr{B}'$ de B est appelée *sous-algèbre de Boole complète* de $\mathscr{B}$ si :

- $\mathscr{B}'$ est une sous-algèbre de Boole de $\mathscr{B}$, c'est-à-dire :
$\mathscr{B}' \neq \emptyset$ et $x^c, x \cap y \in \mathscr{B}'$ quels que soient $x, y \in \mathscr{B}'$.
- pour tout $\mathscr{X} \subset \mathscr{B}'$, la borne supérieure de $\mathscr{X}$ dans $\mathscr{B}$ appartient à $\mathscr{B}'$.

Soit $\mathscr{X}$ une partie de $\mathscr{B}$; *la sous-algèbre complète engendrée par $\mathscr{X}$ dans $\mathscr{B}$* est, par définition, la plus petite sous-algèbre complète de $\mathscr{B}$ contenant $\mathscr{X}$, c'est-à-dire l'intersection de toutes les sous-algèbres complètes de $\mathscr{B}$ contenant $\mathscr{X}$. On dit que $\mathscr{X}$ *engendre* $\mathscr{B}$ si cette sous-algèbre est $\mathscr{B}$ elle-même.

Lemme 16.12. *Considérons, dans un modèle transitif $\mathscr{M}$ de ZF + AF, une algèbre de Boole complète $\mathscr{B}$, et une partie $\mathscr{X}$ de $\mathscr{B}$ engendrant $\mathscr{B}$. Soient $\mathscr{D}$ un ultrafiltre $\mathscr{M}$-complet sur $\mathscr{B}$, et $\mathscr{N}$ un modèle transitif de ZF, contenant $\mathscr{M}$, tel que $\mathscr{D} \cap \mathscr{X} \in \mathscr{N}$. Alors $\mathscr{D} \in \mathscr{N}$, et dans $\mathscr{N}$, $\mathscr{D}$ est le seul ultrafiltre $\mathscr{M}$-complet sur $\mathscr{B}$ dont l'intersection avec $\mathscr{X}$ est $\mathscr{D} \cap \mathscr{X}$.*

On définit, *dans $\mathscr{M}$*, par induction sur les ordinaux, une relation fonctionnelle $y = F(\alpha)$ en posant : $F(0) = \mathscr{X}$; pour $\alpha > 0$, $F(\alpha) = \{\theta \in \mathscr{B}$; il existe $\beta < \alpha$ et $\theta' \in F(\beta)$ tels que $\theta = \theta'^c$, ou bien il existe $\beta < \alpha$ et $Y \subset F(\beta)$ tels que $\theta = \inf(Y)\}$.

On a donc $F(\alpha) \subset \mathscr{B}$; $\beta < \alpha \Rightarrow F(\beta) \subset F(\alpha)$ (si $\theta \in F(\beta)$, on prendra $Y = \{\theta\}$). Il existe alors un ordinal α_0 tel que $F(\alpha_0) = F(\alpha_0 + 1)$: sinon, la relation fonctionnelle $y = F(\alpha + 1) \setminus F(\alpha)$ de domaine *On*, aurait pour valeurs des parties non vides deux à deux disjointes de $\mathscr{B}$. Ce serait donc une relation fonctionnelle injective de *On* dans $\mathscr{P}(\mathscr{B})$, ce qui est impossible. On a alors $F(\alpha_0) = \mathscr{B}$: en effet, si $\theta \in F(\alpha_0)$, $\theta^c \in F(\alpha_0 + 1) = F(\alpha_0)$; si $Y \subset F(\alpha_0)$, $\inf(Y) \in F(\alpha_0 + 1) = F(\alpha_0)$; $F(\alpha_0)$ est donc une sous-algèbre de Boole complète de $\mathscr{B}$ contenant $\mathscr{X}$, donc est égale à $\mathscr{B}$ par hypothèse.

On définit maintenant, *dans $\mathscr{N}$*, par induction sur les ordinaux, une relation fonctionnelle $y = Z(\alpha)$ en posant :

$Z(0) = \mathscr{D} \cap \mathscr{X}$;
pour $\alpha > 0$, $Z(\alpha) = \{\theta \in F(\alpha)$; il existe $\beta < \alpha$ et $\theta' \in F(\beta) \setminus Z(\beta)$, tels que $\theta = \theta'^c$, ou bien il existe $\beta < \alpha$, et une partie Y de $Z(\beta)$, qui est dans $\mathscr{M}$, telle que $\theta = \inf(Y)\}$.
Noter que cette définition se fait bien dans le modèle $\mathscr{N}$, puisque $\mathscr{D} \cap \mathscr{X}$ est un objet de $\mathscr{N}$, ainsi que l'ensemble des parties de $\mathscr{B}$ qui sont dans $\mathscr{M}$.

On a donc $Z(\alpha) \subset F(\alpha)$, pour tout ordinal α de $\mathscr{M}$. Soit alors $\mathscr{D}'$ un ultrafiltre $\mathscr{M}$-complet sur $\mathscr{B}$ tel que $\mathscr{D}' \cap \mathscr{X} = \mathscr{D} \cap \mathscr{X}$ ($\mathscr{D}'$ étant, ou non, dans $\mathscr{N}$). On montre, par induction sur α, que $Z(\alpha) = \mathscr{D}' \cap F(\alpha)$. C'est évident pour $\alpha = 0$; pour $\alpha > 0$, montrons d'abord que $Z(\alpha) \subset \mathscr{D}'$; si $\theta \in Z(\alpha)$, on a deux possibilités par définition de $Z(\alpha)$:

- $\theta = \theta'^c$, avec $\theta' \in F(\beta) \setminus Z(\beta)$, $\beta < \alpha$; alors, par hypothèse d'induction, $\theta' \in F(\beta) \setminus \mathscr{D}' \cap F(\beta)$, donc $\theta' \notin \mathscr{D}'$ et $\theta \in \mathscr{D}'$.

- $\theta = \inf(Y)$, Y étant une partie de $Z(\beta)$ qui est dans $\mathscr{M}$; par hypothèse d'induction, on a $Y \subset \mathscr{D}'$, donc $\theta \in \mathscr{D}'$.

Inversement, montrons que $\mathscr{D}' \cap F(\alpha) \subset Z(\alpha)$; si $\theta \in \mathscr{D}' \cap F(\alpha)$, on a deux possibilités par définition de $F(\alpha)$:

- $\theta = \theta'^c$, avec $\theta' \in F(\beta)$, $\beta < \alpha$; on a alors $\theta' \notin \mathscr{D}'$, puisque $\theta \in \mathscr{D}'$; donc $\theta' \notin Z(\beta)$, puisque $Z(\beta) = \mathscr{D}' \cap F(\beta)$ par hypothèse d'induction. Par suite $\theta \in Z(\alpha)$ par définition de $Z(\alpha)$.

- $\theta = \inf(Y)$, Y étant une partie de $F(\beta)$ qui est dans $\mathscr{M}$; comme $\theta \in \mathscr{D}'$, tout majorant de θ est dans $\mathscr{D}'$, donc $Y \subset \mathscr{D}'$. Il en résulte que $Y \subset Z(\beta)$, puisque $Z(\beta) = \mathscr{D}' \cap F(\beta)$ par hypothèse d'induction. Donc $\theta \in Z(\alpha)$ par définition de $Z(\alpha)$.

Comme $F(\alpha_0) = \mathscr{B}$, on voit que $\mathscr{D}' = Z(\alpha_0)$. On a ainsi montré que tous les ultrafiltres $\mathscr{M}$-complets $\mathscr{D}'$ tels que $\mathscr{D}' \cap \mathscr{X} = \mathscr{D} \cap \mathscr{X}$, sont identiques (donc identiques à $\mathscr{D}$) et que $\mathscr{D}$ est un objet de $\mathscr{N}$ (puisque $Z(\alpha_0)$ est défini dans $\mathscr{N}$).

C.Q.F.D.

Le théorème suivant donne la forme de certains modèles intermédiaires entre $\mathscr{M}$ et $\mathscr{M}[G]$, G étant un ensemble générique sur $\mathscr{M}$.

Théorème 16.13. *Soient $\mathscr{M}$ un modèle transitif de ZF + AF, C un ensemble ordonné de $\mathscr{M}$, G un C-générique sur $\mathscr{M}$, et A un objet de $\mathscr{M}[G]$, $A \subset \mathscr{M}$. Il existe alors un ensemble ordonné D de $\mathscr{M}$, et un ensemble H, D-générique sur $\mathscr{M}$, tel que $\mathscr{M}[H]$ soit le plus petit modèle transitif de ZF contenant $\mathscr{M}$ et ayant A pour élément. Ce modèle est donc noté $\mathscr{M}[A]$.*

Soient $\mathscr{B}(C)$ l'algèbre de Boole complète de C, construite dans le modèle $\mathscr{M}$, et $\mathscr{D}$ l'ultrafiltre $\mathscr{M}$-complet associé à G. Désignons par ϕ l'application contractante de $\mathscr{M}$ sur $\mathscr{M}[G]$, et par u un objet de $\mathscr{M}$ tel que $\phi u = A$; on pose $\mathscr{X} = \{\|x \in \bar{u}\| ;\ x \in \mathscr{M}, \mathrm{rg}(x) < \mathrm{rg}(A)\}$. $\mathscr{X}$ est donc une partie de $\mathscr{B}(C)$ qui est dans $\mathscr{M}$; soit $\mathscr{B}$ la sous-algèbre complète de $\mathscr{B}(C)$ engendrée par $\mathscr{X}$ (dans le modèle $\mathscr{M}$). On pose $H = \mathscr{D} \cap \mathscr{B}$; il est alors clair que H est un ultrafiltre $\mathscr{M}$-complet sur $\mathscr{B}$, c'est-à-dire un $(\mathscr{B} \setminus \{\mathbf{0}\})$-générique sur $\mathscr{M}$. Si x est un élément quelconque de $\mathscr{M}$, de rang $< \mathrm{rg}(A)$, on a $x \in A \Leftrightarrow \|x \in \bar{u}\| \in \mathscr{D}$ (lemme 16.6) $\Leftrightarrow \|x \in \bar{u}\| \in H$. Comme $A \subset \mathscr{M}$, on voit que $A = \{x \in \mathscr{M} ;\ \mathrm{rg}(x) < \mathrm{rg}(A)$ et $\|x \in \bar{u}\| \in H\}$, et donc que $A \in \mathscr{M}[H]$.

Il reste à montrer que, si $\mathscr{N}$ est un modèle transitif de *ZF* qui contient $\mathscr{M}$ et a A pour élément, il a aussi H pour élément. D'après le lemme 16.12, il suffit de prouver que $H \cap \mathscr{X} \in \mathscr{N}$, puisque $\mathscr{X}$ engendre $\mathscr{B}$. Or c'est évidemment le cas, puisque $H \cap \mathscr{X}$ est l'ensemble des $\|x \in \bar{u}\|$ pour $x \in A$.

C.Q.F.D.

Lemme 16.14. *Soient $\mathscr{M}$ un modèle dénombrable transitif de ZF + AF, $\mathscr{B}$ et $\mathscr{C}$ deux algèbres de Boole complètes de $\mathscr{M}$, $\mathscr{B}$ étant une sous-algèbre complète de $\mathscr{C}$. On suppose que, si $\mathscr{E}$ est un ultrafiltre $\mathscr{M}$-complet quelconque sur $\mathscr{C}$, et $\mathscr{D} = \mathscr{E} \cap \mathscr{B}$, alors $\mathscr{E} \in \mathscr{M}[\mathscr{D}]$ et $\mathscr{E}$ est, dans $\mathscr{M}[\mathscr{D}]$, le seul ultrafiltre $\mathscr{M}$-complet sur $\mathscr{C}$ qui prolonge $\mathscr{D}$. Alors $\mathscr{B} = \mathscr{C}$.*

Notons que, si $\mathscr{E}$ est un ultrafiltre $\mathscr{M}$-complet sur $\mathscr{C}$, $\mathscr{D} = \mathscr{E} \cap \mathscr{B}$ est évidemment un ultrafiltre $\mathscr{M}$-complet sur $\mathscr{B}$.

Les valeurs booléennes d'énoncés, qui apparaissent dans cette démonstration, sont calculées *dans l'algèbre de Boole complète $\mathscr{B}$*.

Soit θ un élément quelconque de $\mathscr{C}$; on pose $\theta' = \|\exists x(x \supset \overline{\Delta}$ et x est un ultrafiltre $\mathscr{M}$-complet sur $\mathscr{C}$ et $\theta \in x)\|$ (Δ est l'objet de $\mathscr{M}$ défini page 208). Par définition, $\theta' \in \mathscr{B}$. Si $\theta \neq \theta'$, on a $\theta + \theta' \neq \mathbf{0}$. Il existe donc un ultrafiltre $\mathscr{M}$-complet $\mathscr{E}$ sur $\mathscr{C}$ (c'est-à-dire un $(\mathscr{C} \setminus \{\mathbf{0}\})$-générique sur $\mathscr{M}$) tel que $\theta + \theta' \in \mathscr{E}$ (théorème 11.5, que l'on peut appliquer puisque le modèle $\mathscr{M}$ est supposé dénombrable) ; donc $\theta' \in \mathscr{E} \Leftrightarrow \theta \notin \mathscr{E}$. Si l'on pose $\mathscr{D} = \mathscr{E} \cap \mathscr{B}$, on a, puisque $\theta' \in \mathscr{B}$:

(⋆) $$\theta' \in \mathscr{D} \Leftrightarrow \theta \notin \mathscr{E}$$

Soit ϕ l'application contractante de $\mathscr{M}$ sur $\mathscr{M}[\mathscr{D}]$. D'après le lemme 16.6, on a $\theta' \in \mathscr{D}$ si et seulement si l'énoncé « $\exists x(x \supset \phi\Delta$ et x est un ultrafiltre $\mathscr{M}$-complet sur $\mathscr{C}$ et $\theta \in x)$ » est vrai dans $\mathscr{M}[\mathscr{D}]$. Comme $\phi\Delta = \mathscr{D}$, et que, par hypothèse, $\mathscr{E}$ est, dans $\mathscr{M}[\mathscr{D}]$, le seul ultrafiltre $\mathscr{M}$-complet sur $\mathscr{C}$ prolongeant $\mathscr{D}$, on voit que cet énoncé équivaut à $\theta \in \mathscr{E}$. On a donc $\theta' \in \mathscr{D} \Leftrightarrow \theta \in \mathscr{E}$, ce qui contredit ($\star$). On a donc $\theta = \theta'$, c'est-à-dire $\theta \in \mathscr{B}$.

C.Q.F.D.

Théorème 16.15. *Soient $\mathscr{M}$ un modèle dénombrable transitif de ZF, et, dans $\mathscr{M}$, une algèbre de Boole complète $\mathscr{C}$ et une partie $\mathscr{X}$ de $\mathscr{C}$. Alors les propriétés suivantes sont équivalentes :*
1. $\mathscr{X}$ engendre $\mathscr{C}$ (dans $\mathscr{M}$).
2. Quel que soit l'ultrafiltre $\mathscr{E}$, $\mathscr{M}$-complet sur $\mathscr{C}$, on a $\mathscr{E} \in \mathscr{M}[\mathscr{E} \cap \mathscr{X}]$ et, dans $\mathscr{M}[\mathscr{E} \cap \mathscr{X}]$, $\mathscr{E}$ est le seul ultrafiltre $\mathscr{M}$-complet sur $\mathscr{C}$ dont l'intersection avec $\mathscr{X}$ soit $\mathscr{E} \cap \mathscr{X}$.

1 $\Rightarrow$ 2. Immédiat d'après le lemme 16.12.

2 $\Rightarrow$ 1. Soit $\mathscr{B}$ l'algèbre de Boole complète engendrée par $\mathscr{X}$ dans $\mathscr{C}$. Si $\mathscr{E}$ est un ultrafiltre $\mathscr{M}$-complet sur $\mathscr{C}$, et $\mathscr{D} = \mathscr{E} \cap \mathscr{B}$, alors $\mathscr{E} \cap \mathscr{X} = \mathscr{D} \cap \mathscr{X}$. Par hypothèse, on a $\mathscr{E} \in \mathscr{M}[\mathscr{E} \cap \mathscr{X}]$, d'où $\mathscr{E} \in \mathscr{M}[\mathscr{D}]$. Par ailleurs, on a : $\mathscr{M}[\mathscr{D} \cap \mathscr{X}] = \mathscr{M}[\mathscr{D}]$ d'après le lemme 16.12, et donc $\mathscr{M}[\mathscr{D}] = \mathscr{M}[\mathscr{E} \cap \mathscr{X}]$. Par hypothèse, $\mathscr{E}$ est donc, dans $\mathscr{M}[\mathscr{D}]$ le seul ultrafiltre $\mathscr{M}$-complet sur $\mathscr{C}$ prolongeant $\mathscr{D}$. Donc (lemme 16.14), on a $\mathscr{B} = \mathscr{C}$.

C.Q.F.D.

La notion de valeur booléenne pour un énoncé, et les théorèmes précédents, peuvent être utilisés pour obtenir des résultats sur les algèbres de Boole complètes. On donne ci-dessous deux exemples de théorèmes qu'on peut prouver ainsi. Faisons tout d'abord une

Remarque. Soit E un énoncé clos sans paramètre, écrit avec $\in$ et $=$; pour montrer que E est un théorème de $ZF + AF + AC$, il suffit de prouver que, quel que soit l'univers $\mathscr{U}$ et l'ensemble $\mathscr{M}$ dénombrable transitif pris dans $\mathscr{U}$, satisfaisant $ZF + AF + AC$, alors $\mathscr{M}$ satisfait l'énoncé $\mathscr{E}$.

En effet, si E n'était pas conséquence de $ZF + AF + AC$, la théorie $\mathscr{T} : ZF + AF + AC +$ non E serait non-contradictoire, donc (théorème 10.1) la théorie $\mathscr{T}^*$ aurait un modèle $\mathscr{U}$, ce qui contredit l'hypothèse.

Théorème 16.16. [30] *Quel que soit le cardinal infini κ, l'algèbre de Boole complète $BO(\kappa^\omega)$ des bons ouverts de l'espace topologique κ^ω (muni de la topologie produit, κ étant muni de la topologie discrète) est dénombrablement engendrée. Il existe donc une algèbre de Boole complète dénombrablement engendrée de cardinal arbitrairement grand.*

D'après la remarque précédente, il suffit de montrer que, si $\mathscr{M}$ est un modèle dénombrable transitif de $ZF + AF + AC$, cet énoncé est vrai dans $\mathscr{M}$.

Soient donc κ un cardinal infini de $\mathcal{M}$, et C l'ensemble des fonctions de domaine fini $\subset \omega$ à valeurs dans κ ; $\mathcal{B}(C)$ étant l'algèbre de Boole complète de C (construite dans $\mathcal{M}$), on a vu, page 203, qu'elle est isomorphe à l'algèbre des bons ouverts de κ^ω. Il reste donc à prouver que $\mathcal{B}(C)$ est dénombrablement engendrée dans $\mathcal{M}$.

Soit G un ensemble C-générique sur $\mathcal{M}$; on a vu, page 184, que l'ensemble $g = \bigcup G$ est une surjection de ω sur κ, et que G est l'ensemble des restrictions de g aux parties finies de ω. On définit un objet η de $\mathcal{M}$ en posant $\eta = \{(\widehat{(n,\alpha)}, p)\,;\ \alpha \in \kappa,\ p \in C,\ n \in \mathrm{Dom}(p),\ p(n) = \alpha\}$.

Il est immédiat que $\phi\eta = g$ (ϕ étant l'application contractante de $\mathcal{M}$ sur $\mathcal{M}[G]$). On pose alors $\mathcal{X} = \{\|\bar{\eta}(m) < \bar{\eta}(n)\|\,;\ m, n \in \omega\}$ (l'énoncé $\bar{\eta}(m) < \bar{\eta}(n)$ étant écrit par exemple : $\exists\alpha\exists\beta[On(\beta)$ et $\alpha \in \beta$ et $(m,\alpha) \in \bar{\eta}$ et $(n,\beta) \in \bar{\eta}]$).
$\mathcal{X}$ est, dans $\mathcal{M}$, une partie dénombrable de $\mathcal{B}(C)$; on montre que $\mathcal{X}$ engendre $\mathcal{B}(C)$, au moyen du théorème 16.15.

Soient donc $\mathcal{E}$ un ultrafiltre $\mathcal{M}$-complet sur $\mathcal{B}(C)$, G le C-générique sur $\mathcal{M}$ qui lui est associé, et $g = \bigcup G$. On a (lemme 16.6) :

$$\|\bar{\eta}(m) < \bar{\eta}(n)\| \in \mathcal{E} \cap \mathcal{X} \Leftrightarrow g(m) < g(n).$$

Donc, si l'on pose $\mathcal{O} = \{(m,n) \in \omega^2\,;\ g(m) < g(n)\}$, on a $\mathcal{O} \in \mathcal{M}[\mathcal{E} \cap \mathcal{X}]$. Puisque g est une surjection de ω sur κ, il est clair que $\mathcal{O}$ est, dans $\mathcal{M}[g]$, une relation binaire bien fondée sur ω, et que g est l'application contractante pour cette relation binaire. Mais alors $\mathcal{O}$ est, dans $\mathcal{M}[\mathcal{E} \cap \mathcal{X}]$, une relation binaire bien fondée ; donc l'application contractante pour $\mathcal{O}$ est dans le modèle $\mathcal{M}[\mathcal{E} \cap \mathcal{X}]$. On a ainsi montré que $g \in \mathcal{M}[\mathcal{E} \cap \mathcal{X}]$; donc $G \in \mathcal{M}[\mathcal{E} \cap \mathcal{X}]$, et $\mathcal{E}$, qui est l'ultrafiltre associé à G, est aussi dans $\mathcal{M}[\mathcal{E} \cap \mathcal{X}]$ (théorème 16.5).

Soit maintenant $\mathcal{E}' \in \mathcal{M}[\mathcal{E} \cap \mathcal{X}] = \mathcal{M}[G]$, un ultrafiltre $\mathcal{M}$-complet sur $\mathcal{B}(C)$ tel que $\mathcal{E}' \cap \mathcal{X} = \mathcal{E} \cap \mathcal{X}$, et soit g' la surjection générique de ω sur κ, associée à $\mathcal{E}'$ (théorème 16.5). De la même façon que ci-dessus, on montre que $\|\bar{\eta}(m) < \bar{\eta}(n)\| \in \mathcal{E}' \cap \mathcal{X} \Leftrightarrow g'(m) < g'(n)$. Comme $\mathcal{E}' \cap \mathcal{X} = \mathcal{E} \cap \mathcal{X}$, on en déduit que $g'(m) < g'(n) \Leftrightarrow g(m) < g(n)$, quels que soient $m, n \in \omega$. Il en résulte que $g = g'$, et donc $\mathcal{E} = \mathcal{E}'$. La propriété (2) du théorème 16.15 est donc satisfaite, et par suite, $\mathcal{X}$ engendre $\mathcal{B}(C)$ dans $\mathcal{M}$.

C.Q.F.D.

Théorème 16.17. *Soient $\mathcal{M}$ un modèle transitif dénombrable de ZF+AF+AC, et dans $\mathcal{M}$, deux ensembles ordonnés infinis C et D tels que :*

- *Il existe, dans D, une antichaîne de cardinal $\overline{\overline{C}}$.*
- *Pour tout D-générique H sur $\mathcal{M}$, et tout $p \in C$, il existe, dans $\mathcal{M}[H]$, un C-générique G sur $\mathcal{M}$ tel que $p \in G$.*

Alors $\mathcal{B}(C)$ est, dans $\mathcal{M}$, isomorphe à une sous-algèbre de Boole complète *de* $\mathscr{B}(D)$.

Les valeurs booléennes d'énoncés que nous utiliserons au cours de la démonstration, sont relatives à l'ensemble de conditions D, et à son algèbre de Boole complète $\mathscr{B}(D)$.

On définit de la façon suivante une famille $(\theta_p)_{p\in C}$ d'éléments non nuls, deux à deux disjoints, de $\mathscr{B}(D)$, tels que $\sup_{p\in C}\theta_p = \mathbf{1}$:
par hypothèse, il existe une antichaîne $(q_p)_{p\in C}$ dans D. On choisit $p_0 \in C$, et on définit $\theta_p = \{q_p\}^{cc}$ pour $p \neq p_0$, et $\theta_{p_0} = \{q \in D;\ q$ incompatible avec tous les q_p pour $p \neq p_0\}$. Il est clair que la famille $(\theta_p)_{p\in C}$ a les propriétés voulues (noter que $q_p \in \theta_p$ quel que soit $p \in C$, donc $\theta_p \neq \mathbf{0}$).

Par hypothèse, quel que soit le D-générique H sur $\mathscr{M}$, le modèle $\mathscr{M}[H]$ satisfait $(\forall p \in C)E(p)$, où $E(p)$ est l'énoncé « $\exists G(p \in G$ et G est C-générique sur $M)$ » (M est un symbole de relation unaire, dont l'interprétation dans $\mathscr{M}[G]$ est $\mathscr{M}$). D'après le lemme 16.7, on a donc $\|E(p)\| = \mathbf{1}$ pour tout $p \in C$.

D'après le théorème 16.10 appliqué à l'énoncé $E(p)$, il existe $g_p \in \mathscr{M}$ tel que $\|p \in \bar{g}_p$ et $\bar{g}_p$ est C-générique sur $M\| = \mathbf{1}$. D'après le lemme 16.11, il existe $g \in \mathscr{M}$ tel que $\|\bar{g} = \bar{g}_p\| \geqslant \theta_p$ pour tout $p \in C$. On a alors, pour tout $p \in C$:

$\theta_p \leqslant \|\bar{g} = \bar{g}_p\| \cap \|\bar{g}_p$ est C-générique sur $M\| \leqslant \|\bar{g}$ est C-générique sur $M\|$.
Il en résulte que :

(⋆) $\|\bar{g}$ est C-générique sur $M\| = \mathbf{1}$

On a de même $\theta_p \leqslant \|\bar{g} = \bar{g}_p\| \cap \|p \in \bar{g}_p\|$, puisque $\|p \in \bar{g}_p\| = \mathbf{1}$, et donc :

(⋆⋆) $\|p \in \bar{g}\| \geqslant \theta_p$ pour tout $p \in C$.

On définit, dans $\mathscr{M}$, une application $h : \mathscr{B}(C) \to \mathscr{B}(D)$ en posant :

$$h(\xi) = \|\xi \cap \bar{g} \neq \emptyset\| \text{ pour tout } \xi \in \mathscr{B}(C).$$

On montre que h est un homomorphisme d'algèbres de Boole complètes. En effet, si G est un C-générique sur $\mathscr{M}$, d'après le théorème 16.5, l'ensemble $\{\xi \in \mathscr{B}(C);\ \xi \cap G \neq \emptyset\}$ est un ultrafiltre $\mathscr{M}$-complet sur $\mathscr{B}(C)$. Par suite :

si $\xi \in \mathscr{B}(C)$, alors $\xi \cap G = \emptyset \Leftrightarrow \xi^c \cap G \neq \emptyset$;
si $(\xi_i)_{i\in I}$ est, dans $\mathscr{M}$, une famille d'éléments de $\mathscr{B}(C)$, alors

$$(\sup_{i\in I}\xi_i) \cap G \neq \emptyset \Leftrightarrow (\exists i \in I)(\xi_i \cap G \neq \emptyset).$$

Pour tout D-générique H sur $\mathscr{M}$, on a donc dans $\mathscr{M}[H]$:

$$\forall G\{G \text{ est } C\text{-générique sur } \mathscr{M} \Rightarrow (\xi \cap G = \emptyset \Leftrightarrow \xi^c \cap G \neq \emptyset) \text{ et } [(\sup_{i\in I}\xi_i) \cap G \neq \emptyset \Leftrightarrow (\exists i \in I)(\xi_i \cap G \neq \emptyset)]\}.$$

D'après le lemme 16.7, on a donc :

$$\|\bar{g} \text{ est } C\text{-générique sur } M \Rightarrow (\xi \cap \bar{g} = \emptyset \Leftrightarrow \xi^c \cap \bar{g} \neq \emptyset) \text{ et } [(\sup_{i\in I}\xi_i) \cap \bar{g} \neq \emptyset \Leftrightarrow (\exists i \in I)(\xi_i \cap \bar{g} \neq \emptyset)]\| = \mathbf{1}.$$

D'après ($\star$), on en déduit $\|\xi \cap \bar{g} = \emptyset \Leftrightarrow \xi^c \cap \bar{g} \neq \emptyset\| = \mathbf{1}$, autrement dit $\|\xi^c \cap \bar{g} \neq \emptyset\| = \|\xi \cap \bar{g} \neq \emptyset\|^c$, ou encore $h(\xi^c) = (h(\xi))^c$.

On en déduit aussi $\|(\sup_{i \in I} \xi_i) \cap \bar{g} \neq \emptyset \Leftrightarrow (\exists i \in I)(\xi_i \cap \bar{g} \neq \emptyset)\| = \mathbf{1}$, c'est-à-dire $\|(\sup_{i \in I} \xi_i) \cap \bar{g} \neq \emptyset\| = \|(\exists i \in I)(\xi_i \cap \bar{g} \neq \emptyset)\|$ ou encore :
$h(\sup_{i \in I} \xi_i) = \sup_{i \in I} h(\xi_i)$.

On a ainsi montré que h est un homomorphisme d'algèbres de Boole complètes. Il reste à voir qu'il est injectif, c'est-à-dire que, si $\xi \in \mathscr{B}(C)$ est $\neq \mathbf{0}$, alors $h(\xi) \neq \mathbf{0}$. Comme $\xi \neq \emptyset$, il existe $p \in \xi$, donc $\|p \in \xi\| = \mathbf{1}$ (théorème 11.19). D'après ($\star\star$), on a donc $\|p \in \xi \cap \bar{g}\| \geqslant \theta_p$, d'où l'on déduit $\|\xi \cap \bar{g} \neq \emptyset\| \geqslant \theta_p$, et donc $h(\xi) \neq \mathbf{0}$.

C.Q.F.D.

Théorème 16.18. *Toute algèbre de Boole complète se plonge dans une algèbre de Boole complète dénombrablement engendrée.*

En utilisant la remarque page 213, on considère un modèle transitif dénombrable $\mathscr{M}$ de $ZF + AF + AC$, et on montre que cet énoncé est vrai dans $\mathscr{M}$. Soit donc $\mathscr{B}$ une algèbre de Boole complète de $\mathscr{M}$, et κ le cardinal de $\mathscr{P}(\mathscr{B})$ dans $\mathscr{M}$; soient D l'ensemble des fonctions de domaine fini $\subset \omega$ à valeurs dans κ, et $\mathscr{B}(D)$ l'algèbre de Boole complète de D. D'après le théorème 16.16, $\mathscr{B}(D)$ est dénombrablement engendrée.

Il existe dans D, une antichaîne de cardinal κ : en effet, pour chaque $\alpha \in \kappa$, on a $\{(0, \alpha)\} \in D$, et ces conditions sont deux à deux incompatibles.

Soit H un D-générique sur $\mathscr{M}$. Dans $\mathscr{M}[H]$, κ est un ordinal dénombrable, et donc $\mathscr{P}^{\mathscr{M}}(\mathscr{B})$ (l'ensemble des parties de $\mathscr{B}$ qui sont dans $\mathscr{M}$) est dénombrable. Soit C l'ensemble ordonné $\mathscr{B} \setminus \{\mathbf{0}\}$. D'après le théorème 11.5, pour chaque $p \in C$, il existe, dans $\mathscr{M}[H]$, un C-générique G sur $\mathscr{M}$ tel que $p \in G$. Les deux hypothèses du théorème 16.17 sont donc vérifiées, et il en résulte que $\mathscr{B}(C)$ est isomorphe à une sous-algèbre de Boole complète de $\mathscr{B}(D)$. D'où le résultat, puisque $\mathscr{B}$ est isomorphe à $\mathscr{B}(C)$.

C.Q.F.D.

Chapitre 17

Arbres

Soit $\mathsf{A} = \bigcup_{n\in\omega}\{0,1\}^n$ l'ensemble des fonctions dont le domaine est un entier, à valeurs dans $\{0,1\}$, ordonné par inclusion; $p, p' \in \mathsf{A}$ sont donc dits *comparables* si $p \subset p'$ ou $p' \subset p$; ou, ce qui revient au même, s'il existe $q \in \mathsf{A}$, $q \supset p, p'$.

Si $p \in \{0,1\}^n$, l'entier n (domaine de p) sera appelé aussi la *longueur* de p. Pour $\varepsilon = 0$ ou 1, on notera $p \smile \varepsilon$ la fonction $q : n+1 \to \{0,1\}$ telle que $p \subset q$ et $q(n) = \varepsilon$.

Une partie P de A sera appelée un *arbre* si c'est un segment initial de A, c'est-à-dire si l'on a :

$$(\forall p \in P)(\forall p' \in \mathsf{A})(p' \subset p \Rightarrow p' \in P).$$

Un arbre totalement ordonné est appelé une *branche.* Si P est une branche infinie, et si $h = \bigcup P$, alors $h \in \{0,1\}^\omega$, et $P = \{h \restriction n;\ n \in \omega\}$. Les branches infinies correspondent donc canoniquement aux éléments de $\{0,1\}^\omega$.

Si P est un arbre quelconque, une *branche infinie de P* est, par définition, une branche infinie $Q \subset P$. Il lui correspond une fonction $h : \omega \to \{0,1\}$ telle que $(\forall n \in \omega)\, h \restriction n \in P$. Par abus de langage, on dira parfois : « h est une branche infinie de P ».

Soit P un arbre, *qui n'est pas une branche*; on montre facilement que $\bigcup\{p \in \mathsf{A};\ p$ est comparable à tout élément de $P\}$ est un élément de P, que l'on appelle la *tige* de P, et que l'on note $\tau(P)$. La longueur de $\tau(P)$ sera notée $l(P)$.

A chaque arbre P on peut associer une partie $\hat{P}$ de $\{0,1\}^\omega$, définie par :

$$\hat{P} = \{h \in \{0,1\}^\omega;\ (\forall n \in \omega)\, h \restriction n \in P\}.$$

$\hat{P}$ est alors un fermé de $\{0,1\}^\omega$: en effet, si $h \in (\{0,1\}^\omega \setminus \hat{P})$, il existe un entier n tel que $h \upharpoonright n \notin P$. Pour toute $h' \in \{0,1\}^\omega$ telle que $h' \upharpoonright n = h \upharpoonright n$, on a $h' \notin \hat{P}$, ce qui montre que $\{0,1\}^\omega \setminus \hat{P}$ est ouvert.

Remarque. On voit que $\hat{P}$ est essentiellement l'ensemble des branches infinies de P.

Dans ce chapitre, nous allons considérer deux exemples d'extensions génériques remarquables, obtenues au moyen de conditions qui sont des arbres, l'ordre étant l'inclusion. Dans le premier cas, les fermés associés à ces arbres sont les ensembles parfaits (c'est-à-dire fermés sans points isolés), et dans le second, ce sont les fermés de mesure positive.

Extensions génériques minimales

Soit $\mathcal{M}$ un modèle transitif dénombrable de $ZF + AF + AC$; aucune des extensions génériques $\mathcal{M}[G]$ de $\mathcal{M}$ considérées jusqu'ici n'est une extension minimale : autrement dit, pour chacune de ces extensions, il existe G', générique sur $\mathcal{M}$ tel que $\mathcal{M} \subsetneqq \mathcal{M}[G'] \subsetneqq \mathcal{M}[G]$ (voir l'exercice 32(i)).

On se propose, dans cette section, de construire une extension générique minimale de $\mathcal{M}$. Plus précisément, on va montrer le résultat suivant, dû à G. Sacks [26] :

Théorème 17.1. *Soit $\mathcal{M}$ un modèle dénombrable transitif de $ZF + AF$. Il existe un ensemble ordonné C de $\mathcal{M}$, sans atome, tel que tout C-générique G sur $\mathcal{M}$ a la propriété suivante : si $X \in \mathcal{M}[G]$ et $X \subset \mathcal{M}$, alors, ou bien $X \in \mathcal{M}$, ou bien $\mathcal{M}[G]$ est le plus petit modèle transitif de ZF qui contient $\mathcal{M}$ et a pour élément X.*

Dans la preuve de ce théorème, nous utiliserons l'ensemble de conditions C défini comme suit :

$P \in C \Leftrightarrow P$ est un arbre et

$$(\forall p \in P)(\exists p', p'' \in P)(p \subset p', p \subset p'' \text{ et } p', p'' \text{ sont incomparables}).$$

Une condition P est donc un arbre sans atome ; P est alors évidemment infini. La relation d'ordre sur C est celle de $\mathscr{P}(\mathsf{A})$, c'est-à-dire l'inclusion.

Si $P \in C$, P n'est évidemment pas une branche, et la tige $\tau(P)$ de P est donc définie. Elle a les propriétés suivantes :

Lemme 17.2. *i) $\tau(P) \in P$ pour tout $P \in C$.*

ii) Si $P, P' \in C$ et $P' \subset P$ alors $\tau(P') \supset \tau(P)$.

iii) Si $P, P' \in C$ sont compatibles, alors $\tau(P)$ et $\tau(P')$ sont comparables.

iv) Si $P \in C$ et $n \in \omega$, il existe $P' \in C, P' \subset P$ tel que $l(P') \geqslant n$.

i) Déjà vu plus haut.

ii) Immédiat, par définition de $\tau(P)$.

iii) Immédiat, d'après (ii).

iv) Soit $p_0 \in P$ de longueur $\geqslant n$. On pose $P' = \{p \in P\,;\ p$ comparable à $p_0\}$. Alors $P' \in C$, $P' \subset P$ et $p_0 \subset \tau(P')$, donc $l(P') \geqslant n$.

C.Q.F.D.

$P, P' \in C$ seront dits *divergents* si $\tau(P)$ et $\tau(P')$ sont incomparables. P et P' sont alors incompatibles, d'après le lemme 17.2(iii).

Lemme 17.3. *Si $P, P' \in C$, il existe $Q, Q' \in C$ divergents tels que $Q \subset P$ et $Q' \subset P'$.*

Il existe $p \in P$ et $p' \in P'$ qui sont incomparables : soient en effet $p, q \in P$ incomparables. Si $p' \in P'$ est comparable à p, q, alors $p' \subset p$ ou $p' \subset q$ (on n'a pas $p' \supset p, q$). Comme P' est infini, il existe donc $p' \in P'$ incomparable à p ou à q.

On pose alors $Q = \{q \in P\,;\ q$ comparable à $p\}$ et $Q' = \{q' \in P'\,;\ q'$ comparable à $p'\}$. On a $p \subset \tau(Q)$ et $p' \subset \tau(Q')$, donc Q et Q' sont divergents.

C.Q.F.D.

On en déduit que *C n'a pas d'atome* (faire $P = P'$ dans le lemme 17.3).

Soit G un C-générique sur $\mathscr{M}$; si $P, P' \in G$, $\tau(P)$ et $\tau(P')$ sont comparables, et pour tout $n \in \omega$, il existe $P \in G$ tel que $l(P) \geqslant n$, d'après le lemme 17.2(iv) (l'ensemble des $P \in C$ tels que $l(P) \geqslant n$ est dense). Il en résulte que, dans $\mathscr{M}[G]$, on peut définir $g : \omega \to \{0,1\}$ en posant $g = \bigcup_{P \in G} \tau(P)$.

Lemme 17.4. $G = \{P \in C\,;\ g \restriction n \in P$ *pour tout* $n \in \omega\}$. *Autrement dit :*
$P \in G \Leftrightarrow$ ($P \in C$ *et* g *est une branche infinie de* P).

Si $P \in G$, et $n \in \omega$, l'ensemble des $P' \subset P$ tels que $l(P') \geqslant n$ est dense en dessous de P, d'après le lemme 17.2(iv). Il existe donc un tel $P' \in G$. Alors $g \restriction n \subset \tau(P')$ par définition de g, donc $g \restriction n \in P'$, et $g \restriction n \in P$.

Inversement, soit $P \in C$ tel que $g \restriction n \in P$ quel que soit $n \in \omega$. Par définition de g, on a, dans $\mathscr{M}[G]$: $\forall Q[Q \in G \Rightarrow \tau(Q) \in P]$.
Soient ϕ la fonction contractante de $\mathscr{M}$ sur $\mathscr{M}[G]$, et Γ l'objet de $\mathscr{M}$ défini page 130, tel que $\phi(\Gamma) = G$. D'après le lemme de vérité, il existe $P_0 \in G$ tel que $P_0 \Vdash \forall Q[Q \in \bar{\Gamma} \Rightarrow \tau(Q) \in P]$. On montre ci-dessous que $P_0 \subset P$, et donc $P \in G$, ce qui est le résultat cherché.

Soit donc $p_0 \in P_0$; on pose $P'_0 = \{p \in P_0\,;\ p$ est comparable à $p_0\}$. Alors $P'_0 \subset P_0$ et $p_0 \subset \tau(P'_0)$. Soit G' un C-générique sur $\mathscr{M}$ tel que $P'_0 \in G'$ (théorème 11.5). On a $P_0 \in G'$, donc, d'après le lemme de vérité, on a, dans $\mathscr{M}[G']$:

$\forall Q[Q \in G' \Rightarrow \tau(Q) \in P]$ (en effet, si ϕ' est la fonction contractante de $\mathscr{M}$ sur $\mathscr{M}[G']$, on a $\phi'(\Gamma) = G'$). Comme $P'_0 \in G'$, on a donc $\tau(P'_0) \in P$, et donc $p_0 \in P$.

C.Q.F.D.

Il en résulte que tout modèle transitif de ZF qui contient $\mathscr{M}$ et a pour élément g contient $\mathscr{M}[G]$. Le modèle $\mathscr{M}[G]$ est donc noté aussi $\mathscr{M}[g]$.

Pour démontrer le théorème 17.1, considérons maintenant $X \in \mathscr{M}[G]$, $X \subset \mathscr{M}$; soit $b \in \mathscr{M}$ tel que $\phi(b) = X$. Or, il existe $X_0 \in \mathscr{M}$ tel que $X \subset X_0$: par exemple $X_0 = V_\alpha^{\mathscr{M}}$, avec $\alpha \geqslant \mathrm{rg}(X)$. On définit alors, dans $\mathscr{M}$, l'ensemble $a = \{(\hat{m}, P) ; m \in X_0, P \in C, P \Vdash m \in \bar{b}\}$.

Lemme 17.5. *On a $\phi(a) = X$, et $P \Vdash \bar{a} \subset X_0$ pour toute condition $P \in C$.*

On a $\hat{X}_0 = \{(\hat{m}, P) ;\ m \in X_0,\ P \in C\}$. Par suite, $a \subset \hat{X}_0$, et donc toute condition force $\bar{a} \subset X_0$.

Un élément quelconque de $\phi(a)$ est de la forme $\phi(u)$, avec $(u, P) \in a$ et $P \in G$. On a donc $u = \hat{m}$ et $P \Vdash m \in \bar{b}$, d'où $\phi(u) = m \in \phi(b) = X$ d'après le lemme de vérité. Inversement, si $m \in X$, il existe $P \in G$, $P \Vdash m \in \bar{b}$ (lemme de vérité), donc $(\hat{m}, P) \in a$, d'où $m \in \phi(a)$.

C.Q.F.D.

Pour chaque $P \in C$, on définit un minorant $\widetilde{P}$ de P, en examinant les deux possibilités suivantes pour P :

1. Il existe $Q \leqslant P$ tel que, pour tout $m \in X_0$, ou bien $Q \Vdash^* m \in \bar{a}$ ou bien $Q \Vdash^* m \notin \bar{a}$. On choisit alors un tel Q pour $\widetilde{P}$.

2. Pour tout $Q \leqslant P$, il existe $m \in X_0$, $Q \nVdash^* m \in \bar{a}$ et $Q \nVdash^* m \notin \bar{a}$. Il en résulte que, pour tout $Q \leqslant P$, il existe $m \in X_0$ et $Q', Q'' \leqslant Q$, tels que $Q' \Vdash^* m \notin \bar{a}$ et $Q'' \Vdash^* m \in \bar{a}$.

On définit alors, dans $\mathscr{M}$, deux fonctions $F_P : \mathsf{A} \to C$ et $\xi_P : \mathsf{A} \to X_0$, par induction sur la longueur de $p \in \mathsf{A}$; pour alléger l'écriture, nous les noterons simplement F et ξ. On pose $F(\emptyset) = P$; ayant défini $F(p) \in C$ pour $p \in \{0,1\}^n$, $F(p) \leqslant P$, on choisit $Q', Q'' \leqslant F(p)$ et $\xi(p) \in X_0$ tels que $Q' \Vdash^* \xi(p) \notin \bar{a}$ et $Q'' \Vdash^* \xi(p) \in \bar{a}$. En appliquant le lemme 17.3, on définit alors $F(p \smile 0) \leqslant Q'$ et $F(p \smile 1) \leqslant Q''$ tels que $F(p \smile 0), F(p \smile 1)$ soient divergents. On a donc :

$$F(p \smile 0) \Vdash^* \xi(p) \notin \bar{a} \text{ et } F(p \smile 1) \Vdash^* \xi(p) \in \bar{a}.$$

On pose alors :

$$\widetilde{P} = \{u \in \mathsf{A} ;\ (\exists p \in \mathsf{A})\ u \subset \tau(F(p))\}.$$

Il est clair, par construction, que F est une fonction décroissante. Plus précisément, on a le

Lemme 17.6. *Pour $p, q \in \mathsf{A}$:*
i) p et q sont comparables si et seulement si $\tau(F(p))$ et $\tau(F(q))$ le sont.
ii) $p \subset q \Leftrightarrow F(p) \supset F(q) \Leftrightarrow \tau(F(p)) \subset \tau(F(q))$.

i) Si $p \subset q$, on a $F(p) \supset F(q)$ donc $\tau(F(p)) \subset \tau(F(q))$. Si p n'est pas comparable à q, soit n le premier entier tel que $p(n) \neq q(n)$, par exemple $p(n) = 0$ et $q(n) = 1$. Soit $r = p \upharpoonright n = q \upharpoonright n$. On a $r \smile 0 \subset p$, $r \smile 1 \subset q$, donc $F(p) \subset F(r \smile 0)$ et $F(q) \subset F(r \smile 1)$, ce qui montre que $F(p)$ et $F(q)$ sont divergents.

ii) Il est clair que $p \subset q \Rightarrow F(p) \supset F(q) \Rightarrow \tau(F(p)) \subset \tau(F(q))$. Il suffit donc de montrer que $\tau(F(p)) \subset \tau(F(q)) \Rightarrow p \subset q$. Or, si $p \not\subset q$, il existe $q' \supset q$ et incomparable avec p. Donc $\tau(F(p))$ et $\tau(F(q'))$ sont incomparables, et $\tau(F(p)) \not\subset \tau(F(q))$.

C.Q.F.D.

Comme $F(p) \subset P$ pour tout $p \in \mathsf{A}$, on a $\widetilde{P} \subset P$. On vérifie que $\widetilde{P} \in C$: tout d'abord, il est clair que $\widetilde{P}$ est un arbre. Si $u \in \widetilde{P}$, il existe $p \in \mathsf{A}$ tel que $u \subset \tau(F(p))$; si on pose $u' = \tau(F(p \smile 0))$ et $u'' = \tau(F(p \smile 1))$, alors u', u'' sont incomparables (puisque $F(p \smile 0)$ et $F(p \smile 1)$ sont divergents) et $u', u'' \supset u$ (car $F(p \smile 0), F(p \smile 1) \subset F(p)$). Enfin, par définition de $\widetilde{P}$, on a $u', u'' \in \widetilde{P}$, ce qui montre que $\widetilde{P} \in C$.

L'ensemble $\{\widetilde{P};\ P \in C\}$ est évidemment dense dans C (puisque $\widetilde{P} \leqslant P$), et il existe donc $P \in C$ tel que $\widetilde{P} \in G$. Si on est dans le cas 1, on a $\widetilde{P} \Vdash^* m \in \bar{a}$ ou $\widetilde{P} \Vdash^* m \notin \bar{a}$ pour tout $m \in X_0$. D'après le lemme de vérité, on a donc :
$X = \phi(a) = \{m \in X_0 ;\ \widetilde{P} \Vdash^* m \in \bar{a}\}$, ce qui montre que $X \in \mathcal{M}$.

On suppose donc maintenant que l'on est dans le cas 2 de définition de $\widetilde{P}$.

Lemme 17.7. *Pour tout $p \in \mathsf{A}$, on a $F(p) \in G \Leftrightarrow \tau(F(p)) \subset g$.*

Si $F(p) \in G$, on a $\tau(F(p)) \subset g$ par définition de g. Inversement, supposons que $\tau(F(p)) \subset g$. On a $\widetilde{P} \in G$, et il existe donc $Q \in G, Q \leqslant \widetilde{P}$, tel que $l(Q) \geqslant l(F(p))$ (lemme 17.2(iv)). On a $\tau(Q) \subset g$, par définition de g, et donc $\tau(F(p)) \subset \tau(Q)$. Soit $u \in Q$ quelconque ; u est donc comparable à $\tau(F(p))$. Par ailleurs $u \in \widetilde{P}$, et il existe donc $q \in \mathsf{A}$ tel que $u \subset \tau(F(q))$.

Si $u \subset \tau(F(p))$, on a $u \in F(p)$. Si $u \supset \tau(F(p))$, on a $\tau(F(p)) \subset \tau(F(q))$, donc $F(p) \supset F(q)$ (lemme 17.6). Comme $u \in F(q)$, on a encore $u \in F(p)$.

On a ainsi montré que $Q \subset F(p)$, et donc $F(p) \in G$.

C.Q.F.D.

Soit $\Phi = \{p \in \mathsf{A};\ \tau(F(p)) \subset g\}$. D'après le lemme 17.6, Φ est une branche. On a de plus $g = \bigcup\{\tau(F(p));\ p \in \Phi\}$: en effet, si $n \in \omega$, on a $g \upharpoonright n \in \widetilde{P}$, puisque $\widetilde{P} \in G$; il existe donc $p \in \mathsf{A}$ tel que $g \upharpoonright n \subset \tau(F(p))$, par définition de $\widetilde{P}$.

Il en résulte que $\bigcup\Phi$ est une fonction $f : \omega \to \{0,1\}$, et que l'on a :

$$(\star) \qquad g = \bigcup\{\tau(F(p))\,;\, p \subset f\}\,;\, f = \bigcup\{p \in \mathsf{A}\,;\, \tau(F(p)) \subset g\}.$$

D'après le lemme 17.7, on a donc $f = \bigcup\{p \in \mathsf{A}\,;\, F(p) \in G\}$. On en déduit que, pour tout entier n :

$$(\star\star) \qquad f(n) = 1 \Leftrightarrow \xi(f \restriction n) \in X.$$

Posons en effet $p = f \restriction n$. Si $f(n) = 1$, on a $p \smile 1 \subset f$, donc $F(p \smile 1) \in G$. Or $F(p \smile 1) \Vdash^* \xi(p) \in \bar{a}$, par définition de F. D'après le lemme de vérité, on a donc $\xi(p) \in X$. Si $f(n) = 0$, on a $\xi(p) \notin X$ par la même démonstration.

Soit alors $\mathcal{N}$ un modèle transitif de *ZF* contenant $\mathcal{M}$ et ayant pour élément X. La propriété $(\star\star)$ constitue, dans $\mathcal{N}$, une définition par récurrence de la fonction $f : \omega \to \{0,1\}$. Il en résulte que $f \in \mathcal{N}$. Mais, d'après $(\star)$, on a $g \in \mathcal{N}$, donc $G \in \mathcal{N}$ d'après le lemme 17.4. Il en résulte que $\mathcal{N} \supset \mathcal{M}[G]$, ce qui termine la preuve du théorème 17.1.

C.Q.F.D.

Consistance de *ACD* + « toute partie de $\mathbb{R}$ est mesurable »

On se propose, dans cette section, de montrer un résultat bien connu de R. Solovay [29] :

Théorème 17.8. *Si ZF + AC + CI est non-contradictoire, alors ZF+AF+ACD+ « toute partie de $\mathbb{R}$ est mesurable-Lebesgue » l'est aussi.*

(Rappelons que *CI* est l'axiome : « Il existe un cardinal inaccessible »).

Remarque. Ce résultat est intéressant, car il montre que l'on peut admettre l'axiome : « toute partie de $\mathbb{R}^n$ est mesurable », tout en conservant une forme de l'axiome du choix (à savoir *ACD*) qui est tout à fait suffisante pour développer la théorie de la mesure de Lebesgue et, en fait, pratiquement toute l'analyse. Bien entendu, on ne peut pas conserver l'axiome du choix lui-même, puisqu'il a pour conséquence l'existence de parties non mesurables de $\mathbb{R}$ (voir [11]).

Soit P un arbre ; alors $\overline{\overline{P \cap \{0,1\}^{n+1}}} \leqslant 2(\overline{\overline{P \cap \{0,1\}^{n}}})$:
en effet, si $p \in P \cap \{0,1\}^{n+1}$, alors $p \restriction n \in P \cap \{0,1\}^n$, et $p \restriction n$ a, au plus, deux prolongements dans $P \cap \{0,1\}^{n+1}$. Il en résulte que $2^{-n}(\overline{\overline{P \cap \{0,1\}^{n}}})$ est une suite décroissante de réels compris entre 0 et 1. Sa limite est appelée *mesure* de P et notée $\mu(P)$.
On a immédiatement :

- Si $P \subset P'$ alors $0 \leqslant \mu(P) \leqslant \mu(P') \leqslant 1$.

- $\mu(P \cup P') + \mu(P \cap P') = \mu(P) + \mu(P')$.
- Si P est fini, alors $\mu(P) = 0$.

On désignera par S l'ensemble des arbres de mesure > 0, ordonné par inclusion.

Lemme 17.9. *Soient $n \in \omega$, et P_0 un arbre tel que $\mu(P_0) = 0$; alors l'ensemble $\{P \in S; P \cap P_0$ est fini et $\overline{\overline{P \cap \{0,1\}^n}} = 1\}$ est dense dans S.*

Etant donné $Q \in S$, on choisit $m \geqslant n$ tel que $2^{-m}(\overline{\overline{P_0 \cap \{0,1\}^m}}) < \mu(Q)$, ce qui est possible, puisque $\mu(P_0) = 0$. Pour chaque $p \in \mathsf{A}$, on pose :

$$Q_p = \{q \in Q;\ q \text{ est comparable à } p\}.$$

On voit immédiatement que $Q = \bigcup\{Q_p;\ p \in \{0,1\}^m\}$, et aussi que : si $p, p' \in \{0,1\}^m$ et $p \neq p'$, alors $Q_p \cap Q_{p'} \subset \{0,1\}^{m-1}$, donc $Q_p \cap Q_{p'}$ est fini.

On pose $Q' = \bigcup\{Q_p;\ p \in \{0,1\}^m \cap P_0\}$ et $Q'' = \bigcup\{Q_p;\ p \in \{0,1\}^m \setminus P_0\}$. Alors $Q' \cap Q''$ est fini (car il est contenu dans $\{0,1\}^{m-1}$), et $Q = Q' \cup Q''$. Il en résulte que $\mu(Q) = \mu(Q') + \mu(Q'')$. Or $\mu(Q') \leqslant 2^{-m}(\overline{\overline{P_0 \cap \{0,1\}^m}}) < \mu(Q)$, et donc $\mu(Q'') > 0$.

Or $\mu(Q'') = \sum\{\mu(Q_p);\ p \in \{0,1\}^m \setminus P_0\}$, puisque, si $p, p' \in \{0,1\}^m$ et $p \neq p'$, alors $\mu(Q_p \cap Q_{p'}) = 0$. On peut donc choisir $p \in \{0,1\}^m \setminus P_0$ tel que $\mu(Q_p) > 0$. On pose $P = Q_p$, et on a donc $P \in S$, $P \subset Q$, et $P \cap \{0,1\}^n$ a pour seul élément $p \restriction n$; de plus $P \cap P_0 \subset \{0,1\}^{m-1}$ est fini.

C.Q.F.D.

Soient $\mathcal{M}$ un modèle dénombrable transitif de $ZF + AF + AC$, et $S_{\mathcal{M}}$ l'ensemble des arbres de mesure > 0 qui sont dans $\mathcal{M}$. Cet ensemble sera aussi noté S, pour simplifier, lorsqu'il n'y a pas d'ambiguïté.

Théorème 17.10. *Soit $\mathcal{N}$ un modèle transitif de ZF, qui contient $\mathcal{M}$.*

i) Soient $g : \omega \to \{0,1\}$, $g \in \mathcal{N}$, et $G_g = \{P \in S_{\mathcal{M}};\ g \restriction n \in P$ pour tout $n \in \omega\}$. Pour que G_g soit $S_{\mathcal{M}}$-générique sur $\mathcal{M}$, il faut et il suffit que G_g rencontre toutes les antichaînes maximales de $S_{\mathcal{M}}$ qui sont dans $\mathcal{M}$.

ii) Inversement, soit $G \in \mathcal{N}$, G étant $S_{\mathcal{M}}$-générique sur $\mathcal{M}$. Alors $\bigcap G$ est une branche infinie ; autrement dit, il existe, dans $\mathcal{N}$, une fonction et une seule $g : \omega \to \{0,1\}$, telle que $g \restriction n \in P$ pour tout $n \in \omega$ et tout $P \in G$. On a alors $G = G_g$.

i) La condition est évidemment nécessaire, puisqu'une antichaîne maximale est une partie prédense de S. Inversement, supposons que G_g rencontre toutes les antichaînes maximales de S qui sont dans $\mathcal{M}$. D'après le théorème 11.2, il suffit de vérifier que, si $P, P' \in G_g$, alors P et P' sont compatibles, autrement dit que $\mu(P \cap P') > 0$.

Or, si $\mu(P \cap P') = 0$, l'ensemble $D = \{Q \in S;\ P \cap P' \cap Q$ est fini$\}$ est dense dans S, d'après le lemme 17.9. D'après le lemme 11.1, il existe une antichaîne maximale X de S, $X \subset D$. Par hypothèse, on a $X \cap G_g \neq \emptyset$, et il existe donc $Q \in G_g$ tel que $P \cap P' \cap Q$ soit fini. Ceci est une contradiction, puisque l'on a $g \upharpoonright n \in P \cap P' \cap Q$ pour tout $n \in \omega$.

ii) D'après le lemme 17.9, appliqué avec $P_0 = \emptyset$, il existe $Q_n \in G$ tel que $Q_n \cap \{0,1\}^n$ ait un seul élément g_n. Si $P \in G$, P est compatible avec Q_n, donc $P \cap Q_n \in S$. On a donc $P \cap Q_n \cap \{0,1\}^n \neq \emptyset$, d'où l'on déduit $g_n \in P$. Par suite $g_n = \{0,1\}^n \cap \bigcap G$. Il en résulte aussi que $m \leqslant n \Rightarrow g_m \subset g_n$, et il existe donc $g : \omega \to \{0,1\}$ telle que $g_n = g \upharpoonright n$.

Soit maintenant P_0 un arbre tel que $g \upharpoonright n \in P_0$ pour tout $n \in \omega$. On montre d'abord que $P_0 \in S$: en effet, si ce n'est pas le cas, on a $\mu(P_0) = 0$, et donc $\{P \in S;\ P \cap P_0$ est fini$\}$ est dense dans S, d'après le lemme 17.9. Il existe donc $P \in G$ tel que $P \cap P_0$ soit fini, ce qui est une contradiction, puisque l'on a $g \upharpoonright n \in P \cap P_0$ pour tout $n \in \omega$.

Soit P un élément quelconque de G. On a $g \upharpoonright n \in P \cap P_0$, donc $P \cap P_0 \in S$ d'après ce que l'on vient de montrer. Il en résulte que P_0 est compatible avec tout élément de G, et donc $P_0 \in G$ (cf. page 124).

C.Q.F.D.

Une fonction $g : \omega \to \{0,1\}$ telle que G_g soit $S_{\mathcal{M}}$-générique sur $\mathcal{M}$ est appelée *réel de Solovay* sur $\mathcal{M}$, ou encore *réel aléatoire* sur $\mathcal{M}$.
Tout $S_{\mathcal{M}}$-générique sur $\mathcal{M}$ correspond donc canoniquement à un réel aléatoire sur $\mathcal{M}$.

Si g est un réel aléatoire sur $\mathcal{M}$, tout modèle transitif de ZF qui contient $\mathcal{M}$ et a pour élément g (resp. G_g) a aussi pour élément G_g (resp. g). Le modèle $\mathcal{M}[G_g]$ est donc aussi noté $\mathcal{M}[g]$.

Soit $U \subset \{0,1\}^n$, avec $n \in \omega$. Nous noterons $A(U)$ l'arbre $\{p \in \mathsf{A};\ p$ est comparable à un élément de $U\}$. Un arbre P sera dit *simple* s'il existe $n \in \omega$ et $U \subset \{0,1\}^n$ tels que $P = A(U)$. Notons que l'on a alors $\mu(P) = 2^{-n}\overline{\overline{U}}$.

Lemme 17.11. *i) Si $P = A(U)$ est un arbre simple, avec $U \subset \{0,1\}^m$, alors pour tout $n \geqslant m$, on a $P = A(V)$, avec $V = P \cap \{0,1\}^n$.*
ii) Si P, Q sont des arbres simples, $P \cup Q$ et $P \cap Q$ le sont aussi.
iii) Soient P un arbre, et $\varepsilon > 0$. Il existe un arbre simple P' tel que $P \setminus P'$ soit fini, et $\mu(P') \leqslant \mu(P) + \varepsilon$.

i) Immédiat.

ii) Soient $U \subset \{0,1\}^m$ et $V \subset \{0,1\}^n$ tels que $P = A(U)$, $Q = A(V)$. Supposons $m \leqslant n$; on a alors $P = A(U')$ où $U' = P \cap \{0,1\}^n$. Donc $P \cup Q = A(U' \cup V)$ et $P \cap Q = A(U' \cap V)$.

iii) On choisit $n \in \omega$ tel que $2^{-n}\overline{\overline{(P \cap \{0,1\}^n)}} \leqslant \mu(P) + \varepsilon$. On pose :

$$U = P \cap \{0,1\}^n, \text{ et } P' = A(U).$$

Alors $P \setminus P' \subset \{0,1\}^{n-1}$ et est donc fini. De plus $\mu(P') = 2^{-n}\overline{\overline{U}} \leqslant \mu(P) + \varepsilon$.

C.Q.F.D.

Lemme 17.12. *Soit $(Q_k)_{k\in\omega}$ une suite croissante d'arbres ($Q_k \subset Q_{k+1}$ pour tout $k \in \omega$) telle que $\sup_{k\in\omega} \mu(Q_k) < 1$. Il existe alors $P \in S$ tel que $P \cap Q_k$ soit fini quel que soit $k \in \omega$.*

Soit $\varepsilon > 0$ tel que $\sup_k \mu(Q_k) \leqslant 1 - 3\varepsilon$. D'après le lemme 17.11(iii), il existe un arbre simple Q'_k tel que $Q_k \setminus Q'_k$ soit fini, et $\mu(Q'_k) \leqslant \mu(Q_k) + 2^{-k}\varepsilon$. On pose $Q''_k = Q'_0 \cup \ldots \cup Q'_k$. Alors $(Q''_k)_{k\in\omega}$ est une suite croissante d'arbres simples, d'après le lemme 17.11(ii), et $Q_k \setminus Q''_k$ est fini. De plus $\mu(Q''_k) < \mu(Q_k) + 2\varepsilon$: on montre, en effet, par récurrence sur k, que $\mu(Q''_k) \leqslant \mu(Q_k) + \varepsilon + \varepsilon/2 + \cdots + \varepsilon/2^k$. C'est vrai pour $k = 0$, puisque $Q''_0 = Q'_0$. En admettant ce résultat pour k, on a $\mu(Q''_{k+1}) = \mu(Q''_k \cup Q'_{k+1}) = \mu(Q''_k) + \mu(Q'_{k+1}) - \mu(Q''_k \cap Q'_{k+1})$.
Or $Q_k \setminus Q'_{k+1} \subset Q_{k+1} \setminus Q'_{k+1}$ (puisque $Q_k \subset Q_{k+1}$), donc $Q_k \setminus Q'_{k+1}$ est fini. Par suite, $\mu(Q''_k \cap Q'_{k+1}) \geqslant \mu(Q''_k \cap Q_k) = \mu(Q_k)$ (puisque $Q''_k \supset Q_k$) ; il en résulte que $\mu(Q''_{k+1}) \leqslant [\mu(Q''_k) - \mu(Q_k)] + \mu(Q'_{k+1}) \leqslant [\varepsilon + \varepsilon/2 + \cdots + \varepsilon/2^k] + [\mu(Q_{k+1}) + \varepsilon/2^{k+1}]$, ce qui donne le résultat voulu.
Puisque $\mu(Q_k) \leqslant 1 - 3\varepsilon$, on a ainsi montré que $\mu(Q''_k) \leqslant 1 - \varepsilon$.

Comme Q''_k est un arbre simple, on a $Q''_k = A(U_k)$, avec $U_k \subset \{0,1\}^{n_k}$. D'après le lemme 17.11(i), on peut supposer que la suite d'entiers n_k est strictement croissante.

On a $1 - \varepsilon \geqslant \mu(Q''_k) = \mu(A(U_k)) = 2^{-n_k}\overline{\overline{U_k}}$. Donc $\overline{\overline{U_k}} \leqslant 2^{n_k}(1-\varepsilon)$.

On pose $U'_k = \{0,1\}^{n_k} \setminus U_k$, et on définit l'arbre :

$$P = \{p \in \mathsf{A};\ (\exists k \in \omega)(\exists q \in U'_k)\, p \subset q\}.$$

On a $\mu(P) = \inf_{k\in\omega} 2^{-n_k}\overline{\overline{(P \cap \{0,1\}^{n_k})}}$ puisque la suite n_k est strictement croissante. Comme $P \cap \{0,1\}^{n_k} \supset U'_k$, on a $\mu(P) \geqslant \inf_{k\in\omega} 2^{-n_k}\overline{\overline{U'_k}}$.
Or $\overline{\overline{U'_k}} = 2^{n_k} - \overline{\overline{U_k}} \geqslant 2^{n_k}\varepsilon$. Il en résulte que $\mu(P) \geqslant \varepsilon$, et donc $P \in S$.

Soit $p \in P \cap Q''_k$; on montre que l'entier $\mathrm{Dom}(p)$ est $\leqslant n_k$: supposons en effet que $\mathrm{Dom}(p) > n_k$. Puisque $p \in Q''_k = A(U_k)$, il existe $r \in U_k$ qui est comparable à p. Mais $\mathrm{Dom}(r) = n_k < \mathrm{Dom}(p)$, et donc $r \subset p$. Puisque $p \in P$, il existe $l \in \omega$ et $q \in U'_l$ tels que $p \subset q$. Comme $n_l = \mathrm{Dom}(q) \geqslant \mathrm{Dom}(p) > n_k$, on voit que $l > k$. Or $r \in U_k$, $r \subset q$, donc $q \in A(U_k) = Q''_k$. Comme $l > k$, on a $Q''_l \supset Q''_k$, donc $q \in Q''_l = A(U_l)$. Mais cela contredit le fait que $q \in U'_l$.

On a ainsi démontré que $P \cap Q''_k$ est fini pour tout $k \in \omega$. Il en est donc de même de $P \cap Q_k$, puisque $Q_k \setminus Q''_k$ est fini.

C.Q.F.D.

Théorème 17.13. *i) S satisfait la condition d'antichaîne dénombrable.*
ii) Pour qu'une antichaîne $(P_n)_{n\in\omega}$ de S soit maximale, il faut et il suffit que $\sum_{n\in\omega} \mu(P_n) = 1$.

$P, P' \in S$ sont incompatibles si, et seulement si $\mu(P \cap P') = 0$. Par suite, si $\{P_1, \dots, P_k\}$ est une antichaîne finie de S, on a :

$$\mu(P_1) + \cdots + \mu(P_k) = \mu(P_1 \cup \ldots \cup P_k) \leqslant 1.$$

i) Soient alors X une antichaîne de S, et pour chaque entier $n > 0$, posons $X_n = \{P \in X ; \mu(P) > 1/n\}$. Alors X_n est de cardinal $< n$. Donc $X = \bigcup_{n>0} X_n$ est dénombrable.

ii) Soit $(P_n)_{n\in\omega}$ une antichaîne de S telle que $\sum_{n\in\omega} \mu(P_n) = 1$. Soit $P \in S$ incompatible avec tous les P_n. Si k est un entier > 0, il existe $N \in \omega$ tel que $\sum_{n\leqslant N} \mu(P_n) \geqslant 1 - 1/k$. Comme $\{P, P_0, \dots, P_N\}$ est une antichaîne finie de S, on a $\mu(P) + \sum_{n\leqslant N} \mu(P_n) \leqslant 1$, et donc $\mu(P) \leqslant 1/k$. Comme k est arbitrairement grand, on a $\mu(P) = 0$, ce qui est une contradiction. L'antichaîne $(P_n)_{n\in\omega}$ est donc maximale.

Inversement, soit $(P_n)_{n\in\omega}$ une antichaîne de S telle que $\sum_{n\in\omega} \mu(P_n) < 1$. On pose $Q_k = \bigcup_{n\leqslant k} P_n$; alors $(Q_k)_{k\in\omega}$ est une suite croissante d'arbres, et $\sup_{k\in\omega} \mu(Q_k) = \sum_{n\in\omega} \mu(P_n) < 1$. D'après le lemme 17.12, il existe $P \in S$ tel que $P \cap Q_k$ soit fini quel que soit $k \in \omega$. Donc $\mu(P \cap Q_k) = 0$, et P est incompatible avec Q_k, donc aussi avec P_k, pour tout $k \in \omega$. L'antichaîne $(P_k)_{k\in\omega}$ n'est donc pas maximale.

C.Q.F.D.

Dans la suite de ce chapitre, nous utiliserons des notions et des résultats classiques de théorie de la mesure, que le lecteur pourra trouver, par exemple, dans [11]. Nous les énumérons ci-dessous :

- *L'ensemble des boréliens* de $\{0,1\}^\omega$ est le plus petit ensemble $\mathscr{B}$ de parties de $\{0,1\}^\omega$ ayant les trois propriétés suivantes :

  i) tout ouvert-fermé de $\{0,1\}^\omega$ est élément de $\mathscr{B}$;
  (rappelons qu'un ouvert-fermé de $\{0,1\}^\omega$ est de la forme $\{h \in \{0,1\}^\omega ; h(n_1) = \varepsilon_1, \dots, h(n_k) = \varepsilon_k\}$, avec $n_1, \dots, n_k \in \omega$ et $\varepsilon_1, \dots, \varepsilon_k \in \{0,1\}$) ;

  ii) si $B \in \mathscr{B}$, alors $(\{0,1\}^\omega \setminus B) \in \mathscr{B}$;

  iii) si $B_n \in \mathscr{B}$ et $B_n \subset B_{n+1}$ pour tout $n \in \omega$, alors $\bigcup_{n\in\omega} B_n \in \mathscr{B}$.

- Si $(B_n)_{n\in\omega}$ est une suite de boréliens, alors $\bigcup_{n\in\omega} B_n$ et $\bigcap_{n\in\omega} B_n$ sont boréliens.

- La *mesure de Lebesgue* λ sur $\{0,1\}^\omega$ est la seule application de l'ensemble $\mathscr{B}$ des boréliens dans $[0,1]$, telle que :

  i) λ est dénombrablement additive, autrement dit : si $(B_n)_{n\in\omega}$ est une suite de boréliens deux à deux disjoints, alors $\lambda(\bigcup_{n\in\omega} B_n) = \sum_{n\in\omega} \lambda(B_n)$.

  ii) $\lambda(\{h \in \{0,1\}^\omega;\ h \restriction n = p\}) = 2^{-n}$ quels que soient $p \in \{0,1\}^n$ et $n \in \omega$; en particulier , λ est une *probabilité*, ce qui veut dire que $\lambda(\{0,1\}^\omega) = 1$.

- Une partie X de $\{0,1\}^\omega$ est dite *mesurable-Lebesgue* s'il existe deux boréliens B, B' de $\{0,1\}^\omega$, tels que $B \subset X \subset B'$, et $\lambda(B) = \lambda(B')$.

Théorème 17.14. *Soient $\mathcal{M} \subset \mathcal{N}$ deux modèles dénombrables transitifs de ZF + AF + AC. On suppose que $\mathscr{P}(\omega)^{\mathcal{M}}$ est dénombrable dans $\mathcal{N}$. Alors l'ensemble des réels aléatoires sur $\mathcal{M}$ qui sont dans $\mathcal{N}$ est, dans $\mathcal{N}$, un borélien de* $\{0,1\}^\omega$, *qui est de mesure* 1 *pour la mesure de Lebesgue.*

Soit $\mathscr{A} \in \mathcal{M}$ l'ensemble des antichaînes maximales de $S_{\mathcal{M}}$ qui sont dans $\mathcal{M}$. $\mathscr{A}$ est un ensemble de parties dénombrables de $S_{\mathcal{M}}$ (théorème 17.13(i)). Donc $\mathscr{A}$ a au plus la puissance du continu dans $\mathcal{M}$, et par suite, est dénombrable dans $\mathcal{N}$.

Soit $g : \omega \to \{0,1\}$, $g \in \mathcal{N}$. D'après le théorème 17.10(i), pour que g soit un réel aléatoire sur $\mathcal{M}$, il faut et il suffit que $G_g \cap X \neq \emptyset$, pour tout $X \in \mathscr{A}$.

Pour chaque arbre P, soit $\hat{P}$ le fermé de $\{0,1\}^\omega$ associé à P, qui a été défini page 217. Il est clair que $\mu(P) = \lambda(\hat{P})$ (mesure de Lebesgue du fermé $\hat{P}$).

Si $X \in \mathscr{A}$, la condition $G_g \cap X \neq \emptyset$ s'écrit $(\exists P \in X)P \in G_g$, autrement dit $g \in \bigcup\{\hat{P};\ P \in X\}$. Par suite, pour que g soit un réel aléatoire sur $\mathcal{M}$, il faut et il suffit que $g \in \bigcap_{X\in\mathscr{A}} \bigcup\{\hat{P};\ P \in X\}$.

Comme X est une antichaîne maximale de $S_{\mathcal{M}}$, donc est dénombrable, $\bigcup\{\hat{P};\ P \in X\}$ est un borélien (en fait, une réunion dénombrable de fermés). D'après le théorème 17.13(ii), ce borélien est de mesure 1. Or $\mathscr{A}$ est dénombrable dans $\mathcal{N}$, et donc l'ensemble $\bigcap_{X\in\mathscr{A}} \bigcup\{\hat{P};\ P \in X\}$ est une intersection dénombrable de boréliens de mesure 1. C'est donc aussi, dans $\mathcal{N}$, un borélien de mesure 1 de $\{0,1\}^\omega$.

C.Q.F.D.

On considère maintenant à nouveau le modèle de Lévy, construit au chapitre 15, page 187. Nous utiliserons ici les notations de cette section :

$\mathcal{M}$ est un modèle transitif de $ZF + AF + CI + V = L$; κ est un cardinal inaccessible de $\mathcal{M}$; $G = (G_\alpha)_{\alpha<\kappa}$ est C-générique sur $\mathcal{M}$, avec $C = \bigotimes_{\alpha<\kappa} C_\alpha$, G_α étant C_α-générique sur $\mathcal{M}$. Pour chaque $\alpha < \kappa$, on a $G = H_\alpha \times H^\alpha$ avec $H_\alpha = (G_\beta)_{\beta\leqslant\alpha}$ et $H^\alpha = (G_\beta)_{\alpha<\beta<\kappa}$ qui sont génériques sur $\mathcal{M}$ respectivement pour les ensembles de conditions $\bigotimes_{\beta\leqslant\alpha} C_\beta$ et $\bigotimes_{\alpha<\beta<\kappa} C_\beta$.

Lemme 17.15. *Pour tout $\alpha \in \kappa$, l'ensemble ordonné $\bigotimes_{\alpha\leqslant\beta<\kappa} C_\beta$ est isomorphe à une partie dense de C.*

Si $\alpha \leqslant \beta$, alors C_β est isomorphe à une partie dense de $C_\alpha \times C_\beta$, d'après l'exercice 32(ii) (puisque $\aleph_\beta = \overline{\overline{\aleph_\alpha \times \aleph_\beta}}$). Donc $\bigotimes_{\xi<\alpha} C_{\alpha+\xi}$ est isomorphe à une partie dense de $\bigotimes_{\xi<\alpha}(C_\xi \times C_{\alpha+\xi}) = \bigotimes_{\xi<\alpha+\alpha} C_\xi$.
Donc $\bigotimes_{\alpha\leqslant\beta<\kappa} C_\beta = \bigotimes_{\xi<\alpha} C_{\alpha+\xi} \times \bigotimes_{\alpha+\alpha\leqslant\xi<\kappa} C_\xi$ est isomorphe à une partie dense de l'ensemble $\bigotimes_{\xi<\alpha+\alpha} C_\xi \times \bigotimes_{\alpha+\alpha\leqslant\xi<\kappa} C_\xi$ qui est isomorphe à C.

C.Q.F.D.

Lemme 17.16. *Soit $g \in \mathcal{M}[G]$ un réel aléatoire sur $\mathcal{M}$. On a alors : $\mathcal{M}[G] = \mathcal{M}[g][G']$, où G' est C-générique sur $\mathcal{M}[g]$.*

D'après le lemme 15.6, il existe $\alpha \in \kappa$ tel que $g \in \mathcal{M}[H_\alpha]$, et on a donc $\mathcal{M}[g] \subset \mathcal{M}[H_\alpha]$. Or H_α est $\bigotimes_{\beta\leqslant\alpha} C_\beta$-générique sur $\mathcal{M}$, et l'ensemble de conditions $\bigotimes_{\beta\leqslant\alpha} C_\beta$ est de cardinal $\aleph_\alpha$ dans $\mathcal{M}$. Il est donc dénombrable dans $\mathcal{M}[H_\alpha]$. On peut alors appliquer l'exercice 36(ii), en prenant $\mathcal{N} = \mathcal{M}[g]$. Il en résulte que, si r est C_0-générique sur $\mathcal{M}[H_\alpha]$, alors il existe $\widetilde{G}_\alpha$, qui est C_α-générique sur $\mathcal{M}[g]$, tel que $\mathcal{M}[H_\alpha][r] = \mathcal{M}[g][\widetilde{G}_\alpha]$.

Par ailleurs, on a $\mathcal{M}[G] = \mathcal{M}[H_\alpha][H^\alpha]$, où H^α est $\bigotimes_{\alpha<\beta<\kappa} C_\beta$-générique sur $\mathcal{M}[H_\alpha]$. L'ensemble ordonné $C_{\alpha+1}$ est isomorphe à une partie dense de $C_0 \times C_{\alpha+1}$, d'après l'exercice 32(ii) (puisque $\aleph_{\alpha+1}$ est équipotent à $\aleph_0 \times \aleph_{\alpha+1}$). Donc l'ensemble de conditions $\bigotimes_{\alpha<\beta<\kappa} C_\beta = C_{\alpha+1} \times \bigotimes_{\alpha+1<\beta<\kappa} C_\beta$ est isomorphe à une partie dense de $C_0 \times C_{\alpha+1} \times \bigotimes_{\alpha+1<\beta<\kappa} C_\beta = C_0 \times \bigotimes_{\alpha<\beta<\kappa} C_\beta$. D'après le théorème 11.3, on a donc $\mathcal{M}[G] = \mathcal{M}[H_\alpha][H^\alpha] = \mathcal{M}[H_\alpha][r][\widetilde{H}^\alpha]$, où r est C_0-générique sur $\mathcal{M}[H_\alpha]$, et $\widetilde{H}^\alpha$ est générique sur $\mathcal{M}[H_\alpha][r]$, pour l'ensemble de conditions $\bigotimes_{\alpha<\beta<\kappa} C_\beta$.

Or, ainsi qu'on l'a vu plus haut, on a $\mathcal{M}[H_\alpha][r] = \mathcal{M}[g][\widetilde{G}_\alpha]$. Il en résulte que $\mathcal{M}[G] = \mathcal{M}[g][\widetilde{G}_\alpha][\widetilde{H}^\alpha]$, où $\widetilde{G}_\alpha \times \widetilde{H}^\alpha$ est générique sur $\mathcal{M}[g]$ pour l'ensemble de conditions $C_\alpha \times \bigotimes_{\alpha<\beta<\kappa} C_\beta$, c'est-à-dire $\bigotimes_{\alpha\leqslant\beta<\kappa} C_\beta$. D'après le lemme 17.15, cet ensemble de conditions est isomorphe à une partie dense de C. Il existe donc (théorème 11.3), un C-générique G' sur $\mathcal{M}[g]$ tel que $\mathcal{M}[G] = \mathcal{M}[g][G']$.

C.Q.F.D.

Remarque. Le lemme 17.16 est vrai avec, comme seule hypothèse sur g, que g est une suite d'éléments de $\mathscr{M}$ qui est dans $\mathscr{M}[G]$. La preuve est la même, le modèle $\mathscr{M}[g]$ étant alors défini en utilisant le théorème 16.13.

Théorème 17.17. *Dans $\mathscr{M}[G]$, toute partie de $\{0,1\}^\omega$ qui est définissable en termes d'éléments de $\mathscr{M}$ est mesurable-Lebesgue.*

Soit $U \in \mathscr{M}[G]$, $U \subset \{0,1\}^\omega$, définissable en termes d'éléments de $\mathscr{M}$. On a donc $U = \{r \in \{0,1\}^\omega;\ \mathscr{M}[G]$ satisfait $F(r)\}$, où $F(x)$ est un énoncé fixé, à une variable libre, à paramètres dans $\mathscr{M}$.

Soit $\Sigma \subset \{0,1\}^\omega$ l'ensemble des réels aléatoires sur $\mathscr{M}$ qui sont dans $\mathscr{M}[G]$. D'après le théorème 17.14, Σ est un borélien de mesure 1. Il suffit donc de montrer que $U \cap \Sigma$ est un borélien.

Soit $g \in \Sigma$; pour que $g \in U$, il faut et il suffit que $F(g)$ soit vrai dans $\mathscr{M}[G]$. D'après le lemme 17.16, on a $\mathscr{M}[G] = \mathscr{M}[g][G']$, où G' est C-générique sur $\mathscr{M}[g]$. Comme l'ensemble de conditions C est homogène (théorèmes 14.2 et 14.3), on peut appliquer le lemme 13.4 à ce générique G' ; on en déduit que $\mathscr{M}[g][G']$ satisfait l'énoncé $F(g)$ si, et seulement si $\mathscr{M}[g]$ satisfait l'énoncé $(\exists p \in C)\, p \Vdash F(g)$. Si l'on désigne par $F'(x)$ l'énoncé $(\exists p \in C)\, p \Vdash F(\bar{x})$, cette condition s'exprime : « $\mathscr{M}[g]$ satisfait $F'(\hat{g})$ », ou encore :
« $\mathscr{M}[g]$ satisfait $F''(g)$ », $F''(x)$ étant l'énoncé $F'(\hat{x})$, à une variable libre, à paramètres dans $\mathscr{M}$.

Soit G_g le S-générique sur $\mathscr{M}$ associé au réel aléatoire g. D'après le théorème 17.10(ii), g est la seule fonction de ω dans $\{0,1\}$ telle que l'on ait :
$g \restriction n = \{0,1\}^n \cap \bigcap G_g$ pour tout $n \in \omega$. On a donc montré que, pour tout $g \in \Sigma$, on a $g \in U$ si et seulement si $\mathscr{M}[g]$ satisfait $E(G_g)$, où $E(x)$ est l'énoncé suivant, à une variable libre, à paramètres dans $\mathscr{M}$:

$$(\exists h \in \{0,1\}^\omega)[F''(h) \text{ et } (\forall n \in \omega)(h \restriction n = \{0,1\}^n \cap \bigcap x)].$$

Soit Γ l'objet de $\mathscr{M}$, défini page 130, associé à l'ensemble de conditions S. On a donc $\phi(\Gamma) = G_g$, ϕ étant la fonction contractante associée au générique G_g. D'après le lemme de vérité, $\mathscr{M}[g] = \mathscr{M}[G_g]$ satisfait $E(G_g)$ si et seulement s'il existe $P \in G_g$ tel que $P \Vdash E(\bar{\Gamma})$. Il en résulte que

$$U \cap \Sigma = \{g \in \Sigma;\ (\exists P \in G_g) P \Vdash E(\bar{\Gamma})\}.$$

A chaque $P \in S_{\mathscr{M}}$, on a fait correspondre un fermé $\hat{P}$ de $\{0,1\}^\omega$ dans $\mathscr{M}[G]$, défini par $\hat{P} = \{h \in \{0,1\}^\omega;\ h \in \mathscr{M}[G]$ et $(\forall n \in \omega)\, h \restriction n \in P\}$. Or, la condition $P \in G_g$ équivaut à $(\forall n \in \omega)(g \restriction n \in P)$ (théorème 17.10(ii)), c'est-à-dire à $g \in \hat{P}$. On a donc $U \cap \Sigma = \bigcup\{\hat{P};\ P \in S_{\mathscr{M}}, P \Vdash E(\bar{\Gamma})\}$.

Comme $S_{\mathscr{M}}$ est dénombrable dans $\mathscr{M}[G]$, il en résulte que $U \cap \Sigma$ est une réunion dénombrable de fermés, donc est un borélien.

C.Q.F.D.

Théorème 17.18. *Dans $\mathcal{M}[G]$, toute partie de $\{0,1\}^\omega$ qui est définissable en termes d'une suite d'éléments de $\mathcal{M}$ est mesurable au sens de Lebesgue.*

Soit $U \subset \{0,1\}^\omega$, $U \in \mathcal{M}[G]$, définissable en termes d'une suite d'éléments de $\mathcal{M}$. On a donc $U = \{r \in \{0,1\}^\omega;\ \mathcal{M}[G]$ satisfait $F(r,s)\}$, où $F(x,y)$ est un énoncé fixé, à deux variables libres, sans paramètre et $s : \omega \to \mathcal{M}$.

D'après le lemme 15.6, il existe $\alpha \in \kappa$ tel que $s \in \mathcal{M}[H_\alpha]$. Or on a : $\mathcal{M}[G] = \mathcal{M}[H_\alpha][H^\alpha]$, où H^α est $\bigotimes_{\alpha<\beta<\kappa} C_\beta$-générique sur $\mathcal{M}[H_\alpha]$. D'après le lemme 17.15, l'ensemble de conditions $\bigotimes_{\alpha<\beta<\kappa} C_\beta = \bigotimes_{\alpha+1\leqslant\beta<\kappa} C_\beta$ est isomorphe à une partie dense de C. D'après le théorème 11.3, il existe donc G', C-générique sur $\mathcal{M}[H_\alpha]$, tel que $\mathcal{M}[G] = \mathcal{M}[H_\alpha][G']$. On obtient alors le résultat cherché, en appliquant le théorème 17.17 avec $\mathcal{M}[H_\alpha]$ au lieu de $\mathcal{M}$, et G' au lieu de G, puisque l'énoncé $F(x,s)$ est à paramètres dans $\mathcal{M}[H_\alpha]$.

C.Q.F.D.

Théorème 17.19 (Solovay)**.** *Si ZF + AC + CI est consistant, alors les théories suivantes le sont également :*

i) ZF + AF + AC+ « toute partie de $\{0,1\}^\omega$ qui est définissable en termes d'une suite d'ordinaux est mesurable-Lebesgue ».

ii) ZF + AF + ACD+ « toute partie de $\{0,1\}^\omega$ est mesurable-Lebesgue ».

Preuve de (i) : Le modèle $\mathcal{M}[G]$ satisfait cette théorie, d'après le théorème 17.18.

Preuve de (ii) : La collection HDM^ω construite dans $\mathcal{M}[G]$ satisfait *ZF + AF + ACD* (corollaire 14.5). Or $\{0,1\}^\omega$ est évidemment le même ensemble, dans les modèles $\mathcal{M}[G]$ et HDM^ω. On montre alors le

Lemme 17.20. *Tout sous-ensemble de $\{0,1\}^\omega$, qui est borélien dans $\mathcal{M}[G]$, l'est aussi dans HDM^ω, et sa mesure y est la même.*

On considère, dans $\mathcal{M}[G]$ l'ensemble $\mathcal{X}$ des boréliens de $\{0,1\}^\omega$ qui ont cette propriété. On vérifie que :

- Si B est un fermé élémentaire de $\{0,1\}^\omega$, alors $B \in \mathcal{X}$.
- Si $B \in \mathcal{X}$, alors $(\{0,1\}^\omega \setminus B) \in \mathcal{X}$; en effet, $\lambda(\{0,1\}^\omega \setminus B) = 1 - \lambda(B)$.
- Si $(B_n)_{n\in\omega}$ est une suite croissante d'éléments de $\mathcal{X}$, alors $\bigcup_{n\in\omega} B_n \in \mathcal{X}$.

En effet, la suite $(B_n)_{n\in\omega}$ est dans HDM^ω d'après le lemme 14.4 ; de plus, on a $\lambda(\bigcup_{n\in\omega} B_n) = \sup_{n\in\omega} \lambda(B_n)$.

D'après la définition de l'ensemble des boréliens de $\{0,1\}^\omega$, il en résulte que tout borélien de $\mathcal{M}[G]$ a cette propriété.

C.Q.F.D.

Fin de la preuve du théorème 17.19(ii) : soit X une partie de $\{0,1\}^\omega$ qui est dans HDM^ω. D'après le théorème 17.18, X est mesurable-Lebesgue dans $\mathscr{M}[G]$, ce qui veut dire qu'il existe, dans $\mathscr{M}[G]$, deux boréliens B, B' de $\{0,1\}^\omega$, tels que $B \subset X \subset B'$ et $\lambda(B) = \lambda(B')$. D'après le lemme 17.20, cette propriété est aussi vraie dans HDM^ω, ce qui veut dire que X est mesurable-Lebesgue dans HDM^ω.

C.Q.F.D.

On peut montrer, sans supposer l'axiome du choix, qu'il existe une bijection de $\{0,1\}^\omega$ sur $\mathbb{R}$ qui est mesurable ainsi que son inverse (voir [11]). Le théorème 17.8 se déduit alors immédiatement du théorème 17.19(ii).

Exercices

Chapitres 1, 2, 3

1. Montrer que, dans la théorie *ZF* privée de l'axiome de l'infini, l'énoncé suivant équivaut à l'axiome de l'infini : « il existe un ensemble a et une injection de a dans une partie propre de a ».

Indication. Prendre $x_0 \in a \setminus \mathrm{Im}(f)$, et définir x_n par induction sur n, en posant $x_{n+1} = f(x_n)$.

2. (Théorème de Cantor-Bernstein.) On se place dans un univers satisfaisant *ZF*. Soient X un ensemble, Y une partie de X, ϕ une injection de X dans Y. Une partie Z de X sera dite close (pour ϕ) si $x \in Z \Rightarrow \phi x \in Z$. Pour chaque partie P de X, on note $\overline{P}$ la plus petite partie close de X contenant P (intersection de l'ensemble des parties closes de X contenant P).

On pose $A = X \setminus Y$; montrer que $\phi \restriction \bar{A}$ est une bijection de $\bar{A}$ sur $\bar{A} \cap \mathrm{Im}(\phi)$. On définit $\psi : X \to Y$, en posant :

$$\psi(x) = \phi(x) \text{ pour } x \in \bar{A},\ \psi(x) = x \text{ pour } x \in X \setminus \bar{A}.$$

Montrer que ψ est une bijection de X sur Y.

En déduire que, si a, b sont deux ensembles tels qu'il existe une injection de chacun d'eux dans l'autre, alors il existe une bijection de a sur b.

3. Etant donné deux ordinaux α, β, on dit que α est *cofinal* à β, s'il existe une fonction $f : \beta \to \alpha$ strictement croissante ($\gamma < \gamma' < \beta \Rightarrow f(\gamma) < f(\gamma')$) dont l'image n'est pas strictement majorée dans α (pour tout $\delta \in \alpha$, il existe $\gamma \in \beta$ tel que $f(\gamma) \geqslant \delta$).

Montrer que la relation « α est cofinal à β » est réflexive et transitive. Quels sont les ordinaux cofinaux à 1?

La *cofinalité* de α (notée $\mathrm{cof}(\alpha)$) est, par définition, le premier ordinal auquel α est cofinal. Un ordinal κ est dit *régulier* si $\mathrm{cof}(\kappa) = \kappa$. Montrer que, pour tout ordinal α, $\mathrm{cof}(\alpha)$ est un ordinal régulier $\leqslant \alpha$.

Montrer que tout ordinal régulier est un cardinal; que $\aleph_{\alpha+1}$ est régulier quel que soit α.

Etant donnés un cardinal infini κ et un cardinal régulier infini ρ, montrer que l'on a $\mathrm{cof}(\kappa) = \rho$ si et seulement s'il existe une famille croissante $(\kappa_\alpha)_{\alpha<\rho}$ de cardinaux $< \kappa$ tels que $\kappa = \sum_{\alpha<\rho} \kappa_\alpha$ (on suppose que *AC* est satisfait).

Un cardinal infini est dit *singulier* s'il n'est pas régulier. Quel est le premier cardinal singulier?

4. On considère un univers satisfaisant *ZF* + *AC*. Soient σ un cardinal infini, λ un ordinal, $(X_\alpha)_{\alpha<\lambda}$ une famille croissante ($\alpha < \beta < \lambda \Rightarrow X_\alpha \subset X_\beta$) d'ensembles, tous de cardinal $< \sigma$. Montrer que $\overline{\overline{\bigcup_{\alpha<\lambda} X_\alpha}} \leqslant \sigma$.

5. Soit λ un ordinal tel que $\mathrm{cof}(\lambda) = \sigma > \omega$ (voir l'exercice 3). Soit $\mathscr{B}$ l'ensemble des parties X de λ ayant les deux propriétés suivantes :

- X n'est pas majoré dans λ (pour tout $\alpha \in \lambda$, il existe $\beta \in X, \beta \geqslant \alpha$).
- Si $(\alpha_n)_{n\in\omega}$ est une suite croissante d'éléments de X, alors $\sup \alpha_n \in X$.

Montrer que si $(X_\delta)_{\delta<\mu}$ est une famille d'éléments de $\mathscr{B}$ indexée par un ordinal $\mu < \sigma$, alors $\bigcap_{\delta<\mu} X_\delta \in \mathscr{B}$ (autrement dit, $\mathscr{B}$ est une base d'un filtre σ-complet sur λ).

Indication. Etant donné $\alpha < \lambda$, on construit une famille α_δ^n ($\delta < \mu$, $n < \omega$) d'éléments de λ de la façon suivante :
α_0^0 est le premier élément de X_0 qui est $> \alpha$;
α_0^{n+1} est le premier élément de X_0 qui est $> \sup_{\delta<\mu} \alpha_\delta^n$;
pour $\delta > 0$, α_δ^n est le premier élément de X_δ qui est $> \sup_{\gamma<\delta} \alpha_\gamma^n$.
Montrer alors que $\sup \alpha_0^n \in \bigcap_{\delta<\mu} X_\delta$ et est $> \alpha$.

6. (Lemme de König.) On considère un univers satisfaisant *ZF* + *AC*.

i) Soient $(a_i)_{i\in I}, (b_i)_{i\in I}$ deux familles d'ensembles telles que $\overline{\overline{a_i}} < \overline{\overline{b_i}}$ pour tout $i \in I$. Montrer que $\sum_{i\in I} \overline{\overline{a_i}} < \prod_{i\in I} \overline{\overline{b_i}}$.

ii) Montrer que $\mathrm{cof}(\overline{\overline{2^\kappa}}) > \kappa$, quel que soit le cardinal infini κ.

Indications. i) On peut supposer les a_i deux à deux disjoints. Soit f une application surjective de $\bigcup_{i\in I} a_i$ sur $\prod_{i\in I} b_i$ s'il en existe. Pour chaque $j \in I$, soit $f_j : a_j \to b_j$ la fonction composée de l'injection canonique de a_j dans $\bigcup_{i\in I} a_i$, de f, et de la projection canonique de $\prod_{i\in I} b_i$ sur b_j ; f_j n'est pas surjective d'où (d'après *AC*) une famille $(y_i)_{i\in I}$ telle que $y_i \in b_i \setminus \mathrm{Im}(f_i)$ pour tout $i \in I$. Il existe $x \in \bigcup_{i\in I} a_i$ tel que $f(x) = (y_i)_{i\in I}$, puisque f est surjective. Alors $x \in a_j$ pour un $j \in I$, et $f_j(x) = y_j$, ce qui est une contradiction.

ii) Si $\lambda = \mathrm{cof}(\overline{\overline{2^\kappa}})$ est $\leqslant \kappa$, on a $\overline{\overline{2^\kappa}} = \sum_{\alpha\in\lambda}\kappa_\alpha$, $(\kappa_\alpha)_{\alpha\in\lambda}$ étant une famille de cardinaux $< \overline{\overline{2^\kappa}}$ (exercice 3). D'après le résultat précédent, on a alors : $\sum_{\alpha\in\lambda}\kappa_\alpha < (\overline{\overline{2^\kappa}})^\lambda = \overline{\overline{2^\kappa}}$.

7. Soit $y = F(x)$ une relation fonctionnelle, de domaine *On*, à valeurs dans *On*, croissante ($\alpha < \beta \Rightarrow F(\alpha) < F(\beta)$). Etant donné un ordinal limite α, F est dite continue en α si $F(\alpha) = \sup_{\beta<\alpha} F(\beta)$; F est dite continue si elle est continue en tous les ordinaux limites.

On appelle point fixe de F un ordinal α tel que $F(\alpha) = \alpha$.

i) Montrer que, si F est croissante et continue (ou même seulement continue pour tous les ordinaux cofinaux à ω), alors, pour tout ordinal α, il existe un point fixe de F qui est $> \alpha$.

ii) Montrer que si F, F' sont croissantes et continues pour tous les ordinaux cofinaux à ω, alors, pour tout ordinal α, F et F' ont un point fixe commun $> \alpha$.

Montrer (en supposant *AC*) qu'il existe des ordinaux α aussi grands que l'on veut, tels que $\overline{\overline{V_\alpha}} = \aleph_\alpha = \alpha$.

Indication. Définir une suite $(\alpha_n)_{n\in\omega}$ d'ordinaux, avec $\alpha_0 > \alpha$, en posant $\alpha_{n+1} = F(\alpha_n)$ (cas i) ou $F'(F(\alpha_n))$ (cas ii). Utiliser le lemme 2.1.

8. On considère un univers qui satisfait *ZF* + *AF* + *AC*. Un ensemble a est dit héréditairement dénombrable si $\mathrm{Cl}(a)$ est dénombrable ou finie. Soit *HD* la collection des ensembles héréditairement dénombrables.

Montrer que $HD(x) \Rightarrow \mathrm{rg}(x) < \aleph_1$; en déduire que *HD* est un ensemble.

Montrer que *HD* satisfait tous les axiomes de *ZF* + *AF* + *AC* sauf l'axiome de l'ensemble des parties.

9. On considère les trois énoncés suivants :

a) $\forall x[x$ est bien ordonnable $\Rightarrow \mathscr{P}(x)$ est bien ordonnable$]$;

b) $\forall \alpha[On(\alpha) \Rightarrow \mathscr{P}(\alpha)$ est bien ordonnable$]$;

c) $\forall x[x$ est totalement ordonnable $\Rightarrow x$ est bien ordonnable$]$.

Montrer, dans *ZF*, que $c \Rightarrow a, a \Leftrightarrow b$.

Montrer, dans *ZF* + *AF*, que ces trois énoncés sont équivalents à l'axiome du choix.

Indications. Pour montrer que (a) $\Rightarrow$ *AC*, considérer le premier ordinal α tel que V_α ne soit pas bien ordonnable (s'il existe un tel α). Montrer que α est limite. Soient λ la borne supérieure des ordinaux qui sont isomorphes à un bon ordre sur V_β pour $\beta < \alpha$, et r un bon ordre sur $\mathscr{P}(\lambda)$.

Définir par induction une fonction $\beta \mapsto r_\beta$, de domaine α, r_β étant un bon ordre sur V_β, d'ordinal λ_β, de façon que, si $\gamma < \beta < \alpha$, V_γ muni de r_γ soit un segment initial de V_β muni de r_β : si β est un ordinal limite, on pose $r_\beta = \bigcup_{\gamma<\beta} r_\gamma$. Si $\beta = \gamma + 1$, on a $\lambda_\gamma \leqslant \lambda$ (par définition de λ) ; r étant un bon ordre sur $\mathscr{P}(\lambda)$, on en déduit immédiatement un bon ordre sur $\mathscr{P}(\lambda_\gamma)$, donc sur $\mathscr{P}(V_\gamma) = V_\beta$.

Alors $\bigcup_{\alpha<\beta} r_\beta$ est un bon ordre sur V_α, ce qui est une contradiction.

10. On considère un univers qui satisfait $Z+AF+AC$ (Z est la théorie des ensembles de Zermelo). Soit M_0 un ensemble transitif tel que $\omega \subset M_0$. On définit $M_n (n \in \omega)$ par récurrence, en posant $M_{n+1} = \mathscr{P}(M_n)$. Soit $\mathscr{M}$ la réunion (au sens intuitif) des ensembles M_n pour $n \in \omega$.

i) Montrer que M_n est une suite croissante d'ensembles transitifs, et que $\mathscr{M}$ est une collection.

ii) Montrer que $\mathscr{M}$ est un modèle de $Z + AF + AC$.

iii) Montrer que, si la théorie $Z + AF + AC$ est consistante, alors les deux énoncés suivants n'en sont pas conséquences :

$\exists a[\emptyset \in a$ et $\forall x(x \in a \Rightarrow \{x\} \in a)]$;
$\exists a[\emptyset \in a$ et $\forall x(x \in a \Rightarrow \mathscr{P}(x) \in a)]$.

Indication. i) $\mathscr{M}$ est définie par l'énoncé $M(x)$: $(\exists n \in \omega)\exists f(f$ est une fonction de domaine $n+1$ et $f(0) = M_0$ et $(\forall k \in n) f(k+1) = \mathscr{P}(f(k))$ et $x \in f(n))$.

iii) Prendre $M_0 = \omega$.

Chapitres 4, 5, 6

11. On considère un univers satisfaisant $ZF + AF + AC$. Montrer que les ordinaux limites α tels que V_α satisfasse l'énoncé : « tout ensemble est équipotent à un ordinal » sont les points fixes de la relation fonctionnelle croissante continue $y = \overline{\overline{V_\alpha}}$ (voir l'exercice 7).

12. Soient $\mathscr{U}$ un univers satisfaisant $ZF + AF$, κ un ordinal régulier de $\mathscr{U}$ (exercice 3), et $E(x_1, \dots, x_n)$ un énoncé sans paramètre. Montrer que, pour tout ordinal α, il existe un ordinal $\beta > \alpha$, de cofinalité κ, tel que V_β convienne à l'énoncé $E(x_1, \dots, x_n)$.

13. i) Montrer que, si les deux collections DO et HDO sont identiques, alors on a $\forall x\, DO(x)$.

ii) Montrer que, si DO satisfait l'axiome d'extensionnalité, on a $\forall x\, DO(x)$.

iii) Montrer que la collection *DO* satisfait tous les axiomes de *ZF*, sauf peut-être l'axiome d'extensionnalité.

Indications. i) Considérer les ensembles V_α.

ii) En appliquant (i), on peut raisonner par l'absurde, en supposant que $DO \neq HDO$. Soient a de rang minimal tel que l'on ait $DO(a)$ et non $HDO(a)$, et $b = \{x \in a;\ DO(x)\}$. Montrer que l'on a $HDO(b)$, donc $a \neq b$, et que a et b ont les mêmes éléments dans *DO*.

14. Soient $\mathcal{U}$ un univers satisfaisant $ZF + AF$, et D la partie (au sens intuitif) de $\mathcal{U}$ formée des objets définissables de $\mathcal{U}$ (a est définissable s'il existe un énoncé $E(x)$ sans paramètre, tel que $\forall x(E(x) \Leftrightarrow x = a)$ soit vrai dans $\mathcal{U}$).

i) Montrer que, si une collection C définie par un énoncé sans paramètre contient tous les objets de D, elle contient tous les objets de *DO*.

ii) Montrer que tout énoncé clos à paramètres dans D est simultanément vrai ou faux, dans D et dans *DO* (on dit que *DO* est une *extension élémentaire* de D).

Indications. i) Considérer le premier objet de *DO* (suivant le bon ordre défini sur *DO*) qui n'est pas dans C.

ii) Raisonner par induction (au sens intuitif) sur la longueur de E. Dans le cas où E s'écrit $\exists x F(x, a_1, \ldots, a_n)$ et est vrai dans *DO*, soit a le premier objet de *DO* tel que $F(a, a_1, \ldots, a_n)$. Alors a est dans D, et donc $F(a, a_1, \ldots, a_n)$ est vrai dans D.

15. Montrer qu'un objet a est dans *DO* si et seulement s'il existe un ordinal $\alpha > \mathrm{rg}(a)$ et une formule $\Phi(x)$ à une variable libre *sans paramètre* tels que $\mathrm{val}[\Phi(x), V_\alpha] = \{a\}$.

Indication. Considérer le premier objet a de *DO* qui n'a pas cette propriété (s'il en existe). On l'a ainsi défini dans $\mathcal{U}$ par un énoncé $A(x)$ sans paramètre. D'après le schéma de réflexion, il est donc défini par $A(x)$ dans un certain V_α ($\alpha > \mathrm{rg}(a)$) et on a $\mathrm{val}[\ulcorner A(x) \urcorner, V_\alpha] = \{a\}$.

16. (Amélioration du résultat de l'exercice 15). Ecrire un énoncé $E(x)$ à une variable libre, sans paramètre, ayant la propriété suivante : un objet a est dans *DO* si et seulement s'il existe un ordinal limite $\alpha > \mathrm{rg}(a)$ tel que $E(x)$ définisse a dans V_α (c'est-à-dire $\mathrm{val}(\ulcorner E(x) \urcorner, V_\alpha) = \{a\}$).

Indications. On définit la relation fonctionnelle sans paramètre $\Psi = \Delta(\Phi)$ dont le domaine est l'ensemble des formules $\Phi(x, y)$ à deux variables libres, à paramètres dans V_ω ; pour une telle formule, $\Delta(\Phi)$ est la formule $\Phi(x, \theta)$, à

une variable libre, à paramètres dans V_ω, où $\theta = \Phi(x, y)$ (donc $\theta \in V_\omega$). Soit $A(x, y)$ l'énoncé sans paramètre : « y est une formule à deux variables libres, à paramètres dans V_ω, et x est le premier objet de *DO* (s'il en existe) qui n'est défini dans aucun V_α (α ordinal limite $> \omega$) par la formule $\Delta(y)$ ». Soient σ la formule $\ulcorner A(x, y)\urcorner$ (donc $\sigma \in V_\omega$), et $E(x)$ l'énoncé $A(x,\sigma)$; a étant un objet de $\mathcal{U}$, si $E(a)$ est vrai dans $\mathcal{U}$, a est défini dans $\mathcal{U}$ par l'énoncé $E(x)$. D'après le schéma de réflexion, il existe donc un ordinal α limite $> \omega$, $\alpha > \text{rg}(a)$, tel que a soit défini dans V_α par la formule $\ulcorner E(x)\urcorner$.
Or on a $\ulcorner E(x)\urcorner = \ulcorner A(x,\sigma)\urcorner = \Delta(\sigma)$. L'énoncé $A(a,\sigma)$ est donc faux, et on a une contradiction. Dans $\mathcal{U}$, on a donc $\forall x$ non $E(x)$, ou encore $\forall x$ non $A(x,\sigma)$. Tout objet de *DO* est donc défini dans un V_α (α limite $> \omega$) par la formule $\Delta(\sigma)$, donc aussi par l'énoncé $E(x)$.

Chapitres 7, 8, 9

17. Soit $\mathcal{U}_1$ un modèle de *ZF*+ « la collection des atomes est un ensemble équipotent à ω » + $\forall x(x \neq \emptyset \Rightarrow \exists y[y \in x$ et $(y \cap x = \emptyset$ ou y est un atome$)])$ (un tel modèle est construit page 79). Montrer que l'ensemble A des atomes est dans *DO*, mais non dans *HDO*.

Indication. Un ensemble définissable en termes d'ordinaux est invariant par tout automorphisme de $\mathcal{U}_1$. Les atomes ne sont donc pas dans *DO*.

18. Dans un univers $\mathcal{U}$ satisfaisant *ZF*, on considére un ensemble X tel que $\mathcal{P}(X) \cap X = \emptyset$, et une relation binaire $R \subset X^2$ qui est extensionnelle sur X (si $x, x' \in X$ et si $(\forall y \in X)[(y, x) \in R \Leftrightarrow (y, x') \in R]$, alors $x = x'$). On définit une fonction f de domaine X en posant :

$$f(x) = \{y \in X\,;\ (y, x) \in R\}.$$

Trouver une relation fonctionnelle $y = F(x)$ qui prolonge f, et qui est une bijection de $\mathcal{U}$ sur lui-même. Montrer que, dans l'univers $\mathcal{U}'$ obtenu à l'aide de F (voir page 75), il existe un ensemble transitif Y ayant les propriétés suivantes :

$$\forall x[x \in' Y \Leftrightarrow x \in X]\,;\ \forall x \forall y[x \in' Y \text{ et } y \in' Y \Rightarrow (y \in' x \Leftrightarrow (y, x) \in R)].$$

Montrer que pour tout énoncé clos $E(a_1, \ldots, a_k)$ à paramètres $a_1, \ldots, a_k \in X$, le modèle (X, R) satisfait $E(a_1, \ldots, a_k)$ si et seulement si $\mathcal{U}'$ satisfait $E^Y(a_1, \ldots, a_k)$.

Montrer que, si *ZF* est non-contradictoire, alors *ZF* + « il existe un ensemble transitif Y sur lequel la relation d'appartenance est isomorphe à la relation d'ordre total strict (resp. large) de $\mathbb{Q}$ » est aussi non-contradictoire.

19. Montrer que, si ZF est non-contradictoire, alors $ZF + \exists x(\mathscr{P}(x) \in x)$ est aussi non-contradictoire.

20. Soit $\mathscr{U}$ un univers qui satisfait $ZF + AC +$ « la collection des atomes est un ensemble dénombrable ». Soient A l'ensemble des atomes de $\mathscr{U}$, et $\Delta(x)$ l'énoncé « $\mathrm{Cl}(x) \cap A$ est un ensemble fini ».

Montrer que la collection Δ satisfait $ZF + AC +$ « la collection des atomes n'est pas un ensemble » + « tout ensemble d'atomes est fini ».

On désigne par E la conjonction des énoncés : $\forall x \forall y \exists z \forall t(t \in z \Leftrightarrow t \in x$ ou $t \in y)$; $\forall x \exists y(y = \{y\}$ et $y \notin x)$. Montrer que, dans l'univers Δ, l'énoncé « il existe un ensemble transitif X tel que $E \Leftrightarrow E^X$ » est faux.

Indications. Pour obtenir le schéma de remplacement dans Δ, on montrera d'abord les propriétés suivantes :

- si x est un objet de Δ, et σ une permutation de A qui laisse fixe chaque élément de $\mathrm{Cl}(x) \cap A$, alors $\sigma x = x$;
- si x est un objet de Δ, et F un ensemble fini d'atomes tel que, pour toute permutation σ de A qui laisse fixe chaque élément de F, on ait $\sigma x = x$, alors $\mathrm{Cl}(x) \cap A \subset F$.

21. Montrer que, si ZF est non-contradictoire, il existe un univers qui satisfait $ZF + V = L$, dans lequel chaque objet est défini par un énoncé à une variable libre sans paramètre.

Indication. Appliquer le résultat ii) de l'exercice 14 à un univers satisfaisant $ZF + V = L$.

22. Soient $\mathscr{T}$ une théorie, écrite avec les symboles $\in, =$, contenant $ZF + AF$, et $E(x_1, \ldots, x_k)$ un énoncé sans paramètre. Montrer que $E(x_1, \ldots, x_k)$ est équivalent, dans la théorie $\mathscr{T}$, à un énoncé q.u.b., si et seulement si, quels que soient l'univers $\mathscr{U}$ satisfaisant $\mathscr{T}$, l'ensemble transitif $\mathscr{M}$ de $\mathscr{U}$ satisfaisant $\mathscr{T}$, et $a_1, \ldots, a_k \in \mathscr{M}$, on a dans $\mathscr{U}$: $E^{\mathscr{M}}(a_1, \ldots, a_k) \Rightarrow E(a_1, \ldots, a_k)$.

Indications. On suppose que l'énoncé $E(x_1, \ldots, x_k)$ a cette dernière propriété. On considère la théorie suivante (écrite avec $\in$, $=$, et les symboles de constante $M, c_1, \ldots, c_k$) : $\mathscr{T} + \mathscr{T}^M +$ « M est un ensemble transitif » + « $c_1 \in M$ et ... et $c_k \in M$ » ($\mathscr{T}^M$ est la théorie obtenue en relativisant à M chaque axiome de $\mathscr{T}$).

D'après l'hypothèse faite sur l'énoncé E, elle a pour conséquence :

(∗) $$E^M(c_1, \ldots, c_k) \Rightarrow E(c_1, \ldots, c_k).$$

D'où une conjonction T d'axiomes de la théorie $\mathcal{T}$ telle que la théorie $\mathcal{T}_0 : T + T^M +$ « M est un ensemble transitif » + « $c_1 \in M$ et ... et $c_k \in M$ » ait aussi pour conséquence l'énoncé $(*)$.

On montre alors que dans la théorie $\mathcal{T}$, $E(x_1,\dots,x_k)$ équivaut à l'énoncé $A(x_1,\dots,x_k) : \exists X[X$ est un ensemble transitif et $x_1 \in X$ et ... et $x_k \in X$ et T^X et $E^X(x_1,\dots,x_k)]$ qui est visiblement un énoncé q.u.b.

Soient en effet $\mathcal{U}$ un univers satisfaisant $\mathcal{T}$, et $a_1,\dots,a_k$ des objets de $\mathcal{U}$. Si $A(a_1,\dots,a_k)$ est satisfait, la théorie $\mathcal{T}_0$ est satisfaite dans $\mathcal{U}$, si on interprète les symboles $c_1,\dots,c_k,M$ par $a_1,\dots,a_k,X$; donc :

$$E^X(a_1,\dots,a_k) \Rightarrow E(a_1,\dots,a_k)$$

est vrai dans $\mathcal{U}$, et par suite aussi $E(a_1,\dots,a_k)$.

Inversement, si l'énoncé $E(a_1,\dots,a_k)$ est satisfait, on choisit un ordinal $\alpha > \mathrm{rg}(a_1),\dots,\mathrm{rg}(a_k)$ tel que V_α convienne aux énoncés T et $E(x_1,\dots,x_k)$, et l'énoncé $A(a_1,\dots,a_k)$ est alors satisfait, avec $X = V_\alpha$.

23. Soit $\mathcal{U}$ un univers satisfaisant $ZF+AF+AC$; dans $\mathcal{U}$, soit $\mathcal{D}$ un ultrafiltre non trivial sur ω.

On considère un ensemble Z transitif, tel que $\omega \in Z$, et qui convient à l'énoncé $\mathrm{Ent}(x)$: « x est un entier naturel ». Soit X l'ensemble quotient de Z^ω par la relation d'équivalence $\sim$ définie par :

$$f \sim g \Leftrightarrow \{n \in \omega ; f(n) = g(n)\} \in \mathcal{D}, \text{ pour } f,g \in Z^\omega.$$

On définit une relation binaire $R \subset X^2$ en posant :

$$(\bar{f},\bar{g}) \in R \Leftrightarrow \{n \in \omega ; f(n) \in g(n)\} \in \mathcal{D}, \text{ pour } f,g \in Z^\omega$$

($\bar{f}$ désignant la classe d'équivalence de f).

Montrer que, pour toute formule close $\Phi(\bar{f}_1,\dots,\bar{f}_k)$ à paramètres dans X, on a :

$$(X,R) \models \Phi(\bar{f}_1,\dots,\bar{f}_k) \Leftrightarrow \{n \in \omega ; Z \models \Phi(f_1(n),\dots,f_k(n))\} \in \mathcal{D}.$$

En particulier, le modèle (X,R) satisfait les mêmes formules closes sans paramètre que Z.

Pour chaque $n \in \omega$, soit $f_n : \omega \to \omega$ définie par $f_n(x) = \sup(0, x-n)$. Montrer que (X,R) satisfait les formules $\ulcorner \mathrm{Ent}(\bar{f}_n) \urcorner$, $\ulcorner \bar{f}_{n+1} \in \bar{f}_n \urcorner$ pour chaque $n \in \omega$. En déduire que la relation R n'est pas un bon ordre sur l'« ensemble des entiers de (X,R) » (c'est-à-dire la valeur de la formule $\ulcorner \mathrm{Ent}(x) \urcorner$ dans le modèle (X,R)).

24. Montrer que, si ZF est non-contradictoire, l'énoncé $\mathrm{Ent}(x)$: « x est un entier naturel » n'est équivalent, dans la théorie $ZF + AC$, à aucun énoncé q.u.b. En déduire qu'il en est de même pour l'énoncé $On(x)$.

Indications. Soit $A(x)$ un énoncé q.u.b. équivalent, dans $ZF+AC$, à $\text{Ent}(x)$. On désigne par T l'énoncé $\forall x[A(x) \Leftrightarrow \text{Ent}(x)]$. On considère un univers $\mathcal{U}$ satisfaisant $ZF+AC$, et on prend un ordinal $\alpha > \omega$ tel que $Z = V_\alpha$ convienne aux énoncés T et $\text{Ent}(x)$. On considère le modèle (X, R) construit à partir de Z dans l'exercice 23, et on lui applique le résultat de l'exercice 18. On obtient ainsi un univers $\mathcal{U}'$ satisfaisant $ZF+AC$, et dans $\mathcal{U}'$ un ensemble transitif Y, satisfaisant T, tel que, dans $\mathcal{U}'$, la relation d'appartenance ne soit pas un bon ordre sur l'« ensemble des entiers de Y » (valeur dans Y de la formule $\ulcorner\text{Ent}(x)\urcorner$). Comme Y satisfait T, l'« ensemble des entiers de Y » est aussi $\{x \in Y ; A^Y(x)\}$. Comme $A(x)$ est q.u.b., et Y transitif, cet ensemble est inclus dans la collection définie par l'énoncé $A(x)$ dans $\mathcal{U}'$, c'est-à-dire l'ensemble des entiers de $\mathcal{U}'$. On a ainsi une contradiction, puisque la relation d'appartenance est un bon ordre sur cet ensemble.

25. (Théorème de Löb.) On désigne par TH une théorie axiomatisée contenant ZF, et par $Dem_{TH}(x)$ l'énoncé suivant à une variable libre : « x est une formule close sans paramètre, et tout modèle de TH satisfait x ». Soit F un énoncé clos qui est conséquence de $TH + Dem_{TH}(\ulcorner F \urcorner)$. Montrer que F est alors conséquence de TH.

Indication. Soit TH' la théorie TH + non F. L'énoncé $Dem_{TH}(\ulcorner F \urcorner)$ équivaut évidemment à non $\text{Cons}(TH')$. Il en résulte que F est conséquence de TH + non $\text{Cons}(TH')$, ou encore que $\text{Cons}(TH')$ est conséquence de TH'. D'après le deuxième théorème d'incomplétude de Gödel, la théorie TH' est donc contradictoire, ce qui donne le résultat cherché.

Remarque. Le théorème de Löb (qui n'est, en fait, qu'un autre énoncé du deuxième théorème d'incomplétude de Gödel) est assez paradoxal : il affirme en effet que, pour démontrer un énoncé F dans ZF, par exemple, on peut supposer qu'il existe une démonstration de F à l'aide des axiomes de ZF.

Chapitres 10, 11, 12

26. Soit TH une théorie axiomatisée contenant ZF. Montrer que l'énoncé suivant ne peut être prouvé dans ZF :

Si TH est non contradictoire, alors TH + « il existe un ensemble m qui satisfait TH » est aussi non contradictoire.

En quoi le théorème 10.1 diffère-t-il de cet énoncé?

Indications. Voir page 108 ; en effet, « il existe un ensemble m qui satisfait TH » implique $\text{Cons}(TH)$.

Dans le théorème 10.1, la théorie $\mathcal{T}$ considérée n'est même pas supposée axiomatisable, alors que cette hypothèse est indispensable pour pouvoir *écrire* l'énoncé Cons($\mathcal{T}$). Même en supposant que la théorie $\mathcal{T}$ est axiomatisée, l'ensemble d'axiomes $\mathcal{T}^m$ n'implique pas Cons($\mathcal{T}$), car il signifie seulement que m satisfait toutes les formules de $\mathcal{T}$ *qui correspondent à des énoncés,* c'est-à-dire qui sont standard.

27. i) Soit $\mathcal{U}_0$ un modèle de $ZF+AF+AC$. Montrer qu'il existe un univers $\mathcal{U}$, et un ordinal ρ de $\mathcal{U}$, cofinal à ω dans $\mathcal{U}$, tels que :

- $\mathcal{U}$ satisfait les mêmes énoncés clos que $\mathcal{U}_0$;
- V_ρ convient à tout énoncé $E(x_1,\ldots,x_n)$ (on dit alors que $\mathcal{U}$ est une *extension élémentaire* de V_ρ). En particulier, V_ρ satisfait les mêmes énoncés clos que $\mathcal{U}$ et $\mathcal{U}_0$.

ii) Montrer que ρ est alors un cardinal de $\mathcal{U}$, et que $\rho = \aleph_\rho$ dans $\mathcal{U}$.

iii) Soient $C \in V_\rho$ un ensemble ordonné, et G un C-générique sur V_ρ. Montrer que G est C-générique sur $\mathcal{U}$, et que $\mathcal{U}[G]$ est une extension élémentaire de $V_\rho[G]$.

Indications. i) La preuve est analogue à celle du théorème 10.1. Soit $\mathcal{T}_0$ la « théorie de $\mathcal{U}_0$ », c'est-à-dire l'ensemble (au sens intuitif) des énoncés clos qui sont vrais dans $\mathcal{U}_0$. Soit ρ un symbole de constante, et $\mathcal{T}_1$ l'ensemble (au sens intuitif) des énoncés suivants :

$$\forall x_1 \ldots \forall x_n [E(x_1,\ldots,x_n) \Leftrightarrow E^{V_\rho}(x_1,\ldots,x_n)]$$

pour tout énoncé $E(x_1,\ldots,x_n)$ écrit avec les symboles $\in$ et $=$.

Il s'agit de trouver un modèle de la théorie $\mathcal{T}_0 + \mathcal{T}_1 +$ « ρ est un ordinal cofinal à ω ». Or, si cette théorie était contradictoire, la contradiction serait obtenue en utilisant un nombre fini d'axiomes de $\mathcal{T}_1$, soit $\mathcal{T}_1'$, correspondant aux énoncés $E_1,\ldots,E_k$. La théorie $\mathcal{T}_0 + \mathcal{T}_1' +$ « ρ est un ordinal cofinal à ω » serait donc contradictoire. Or ceci est faux, car $\mathcal{U}_0$ est un modèle de cette théorie, si on interprète ρ comme un ordinal de $\mathcal{U}_0$, cofinal à ω, tel que V_ρ convienne aux énoncés $E_1,\ldots,E_k$. Un tel ordinal est donné par le théorème 4.2 (on vérifiera que, dans la preuve de ce théorème, l'ordinal que l'on construit est cofinal à ω).

ii) On voit facilement que les ordinaux (resp. cardinaux) de V_ρ sont les ordinaux (resp. cardinaux) de $\mathcal{U}$ qui sont $< \rho$. Pour tout ordinal α, on a donc $\alpha < \rho \Rightarrow \aleph_\alpha < \rho$. Donc $\rho = \sup\{\aleph_\alpha\,;\, \alpha < \rho\} = \aleph_\rho$.

iii) Les parties denses de C qui sont dans $\mathcal{U}$ sont dans V_ρ, ce qui montre que G est générique sur $\mathcal{U}$.

Soit ϕ l'application contractante de $\mathcal{U}$ sur $\mathcal{U}[G]$, pour la relation binaire R bien fondée sur $\mathcal{U}$, définie page 129. Comme V_ρ est évidemment R-transitif, l'application contractante pour R, de V_ρ sur $V_\rho[G]$, est $\phi \upharpoonright V_\rho$.

Considérons alors un énoncé clos $E(\phi a_1, \ldots, \phi a_n)$, dont les paramètres sont $\phi a_1, \ldots, \phi a_n \in V_\rho[G]$. D'après ce qu'on vient de montrer, on peut supposer $a_1, \ldots, a_n \in V_\rho$. D'après le lemme de vérité, si $E(\phi a_1, \ldots, \phi a_n)$ est vrai dans $V_\rho[G]$, alors il existe $p \in G$ tel que V_ρ vérifie l'énoncé $p \Vdash E(\bar{a}_1, \ldots, \bar{a}_n)$. Donc $\mathcal{U}$ vérifie aussi cet énoncé, et, par suite, $\mathcal{U}[G]$ vérifie $E(\phi a_1, \ldots, \phi a_n)$. Cela montre que $\mathcal{U}[G]$ est une extension élémentaire de $V_\rho[G]$.

28. Soient $\mathcal{M}$ un modèle transitif dénombrable de $ZF + AF$, C un ensemble ordonné de $\mathcal{M}$, et G un C-générique sur $\mathcal{M}$. Soit $F \in \mathcal{M}$ une application d'un ensemble $I \in \mathcal{M}$ dans l'ensemble des parties saturées de C, telle que $F(i) \cap G \neq \emptyset$ pour tout $i \in I$. Montrer qu'il existe $p_0 \in G$ tel que, quel que soit $i \in I$, $F(i)$ est dense en dessous de p_0.

Indications. D'après le lemme de vérité, il existe $p_0 \in G$ tel que l'on ait $p_0 \Vdash (\forall i \in I)(\exists p \in \bar{\Gamma}) p \in F(i)$ (Γ est l'objet de $\mathcal{M}$ défini page 130). Soient $q \leqslant p_0$, et G' un C-générique sur $\mathcal{M}$ tel que $q \in G'$. D'après le lemme de vérité, puisque $p_0 \in G'$, on a $(\forall i \in I)(\exists p \in G') p \in F(i)$. Si $p \in G' \cap F(i)$, p est compatible avec q, et comme $F(i)$ est saturée, q a un minorant dans $F(i)$.

29. Soient $\mathcal{M}$ un modèle transitif dénombrable de $ZF + AF + AC$, et C un ensemble ordonné de $\mathcal{M}$. On pose $C' = \{p \in C ; p$ est incompatible avec tous les atomes de $C\}$.

i) Montrer que $C' = \emptyset$ si et seulement si tout C-générique sur $\mathcal{M}$ est trivial. Dans la suite, on suppose $C' \neq \emptyset$.

Montrer que les ensembles C'-génériques sur $\mathcal{M}$ correspondent canoniquement aux C-génériques non triviaux.

ii) Montrer que tout élément de C' a une infinité de minorants deux à deux incompatibles.

iii) Soient $p, q \in C'$ compatibles, et M_p l'ensemble des minorants de p. Montrer qu'il existe $r \leqslant q$ et une antichaîne maximale infinie X_p de M_p telle que $r \in X_p$.

iv) On désigne par Ω l'ensemble des fonctions $f : n \to \omega$ pour $n \in \omega$, $n \geqslant 1$ ($\Omega = \bigcup_{n \geqslant 1} \omega^n$), muni de la relation d'ordre $f \leqslant g \Leftrightarrow f \supset g$. Soit C un ensemble ordonné dénombrable sans atome. Montrer qu'il existe une partie dense de C qui est isomorphe à Ω.

v) Soient C un ensemble ordonné dénombrable de $\mathcal{M}$, et G un C-générique non trivial sur $\mathcal{M}$. Montrer qu'il existe un Ω-générique H sur $\mathcal{M}$ tel que $\mathcal{M}[G] = \mathcal{M}[H]$.

Indications. i) Si A est l'ensemble des atomes, alors $A \cup C'$ est une partie dense de C. Si $C' = \emptyset$, alors A est dense, donc tout générique rencontre A, donc est trivial (théorème 11.4).

Si G est C-générique et non trivial, alors $G \cap A = \emptyset$ (théorème 11.4), donc $G \cap C' \neq \emptyset$ et $G' = G \cap C'$ est C'-générique. De plus, si $p \in G$, il existe $p' \in G'$ tel que $p \geqslant p'$: prendre $p_0 \in G \cap C'$, puis $p' \in G$, $p' \leqslant p, p_0$. A tout C-générique G non trivial est donc associé le C'-générique $G' = G \cap C'$, et inversement, $G = \{p \in C;\ (\exists q \in G')p \geqslant q\}$ est C-générique non trivial si G' est C'-générique.

ii) On a $C' \cap A = \emptyset$, donc tout élément de C' possède deux minorants incompatibles. Soit $p \in C'$; on définit, par récurrence, deux suites p_n, q_n de minorants de p : p_0, q_0 sont deux minorants incompatibles de p ; p_{n+1}, q_{n+1} sont deux minorants incompatibles de q_n. La suite cherchée est $(p_n)_{n\in\omega}$.

iii) Soit Y une antichaîne infinie formée de minorants de p, obtenue en appliquant (ii). D'après le théorème de Zorn, il existe une antichaîne maximale $Z \supset Y$ de M_p. Il existe $s \in Z$ qui est compatible avec q. On choisit $r \leqslant s, q$ puis, en appliquant de nouveau le théorème de Zorn, on construit une antichaîne maximale Z' de M_s telle que $r \in Z'$. Il suffit alors de poser $X_p = (Z \setminus \{s\}) \cup Z'$.

iv) Soit $\{p_1, \ldots, p_n, \ldots\}$ une énumération de C. On a $\Omega = \bigcup_{n\geqslant 1} \omega^n$; on définit une injection $\phi_n : \omega^n \to C$ par induction sur n, de façon que $\Phi_n = \mathrm{Im}(\phi_n)$ soit une antichaîne maximale de C, et qu'il existe $q_n \leqslant p_n$, $q_n \in \Phi_n$. En appliquant (iii), on construit tout d'abord une antichaîne maximale dénombrable X de C, et $q_1 \leqslant p_1$, $q_1 \in X$. Soit ϕ_1 une bijection quelconque de ω^1 sur X.

Supposons définie ϕ_n ; comme $\Phi_n = \mathrm{Im}(\phi_n)$ est une antichaîne maximale de C, il existe $c \in \Phi_n$ qui est compatible avec p_{n+1}. Pour chaque $p \in \Phi_n$, soit X_p une antichaîne maximale dénombrable de M_p. Lorsque $p = c$, on suppose de plus que X_c contient un minorant de p_{n+1} ; ces antichaînes sont construites à l'aide de (iii). On fixe également une bijection $\psi_p : \omega \to X_p$.

On définit alors la bijection $\phi_{n+1} : \omega^{n+1} \to \bigcup_{p\in\Phi_n} X_p$ de la façon suivante : si $f \in \omega^{n+1}$, soit $p = \phi_n(f \upharpoonright n)$; on pose $\phi_{n+1}(f) = \psi_p(f(n))$. On vérifie que ϕ_{n+1} a les propriétés voulues.

Comme $(\omega^n)_{n\geqslant 1}$ est une partition de Ω, on définit finalement la fonction ϕ cherchée comme $\bigcup_{n\geqslant 1} \phi_n$. Alors ϕ est une injection de Ω dans C, qui conserve l'ordre, et son image est dense dans C, puisque $\mathrm{Im}(\phi_n)$ contient un minorant de p_n.

v) En remplaçant C par C', on voit que l'on peut supposer que C est sans atome. D'après (iv), il existe, dans $\mathcal{M}$, un isomorphisme $\phi : \Omega \to D$, D étant une partie dense de C. D'après le théorème 11.3, on peut remplacer C par D, donc supposer que ϕ est un isomorphisme de Ω sur C. On pose alors

$H = \phi^{-1}(G)$, et on a évidemment $\mathcal{M}[G] = \mathcal{M}[H]$.

Remarque. Tous les ensembles ordonnés dénombrables donnent donc essentiellement les mêmes génériques non triviaux sur $\mathcal{M}$, qui sont les « réels de Cohen sur $\mathcal{M}$ ».

30. Soit $\mathcal{M}$ un modèle transitif dénombrable de $ZF + AF + AC$.

i) Soient C un ensemble ordonné de $\mathcal{M}$, et G une partie de C, qui est C-générique sur $\mathcal{M}$. Montrer que, dans $\mathcal{M}$, il existe $U \subset \mathscr{P}(C) \times C$ tel que, pour toute partie X de C, $X \in \mathcal{M}$, on ait : $X \cap G = \emptyset \Leftrightarrow (\exists p \in G)(X, p) \in U$.

ii) Soient maintenant $C, U \in \mathcal{M}$, quelconques, et $G \subset C$ (on ne suppose pas que C est ordonné, ni que $G \in \mathcal{M}$). On suppose que, pour toute partie X de C, $X \in \mathcal{M}$, on a : $X \cap G = \emptyset \Leftrightarrow (\exists p \in G)(X, p) \in U$.
On définit, *dans* $\mathcal{M}$, une partie I de $C \times C$, en posant :
$(p, q) \in I \Leftrightarrow p \neq q$ et $\exists X[(p \in X$ et $(X, q) \in U)$ ou $(q \in X$ et $(X, p) \in U)]$.
On définit, dans $\mathcal{M}$, un préordre $\leqslant$ sur C, en posant :
$p \leqslant q \Leftrightarrow (\forall r \in C)((q, r) \in I \Rightarrow (p, r) \in I)$.

a) Montrer que l'on ne peut avoir $p, q \in G$ et $(p, q) \in I$.

b) Montrer que, si $p \in G$, $q \in C$, $p \leqslant q$ alors $q \in G$.

c) Montrer que, quels que soient $p, q \in G$, il existe $r \in G$, $r \leqslant p, q$ (on considérera $X = \{s \in C ; (p, s) \in I$ ou $(q, s) \in I\}$).

d) Montrer que G est C-générique sur $\mathcal{M}$, C étant muni du préordre $\leqslant$.

Indications. i) Prendre $U = \{(X, p) ;\ p$ est incompatible avec tout élément de $X\}$, et noter que $X \cup \{p \in C ; (X, p) \in U\}$ est prédense dans C.

ii,b) Noter que, si $q \notin G$, alors $\{q\} \cap G = \emptyset$. Donc il existe $r \in G$ tel que $(\{q\}, r) \in U$; de plus, $q \neq r$ puisque $q \notin G$. On a donc $(q, r) \in I$, donc $(p, r) \in I$, puisque $p \leqslant q$. Cela contredit (ii,a).

ii,c) Comme $p, q \in G$, on a $X \cap G = \emptyset$ d'après (ii,a) ; il existe donc $r \in G$ tel que $(X, r) \in U$. On montre que $r \leqslant p$: si on a $(p, t) \in I$, alors $t \in X$; on a, de plus, $r \neq t$ (sinon $p, t \in G$ et $(p, t) \in I$, ce qui contredit (ii,a)). Comme $t \in X$ et $(X, r) \in U$, on a $(r, t) \in I$. De même, on a $r \leqslant q$.

ii,d) Si X est dense dans C, et $X \cap G = \emptyset$, il existe $p \in G$, $(X, p) \in U$. On prend $q \in X$, $q \leqslant p$. On a $(p, q) \in I$ et $q \leqslant p$, donc $(q, q) \in I$, ce qui est une contradiction.

31. Soient $\mathcal{M}$ un modèle transitif dénombrable de $ZF + AF + AC$, C un ensemble ordonné de $\mathcal{M}$, G un C-générique sur $\mathcal{M}$, et $\mathcal{N}$ un modèle transitif de $ZF + AC$, tels que $\mathcal{M} \subset \mathcal{N} \subset \mathcal{M}[G]$. Montrer qu'il existe, dans $\mathcal{N}$, une relation de préordre $\prec$ sur C telle que G soit $(C, \prec)$-générique sur $\mathcal{N}$.

Indications. On utilise l'exercice 30(ii,d), et on cherche donc $U \in \mathcal{N}$ tel que, pour tout $X \in \mathcal{N}$, $X \subset C$, on ait $X \cap G = \emptyset \Leftrightarrow (\exists p \in G)(X, p) \in U$.

Soient $f \in \mathcal{N}$ une bijection d'un ordinal κ sur $\mathscr{P}^{\mathcal{N}}(C)$ (l'ensemble des parties de C qui sont dans $\mathcal{N}$), et $a \in \mathcal{M}$ tel que $\phi(a) = f$, ϕ étant la fonction contractante de $\mathcal{M}$ sur $\mathcal{M}[G]$. Soit Γ l'objet de $\mathcal{M}$ défini page 130, tel que $\phi(\Gamma) = G$. Si $X \in \mathcal{N}$, $X \subset C$, on a $X = f(\alpha)$ pour un $\alpha \in \kappa$. Si $X \cap G = \emptyset$, d'après le lemme de vérité, il existe donc $p \in G$ tel que $p \Vdash \bar{a}(\alpha) \cap \bar{\Gamma} = \emptyset$. On pose alors :

$$U = \{(X, p) \in \mathscr{P}^{\mathcal{N}}(C) \times C;\ (\exists \alpha \in \kappa)[f(\alpha) = X \text{ et } p \Vdash \bar{a}(\alpha) \cap \bar{\Gamma} = \emptyset]\}.$$

U est bien définie dans $\mathcal{N}$, et a la propriété voulue.

Chapitres 13, 14, 15

32. Soient $\mathcal{M}$ un modèle transitif dénombrable de $ZF + AF + AC$, $A, B \in \mathcal{M}$, A étant infini, B de cardinal $\geqslant 2$. On désigne par $C(A, B)$ l'ensemble des fonctions de domaine fini $\subset A$, à valeurs dans B, muni de l'ordre inverse de l'inclusion.

i) Soit $A = A' \cup A''$ une partition de A en deux ensembles infinis. Montrer que $C(A', B) \times C(A'', B)$ est isomorphe à une partie dense de $C(A, B)$. En déduire que, si G est $C(A, B)$-générique sur $\mathcal{M}$, $\mathcal{M}[G]$ n'est pas une extension générique minimale de $\mathcal{M}$; c'est-à-dire que l'on a $\mathcal{M} \subsetneqq \mathcal{M}[G'] \subsetneqq \mathcal{M}[G]$, G' étant C'-générique sur $\mathcal{M}$ pour un ensemble ordonné C' convenable.

ii) Montrer que l'ensemble ordonné $C(A, B \times B')$ est isomorphe à une partie dense de $C(A, B) \times C(A, B')$. En déduire que, si $G \times G'$ est $C(A, B) \times C(A, B')$-générique sur $\mathcal{M}$, on a $\mathcal{M}[G][G'] = \mathcal{M}[H]$, où H est $C(A, B \times B')$-générique sur $\mathcal{M}$.

Indications. i) $C(A, B)$ est un ensemble ordonné sans atome : en effet, si $p \in C(A, B)$, on choisit $i \in A \setminus \mathrm{Dom}(p)$ (ce qui est possible car A est infini), et $j_0, j_1 \in B$, $j_0 \neq j_1$. Alors $q_0 = p \cup \{(i, j_0)\}$ et $q_1 = p \cup \{(i, j_1)\}$ sont deux minorants de p qui sont incompatibles.

Si G est $C(A, B)$-générique sur $\mathcal{M}$, on a $\mathcal{M}[G] = \mathcal{M}[G'][G'']$, où G' est $C(A', B)$-générique sur $\mathcal{M}$ et G'' est $C(A'', B)$-générique sur $\mathcal{M}[G']$. Comme $C(A', B)$ et $C(A'', B)$ sont sans atome, on a $G' \notin \mathcal{M}$, et $G'' \notin \mathcal{M}[G']$. Donc $\mathcal{M} \subsetneqq \mathcal{M}[G'] \subsetneqq \mathcal{M}[G]$.

ii) L'ensemble des couples $(p, p') \in C(A, B) \times C(A, B')$ qui sont tels que $\mathrm{Dom}(p) = \mathrm{Dom}(p')$ est une partie dense de $C(A, B) \times C(A, B')$, qui est isomorphe à $C(A, B \times B')$. On applique alors le théorème 11.3.

33. Soient $\mathcal{M}$ un modèle transitif dénombrable de $ZF + AF$, C, D deux ensembles ordonnés de $\mathcal{M}$, et $G \times H$ un $C \times D$-générique sur $\mathcal{M}$. Montrer que $\mathcal{M}[G] \cap \mathcal{M}[H] = \mathcal{M}$.

Indications. On considère $X \in \mathcal{M}[G] \cap \mathcal{M}[H]$ de rang minimum tel que $X \notin \mathcal{M}$. On a donc $X \subset \mathcal{M}$, d'où un ensemble $A \in \mathcal{M}$ tel que $X \subset A$ (par exemple $A = V_\alpha^{\mathcal{M}}$ pour $\alpha > \text{rg}(X)$). Les notions de forcing pour C, D sont notées respectivement $\Vdash_C$ et $\Vdash_D$. Les fonctions contractantes associées aux génériques G, H sont notées respectivement ϕ_G, ϕ_H. Soient $c, d \in \mathcal{M}$ tels que $\phi_G(c) = \phi_H(d) = X$. D'après le lemme de vérité appliqué dans $\mathcal{M}[G]$ et $\mathcal{M}[H]$, on a pour tout $m \in A$:

$m \in X \Leftrightarrow (\exists p \in G) p \Vdash_C m \in \bar{c} \Leftrightarrow (\exists q \in H) q \Vdash_D m \in \bar{d}$ et

$m \notin X \Leftrightarrow (\exists p \in G) p \Vdash_C m \notin \bar{c} \Leftrightarrow (\exists q \in H) q \Vdash_D m \notin \bar{d}$.

On définit, dans $\mathcal{M}$:

$C_m^+ = \{p \in C;\ p \Vdash_C m \in \bar{c}\}$; $C_m^- = \{p \in C;\ p \Vdash_C m \notin \bar{c}\}$;

$D_m^+ = \{q \in D;\ q \Vdash_D m \in \bar{d}\}$; $D_m^- = \{q \in D;\ q \Vdash_D m \notin \bar{d}\}$

et on a donc, dans $\mathcal{M}[G \times H]$:

$(\forall m \in A)[((C_m^+ \times D_m^+) \cup (C_m^- \times D_m^-)) \cap (G \times H) \neq \emptyset]$.

D'après l'exercice 28, appliqué au générique $G \times H$, il existe une condition $(p_0, q_0) \in G \times H$ tel que, pour tout $m \in A$, $(C_m^+ \times D_m^+) \cup (C_m^- \times D_m^-)$ soit dense en dessous de (p_0, q_0). Soit alors $m \in X$; d'après le lemme de vérité appliqué à $\mathcal{M}[G]$, il existe $p_1 \in G$, $p_1 \leqslant p_0$, $p_1 \in C_m^+$. Si $q \leqslant q_0$, (p_1, q) est minoré dans $(C_m^+ \times D_m^+) \cup (C_m^- \times D_m^-)$, mais non dans $C_m^- \times D_m^-$, puisque p_1 n'est pas minoré dans C_m^-. Donc q a un minorant dans D_m^+, ce qui montre que D_m^+ est dense en dessous de q_0, autrement dit $q_0 \Vdash_D^* m \in \bar{d}$. Il en résulte que $X = \{m \in A;\ q_0 \Vdash_D^* m \in \bar{d}\}$, ce qui montre que $X \in \mathcal{M}$.

34. Soient $\mathcal{M}$ un modèle transitif dénombrable de $ZF + AF + ACD$, C l'ensemble des parties infinies de ω qui sont dans $\mathcal{M}$, ordonné par inclusion, et G un C-générique sur $\mathcal{M}$.
Si $p, q \in C$, on pose, par définition, $p \preccurlyeq q \Leftrightarrow p \setminus q$ est une partie finie de ω.

i) Montrer que, si $p \in G$ et $p \preccurlyeq q$, alors $q \in G$. Montrer que, pour tout énoncé E, si $p \preccurlyeq q$ et $q \Vdash$ non E alors $p \Vdash$ non E.

ii) Soit $(p_n)_{n\in\omega}$ une suite décroissante d'éléments de C. Montrer qu'il existe $p \in C$ tel que $p \preccurlyeq p_n$ pour tout $n \in \omega$.

iii) Soit $(D_n)_{n\in\omega}$ une suite de parties denses de C. Montrer que $\{p \in C;\ (\forall n \in \omega)(\exists q \in D_n) p \preccurlyeq q\}$ est une partie dense saturée de C.

iv) Soit X une partie de ω qui est dans $\mathcal{M}[G]$. Montrer que X est, en fait, dans le modèle $\mathcal{M}$.

v) Montrer que, dans $\mathcal{M}[G]$, G est un ultrafiltre non trivial sur ω.

vi) Soit $(p_n)_{n\in\omega}$ une suite d'éléments de G qui est dans $\mathcal{M}[G]$. Montrer qu'il existe $p \in G$ tel que $p \preccurlyeq p_n$ pour tout $n \in \omega$.

Indications. i) Deux conditions sont incompatibles si, et seulement si leur intersection est finie. Or, si $q \notin G$, il existe $r \in G$ incompatible avec q.

ii) On définit une suite $k_n \in \omega$ par récurrence : k_0 est le plus petit élément de p_0 ; k_{n+1} est le plus petit élément $> k_n$ de p_{n+1}. On prend pour p l'ensemble des k_n pour $n \in \omega$.

iii) Soit $p \in C$; en appliquant *ACD*, on définit, par récurrence, une suite décroissante p_n d'éléments de C : on prend d'abord $p_0 \in D_0$, $p_0 \leqslant p$; puis $p_{n+1} \in D_{n+1}$, $p_{n+1} \leqslant p_n$. D'après (ii), il existe $q \in C$, $q \preccurlyeq p, p_n$ pour tout $n \in \omega$; $p \cap q$ donne donc le résultat voulu.

iv) Soit $a \in \mathcal{M}$ tel que $\phi(a) = X$, ϕ étant la fonction contractante de $\mathcal{M}$ sur $\mathcal{M}[G]$. On applique (iii), en prenant :

$$D_n = \{p \in C;\ p \Vdash^* n \in \bar{a} \text{ ou } p \Vdash^* n \notin \bar{a}\}.$$

Il existe donc $p \in G$, et, pour tout $n \in \omega$, $p_n \succcurlyeq p$, tel que $p_n \Vdash^* n \in \bar{a}$ ou $p_n \Vdash^* n \notin \bar{a}$. D'après (i), on a donc $p \Vdash^* n \in \bar{a}$ ou $p \Vdash^* n \notin \bar{a}$ pour tout $n \in \omega$, et il en résulte que $X = \{n \in \omega;\ p \Vdash^* n \in \bar{a}\}$ qui est dans $\mathcal{M}$.

vi) On montre d'abord, par la même preuve que pour le théorème 15.9, que toute fonction $f : \omega \to \mathcal{M}$ qui est dans $\mathcal{M}[G]$ est, en fait, dans $\mathcal{M}$. La suite $(p_n)_{n\in\omega}$ est donc dans $\mathcal{M}$. On définit alors :

$$D_n = \{p \in C;\ p \leqslant p_n \text{ ou } p \text{ incompatible avec } p_n\}$$

et on applique (iii).

35. Soit $\mathcal{M}$ un modèle transitif dénombrable de $ZF + AF + AC + HGC$. Pour chaque $n \in \omega$, on définit, *dans* $\mathcal{M}$, l'ensemble C_n des applications de domaine fini $\subset \omega$ à valeurs dans $\aleph_n$, muni de l'ordre : $p \leqslant q \Leftrightarrow p \supset q$. On pose $C = \bigotimes_{n\in\omega} C_n$, et soit D l'ensemble des suites finies $(p_0, \ldots, p_n)$ pour $n \in \omega$, avec $p_i \in C_i$. On a donc $D = \bigcup_{n\in\omega}(C_0 \times \cdots \times C_n)$ et D est une partie dense de C.

i) Soit $G = (G_n)_{n\in\omega}$ un C-générique sur $\mathcal{M}$. Montrer que, dans $\mathcal{M}[G]$, $\aleph_\omega^{\mathcal{M}}$ (le cardinal $\aleph_\omega$ du modèle $\mathcal{M}$) est dénombrable.

ii) On pose $X_n = \{\sigma G_n;\ \sigma$ est un automorphisme de C_n, $\sigma \in \mathcal{M}\}$. Montrer que tout élément de X_n est C_n-générique sur $\mathcal{M}$.

iii) On pose $\mathcal{X} = \{X_0, \ldots, X_n, \ldots\}$, et on désigne par $\mathcal{N}$ le sous-modèle *HDP* de $\mathcal{M}[G]$, où $P(x)$ est la collection définie dans $\mathcal{M}[G]$ par l'énoncé « Mx ou $x = \mathcal{X}$ ou $(\exists n \in \omega) x = G_n$ ». Montrer que $\mathcal{X}$ et chaque X_n sont dans $\mathcal{N}$.

iv) On pose $\Gamma_n = \{(\hat{p}, q);\ p \in C_n,\ q \in C,\ q(n)$ est défini et $\leqslant p\}$. Montrer que $\phi(\Gamma_n) = G_n$, ϕ étant la fonction contractante de $\mathcal{M}$ sur $\mathcal{M}[G]$.

v) Soit $(\sigma_i)_{i\in\omega}$ une suite, σ_i étant un automorphisme de C_i. A une telle suite est associé, de façon évidente, un automorphisme de C, noté $<\sigma_i>_{i\in\omega}$. Soit $\mathrm{Gr}(C)$ le groupe des automorphismes de C qui sont de cette forme.

On pose $A_n = \{(\Gamma_n^\sigma, p)\,;\ p \in C, \sigma \in \mathrm{Gr}(C)\}$, et $\mathscr{A} = \{(A_i, p)\,;\ i \in \omega,\ p \in C\}$. Montrer que $\phi(A_n) = X_n$ et $\phi(\mathscr{A}) = \mathscr{X}$.

vi) On introduit un nouveau symbole de relation binaire S en posant, pour $p \in C$: $p \Vdash S\bar{x}\bar{y} \equiv (\exists i \leqslant n) p \Vdash (\bar{x} = i \text{ et } \bar{y} = \Gamma_i)$. L'interprétation de S dans $\mathscr{M}[G]$ est donc la relation fonctionnelle $i \mapsto G_i$ de domaine $n+1$.

Soit $E(\bar{\mathscr{A}}, S)$ un énoncé clos, dont les paramètres sont $\bar{\mathscr{A}}$ et des éléments de $\mathscr{M}$, comportant le symbole S. Montrer que, si $p \in C$, $p \Vdash E(\bar{\mathscr{A}}, S)$, alors $p \upharpoonright (n+1) \Vdash^* E(\bar{\mathscr{A}}, S)$.

vii) Montrer que, si $a \in \mathscr{N}$ et $a \subset \mathscr{M}$, alors il existe $n \in \omega$ tel que l'on ait $a \in \mathscr{M}[G_0 \times \cdots \times G_n]$.

viii) Montrer que $\aleph_\omega^{\mathscr{M}}$ n'est pas dénombrable dans $\mathscr{N}$, et que:

$$\mathscr{P}(\omega)^{\mathscr{N}} = \bigcup_{n\in\omega} \mathscr{P}(\omega)^{\mathscr{M}[G_0 \times \cdots \times G_n]}.$$

ix) Montrer que $\mathscr{N}$ satisfait $ZF + AF$ et les deux énoncés suivants : « le premier ordinal non dénombrable est réunion d'une suite croissante d'ordinaux dénombrables » et « $\mathscr{P}(\omega)$ est réunion d'une suite croissante d'ensembles dénombrables ».

Indications. i) Pour chaque $n \in \omega$, $\bigcup G_n$ est une surjection de ω sur $\aleph_n^{\mathscr{M}}$, qui est donc dénombrable dans $\mathscr{M}[G]$. Comme $\aleph_\omega^{\mathscr{M}} = \bigcup_{n\in\omega} \aleph_n^{\mathscr{M}}$, et que $\mathscr{M}[G]$ satisfait AC, on voit que $\aleph_\omega^{\mathscr{M}}$ est dénombrable dans $\mathscr{M}[G]$.

iii) Il est clair que $G_n \in \mathscr{N}$, donc aussi σG_n pour tout automorphisme σ de C_n qui est dans $\mathscr{M}$. Par ailleurs, X_n est défini par un énoncé qui a pour paramètres C et G_n ; comme tous ses éléments sont dans $\mathscr{N}$, on a $X_n \in \mathscr{N}$. Enfin, tous les éléments de $\mathscr{X}$ sont dans $\mathscr{N}$, donc $\mathscr{X} \in \mathscr{N}$, puisque $\mathscr{X}$ est défini par l'énoncé $x = \mathscr{X}$.

iv) Si $p \in G_n$, il existe $q \in G$ tel que $q(n) = p$. Alors $(\hat{p}, q) \in \Gamma_n$ et on a donc $\phi(\hat{p}) \in \phi(\Gamma_n)$, soit $p \in \phi(\Gamma_n)$. Inversement, si $\phi(a) \in \phi(\Gamma_n)$, on peut supposer que $(a, q) \in \Gamma_n$, avec $q \in G$. Par définition de Γ_n, on a $a = \hat{p}$ et $q(n) = p$. Donc $\phi(a) = p = q(n)$, et $\phi(a) \in G_n$.

v) Soit $\sigma = <\sigma_i>_{i\in\omega} \in \mathrm{Gr}(C)$; on a :

$$\Gamma_n^\sigma = \{(\hat{p}, \sigma q)\,;\ (\hat{p}, q) \in \Gamma_n\} = \{(\hat{p}, q)\,;\ q(n) \text{ est défini et } \leqslant \sigma_n p\}.$$

Il en résulte facilement que $\phi(\Gamma_n^\sigma) = \sigma_n^{-1} G_n$. Par suite :

$$\phi(A_n) = \{\phi(\Gamma_n^\sigma)\,;\, \sigma \in \mathrm{Gr}(C)\} = \{\sigma_n^{-1} G_n\,;\, \sigma_n \text{ automorphisme de } C_n\} = X_n.$$

On a alors $\phi(\mathscr{A}) = \{\phi(A_n)\,;\ n \in \omega\} = \mathscr{X}$.

vi) On raisonne par l'absurde, en supposant que $p \Vdash E(\bar{\mathscr{A}}, S)$ et qu'il existe $q \leqslant p \upharpoonright (n+1)$, $q \Vdash$ non $E(\bar{\mathscr{A}}, S)$. On définit $\sigma \in \mathrm{Gr}(C)$ en posant :
σ_i = l'identité sur C_i pour $i \leqslant n$. Pour $i > n$, on prend un automorphisme σ_i de C_i tel que $\sigma_i(p(i))$ soit compatible avec $q(i)$ quand $p(i)$ et $q(i)$ sont tous deux définis ; sinon σ_i est arbitraire.
On voit aisément que σp est compatible avec q. On a $\mathscr{A}^\sigma = \mathscr{A}$ (c'est vrai pour tout $\sigma \in \mathrm{Gr}(C)$) et le symbole S est invariant par σ (parce que σ_i est l'identité pour $i \leqslant n$). On a donc (voir page 155) : $\sigma p \Vdash E(\bar{\mathscr{A}}, S)$. On a ainsi une contradiction, puisque σp et q sont compatibles.

vii) a est défini dans $\mathscr{M}[G]$ par un énoncé ayant comme paramètres $\mathscr{X}$, la suite $s = (G_0, \ldots, G_n)$, et des éléments de $\mathscr{M}$. Pour $x_0 \in \mathscr{M}$, on a donc dans $\mathscr{M}[G]$: $x_0 \in a \Leftrightarrow E(x_0, \mathscr{X}, S)$. D'après le lemme de vérité, ceci équivaut à : $(\exists p \in G) p \Vdash E(x_0, \bar{\mathscr{A}}, S)$, ou encore, d'après (vi) à :
$(\exists p \in G) p \upharpoonright (n+1) \Vdash E(x_0, \bar{\mathscr{A}}, S)$. Il en résulte que :
$a = \{x_0 \in \mathscr{M} ; (\exists p \in G_0 \times \cdots \times G_n)\ p \Vdash E(x_0, \bar{\mathscr{A}}, S)\}$
ce qui montre que $a \in \mathscr{M}[G_0 \times \cdots \times G_n]$.

viii) S'il existe une bijection $f : \omega \to \aleph_\omega^{\mathscr{M}}$, $f \in \mathscr{N}$, alors, d'après (vii), on a $f \in \mathscr{M}[G_0 \times \cdots \times G_n]$. Or $G_0 \times \cdots \times G_n$ est $C_0 \times \cdots \times C_n$-générique sur $\mathscr{M}$ et l'ensemble de conditions $C_0 \times \cdots \times C_n$ est de cardinal $\aleph_n$ dans $\mathscr{M}$, donc satisfait la condition d'antichaîne $< \aleph_{n+1}$. D'après le théorème 15.3, $\aleph_\omega^{\mathscr{M}}$ est un cardinal dans $\mathscr{M}[G_0 \times \cdots \times G_n]$, ce qui contredit le fait que f est dans ce modèle.

Soit $a \subset \omega$, $a \in \mathscr{N}$; d'après (vii), on a $a \in \mathscr{M}[G_0 \times \cdots \times G_n]$, et par suite $a \in \mathscr{P}(\omega)^{\mathscr{M}[G_0 \times \cdots \times G_n]}$.

ix) Pour chaque $n \in \omega$, $\bigcup G_n$ est une surjection de ω sur $\aleph_n^{\mathscr{M}}$, qui est donc dénombrable dans $\mathscr{N}$. Par suite, $\aleph_\omega^{\mathscr{M}}$ est, dans $\mathscr{N}$, le premier ordinal non dénombrable. Comme $\aleph_\omega = \bigcup_{n \in \omega} \aleph_n$, on voit que, dans $\mathscr{N}$, $\aleph_\omega$ est réunion d'une suite croissante d'ordinaux dénombrables.

Comme $\mathscr{M}$ satisfait *HGC*, l'ensemble des antichaînes de $C_0 \times \cdots \times C_n$ est de cardinal $\leqslant \aleph_{n+1}$. D'après le théorème 12.3, dans $\mathscr{M}[G_0 \times \cdots \times G_n]$, il existe donc une surjection de $\aleph_{n+1}^{\mathscr{M}}$ sur $\mathscr{P}(\omega)^{\mathscr{M}[G_0 \times \cdots \times G_n]}$. Comme $\aleph_{n+1}^{\mathscr{M}}$ est dénombrable dans $\mathscr{N}$, on voit que $\mathscr{P}(\omega)^{\mathscr{M}[G_0 \times \cdots \times G_n]}$ est dénombrable dans $\mathscr{N}$. Il en résulte que, dans $\mathscr{N}$, $\mathscr{P}(\omega)$ est réunion d'une suite d'ensembles dénombrables.

36. Soient $\mathscr{M}$ un modèle transitif dénombrable de $ZF + AF + AC$, α un ordinal, D un ensemble ordonné de $\mathscr{M}$, sans atome, de cardinal $\leqslant \aleph_\alpha$ dans $\mathscr{M}$, et H un D-générique sur $\mathscr{M}$, tel que $\aleph_\alpha^{\mathscr{M}}$ soit dénombrable dans $\mathscr{M}[H]$.

i) Montrer que, si r est C_0-générique sur $\mathscr{M}[H]$, on a $\mathscr{M}[H][r] = \mathscr{M}[G]$, où G est C_α-générique sur $\mathcal{M}$ (la notation C_α est définie à l'exercice 38).

ii) Soit $\mathcal{N}$ un modèle transitif de $ZF+AC$, tel que $\mathcal{M} \subset \mathcal{N} \subset \mathcal{M}[H]$. Montrer que, si r est C_0-générique sur $\mathcal{M}[H]$, on a $\mathcal{M}[H][r] = \mathcal{N}[G]$ où G est $C(\omega, \aleph_\alpha^{\mathcal{M}})$-générique sur $\mathcal{N}$.

Indications. i) Comme $\aleph_\alpha^{\mathcal{M}}$ est dénombrable dans $\mathcal{M}[H]$, les ensembles ordonnés C_0 et C_α (définis dans $\mathcal{M}$) sont isomorphes dans $\mathcal{M}[H]$. Par suite, on a $\mathcal{M}[H][r] = \mathcal{M}[H][G']$, G' étant C_α-générique sur $\mathcal{M}[H]$.
Donc $G' \times H$ est $C_\alpha \times D$-générique sur $\mathcal{M}$, et H est donc D-générique sur $\mathcal{M}[G']$. Or D est de cardinal $\leqslant \aleph_\alpha$ dans $\mathcal{M}$, donc dénombrable dans $\mathcal{M}[G']$. D'après l'exercice 29(v), il existe un C_0-générique G_0 sur $\mathcal{M}[G']$ tel que l'on ait $\mathcal{M}[G'][H] = \mathcal{M}[G'][G_0]$. Or $G' \times G_0$ est $C_\alpha \times C_0$ générique sur $\mathcal{M}$, et C_α est isomorphe, dans $\mathcal{M}$ à une partie dense de $C_\alpha \times C_0$, d'après l'exercice 32(ii) (en effet, $C_\alpha = C(\omega, \aleph_\alpha)$, et $\aleph_\alpha$ est équipotent à $\aleph_\alpha \times \aleph_0$).
D'après le théorème 11.3, il existe donc un C_α-générique G sur $\mathcal{M}$ tel que $\mathcal{M}[G'][G_0] = \mathcal{M}[G]$.

ii) On applique le résultat de (i) au modèle $\mathcal{N}$ et au cardinal de $\aleph_\alpha^{\mathcal{M}}$ dans $\mathcal{N}$. En effet, d'après l'exercice 31, H est D'-générique sur $\mathcal{N}$, où D' est l'ensemble D muni d'un préordre convenable. Donc D' est de cardinal $\leqslant \aleph_\alpha^{\mathcal{M}}$ dans $\mathcal{N}$, et $\aleph_\alpha^{\mathcal{M}}$ est, par hypothèse, dénombrable dans $\mathcal{N}[H] = \mathcal{M}[H]$.
D'après (i), on a donc $\mathcal{M}[H][r] = \mathcal{N}[H][r] = \mathcal{N}[G]$ où G est un $C(\omega, \aleph_\alpha^{\mathcal{M}})$-générique sur $\mathcal{N}$.

37. Soient $\mathcal{M}$ un modèle transitif dénombrable de $ZF+AF+AC$, G un C-générique sur $\mathcal{M}$, D un ensemble ordonné de $\mathcal{M}[G]$ et H un D-générique sur $\mathcal{M}[G]$. On se propose de montrer que $\mathcal{M}[G][H]$ est une extension générique de $\mathcal{M}$.
Dans tout cet exercice, le symbole $\Vdash$ désigne le forcing pour l'ensemble de conditions C.

i) Montrer qu'on peut supposer que l'ensemble de base de D est un cardinal de $\mathcal{M}$. Soient $R \in \mathcal{M}[G]$ la relation d'ordre de D, et $r \in \mathcal{M}$ tel que $\phi(r) = R$ (ϕ est la fonction contractante de $\mathcal{M}$ sur $\mathcal{M}[G]$). Montrer qu'il existe $p_0 \in G$ tel que $p_0 \Vdash$ « $\bar{r}$ est une relation d'ordre ».

ii) Sur $C \times D$, on définit, dans $\mathcal{M}$, une relation binaire $\prec$ en posant :

$$(p,q) \prec (p',q') \Leftrightarrow p \leqslant p' \text{ et } p \Vdash (q,q') \in \bar{r}.$$

Montrer que, si l'on pose $C_0 = \{p \in C;\ p \leqslant p_0\}$, alors $\prec$ est une relation de préordre sur $C_0 \times D$. Soit S cet ensemble préordonné.

iii) Montrer que $G \times H$ est S-générique sur $\mathcal{M}$.

Indications. iii) Soient Δ une partie dense saturée de $C_0 \times D$ qui est $\in \mathcal{M}$, et $\Delta' = \{(\hat{q}, p);\ (p,q) \in \Delta\}$. Alors $\phi\Delta'$ est dense dans D : en effet, si $q \in D$ et

$p \in G$, il existe $(p',q') \in \Delta$, $(p',q') < (p,q)$, donc $p' \leqslant p$ et $p' \Vdash (q',q) \in \bar{r}$. Donc $\{p' \in C ; \exists q'(p',q') \in \Delta \text{ et } p' \Vdash (q',q) \in \bar{r}\}$ est dense en dessous de p. Il existe donc $p' \in G$, $p' \leqslant p$ et $q' \in D$ tels que $(p',q') \in \Delta$ et $p' \Vdash (q',q) \in \bar{r}$. On a donc $(q',q) \in R$ d'après le lemme de vérité. Or $(\hat{q}',p') \in \Delta'$ et $p' \in G$, donc $q' \in \phi\Delta'$.

Il en résulte que $H \cap \phi\Delta' \neq \emptyset$; il existe donc $q' \in H$ et $p' \in G$ tels que $(\hat{q}',p') \in \Delta'$, donc $(p',q') \in \Delta$. On en déduit que $(G \times H) \cap \Delta \neq \emptyset$.

Chapitres 16, 17

38. Pour chaque ordinal α, on désigne par C_α l'ensemble des fonctions de domaine fini $\subset \omega$, à valeurs dans $\aleph_\alpha$, muni de la relation d'ordre :
$f \leqslant g \Leftrightarrow f \supset g$ (c'est l'ensemble $C(\omega,\aleph_\alpha)$ avec les notations de l'exercice 32).

Soit C un ensemble ordonné sans atome, de cardinal $\leqslant \aleph_\alpha$. Montrer que $\mathscr{B}(C)$ est isomorphe à une sous-algèbre de Boole complète de $\mathscr{B}(C_\alpha)$.

Indications. On applique le théorème 16.17, dont la première hypothèse est trivialement satisfaite. Pour vérifier la seconde hypothèse, on remarque d'abord que $C_\alpha = C(\omega,\aleph_\alpha)$ est isomorphe à $C(\omega,\aleph_\alpha \times \aleph_0)$; d'après l'exercice 32, il est donc isomorphe à une partie dense de $C_\alpha \times C_0$. D'après le théorème 11.3, on peut donc remplacer C_α par $C_\alpha \times C_0$.

Soient donc $H \times H'$ un $C_\alpha \times C_0$-générique sur $\mathscr{M}$, et $p \in C$. On montre qu'il existe, dans $\mathscr{M}[H \times H']$ un C-générique G sur $\mathscr{M}$ tel que $p \in G$.

Dans $\mathscr{M}[H]$, $\aleph_\alpha^{\mathscr{M}}$ est un ordinal dénombrable, donc C est un ensemble ordonné dénombrable sans atome. D'après l'exercice 29(iv), il existe une partie dense $D \in \mathscr{M}[H]$ de C, et un isomorphisme $h : D \to \Omega$, $h \in \mathscr{M}[H]$. Soit $q \in D$, $q \leqslant p$. Ω est une partie dense de C_0, et C_0 est un ensemble ordonné homogène. Comme H' est C_0-générique sur $\mathscr{M}[H]$, il existe donc, dans $\mathscr{M}[H][H']$, un C_0-générique H'' sur $\mathscr{M}[H]$ tel que $h(q) \in H''$. Par suite, $h^{-1}(H'')$ est un D-générique sur $\mathscr{M}[H]$ qui a comme élément q. D'après le théorème 11.3, l'ensemble $G = \{r \in C ; (\exists s \in h^{-1}(H''))(r \geqslant s)\}$ est C-générique sur $\mathscr{M}[H]$, donc, *a fortiori*, sur $\mathscr{M}$, et $p \in G$.

39. Soit $\mathscr{C}$ une algèbre de Boole complète. Si $c \in \mathscr{C}$ et $\mathscr{X} \subset \mathscr{C}$, on définit $\mathscr{X}c = \{xc ; x \in \mathscr{C}\}$. $\mathscr{C}c$ est donc l'ensemble des minorants de c.

i) Montrer que, si $c \neq \mathbf{0}$, alors l'ensemble ordonné $\mathscr{C}c$ est une algèbre de Boole complète ; et que l'application $h_c : \mathscr{C} \to \mathscr{C}c$ définie par $h_c(x) = xc$ est un homomorphisme surjectif d'algèbres de Boole complètes.

ii) Montrer inversement que, si $h : \mathscr{C} \to \mathscr{B}$ est un homomorphisme surjectif d'algèbres de Boole complètes, alors il existe $c \in \mathscr{C} \setminus \{\mathbf{0}\}$, et $c \in \mathscr{C}$ tels que $h = j \circ h_c$, où $j : \mathscr{C}c \to \mathscr{B}$ est un isomorphisme d'algèbres de Boole complètes.

iii) Dans la suite de l'exercice, $\mathscr{B}$ est une sous-algèbre complète de $\mathscr{C}$. Pour chaque $c \in \mathscr{C}$, on pose $\overline{c} = \inf\{b \in \mathscr{B}\,;\, b \geqslant c\}$.
Montrer que $\overline{c} = \mathbf{1} \Leftrightarrow c$ est compatible avec tout élément de $\mathscr{B} \setminus \{\mathbf{0}\}$.
Montrer que, si $b \in \mathscr{B}$ et $c \in \mathscr{C}$, alors $b\overline{c} = \overline{bc}$.

iv) Soit $h : \mathscr{C} \to \mathscr{B}$ un homomorphisme d'algèbres de Boole complètes. On dit que h est une *rétraction* de $\mathscr{C}$ sur $\mathscr{B}$, si $h(x) = x$ pour tout $x \in \mathscr{B}$. Montrer que les rétractions de $\mathscr{C}$ sur $\mathscr{B}$ correspondent biunivoquement aux $c \in \mathscr{C} \setminus \{\mathbf{0}\}$ tels que $\mathscr{C}c = \mathscr{B}c$ et $\overline{c} = \mathbf{1}$.

v) Soit $b \in \mathscr{B} \setminus \{\mathbf{0}\}$; montrer que les rétractions de $\mathscr{C}b$ sur $\mathscr{B}b$ correspondent biunivoquement aux $c \in \mathscr{C} \setminus \{\mathbf{0}\}$ tels que $\mathscr{C}c = \mathscr{B}c$ et $\overline{c} = b$.

vi) La sous-algèbre complète $\mathscr{B}$ de $\mathscr{C}$ sera dite *riche*, si l'ensemble : $\{c \in \mathscr{C} \setminus \{\mathbf{0}\}\,;\, \mathscr{C}c = \mathscr{B}c\}$ est prédense dans $\mathscr{C} \setminus \{\mathbf{0}\}$. Montrer que, dans ce cas, $\{c \in \mathscr{C}\,;\, \mathscr{C}c = \mathscr{B}c\}$ contient une antichaîne maximale de $\mathscr{C} \setminus \{\mathbf{0}\}$.

vii) Montrer que, pour que $\mathscr{B}$ soit une sous-algèbre riche de $\mathscr{C}$, il faut et il suffit que, pour chaque $c_0 \in \mathscr{C} \setminus \{\mathbf{0}\}$, il existe une rétraction h de $\mathscr{C}$ sur $\mathscr{B}$ telle que $h(c_0) \neq \mathbf{0}$.

Indications. ii) Prendre $c = \inf\{x \in \mathscr{C}\,;\, h(x) = \mathbf{1}\}$. On a $h(c) = \mathbf{1}$, donc $c \neq \mathbf{0}$. De plus, $h(x) = h(xc) = j \circ h_c(x)$ où $j = h \restriction \mathscr{C}c$. Donc j est un homomorphisme surjectif de $\mathscr{C}c$ sur $\mathscr{B}$. Mais j est injectif, car si $x \leqslant c$ et $j(x) = \mathbf{0}$, on a $h(x) = \mathbf{0}$, donc $h(c + x) = \mathbf{1}$, donc $c + x \geqslant c$ par définition de c, d'où $x = \mathbf{0}$.

iii) Preuve de $b\overline{c} = \overline{bc}$: on a $b\overline{c} \geqslant bc$ et $b\overline{c} \in \mathscr{B}$, donc $b\overline{c} \geqslant \overline{bc}$.
En remplaçant b par $\mathbf{1} + b$, on obtient $(\mathbf{1} + b)\overline{c} \geqslant \overline{(\mathbf{1} + b)c}$.
Mais $\overline{bc} \cup \overline{(\mathbf{1} + b)c} \geqslant bc \cup (\mathbf{1} + b)c = c$, donc $\overline{bc} \cup \overline{(\mathbf{1} + b)c} \geqslant \overline{c} = b\overline{c} \cup (\mathbf{1} + b)\overline{c}$.
Il en résulte que $\overline{bc} = b\overline{c}$ et $\overline{(\mathbf{1} + b)c} = (\mathbf{1} + b)\overline{c}$.

iv) Si h est une rétraction, on voit, en appliquant (ii), que $h(x) = j(xc)$ pour tout $x \in \mathscr{C}$. Si $x \in \mathscr{B}$, on a donc $j(xc) = x$; d'où $x \in \mathscr{B} \setminus \{\mathbf{0}\} \Rightarrow xc \neq \mathbf{0}$, et on a donc $\overline{c} = \mathbf{1}$. Par ailleurs, puisque j est une bijection de $\mathscr{C}c$ sur $\mathscr{B}$, et que $j(xc) = x$ pour tout $x \in \mathscr{B}$, on voit que tout élément de $\mathscr{C}c$ est de la forme xc, pour un unique $x \in \mathscr{B}$.

Inversement, si $\mathscr{C}c = \mathscr{B}c$ et $\overline{c} = \mathbf{1}$, on en déduit que tout élément de $\mathscr{C}c$ est de la forme xc, pour un unique $x \in \mathscr{B}$, ce qui définit une bijection j de $\mathscr{C}c$ sur $\mathscr{B}$. On définit alors la rétraction h en posant $h(x) = j(xc)$ pour tout $x \in \mathscr{C}$.

v) Il suffit d'appliquer (iv) aux algèbres de Boole complètes $\mathscr{C}b$ et $\mathscr{B}b$.

vi) $\{c \in \mathscr{C} \setminus \{\mathbf{0}\}\,;\, \mathscr{C}c = \mathscr{B}c\}$ est évidemment saturé dans $\mathscr{C} \setminus \{\mathbf{0}\}$. Comme, de plus, il est dense, il contient une antichaîne maximale (lemme 11.1).

vii) La condition est suffisante : soient $c_0 \in \mathscr{C} \setminus \{\mathbf{0}\}$, et h une rétraction de $\mathscr{C}$ sur $\mathscr{B}$ telle que $h(c_0) \neq \mathbf{0}$. D'après (iv), il existe $c \in \mathscr{C}$ tel que $\mathscr{C}c = \mathscr{B}c$, et $h(x) = h(xc)$ pour tout $x \in \mathscr{C}$. On a donc $h(cc_0) = h(c_0) \neq \mathbf{0}$, et c est donc compatible avec c_0.

La condition est nécessaire : l'ensemble $U = \{\overline{c};\ c \in \mathscr{C} \setminus \{\mathbf{0}\}, \mathscr{C}c = \mathscr{B}c\}$ est dense saturé dans $\mathscr{B} \setminus \{\mathbf{0}\}$: en effet, si $b \in \mathscr{B}$, $b \leqslant \overline{c}$, on a $b = b\overline{c} = \overline{bc}$, ce qui montre que U est saturé. Par ailleurs, si $c_1 \in \mathscr{C} \setminus \{\mathbf{0}\}$, il existe, par hypothèse, $c \in \mathscr{C} \setminus \{\mathbf{0}\}$, compatible avec c_1, et tel que $\mathscr{C}c = \mathscr{B}c$. Alors $\overline{c} \geqslant c$ est compatible avec c_1, ce qui montre que U est prédense.

Soit alors $c_0 \in \mathscr{C} \setminus \{\mathbf{0}\}$, et $d \in \mathscr{C} \setminus \{\mathbf{0}\}$, $d \leqslant c_0$, tel que $\mathscr{C}d = \mathscr{B}d$ (il en existe par hypothèse). D'après le lemme 11.1, U contient une antichaîne maximale qui a $\overline{d}$ pour élément. Il existe donc $V \subset \mathscr{C} \setminus \{\mathbf{0}\}$, avec $d \in V$, tel que $\{\overline{c};\ c \in V\}$ soit une antichaîne maximale de $\mathscr{B} \setminus \{\mathbf{0}\}$, et $\mathscr{C}c = \mathscr{B}c$ pour tout $c \in V$. On pose $v = \sup V$ dans $\mathscr{C}$, et on vérifie que $\mathscr{C}v = \mathscr{B}v$:
si $x \leqslant v$, on a $x = \sup\{xc;\ c \in V\}$. Or $xc \in \mathscr{C}c = \mathscr{B}c$, et il existe donc $b_c \in \mathscr{B}$ tel que $xc = b_c c$. On peut, bien entendu, supposer $b_c \leqslant \overline{c}$, et les b_c sont donc deux à deux disjoints dans $\mathscr{B}$. Par suite, si l'on pose $b = \sup\{b_c;\ c \in V\}$, on a $x = bv$.

Par ailleurs, on a $\overline{v} = \sup\{\overline{c};\ c \in V\} = \mathbf{1}$ puisque $\{\overline{c};\ c \in V\}$ est une antichaîne maximale.

D'après (iv), il existe donc une rétraction h de $\mathscr{C}$ sur $\mathscr{B}$, telle que $h(x) \neq \mathbf{0}$ pour tout $x \leqslant v$, $x \neq \mathbf{0}$. On a donc $h(d) \neq \mathbf{0}$, d'où $h(c_0) \neq \mathbf{0}$, puisque $d \leqslant c_0$.

40. i) Soient $\mathscr{C}$ une algèbre de Boole complète de $\mathscr{M}$ (modèle transitif dénombrable de $ZF + AF + AC$) et $\mathscr{B}$ une sous-algèbre complète de $\mathscr{C}$. Montrer que, pour que $\mathscr{B}$ soit une sous-algèbre riche de $\mathscr{C}$ (voir l'exercice 39), il faut et il suffit que, pour tout ultrafiltre $\mathscr{M}$-complet $\mathscr{E}$ sur $\mathscr{C}$, on ait $\mathscr{E} \in \mathscr{M}[\mathscr{E} \cap \mathscr{B}]$.

ii) Une algèbre de Boole complète $\mathscr{C}$ sans atome est dite *minimale*, si toute sous-algèbre complète sans atome est riche.

Soient $C \in \mathscr{M}$ un ensemble de conditions sans atome, et $\mathscr{C} = \mathscr{B}(C)$ son algèbre de Boole complète. Montrer que, pour que $\mathscr{C}$ soit minimale, il faut et il suffit que, pour tout C-générique G sur $\mathscr{M}$, et tout $X \in \mathscr{M}[G]$, $X \subset \mathscr{M}$, on ait ou bien $X \in \mathscr{M}$, ou bien $\mathscr{M}[X] = \mathscr{M}[G]$.

Indications. i) La condition est nécessaire :
Soit $\mathscr{E}$ un ultrafiltre $\mathscr{M}$-complet sur $\mathscr{C}$; il existe $c_0 \in \mathscr{E}$ tel que $\mathscr{C}c_0 = \mathscr{B}c_0$, puisque $\{c \in \mathscr{C} \setminus \{\mathbf{0}\};\ \mathscr{C}c = \mathscr{B}c\}$ est dense dans $\mathscr{C} \setminus \{\mathbf{0}\}$.
On a alors $\mathscr{E} = \{x \in \mathscr{C};\ xc_0 \in \mathscr{E} \cap \mathscr{B}\}$, ce qui montre que $\mathscr{E} \in \mathscr{M}[\mathscr{E} \cap \mathscr{B}]$.

La condition est suffisante :

Toutes les valeurs booléennes d'énoncés qui apparaissent dans cette démonstration, seront calculées dans l'algèbre de Boole complète $\mathscr{B}$.

Soient $c_0 \in \mathscr{C} \setminus \{\mathbf{0}\}$, et $\mathscr{E}$ un ultrafiltre $\mathscr{M}$-complet sur $\mathscr{C}$ tel que $c_0 \in \mathscr{E}$. On pose $\mathscr{D} = \mathscr{E} \cap \mathscr{B}$. Soient ϕ la fonction contractante associée au générique $\mathscr{D}$, et Δ l'objet de $\mathscr{M}$, défini page 208, tel que $\phi(\Delta) = \mathscr{D}$. Puisque $\mathscr{E} \in \mathscr{M}[\mathscr{D}]$, il existe $E \in \mathscr{M}$ tel que $\phi E = \mathscr{E}$. L'énoncé :

« $c_0 \in \phi E$ et ϕE est un ultrafiltre $\mathscr{M}$-complet sur $\mathscr{C}$ et $\phi E \cap \mathscr{B} = \mathscr{D}$ »

est vrai dans $\mathscr{M}[\mathscr{D}]$. Donc, si on pose :

$b = \|c_0 \in \bar{E}$ et $\bar{E}$ est un ultrafiltre $\mathscr{M}$-complet sur $\mathscr{C}$ et $\bar{E} \cap \mathscr{B} = \bar{\Delta}\|$

on a $b \in \mathscr{D}$ (lemme 16.6).

On définit $h : \mathscr{C}b \to \mathscr{B}b$ en posant $h(\theta) = \|\theta \in \bar{E}\| \cap b$ pour tout $\theta \in \mathscr{C}b$. On vérifie que h est une rétraction :

si $\theta \in \mathscr{B}b$, on a $\|\theta \in \bar{E}\| \cap b = \|\theta \in \bar{\Delta}\| \cap b$ puisque l'on a $\|\bar{E} \cap \mathscr{B} = \bar{\Delta}\| \geqslant b$, et $\|\theta \in \mathscr{B}\| = \mathbf{1}$(lemme 16.7). Or $\|\theta \in \bar{\Delta}\| = \theta$ d'après le théorème 16.9, puisque $\theta \in \mathscr{B}$. Il en résulte que $h(\theta) = \theta b = \theta$. En particulier, $h(b) = b$, et on a donc $\|b \in \bar{E}\| \geqslant b$.

Soit $\theta \in \mathscr{C}b$; on a donc $\|(b+\theta) \in \bar{E} \Leftrightarrow \theta \notin \bar{E}\| \geqslant b$, d'où $h(b+\theta) = b + h(\theta)$.

Soit $(\theta_i)_{i \in I}$ une famille d'éléments de $\mathscr{C}b$ qui est dans $\mathscr{M}$. Si l'on pose $\theta = \sup_{i \in I} \theta_i$, alors on a $\|\sup_{i \in I} \theta_i \in \bar{E} \Leftrightarrow (\exists i \in I)(\theta_i \in \bar{E})\| \geqslant b$, puisque :

$\|\bar{E}$ est un ultrafiltre $\mathscr{M}$-complet sur $\mathscr{C}\| \geqslant b$.

Or $\|(\exists i \in I)(\theta_i \in \bar{E})\| = \sup_{i \in I} \|\theta_i \in \bar{E})\|$ (théorème 16.8). Il en résulte que $h(\sup_{i \in I} \theta_i) = \sup_{i \in I} h(\theta_i)$.

Puisque h est une rétraction de $\mathscr{C}b$ sur $\mathscr{B}b$, d'après l'exercice 39(v), il existe $c \in \mathscr{B} \setminus \mathbf{0}$, tel que $\mathscr{C}c = \mathscr{B}c$ et $h(x) = h(xc)$ pour tout $x \in \mathscr{C}b$. En prenant $x = bc_0$, on en déduit $h(bc_0) = h(bc_0c)$. Or on a $h(bc_0) = \|bc_0 \in \bar{E}\| \cap b = b$, puisque $\|c_0 \in \bar{E}\| \geqslant b$. Donc $c_0 c \neq \mathbf{0}$. On a ainsi montré que :

$\{c \in \mathscr{C} \setminus \mathbf{0} ; \mathscr{C}c = \mathscr{B}c\}$ est dense dans $\mathscr{C} \setminus \mathbf{0}$.

ii) La condition est nécessaire : soit $X \subset \mathscr{M}$, $X \in \mathscr{M}[G]$, $X \notin \mathscr{M}$. D'après le théorème 16.13 (et sa démonstration), il existe une sous-algèbre complète $\mathscr{B}$ de $\mathscr{C}$, et un ultrafiltre $\mathscr{M}$-complet $\mathscr{D}$ sur $\mathscr{B}$, tels que $\mathscr{M}[X] = \mathscr{M}[\mathscr{D}]$. Donc $\mathscr{D}$ n'est pas trivial, et il existe donc $b_0 \in \mathscr{D}$ tel qu'aucun atome de $\mathscr{B}$ ne soit $\leqslant b_0$. Soient $b_0 \in \mathscr{D}$, $\mathscr{B}' = \{c \in \mathscr{C} ; cb_0 \in \mathscr{B}\}$, et $\mathscr{D}' = \{b \in \mathscr{B}' ; bb_0 \in \mathscr{D}\}$. Alors $\mathscr{B}'$ est une sous-algèbre complète de $\mathscr{C}$, sans atome, $\mathscr{D}'$ est un ultrafiltre $\mathscr{M}$-complet sur $\mathscr{B}'$, et $\mathscr{M}[\mathscr{D}] = \mathscr{M}[\mathscr{D}']$.

Par hypothèse, $\mathscr{B}'$ est une sous-algèbre riche de $\mathscr{C}$. D'après (i), on a donc $\mathscr{E} \in \mathscr{M}[\mathscr{D}']$, $\mathscr{E}$ étant l'ultrafiltre $\mathscr{M}$-complet sur $\mathscr{C}$ associé au générique G. On a donc $\mathscr{M}[G] = \mathscr{M}[\mathscr{E}] = \mathscr{M}[\mathscr{D}'] = \mathscr{M}[X]$.

La condition est suffisante : soit $\mathscr{B}$ une sous-algèbre complète de $\mathscr{C}$, sans atome. On montre que $\mathscr{B}$ est riche en appliquant (i). Soit $\mathscr{E}$ un ultrafiltre $\mathscr{M}$-

complet sur $\mathscr{C}$. Alors $\mathscr{D} = \mathscr{E} \cap \mathscr{B}$ est un ultrafiltre $\mathscr{M}$-complet sur $\mathscr{B}$. Comme $\mathscr{B}$ est sans atome, on a $\mathscr{D} \notin \mathscr{M}$, et donc $\mathscr{E} \in \mathscr{M}[\mathscr{D}]$, d'après l'hypothèse.

Remarque. L'algèbre de Boole complète de l'ensemble de conditions C défini page 218 est donc minimale.

41. Soient $\mathscr{M}$ un modèle transitif de $ZF + V = L$, et κ un cardinal infini de $\mathscr{M}$, de cofinalité $> \aleph_1$ (par exemple $\kappa = \aleph_2$). On pose $C = C_1 \times \bigotimes^\kappa C_0$ (la notation C_α est définie à l'exercice 38).

i) Montrer que C satisfait la condition d'antichaîne $\leqslant \aleph_1$.

ii) Soit G un C-générique sur $\mathscr{M}$. Montrer que, dans $\mathscr{M}[G]$, toute partie de $\{0,1\}^\omega$ qui est définissable en termes d'éléments de $\mathscr{M}$, est mesurable-Lebesgue.

Indications. i) Posons $D = \bigotimes^\kappa C_0$; alors D satisfait la condition d'antichaîne dénombrable (preuve identique à celle du lemme 14.13).
Soit A une antichaîne de $C = C_1 \times D$; pour chaque $p \in C_1$, l'ensemble : $A_p = \{q \in D;\ (p,q) \in A\}$ est une antichaîne de D, donc est dénombrable. Comme $A = \bigcup_{p \in C_1} \{p\} \times A_p$, on voit que $\overline{\overline{A}} \leqslant \aleph_1$.

ii) On écrit $G = G_1 \times \bigotimes_{\alpha<\kappa} r_\alpha$, où G_1 (resp. r_α) est C_1 (resp. C_0)-générique sur $\mathscr{M}$. Soit $g \in \mathscr{M}[G]$ un réel aléatoire sur $\mathscr{M}$. D'après (i) et le lemme 15.2, $\text{cof}(\kappa) > \omega$ dans $\mathscr{M}[G_1]$. D'après le lemme 14.9 appliqué à $\mathscr{M}[G_1]$, il existe donc $\alpha < \kappa$ tel que $g \in \mathscr{M}[G_1][(r_\beta)_{\beta<\alpha}]$.

Par ailleurs, d'après le théorème 17.14, l'ensemble des réels aléatoires sur $\mathscr{M}$ est, dans $\mathscr{M}[G]$, un borélien de mesure 1. On peut alors refaire les démonstrations du lemme 17.16 (en plus simple), et du théorème 17.17.

Remarque. Il en résulte que, si ZF est consistante, alors $ZF+AF+AC+$ « toute partie de $\{0,1\}^\omega$ qui est définissable en termes d'ordinaux est mesurable au sens de Lebesgue » l'est aussi.

42. Soient $\mathscr{U}$ un modèle de $ZF + AF$, et $\mathscr{M}$ la collection HDO de $\mathscr{U}$.

i) Soit Ω un objet de $\mathscr{U}$ qui est définissable en termes d'ordinaux, et $\mathscr{Q}(\Omega)$ l'algèbre de Boole des parties de Ω qui sont définissables en termes d'ordinaux. Montrer qu'il existe une algèbre de Boole complète $\mathscr{B}$ de $\mathscr{M}$ et un isomorphisme d'algèbres de Boole $f : \mathscr{Q}(\Omega) \to \mathscr{B}$, qui est définissable en termes d'ordinaux.

ii) Soient δ un ordinal, et a une partie quelconque de δ. Montrer qu'il existe un ensemble ordonné C de $\mathscr{M}$, et un C-générique G sur $\mathscr{M}$ tel que $a \in \mathscr{M}[G]$.

iii) On suppose maintenant que $\mathscr{U}$ satisfait AC. Soit A un objet quelconque de $\mathscr{U}$. Montrer qu'il existe un ensemble ordonné C de $\mathscr{M}$, et un C-générique G sur $\mathscr{M}$ tel que $A \in \mathscr{M}[G]$.

Indications. i) Soit $\beta = D(x)$ la relation fonctionnelle injective, de domaine DO, à valeurs dans On, définie page 70 au moyen d'un énoncé sans paramètre. Soit $\mathscr{B}$ l'image de $\mathscr{Q}(\Omega)$ par cette relation fonctionnelle, munie de la relation d'ordre S qui est l'image de la relation d'inclusion sur $\mathscr{Q}(\Omega)$. Il est clair que $\mathscr{B}$ et S sont définissables en termes d'ordinaux (on vient d'en donner une définition). Comme leurs éléments sont respectivement des ordinaux et des couples d'ordinaux, on voit que $(\mathscr{B}, S)$ est une algèbre de Boole qui est dans HDO. L'isomorphisme $f = D \upharpoonright \mathscr{Q}(\Omega)$ de $\mathscr{Q}(\Omega)$ sur $\mathscr{B}$ est défini en termes d'ordinaux.

Or $\mathscr{B}$ est une algèbre de Boole complète dans $\mathscr{M}$: en effet, si $\mathscr{X} \subset \mathscr{B}$ est dans HDO, alors $\mathscr{Y} = f^{-1}(\mathscr{X})$ est une partie de $\mathscr{Q}(\Omega)$ qui est dans DO, et donc $\bigcup \mathscr{Y} \in \mathscr{Q}(\Omega)$. On a donc $f(\bigcup \mathscr{Y}) = \sup \mathscr{X}$ dans $\mathscr{B}$.

ii) On applique (i) avec $\Omega = \mathscr{P}(\delta)$. On définit un ultrafiltre $\mathscr{E}$ sur l'algèbre de Boole $\mathscr{Q}(\Omega)$ en posant $Y \in \mathscr{E} \Leftrightarrow a \in Y$ pour tout $Y \in \mathscr{Q}(\Omega)$. Soit $\mathscr{D}$ l'ultrafiltre sur $\mathscr{B}$, qui est l'image de $\mathscr{E}$ par f. Alors $\mathscr{D}$ est un ultrafiltre $\mathscr{M}$-complet sur $\mathscr{B}$: en effet, si $\mathscr{X} \in \mathscr{M}$, $\mathscr{X} \subset \mathscr{D}$, alors $\mathscr{Y} = f^{-1}(\mathscr{X}) \subset \mathscr{E}$, donc $a \in \bigcap \mathscr{Y}$, et donc $\inf \mathscr{X} = f(\bigcap \mathscr{Y}) \in \mathscr{D}$.

Pour chaque $\alpha \in \delta$, soit $Y_\alpha = \{y \in \Omega;\ \alpha \in y\}$. Alors Y_α est définissable en termes d'ordinaux, donc $Y_\alpha \in \mathscr{Q}(\Omega)$, et $f(Y_\alpha) \in \mathscr{B}$. On a $Y_\alpha \in \mathscr{E} \Leftrightarrow \alpha \in a$, donc $\alpha \in a \Leftrightarrow f(Y_\alpha) \in \mathscr{D}$ quel que soit $\alpha < \delta$. Il en résulte que $a \in \mathscr{M}[\mathscr{D}]$.

iii) En remplaçant A par sa clôture transitive, on peut supposer que A est transitif. Soient i une bijection de A sur un ordinal κ, et $a \subset \kappa \times \kappa$ l'image par i de la relation binaire $\in$ sur A. D'après (ii), on a $a \in \mathscr{M}[G]$ pour un certain générique G sur $\mathscr{M}$. Or a est, dans $\mathscr{M}[G]$, une relation binaire bien fondée sur κ, donc l'application contractante associée (théorème 11.6), qui est i^{-1}, est aussi dans $\mathscr{M}[G]$. Par suite $A = \mathrm{Im}(i^{-1})$ est dans $\mathscr{M}[G]$.

Remarque. On voit que, si un univers $\mathscr{U}$ satisfait AC, tout objet de $\mathscr{U}$ fait partie d'une extension générique de l'univers HDO.

Bibliographie

[1] Nicolas BOURBAKI. *Théorie des ensembles.* Hermann, 1954 ; Masson, 1990.

[2] Paul J. COHEN. *Set theory and the continuum hypothesis.* Benjamin, 1966.

[3] René CORI, Daniel LASCAR. *Cours de logique mathématique.* Masson, 1993.

[4] William B. EASTON. *Powers of regular cardinals.* Annals of Math. Logic 1, 1970, p. 139-178.

[5] Abraham A. FRÆNKEL. *Über den Begriff « definit » und die Unabhängigkeit des Auswahlaxioms.* Sitz. Berlin, 1922, p. 250-273.

[6] Jean-Yves GIRARD, Ernest NAGEL, James R. NEWMAN. *Le théorème de Gödel.* Le Seuil, 1989.

[7] Kurt GÖDEL. *Über formal unentscheidbare Sätze der Principia Mathematica und verwandter Systeme, I.* Monatsh. Math. Phys. 38, 1931, p. 173-198.

[8] Kurt GÖDEL. *The consistency of the continuum hypothesis.* Annals of Mathematical Studies, n° 3, Princeton University Press, 1940.

[9] Paul R. HALMOS. *Introduction à la théorie des ensembles.* Gauthier-Villars.

[10] Paul R. HALMOS. *Naive set theory.* Van Nostrand, 1960 ; Springer-Verlag, 1974.

[11] Paul R. HALMOS. *Measure Theory.* Van Nostrand, 1950.

[12] Paul R. HALMOS. *Lectures on boolean algebras.* Van Nostrand, 1963 ; Springer Verlag, 1974.

[13] Thomas J. JECH. *Set theory.* Academic Press, 1978.

[14] Carol KARP. *A proof of the relative consistency of the continuum hypothesis.* In : Sets, models and recursion theory, North Holland Publ. Co., 1967.

[15] Georg KREISEL, Jean-Louis KRIVINE. *Eléments de logique mathématique.* Dunod, 1967.

[16] Jean-Louis KRIVINE. *Théorie axiomatique des ensembles.* Presses universitaires de France, 1972.

[17] Kenneth KUNEN. *Set theory : an introduction to independence proofs.* North Holland Publ. Co., 1980.

[18] Azriel LEVY. *A hierarchy of formulas in set theory.* Memoirs of the Amer. Math. Soc., Vol. 57, 1971.

[19] Roger C. LYNDON. *Notes on logic.* Van Nostrand, 1964.

[20] Menachem MAGIDOR. *On the singular cardinal problem II.* Annals of Math. 106, 1977, p. 517-547.

[21] Donald A. MARTIN. *Borel determinacy.* Annals of Math. 102, 1975, p. 363-371.

[22] Elliott MENDELSON. *Introduction to mathematical logic.* Van Nostrand, 1964.

[23] Andrzej MOSTOWSKI. *Über die Unabhängigkeit des Wohlordnungssatzes vom Ordnungsprinzip.* Fund. Math. 32, 1939, p. 201-252.

[24] John MYHILL, Dana SCOTT. *Ordinal definability.* Summer Institute on Axiomatic Set Theory, Los Angeles, 1967.

[25] Bruno POIZAT. *Cours de théorie des modèles.* Nur al-mantiq wal-ma'rifah, 1985.

[26] Gerald E. SACKS. *Forcing with perfect closed sets.* In : Axiomatic set theory, Dana S. Scott ed., Vol. 13 Part I of Symposium in Pure Math. Amer. Math. Soc., Providence R.I., 1971, p. 331-355.

[27] Dana S. SCOTT, Robert M. SOLOVAY. *Boolean-valued models for set theory.* In : Axiomatic set theory, Dana S. Scott ed., Vol. 13 Part I of Symposium in Pure Math. Amer. Math. Soc., Providence R.I., 1971.

[28] Joseph R. SHOENFIELD. *Mathematical logic.* Addison-Wesley, 1967.

[29] Robert M. SOLOVAY. *A model of set theory in which every set of reals is Lebesgue measurable.* Annals of Math. 92, 1970, p. 1-56.

[30] Robert M. SOLOVAY. *New proof of a theorem of Gaifman and Hales.* Bulletin Amer. Math. Soc. 72, 1966, p. 282-284.

[31] Petr VOPENKA, Petr HAJEK. *The theory of semisets.* North Holland Publ. Co., 1972.

Index

Table des matières

IMPRIMÉ ET RELIÉ EN GRANDE-BRETAGNE
PAR CAMBRIDGE UNIVERSITY PRESS
DÉPÔT LÉGAL JUIN 2007